智囊图书·计算机书系

『十二五』高职高专体验互动式创新规划教材

ACCESS SHUJUKUJISHU

Access 数据库技术

主　编　马蓉平

编　者　童德茂　汪迎春　傅丽霞

石王阳　罗大伟

哈尔滨工业大学出版社

HITP

图书在版编目 (CIP) 数据

Access 数据库技术 / 马蓉平主编. —哈尔滨：哈尔滨工业大学出版社，2012. 7

ISBN 978 - 7 - 5603 - 3627 - 5

Ⅰ. ① A… Ⅱ. ①马… Ⅲ. ①关系数据库系统 - 数据库管理系统 Ⅳ. ① TP311. 138

中国版本图书馆 CIP 数据核字 (2012) 第 149381 号

责任编辑 李广鑫
封面设计 唐韵设计
出版发行 哈尔滨工业大学出版社
社 址 哈尔滨市南岗区复华四道街 10 号 邮编 150006
传 真 0451-86414749
网 址 http: // hitpress.hit.edu.cn
印 刷 天津市蓟县宏图印务有限公司
开 本 850mm × 1168mm 1/16 印张 18 字数 537 千字
版 次 2012 年 7 月第 1 版 2012 年 7 月第 1 次印刷
书 号 ISBN 978 - 7 - 5603 - 3627 - 5
定 价 36.00 元

PREFACE 前言

Microsoft Office Access（前称 Microsoft Access）是由微软发布的关系型数据库管理系统。它结合了 Microsoft Jet Database Engine 和图形用户界面两项特点，是 Microsoft Office的系统程式之一。

在很多人的眼里，Access数据库，仅仅只是用于小型数据存储的容器，如果一定要用来开发程序，也仅仅是开发一些简单的个人应用，根本不适合应用于大型企业。久而久之，易用和简单似乎就成了Access的全部。实际上，这种看法是非常片面的。Access是一个非常强大的前端开发工具，由于Access的弹性，它可以应用在不同的行业和领域，既可以在个人信息管理方面展露拳脚，也可以在中大型企业的仓库管理、财务、采购销售、生产管理、质量控制等多方面的企业信息管理中大显身手。而且Access与大型数据库SQL Server 2000完美结合，可应用在对安全、效率具有高要求的海量数据管理的场合，像ERP、CRM这些大型管理软件中也完全可以采用Access开发。在欧美、日本、德国，随处可见使用Access成功开发出来的企业应用系统，而在国内，也有非常多的成功应用的案例。

Access是一个既可以只用来存放数据的数据库，也可以作为一个客户端开发工具来进行数据库应用系统开发；既可以开发方便易用的小型软件，也可以开发大型的应用系统。它提供了表、查询、窗体、报表、页、宏、模块7种用来建立数据库系统的对象；提供了多种向导、生成器、模板，使数据存储、数据查询、界面设计、报表生成等操作规范化。

本书依据最新的《全国计算机信息高新技术考试Access操作员的考试大纲》，以“教学管理系统”项目设计作为主线，贯穿全书每个模块，使读者在学习的过程中，既掌握了数据库基础操作，也获得了开发独立项目的实战经验。

本书共9个模块。模块1、模块8和模块9的内容理论性较强，要求读者反复学习、分析；其他模块注重操作能力的训练，以动手练习为主；重点和难点集中在下述各模块：

模块1：重要的数据库理论基础。介绍了数据库基本概念、数据模型及关系型数据库等内容。重点是一些常用的术语和基本概念。同时，介绍了“教学管理系统”项目的模块功能，并把各项功能分解到各章节。

模块2：数据库和表的创建。在Access数据库系统中，表是存储和管理数据的基本数据库对象，也是其他对象（如查询、窗体报表等）的数据源。在创建数据库其他对象之前必须首先创建数据表。该模块介绍了在创建“教学管理系统”中所需数据表、表结构的组成、设计和更改表的关联和参照完整性、数据表的存储、排序和筛选等基本操作的内容。

模块3：查询对象的设计。Access的查询对象是在数据库中进行数据检索和数据分析的强有力工具，不仅能够从指定的若干个表中获取满足给定条件的数据，还可以生成新的数据表，并能实现按要求对表中记录进行添加、更新和删除等多种操作。该模块重点是选择查询、交叉表查询、操作查询、参数查询的创建，难点是分组汇总查询和SQL查询的创建。

模块4：窗体对象的设计。窗体是用户与Access应用程序之间的主要接口，任何形式的窗体都是建立在数据表查询的基础上。该模块介绍了窗体的用途和特征，创建窗体的各种方法以及如何修饰窗体。重点是使用设计视图创建窗体。

本书由渤海船舶职业学院马蓉平副教授主编。参加本书编写的还有阜阳职业技术学院童德茂、浙江育英职业技术学院汪迎春、四川邮电职业技术学院傅丽霞、安徽芜湖机电职业技术学院石王阳。具体分工如下：模块7、模块9和附录部分由童德茂编写，并配合主编马蓉平老师编写了配套活页实训手册部分；模块1、模块5由汪迎春编写；模块3由傅丽霞编写；模块8由石王阳编写；模块2、模块4、模块6及配套活页实训手册由马蓉平编写。吉林电子信息职业技术学院罗大伟对全书进行资料整理及校对工作。全书由马蓉平统稿校对并最后定稿。

由于时间仓促，加之编者水平有限，书中难免会存在缺点和疏漏，希望广大读者多提宝贵意见。

编　者

本书学习导航

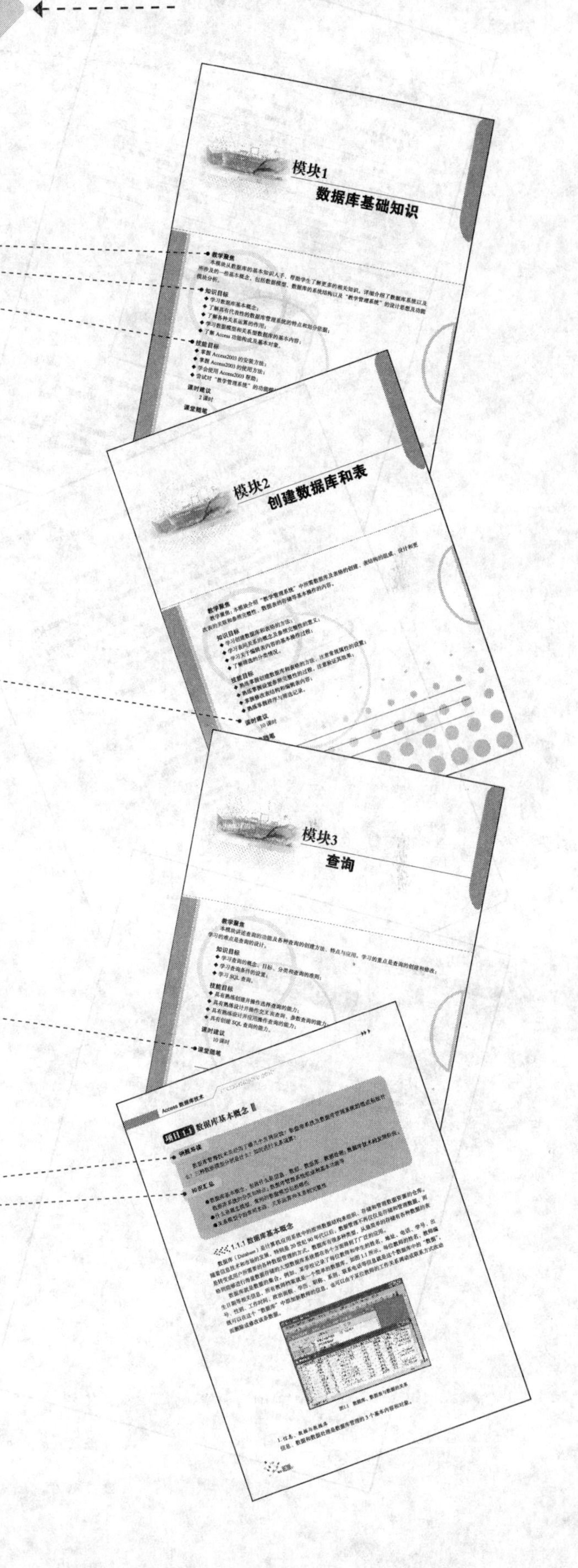

学习目标

包括教学聚焦、知识目标和技能目标，列出了学生应了解和掌握的知识点。

课时建议

建议课时，供教师参考。

课堂随笔

设计笔记版块，供学生学习时随时记录所发现的问题或者产生的想法。

项目引言

在每一个项目的开篇设计例题导读和知识汇总版块，使学生对本项目的内容有一个整体性的把握。

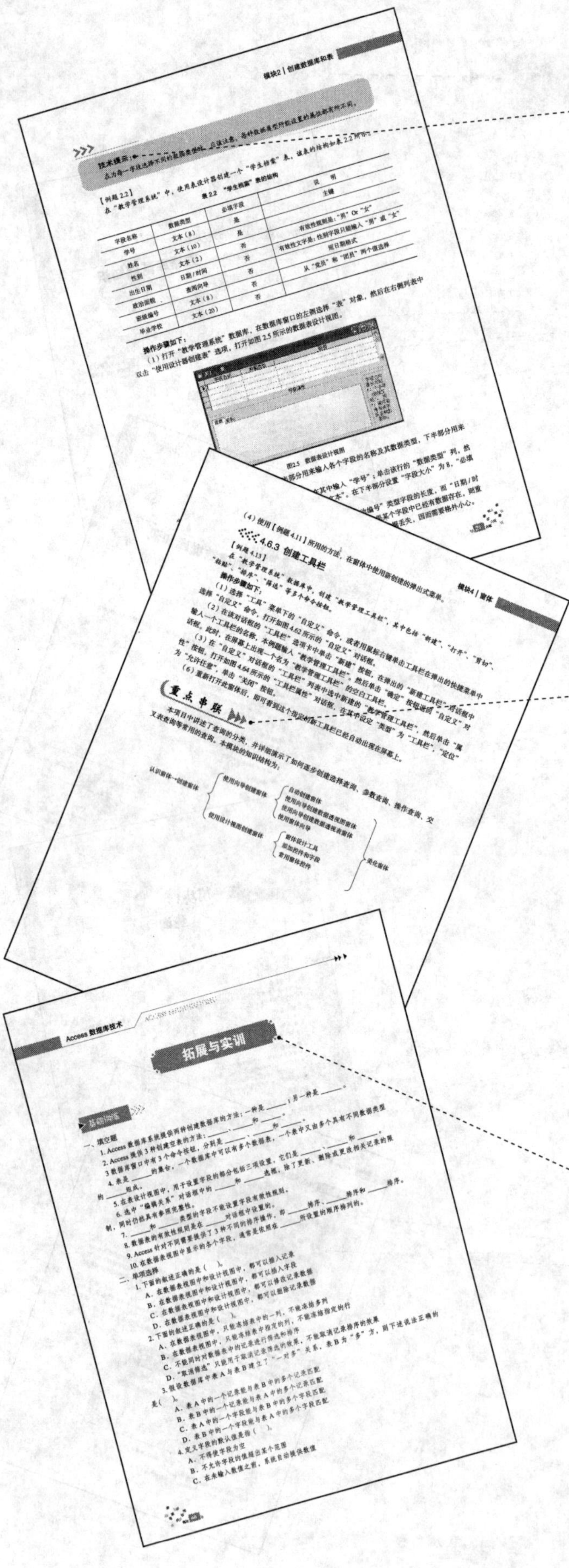

>>> 技术提示：在为每一字段选择不同的数据类型时，应该注意，各种数据类型所能设置的属性都有所不同。

【例题 2.2】

在"教学管理系统"中，使用表设计器创建一个"学生档案"表，该表的结构如表 2.2 所示。

表 2.2 "学生档案"表的结构

字段名称	数据类型	必填字段	说 明
学号	文本（8）	是	主键
姓名	文本（10）	是	
性别	文本（2）	否	有效性规则是："男" Or "女" 有效性文字是：性别字段只能输入"男"或"女"
出生日期	日期 / 时间	否	短日期格式
政治面貌	查阅向导	否	从"党员"和"团员"两个值选择
班级编号	文本（8）	否	
毕业学校	文本（20）	否	

操作步骤如下：

（1）打开"教学管理系统"数据库，在数据库窗口的左侧选择"表"对象，然后在右侧列表中双击"使用设计器创建表"选项，打开如图 2.5 所示的数据表设计视图。

图2.5 数据表设计视图

……部分用来输入各个字段的名称及其数据类型，下半部分用来……单击该行的"数据类型"列，然……在其中输入"学号"；……文本"。在下半部分设置"字段大小"为 8，"必填……动编号"类型字段的长度，而"日期/时……果某个字段中已经有数据存在，则重……据丢失，因而需要格外小心。

言简意赅地总结实际工作中容易犯的错误或者难点、要点等。

（4）使用【例题 4.11】所用的方法，在窗体中使用新创建的弹出式菜单。

4.6.3 创建工具栏

【例题 4.13】

在"教学管理系统"数据库中，创建"教学管理工具栏"，其中包括"新建"、"打开"、"剪切"、"粘贴"、"排序"、"筛选"等多个命令按钮。

操作步骤如下：

（1）选择"工具"菜单下的"自定义"命令，或者用鼠标右键单击工具栏在弹出的快捷菜单中选择"自定义"命令，打开如图 4.62 所示的"自定义"对话框。

（2）在该对话框的"工具栏"选项卡中单击"新建"按钮，在弹出的"新建工具栏"对话框中输入一个工具栏的名称，本例题输入"教学管理工具栏"。然后单击"确定"按钮返回"自定义"对话框。此时，在屏幕上出现一个名为"教学管理工具栏"的空白工具栏。

（3）在"自定义"对话框的"工具栏"列表中选中新建的"教学管理工具栏"，然后单击"属性"按钮，打开如图 4.64 所示的"工具栏属性"对话框，在其中设定"类型"为"工具栏"，"定位"为"允许任意"，单击"关闭"按钮。

（6）重新打开此窗体后，即可看到这个指定的新工具栏已经自动出现在屏幕上。

重点串联 ▶▶▶

本项目中讲述了查询的分类，并详细演示了如何逐步创建选择查询、参数查询、操作查询、交叉表查询等常用的查询。本模块的知识结构为：

- 认识窗体—创建窗体
  - 使用向导创建窗体
    - 自动创建窗体
    - 使用向导创建数据透视图窗体
    - 使用向导创建数据透视表窗体
    - 使用窗体向导
  - 使用设计视图创建窗体
    - 窗体设计工具
    - 添加控件和字段
    - 常用窗体控件
- 美化窗体

重 点 串 联

以结构图的形式，对本模块内容进行梳理，便于学生对本模块的主要知识进行回顾。

拓展与实训

▶ 基础训练 >>>

一、填空题

1. Access 数据库系统提供两种创建数据库的方法：一种是 ______；另一种是 ______。
2. Access 提供 3 种创建空表的方法：______、______和 ______。
3 数据库窗口中有 3 个命令按钮，分别是 ______、______和 ______。
4. 表是 ______的集合，一个数据库中可以有多个数据表，一个表中又由多个具有不同数据类型的 ______组成。
5. 在表设计视图中，用于设置字段的部分包括三项设置，它们是 ______、______和 ______。
6. 选中"编辑关系"对话框中的 ______和 ______选框，除了更新、删除或更改相关记录的限制，同时仍然具有参照完整性。
7. ______和 ______类型的字段不能设置字段有效性规则。
8. 数据表的有效性规则是在 ______对话框中设置的。
9. Access 针对不同需要提供了 3 种不同的排序操作，即 ______排序、______排序和 ______排序。
10. 在数据表视图中显示的各个字段，通常是依照在 ______所设置的顺序排列的。

二、单项选择

1. 下面的叙述正确的是（ ）。
A. 在数据表视图中和设计视图中，都可以插入记录
B. 在数据表视图中和设计视图中，都可以插入字段
C. 在数据表视图中和设计视图中，都可以修改记录数据
D. 在数据表视图中和设计视图中，都可以删除记录数据
2. 下面的叙述正确的是（ ）。
A. 在数据表视图中，只能冻结表中的一列，不能冻结多列
B. 在数据表视图中，只能冻结表中指定的列，不能冻结指定的行
C. 不能同时对数据表中的记录进行筛选和排序
D. "取消筛选"只能用于取消记录筛选的效果，不能取消记录排序的效果
3. 假设数据库中表 A 与表 B 建立了"一对多"关系，表 B 为"多"方，则下述说法正确的是（ ）。
A. 表 A 中的一个记录能与表 B 中的多个记录匹配
B. 表 B 中的一个记录能与表 A 中的多个记录匹配
C. 表 A 中的一个字段能与表 B 中的多个字段匹配
D. 表 B 中的一个字段能与表 A 中的多个字段匹配
4. 定义字段的默认值是指（ ）。
A. 不得使字段为空
B. 不允许字段的值超出某个范围
C. 在未输入数值之前，系统自动提供数值

拓 展 与 实 训

以填空题、选择题、简答题为主，技能实训项目为辅，考核学生对基础知识和技能的掌握程度。

目录 Contents

模块4 窗体

模块5 报表

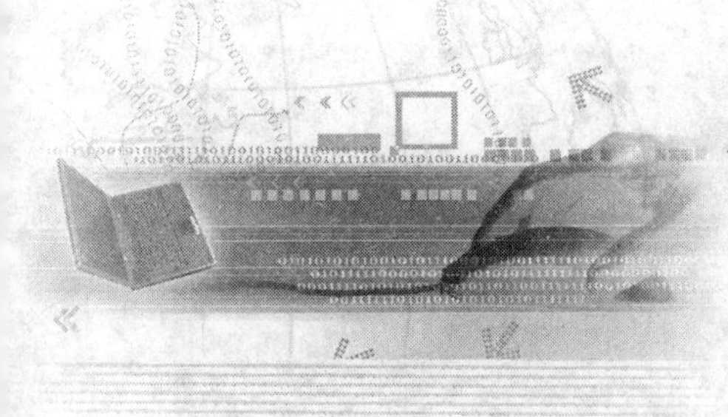

模块1 数据库基础知识

教学聚焦

本模块从数据库的基本知识入手，帮助学生了解更多的相关知识。详细介绍了数据库系统以及所涉及的一些基本概念，包括数据模型、数据库的系统结构以及“教学管理系统”的设计思想及功能模块分析。

知识目标

◆ 学习数据库基本概念；
◆ 了解具有代表性的数据库管理系统的特点和划分依据；
◆ 了解各种关系运算的作用；
◆ 学习数据模型和关系型数据库的基本内容；
◆ 了解 Access 功能构成及基本对象。

技能目标

◆ 掌握 Access2003 的安装方法；
◆ 掌握 Access2003 的使用方法；
◆ 学会使用 Access2003 帮助；
◆ 尝试对“教学管理系统”的功能模块进行划分。

课时建议

2 课时

课堂随笔

项目 1.1 数据库基本概念

例题导读

数据库管理技术共经历了哪几个发展阶段？数据库系统及数据库管理系统的组成包括什么？三种数据模型分别是什么？如何进行关系运算？

知识汇总

- 数据库基本概念，包括什么是信息、数据、数据库、数据处理；数据库技术的发展阶段；数据库系统的分类和特点；数据库管理系统组成和基本功能等
- 什么是概念模型，常用的数据模型包括哪些
- 关系模型中的常用术语、关系运算和关系的完整性

1.1.1 数据库基本概念

数据库（Database）是计算机应用系统中的按照数据结构来组织、存储和管理数据资源的仓库。随着信息技术和市场的发展，特别是20世纪90年代以后，数据管理不再仅仅是存储和管理数据，而是转变成用户所需要的各种数据管理的方式。数据库有很多种类型，从最简单的存储有各种数据的表格到能够进行海量数据存储的大型数据库系统都在各个方面得到了广泛的应用。

数据库就是数据的集合。例如，某学校记录了每位教师和学生的姓名、地址、电话、学号、出生日期等相关信息，所有教师档案就是一个简单的数据库，如图1.1所示。每位教师的姓名、教师编号、性别、工作时间、政治面貌、学历、职称、系别、联系电话等信息就是这个数据库中的“数据”，既可以在这个“数据库”中添加新教师的信息，也可以由于某位教师的工作关系调动或联系方式改动而删除或修改该条数据。

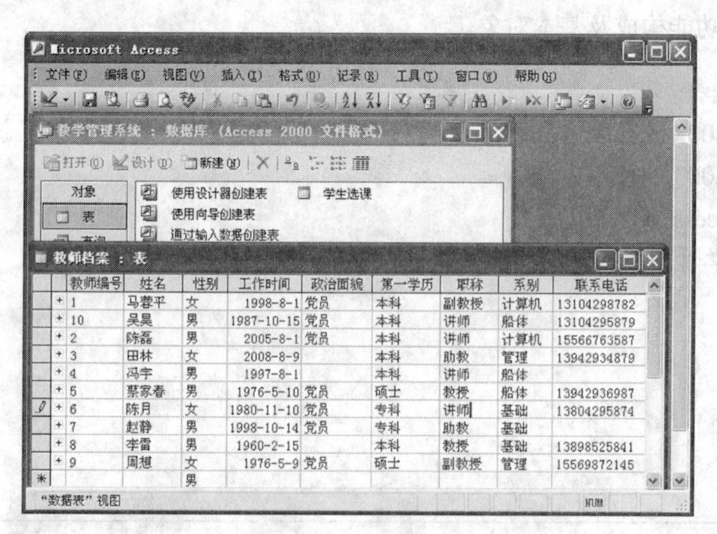

教师编号	姓名	性别	工作时间	政治面貌	第一学历	职称	系别	联系电话
1	马春平	女	1998-8-1	党员	本科	副教授	计算机	13104298782
10	吴昊	男	1987-10-15	党员	本科	讲师	船体	13104295879
2	陈磊	男	2005-8-1	党员	本科	讲师	计算机	15566763587
3	田林	女	2008-8-9		本科	助教	管理	13942934879
4	冯宇	男	1997-8-1		本科	讲师	船体	
5	黎家春	男	1976-5-10	党员	硕士	教授	船体	13942936987
6	陈月	女	1980-11-10	党员	专科	讲师	基础	13804295874
7	赵静	男	1998-10-14	党员	专科	助教	基础	
8	李雷	男	1960-2-15		本科	教授	基础	13898525841
9	周想	女	1976-5-9	党员	硕士	副教授	管理	15569872145
		男						

图1.1 数据库、数据表与数据的关系

1. 信息、数据与数据库

信息、数据和数据处理是数据库管理的3个基本内容和对象。

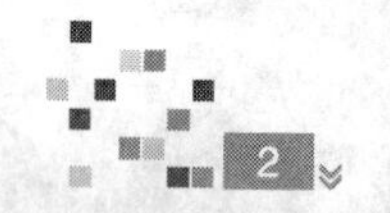

（1）信息是现实世界在人脑中的抽象反映。

（2）数据是指存储在某种介质上的能够识别的物理符号。它是一切文字、数码、符号、图形、图像以及声音等有意义的组合，是描述现实世界中各种信息的手段，是信息的载体。数据的概念在数据处理领域已经得到了拓宽，主要包括以下两个方面：

①描述事物特性的数据内容。

②存储在某一种介质上的数据形式。

（3）数据处理是指数据的收集、存储、管理、加工、计算、维护、检索和传输等处理，并转化成新的有价值的信息的全过程。数据处理的中心任务是进行数据的管理，如向“教师档案”表追加一条记录，或者查找某位老师的工作时间等都是数据处理。

2. 数据库技术的发展

数据库技术的发展，已经成为先进信息技术的重要组成部分，是现代计算机信息系统和计算机应用系统的基础和核心。数据库技术最初产生于20世纪60年代中期，根据数据模型的发展，可以划分为三个阶段：第一代的网状、层次数据库系统；第二代的关系数据库系统；第三代的以面向对象模型为主要特征的数据库系统。

（1）第一代数据库（网状、层次模型）。第一代的代表是1969年IBM公司研制的层次模型的数据库管理系统IMS和20世纪70年代美国数据库系统语言协商CODASYL下属数据库任务组DBTG提议的网状模型。层次数据库的数据模型是有根的定向有序树，网状模型对应的是有向图。这两种数据库奠定了现代数据库发展的基础。这两种数据库具有以下共同点：

①支持三级模式（外模式、模式、内模式）。保证数据库系统具有数据与程序的物理独立性和一定的逻辑独立性。

②用存取路径来表示数据之间的联系。

③有独立的数据定义语言。

④导航式的数据操纵语言。

（2）第二代数据库（关系数据模型）。第二代数据库的主要特征是支持关系数据模型（数据结构、关系操作、数据完整性）。关系数据模型具有以下特点：

①模型的概念单一，实体和实体之间的联系用关系来表示。

②以关系数学为基础。

③数据的物理存储和存取路径对用户不透明。

④数据库语言是非过程化的。

（3）第三代数据库（面向对象模型）。随着科学技术的不断进步，各个行业领域对数据库技术提出了更多的需求，关系型数据库已经不能完全满足需求，于是在20世纪80年代产生了第三代数据库。面向对象模型主要具有以下特点：

①支持数据管理、对象管理和知识管理。

②保持和继承了第二代数据库系统的技术。

③对其他系统开放，支持数据库语言标准，支持标准网络协议，有良好的可移植性、可连接性、可扩展性和可操作性等。

④支持多种数据模型（如关系模型和面向对象的模型），并与更多新技术相结合（如分布处理技术、并行计算技术、人工智能技术、多媒体技术、模糊技术），广泛应用于多个领域（如商业管理、GIS、计划统计等），由此也衍生出多种新的数据库技术。

分布式数据库允许用户开发的应用程序把多个物理分开的、通过网络互联的数据库当做一个完整的数据库看待。并行数据库通过cluster技术把一个大的事务分散到cluster中的多个节点去执行，提高了数据库的吞吐性和容错性。多媒体数据库提供了一系列用来存储图像、音频和视频

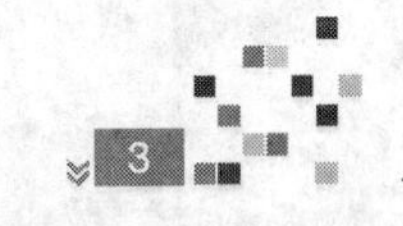

的对象类型，更好地对多媒体数据进行存储、管理、查询等操作。模糊数据库是存储、组织、管理和操纵模糊数据的数据库，可以用于模糊知识处理。

3. 数据库系统

狭义地讲，数据库系统是由数据库、数据库管理系统和用户构成。广义地讲，数据库管理系统是指采用了数据库技术的计算机系统，它是由计算机硬件、操作系统、数据库、数据库管理系统、应用程序和用户所构成的综合系统，如图 1.2 所示。

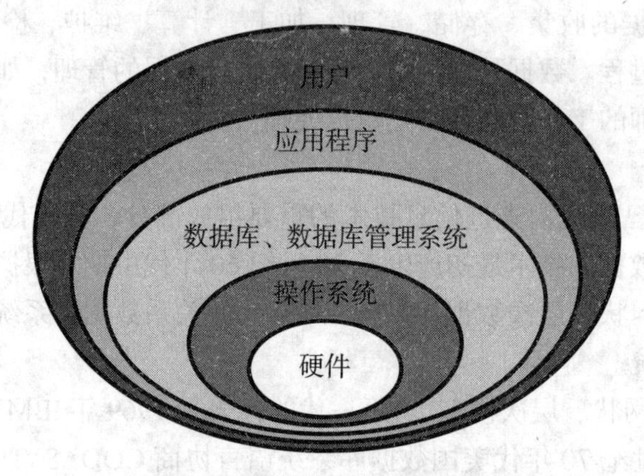

图1.2　数据库系统（DBS）

（1）数据库系统的分类。在信息高速发展的时代，数据信息同样是宝贵的资产，应该妥善地使用、管理并加以保护。根据数据库存放位置的不同，数据库系统可以分为集中式数据库和分布式数据库。

（2）数据库系统特点。与传统的文件管理系统相比，数据库系统具有以下优点：①数据结构化；②数据存储灵活；③数据共享性强；④数据冗余度低；⑤数据独立性高。

4. 数据库管理系统

数据库管理系统 (Database Management System，DBMS) 是从图书馆的管理方法改进而来的。人们将越来越多的资料存入计算机中，并通过一些编制好的计算机程序对这些资料进行管理，这些程序后来就被称为数据库管理系统，它们就像图书馆的管理员可以帮我们管理输入到计算机中的大量数据。

（1）数据库管理系统概念。数据库管理系统由一个互相关联的数据的集合和一组访问这些数据的程序组成，负责对数据库的存储数据进行管理、维护和使用。因此，DBMS 是一种复杂的、综合性的、在数据库系统中对数据进行管理的大型系统软件，它是数据库系统的核心组成部分。

（2）数据库管理系统组成。DBMS 大多是由许多系统程序所组成的一个集合。每个程序都有各自的功能，一个或几个程序一起协调完成 DBMS 的一件或几件任务。各种 DBMS 的组成因系统而异，一般来说，它由语言编译处理程序、系统运行控制程序、系统建立、维护程序、数据字典 5 个部分组成。

（3）数据库管理系统基本功能。

①数据定义功能。DBMS 提供相应数据语言来定义 DDL 数据库结构，它们刻画数据库框架，并被保存在数据字典中。

②数据存取功能。DBMS 提供数据操纵语言 DML，实现对数据库数据的基本存取操作：检索、插入、修改和删除。

③数据库运行管理功能。DBMS 提供数据控制功能，即通过数据的安全性、完整性和并发控制等对数据库运行进行有效地控制和管理，以确保数据正确有效。

④数据库的建立和维护功能。包括数据库初始数据的装入，数据库的转储、恢复、重组织，系

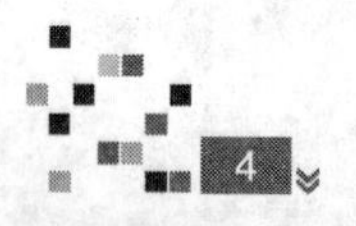

统性能监视、分析等功能。

⑤数据库的传输。DBMS 提供处理数据的传输，实现用户程序与 DBMS 之间的通信，通常与操作系统协调完成。

1.1.2 数据模型

数据模型是表示实体以及实体间联系的模型。数据模型是一个可用于描述数据、数据联系、数据语义及一致性约束的概念集合，它提供了获得数据抽象的工具。数据模型应满足三个方面的要求：能够比较真实地模拟现实世界；容易被人理解；便于在计算机系统中实现。数据模型由数据结构、数据操作和数据的约束条件三部分组成。

1. 概念模型

概念模型是现实世界到数据世界的第一层抽象，或者说是现实世界到计算机世界的一个中间层次，涉及以下术语：

（1）实体。客观存在并可相互区别的事物称为实体。实体可以是实际事物，也可以是抽象事件。

（2）属性。描述实体的特性称为属性。属性的具体取值称为属性值，用以刻画一个具体实体。

（3）关键字。如果某个属性或属性组合能够唯一地标志出实体集中的各个实体，可以选做关键字，也称为码。

（4）联系。实体集之间的对应关系称为联系，它反映现实世界事物之间的相互关联。联系分为两种：一种是实体内部各属性之间的联系；另一种是实体之间的联系。

（5）E-R 图。E-R 图也称实体－联系图 (Entity Relationship Diagram)，提供了表示实体类型、属性和联系的方法，用来描述现实世界的概念模型。E-R 图如图 1.3 所示，其三要素为：

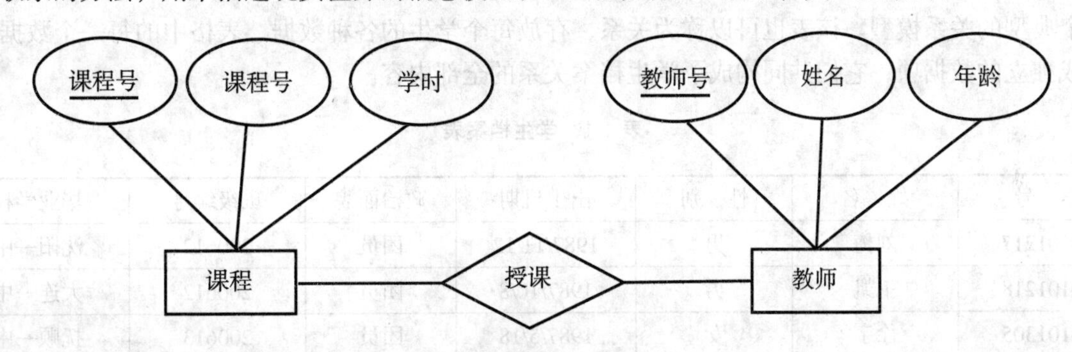

图1.3　E-R图

①实体。用矩形表示，并在框内标注实体名称来表示。

②属性。用椭圆表示，并用连线将其与相应的实体连接起来。

③联系。用菱形表示，菱形框内写明联系名，并用连线分别与有关实体连接起来，同时在连线上标上连线的类型（1:1、1:*n* 或 *m*:*n*）。

●一对一联系：如果对于实体集 *A* 中的每一个实体，实体集 *B* 中至多有一个实体与之联系，反之亦然，则称实体集 *A* 与实体集 *B* 具有一对一联系，记为 1:1。例如系和主任。

●一对多联系：如果对于实体集 *A* 中的每一个实体，实体集 *B* 中有 n（$n \geqslant 0$）个实体与之联系，反之，对于实体集 *B* 中的每一个实体，实体集 *A* 中至多有一个实体与之联系，则称实体集 *A* 与实体集 *B* 具有一对多联系，记为 1:*n*。例如系别和学生。

●多对多联系：如果对于实体集 *A* 中的每一个实体，实体集 *B* 中有 n（$n \geqslant 0$）个实体与之联系，反之，对于实体集 *B* 中的每一个实体，实体集 *A* 中也有 m 个实体（$m \geqslant 0$）与之联系，则称实体集 *A* 与实体集 *B* 具有多对多联系，记为 *m*:*n*。例如学生和课程。

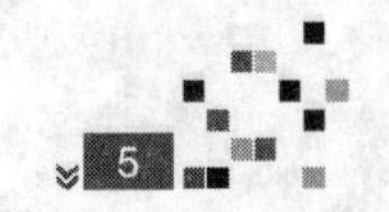

2. 常用的数据模型

数据库是数据库系统的核心和管理对象。数据库的性质是由数据模型决定的，而数据模型就是数据在数据库内的相互依存关系的描述，如果数据的组织结构满足某一数据模型的特性，则该数据库就是具有其特性的数据库。数据库管理系统所支持的数据模型一般有四种：层次模型、网状模型、关系模型和面向对象模型。

（1）层次模型。层次模型的基本数据结构是层次结构，也称树型结构，树中每个节点表示一个实体类型。这些节点应满足：有且只有一个节点无双亲结点（根节点）；其他节点有且仅有一个双亲结点。

（2）网状模型。网状模型的数据结构是一个网状结构。应满足以下两个条件的基本层次联系集合：一个节点可以有多个双亲结点；多个节点可以无双亲结点。

（3）关系模型。关系模型的数据结构是二维表，由行和列组成。一张二维表称为一个关系。关系模型中的主要概念有：关系、属性、元组、域和关键字。

（4）面向对象模型。面向对象模型中的基本数据结构是对象，一个对象由一组属性和一组方法组成，属性用来描述对象的特征，方法用来描述对象的操作。一个对象的属性可以是另一个对象，另一个对象的属性还可以用其他对象描述，以此来模拟现实世界中的复杂实体。

1.1.3 关系数据库

关系数据库的基本数据结构是关系，而关系理论是建立在集合代数的理论基础上的。“关系”在数学上的形式定义就是笛卡尔积的子集。

1. 关系术语

（1）关系模型。用二维表格结构来表示实体及实体间联系的模型，如表 1.1 所示的学生档案表就是一个典型的关系模型。该表也可以称为关系，存放每个学生的各种数据，表格中的每一个数据都可以看成独立的数据项，它们共同构成了学生档案关系的全部内容。

表 1.1　学生档案表

学　号	姓　名	性　别	出生日期	政治面貌	班级编号	毕业学校
20101217	刘梅	男	1987/11/12	团员	200612	沈阳一中
20101218	王凯	男	1987/10/8	团员	200612	大连一中
20101305	徐宇	女	1987/5/18	团员	200613	抚顺一中
20101316	王新	女	1988/7/21	团员	200613	本溪一中
20101408	马丽	女	1987/3/9	党员	200614	葫芦岛一中
20101419	刘心颖	女	1987/12/17	团员	200614	铁岭一中
20101511	张岩	男	1986/9/30	团员	200615	盘锦一中

二维表中的每一列代表实体或实体间关系的某种属性，二维表中的一行称为一个元组，是记录类型的实例，代表了某个具体的实体或具体实体间的特定关系。关系模型不仅可以方便地表示两个实体类型间的 1:1、1:n 关系，而且可以直接描述它们之间的 m:n 关系。

（2）关系。在关系模型中，一个关系就是一张二维表，每一个关系都有一个关系名。在数据库中，一个关系存储为一个数据表。

（3）属性（字段）。表中的列称为属性，每一个列都有一个属性名，对应数据表中的一个字段。记为 R（a，b，c，…），R 为关系名，a，b，c，…，为属性名。

（4）元组。表中的行称为元组。一行就是一个元组，对应数据表中的记录，元组的各分量分别对

应于关系的各个属性。关系模型要求每个元组的每个分量都是不可再分的数据项。

（5）域。具有相同数据类型的值的集合称为域，域是属性的取值范围，即不同元组对同一个属性的取值所限定的范围。

（6）主码（主键）。在一个关系中有多个候选码，选定其中一个为主码（主键）。主码的属性称为主属性。

（7）候选码。如果通过关系中的某个属性或属性组能唯一地标志一个元组，称该属性或属性组为候选码。

（8）外码（外键）。如果表中的一个字段不是本表的主码，而是另外一个表的主码或候选码，这个字段（属性）就称为外码。

2. 关系运算

（1）传统的集合运算。

①并运算（Union）$R \cup S$。设有两个关系 R 和 S 具有相同的结构（模式），R 和 S 的并是由属于 R 或属于 S 的元组组成的集合，运算符为∪。

②差运算（Difference）$R-S$。R 和 S 的差是由属于 R 但不属于 S 的元组组成的集合，运算符为－。

③交运算（Intersection）$R \cap S$。R 和 S 的交是由既属于 R 又属于 S 的元组组成的集合，运算符为∩。

（2）专门的关系运算。

①选择运算（Select）。选择关系中满足一定条件的元组。从关系中找出满足给定条件的那些元组称为选择运算选择。其中的条件是以逻辑表达式给出的，值为真的元组将被选取。

②投影运算（Project）。选取关系中的某些列，并且将这些列组成一个新的关系。从关系模式中挑选若干属性组成新的关系称为投影。

③联接运算（Join）。选择和投影运算都属于一目运算，它们的操作对象只是一个关系；联接运算是二目运算，需要两个关系作为操作对象。联接是将两个关系模式通过公共的属性名拼接成一个更宽的关系模式，生成的新关系中包含满足联接条件的元组。

3. 关系完整性

关系完整性包括实体完整性、参照完整性和用户定义的完整性三个方面。

（1）实体完整性。实体完整性规则：若属性 A 是基本关系 R 的主码，则属性 A 不能取空值。基本关系的所有主属性都不能取空值，或者说任何关系中每个元组的主码不能为空值。

（2）参照完整性。参照完整性规则：就是定义外码与主码之间的引用规则。若属性（或属性组）F 是基本关系 R 的外码，则 R 中的每个元组在 F 上的值必须或者取空值，或者等于 S 中的某个元组的主码值。

（3）用户定义的完整性。用户定义的完整性就是针对某一具体关系数据库的约束条件，它反映某一具体应用所涉及的数据必须满足的语义要求。

技术提示：

本项目中所涉及的一些名词因为对象的不同，名字也不同，但它们所指含义却是相同的。例如，记录、元组、行，其实都是指表格中的一行记录。

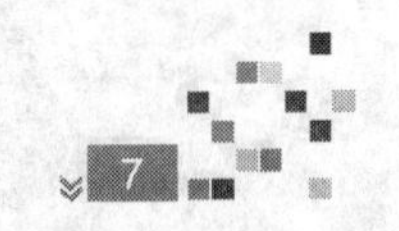

项目 1.2 Access 数据库简介

例题导读

如何使用 Access2003？ Access 数据库都包括哪些对象？每种对象又有哪些用途？

Access 是一种简单易用的小型关系型桌面数据库管理系统。它是微软 Office 系列办公软件包的重要组成部分，是基于 Windows95/98/2003/XP、Windows NT 平台的关系数据库管理系统。安装 Office 时系统默认自动安装 Access。

知识汇总

- Access 数据库的主要功能
- 启动和退出 Access 数据库的方法
- Access 数据库的操作界面及所包含的所有对象名称

1.2.1 Access 的主要功能

自微软 Microsoft 公司研发出 Access1.0 以来，以其友好的用户操作界面、简单易学的优势、可靠的数据管理方式、面向对象的操作理念以及强大的网络支持功能，受到了众多小型数据库应用系统开发者的青睐，成为当今最受欢迎的数据库软件之一。1996 年它被评为全美国最流行的黄金软件，特别是新版 Microsoft Access 发布以来，给很多数据库用户带来了很大的便利。它对以前的版本做了许多的改进，通用性和实用性大大增强，集成性和网络性也大大增强，已发展成为世界上最流行的适合做小型动态网站的 Web 数据库。其主要功能有：

1. 提供多种启动方式

根据用户的水平，可以通过不同的方式启动 Microsoft Access2003。

2. 使信息易于查找和使用

Access 为简便地查找信息提供易于使用的工具，可以提供与 Office 软件包中的其他应用程序的一致性和完整性。

3. 支持 Web 功能的信息共享

Access2003 及以上版本增强了 Web 应用功能，使得 Access 可以通过企业内部网络 Intranet 很简单地实现信息共享，而且很容易地将数据库定位到浏览器中，将桌面数据库功能和网络功能很好地结合在一起。

4. 数据库对象设计简捷方便

Access2003 及以上版本允许直接在“窗体视图”、“报表视图”中修改窗体、报表及其所包含的控件属性，同时还允许设置条件有效地控制窗体和报表控件的输出格式。不仅增强了操作环境的视觉效果，而且能让用户更加方便、简捷地设计数据库对象，增加了 Access 的易用性，并与 Office 其他应用软件保持统一的界面。

5. 提供名称自动更正功能

Access 可以自动解决当用户重新命名数据库对象时出现的常见关联影响。在使用 Access2003 及以上版本时，一旦用户需要重新定义某个数据库对象名称，系统将自动更正对象名称并传递给与其相

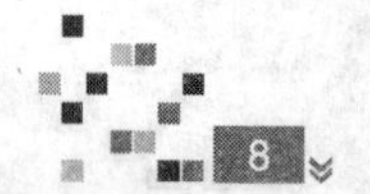

关的数据库对象，从而最大限度地减少用户操作频次。

6. 具有子数据表功能

Access2003 及以上版本支持的子数据表功能，可以使若干相关的数据表显示在统一窗口中，提供了一种嵌套式视图方式在同一窗口专注于某些特定的数据并对其进行编辑。

7. 采用拖放的方式与 Excel 共享信息

Access2003 及以上版本提供了将 Access 对象（如表、查询等）从数据库容器拖放至 Microsoft Excel 电子表中的功能，从而使这两个 Office 软件交换数据的操作更便捷。

8. 具有数据访问页功能

Access2003 及以上版本为用户提供了可以快捷方便地创建数据访问页的功能，并通过数据访问页将数据库应用扩展到企业内部网络 Intranet 上，帮助用户以更快捷、高效的方式共享信息。

9. Microsoft SQL Server 交互性

Microsoft Access 提供了一系列的向导使用户能够更方便地创建客户 / 服务器数据库。通过 Access 提供的设计工具可以直接编辑 SQL server 端的对象，使 Access 高级用户和开发人员更容易地将数据库知识扩展到客户 / 服务器环境下。

1.2.2 Access 的启动与退出

1. Access 的启动

（1）在安装好 Access 后，选择“开始 / 程序 /Microsoft Office/Microsoft Office Access2003”命令，即可启动 Access 系统进入 Access2003 主界面。

（2）在安装好 Access 后，选择“开始 / 运行”命令打开运行对话框。在对话框界面输入“MSACCESS.EXE”，单击“确定”按钮就可启动 Access2003 进入主界面。

（3）双击桌面上已建立的 Access2003 的快捷方式，这也是进入 Access2003 主窗口的快捷方式之一。

除了以上介绍的最常用方法外还有很多其他方法，用户可以尝试使用其他方法启动程序。例如，双击由 Microsoft Access 系统创建的数据库文件图标等。

2. Access 的退出

退出 Access2003 系统的常见方法如下：

（1）选择“文件 / 退出”命令。

（2）双击界面左上方的系统图标。

（3）直接单击窗口右上角的“关闭”按钮。

（4）按 Alt+F4 组合键。

需要注意的是，无论何时退出 Access 都将自动保存更改的数据；但如果在保存后更改了数据库对象的设计，Microsoft Access 将在关闭之前询问是否保存此次更改；如果是意外退出 Access，数据库可能会损坏。

1.2.3 Access 操作界面

启动 Access 后进入系统的主界面，其操作界面由标题栏、菜单栏、工具栏、工作区、数据库窗口、显示数据库窗口的工作区和状态栏组成，如图 1.4 所示。任务窗格提供了非常方便的文件操作、获取系统帮助等环境。

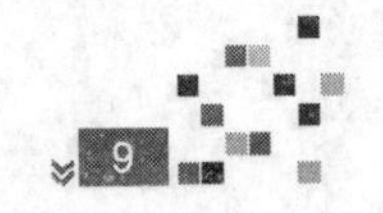

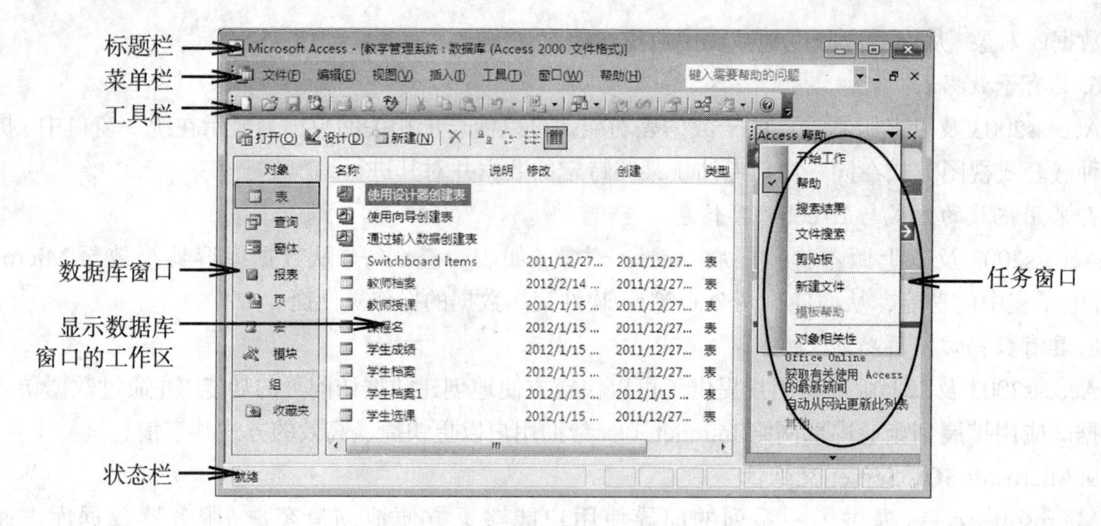

图1.4　Access系统主界面

1. 标题栏

标题栏位于屏幕界面的最上方，它包含系统程序图标、主屏幕标题（显示应用程序的名字）、最小化按钮、最大化按钮和关闭按钮 5 个对象。

2. 菜单栏

菜单栏位于屏幕的第二行，默认情况下包含文件、编辑、视图、插入、工具、窗口和帮助 7 个菜单命令，它提供了能够实现系统功能的各种菜单命令。

3. 工具栏

Access 工具栏可以快速访问常用命令和自定义宏，工具栏包含按钮、菜单或两者的结合。工具栏通常位于菜单栏之下，它是一个可供选择的"工具箱"。Access 系统提供了不同环境下的 29 种常用工具栏，若想使用某条工具栏中的按钮，必须先激活该工具栏；若不想使用当前工具栏，则需要关闭此工具栏。在默认情况下，这些工具栏是随着某一文件或对象的打开而自动打开的。

4. 工作区

工作区是指 Access 系统中各种工作窗口打开的区域（图 1.4 中显示数据库窗口的工作区域）。

5. 数据库窗口

Access 是一个面向对象的可视化数据库管理系统，所有的操作都在窗口中完成。Access 的窗口种类较多，但数据库窗口是 Access 中非常重要的部分，数据库的大部分操作都是从这里开始的。Access 数据库窗口主要由命令按钮组、对象类别按钮组和对象成员集合组成。

6. 状态栏

状态栏位于屏幕的最底部，用于显示某一时刻数据库管理系统进行数据管理时的工作状态。例如，在大多数时间里 Access 在状态栏左侧显示就绪字样，表明工作表已准备好接收新的信息。

1.2.4 Access 数据库对象

数据库对象是 Access 最基本的容器对象（Container），它是一些关于某个特定主题或目的的信息集合，以一个单一的数据库文件（*.mdb）形式存储在磁盘中，具有管理当前数据库中所有信息的功能。Access 数据库有以下 7 种对象，不同对象执行不同的任务。

1. 表对象

表是数据库最基本的组件，是存储和管理数据的基本单元，由不同的列、行组合而成，每一列代表某种特定的数据类型，称为字段；每一行由各个特定的字段组成，称为记录。表和表之间的关系是 Access 的核心。

2. 查询对象

查询是数据库设计目的的体现，数据库建立完成以后，数据只有被使用者查询才能真正体现它的

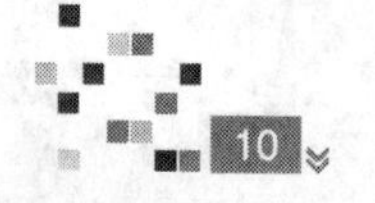

价值。将分散存放在各个表上的特定数据按照指定规则，集中起来并形成一个集合供用户查看的过程就是查询。也就是说，查询就是通过设置某些条件，从一个或多个表中获取所需要的数据。

3. 窗体对象

窗体是用户与 Access 数据库交互的图形界面，便于用户进行数据输入，以及实现各项数据库的控制功能。窗体不仅可以包含普通的数据，还可以包含图片、图形、声音、视频等多种对象。窗体对象由窗体页眉节、页面页眉节、主体节、页面页脚节、窗体页脚节 5 个节组成。

4. 报表对象

报表是数据库中数据输出的一种有效方式。用户可以控制报表上每个对象（报表控件）的大小和外观，并可以按照所需的方式选择所需显示的信息以便查看或打印输出。报表中大多数信息来自基础的表、查询或者 SQL 语句（它们是报表数据的来源）。

5. 宏对象

宏是指一个或多个操作的集合，其中宏的每个操作实现特定的功能，使用宏可以简化一些经常性的操作。宏可以使某些普通的、需要多个指令连贯执行的任务能够通过一条指令自动地完成，而这条指令就称为宏。

6. 模块对象

模块的功能与使用方法与“宏”类似。模块是由声明、语句和过程组成的集合，以 Visual Basic 为内置的数据库程序语言。对于数据库的一些较为复杂或高级的应用功能，需要使用 VBA 代码编程实现。Access 有两种类型的模块：标准模块和类模块。

7. Web 页对象

Web 页是 Access2000 之后新增的对象，指的就是我们经常浏览的 Internet 网页。在 Access 中 Web 页是作为一个特殊的数据库对象出现的。

项目 1.3 数据库系统开发

例题导读

如何使用 Access 数据库开发一个“教学管理系统”，系统主要用于教学管理人员实现对全校教师和学生信息、所开设的课程信息、学生选课信息与教师授课信息进行有效地管理。

知识汇总

- 数据库系统开发过程
- “教学管理系统”功能模块划分及功能分解

数据库应用程序开发的目标是建立一个满足用户长期需求的产品，在开发的初期分析用户的需求，程序开发的步骤如下。

1.3.1 需求分析

所谓需求分析，包括信息需求、处理需求、安全性和完整性需求，是指对要解决的问题进行详细地分析，弄清楚问题的要求，包括需要输入什么数据，要得到什么结果，最后应输出什么。可以说，在软件工程当中的“需求分析”就是确定要计算机“做什么”。需求分析是软件开发周期中最为关键的一步，开发项目无论大小，都需要经过系统调研与需求分析这个阶段。

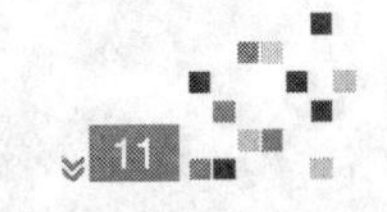

本书中要创建的数据库系统主要应用于教学管理，完全针对教师和学生两大实体进行数据库设计，围绕这两个实体进行各种查询和管理。开发人员需要了解用户需要什么样的应用系统，希望这个系统具有什么样的功能，最希望这个系统帮助用户解决什么样的问题。

1.3.2 系统设计

系统总体功能模块设计是开发数据库应用系统过程中极为重要的一环。通常将客户需求功能分成几个合理的功能块，分别进行程序设计、调试。常见的划分方法是分成四个功能块：信息处理、数据库管理、系统维护和辅助功能。

信息处理是建立数据库应用程序的目的，其最基本的功能包括各类信息查询、统计报表等功能。例如，“教学管理系统”中的教师档案登录、学生选课信息登录等。

数据库管理的主要功能是负责数据库的更新、修改等。一个特定的数据库管理操作由它的用户的权限决定，这个权限要由有权限的用户指定。例如，“教学管理系统”中的课程信息输入等。

系统维护的功能是保证数据库应用程序运行的可靠性和安全性，一般包括用户管理、口令设置、各类系统变量和数据字典的维护等。例如，“教学管理系统”中的系统用户登录界面等。

常见的辅助功能有系统安装程序、各种帮助系统和版本管理等。例如，“教学管理系统”中的系统使用说明书等。

根据上述需求分析，遵照应用系统功能的设计原则，“教学管理系统”最终确定的功能模块组成结构如图 1.5 所示。

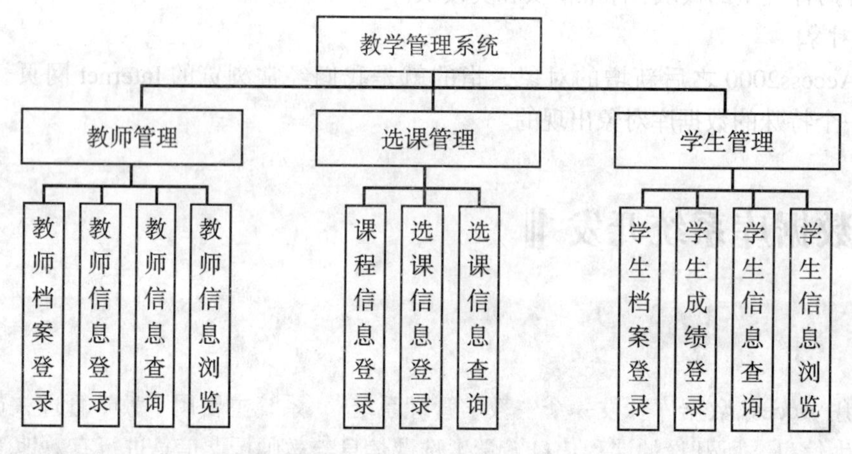

图1.5　本系统功能模块图

1.3.3 数据库设计

数据库设计是指对于一个给定的应用环境，构建最优的数据库模式及其应用系统，使之能够有效地存储数据，满足各种用户的应用需求。其设计原则为：

（1）关系数据库的设计应遵从概念单一化“一事一地”的原则。

（2）避免在表之间出现重复字段。

（3）表中的字段必须是原始数据和基本数据元素。

（4）用外部关键字保证有关联的表之间的联系。

1.3.4 功能实现

在数据库设计好之后，就需要设计界面和编写代码，以实现数据的输入与输出。这项工作就是我们常说的编程。Access 本身是个快速成型的开发工具，所以可以很快地设计出界面和编写好相应的代码，并尽快提供给用户测试。如果需要修改，则及时进行改正。本项目中所设计的教学管理系统中的各项功能分解到其他模块中进行学习，具体实现过程分解成表 1.2。

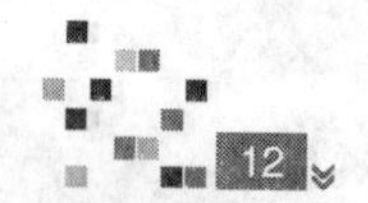

表 1.2 功能分解表

模　块	功　能
模块 2 创建数据库和表	创建“教学管理系统”数据库和“学生档案”、“学生成绩”、“学生选课”、“课程名”、“教师档案”、“教师授课”六个数据表
模块 3 查询	（1）查询各系教师人数 （2）查询某学年某学期某教师的教师姓名、学年、学期及学时 （3）以课程名为参数，查看课程名、学生姓名及学分 （4）以学号为参数，查看学号、课程名及学分 （5）以班级为参数，查看学生信息 （6）以学号为参数，查看学生信息 （7）查询成绩小于 60 的班级编号、姓名、课程名、成绩字段 （8）查询每班男女生人数 （9）查询各班每名学生的平均成绩 （10）某学期某课程不及格信息查询
模块 4 窗体	（1）教师档案登录 （2）教师档案信息及授课信息 （3）教师信息查询 （4）课程信息输入 （5）学生选课信息登录 （6）课程及选课信息查询 （7）登录学生档案 （8）登录学生选课成绩 （9）学生档案及成绩查询 （10）学生信息显示
模块 5 报表	（1）学生基本信息表 （2）学生人数统计表
模块 7 宏 模块 8VBA 程序模块设计	（1）切换面板 （2）系统登录界面

1.3.5 运行和维护程序

一个应用系统性能的优劣要由用户的使用效果做出判断。用户在使用应用程序的过程中会对应用程序提出一些建议和要求，根据用户的建议和要求对数据库应用程序进行适当的修改和完善，从而提高程序的性能。

另外，定期维护检查工作也会保证整个系统的正常运行；对程序运行的环境检测、对数据库的备份工作、对操作手册的进一步完善，都会使整个系统运行更加顺畅。

> **技术提示：**
>
> 在本项目中所介绍的系统贯穿全本，系统中的各模块功能将在以后模块中一一介绍。

重点串联

本模块内容以理论知识为主，每个知识点相对独立。要求大家注意一些相同概念在不同内容中的描述词语的不相同。知识掌握顺序：

数据库基本概念→ Access 数据库使用→“教学管理系统”系统功能模块划分及具体在哪个模块中实现。

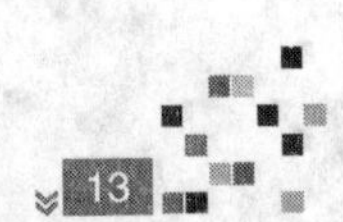

拓展与实训

基础训练

一、填空题

1. 数据处理的首要问题是数据管理。数据管理是指分类、______、存储、检索及维护数据。

2. 目前使用的数据模型基本上可分为两种类型：一种是__________，另一种是__________。

3. 实体间的联系是错综复杂的，但是两个实体的联系来说，主要有三种：一对一关系、__________和__________。

4. 面向计算机的数据模型多以______为单位构造数据模型。

5. 数据库中数据的最小存取单位是______。

二、选择题

1. Access 是一个 ( ) 系统。

A．文字处理　　B．电子表格　　C．网页制作　　D．数据库管理

2. 当完成工作后，退出 Access 数据库管理系统可以使用的快捷键是 ( )。

A．Alt+F5　　B．Ctrl+F4　　C．Alt+F4　　D．Ctrl+O

3. 数据库 (DB)、数据库系统 (DBS) 和数据库管理系统 (DBMS) 三者之间的关系是 ( )。

A．DBS 包括 DB 和 DBMS　　B．DBMS 包括 DB 和 DBS

C．DB 包括 DBS 和 DBMS　　D．DBS 就是 DB, 也就是 DBMS

4. DBMS 目前最常用的模型是 ( )。

A．联系模型　　B．层次模型　　C．对象模型　　D．关系模型

5. 在 Access 数据库中，( ) 数据库对象是其他数据库对象的基础。

A．报表　　B．查询　　C．表　　D．模块

6. 下列不属于数据库的 7 种对象之一的是 ( )。

A．向导　　B．表　　C．查询　　D．窗体

7. Access 通过 ( ) 进行功能设置。

A．“选项”对话框　　B．“属性”窗口

C．“打开”对话框　　D．“代码”窗口

三、简答题

1. 什么是数据？什么是数据库？什么是数据库系统？

2. 什么是实体？什么是属性？

3. 什么是主键？什么是外键？举例说明。

4. 数据库系统有几类对象？它们的功能是什么？

技能实训

1．尝试在 Windows 系列操作系统下安装 Access 2003 软件。

2．结合本项目中所学知识，尝试完成“仓储数据库管理”的需求分析、系统设计、数据库设计及功能分析等内容。

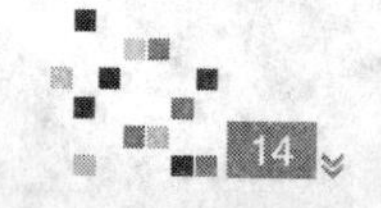

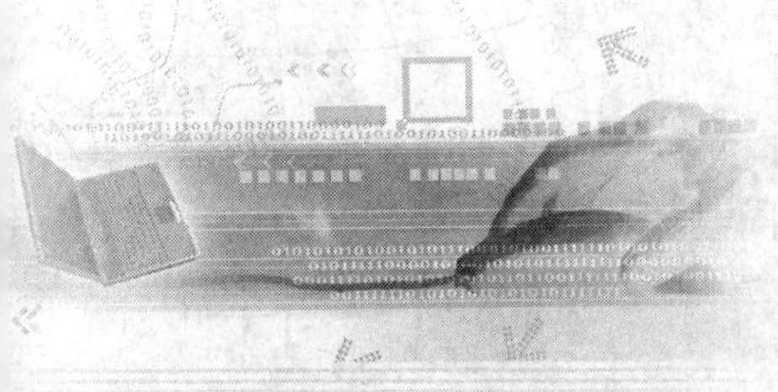

模块2 创建数据库和表

教学聚焦

教学聚焦：本模块介绍“教学管理系统”中所需数据库及表格的创建、表结构的组成、设计和更改表的关联和参照完整性、数据表的存储等基本操作的内容。

知识目标

◆ 学习创建数据库和表格的方法；
◆ 学习表间关系的概念及参照完整性的意义；
◆ 学习关于编辑表内容的基本操作过程；
◆ 了解筛选的分类情况。

技能目标

◆ 熟练掌握创建数据库和表格的方法，注意常规属性的设置；
◆ 熟练掌握设置参照完整性的过程，注意验证其效果；
◆ 掌握修改表结构和编辑表内容；
◆ 熟练掌握排序与筛选记录。

课时建议

10 课时

课堂随笔

项目 2.1 创建数据库

例题导读

Access 共提供几种创建数据库的方法？尝试用不同的方法创建数据库，分析它们各自的特点。

Access 提供了两种创建数据库的方法。一种是使用向导方法同时创建数据库及其子对象；另一种方法是先建立一个空数据库，然后再向其中添加表、查询、窗体、报表等对象。无论使用哪一种方法，所创建的数据库都将以 .mdb 为文件扩展名加以保存，并且在数据库创建之后可以随时修改或扩展数据库所包含的内容。

知识汇总

- 分别使用向导和菜单创建空白数据库
- 打开和关闭数据库

2.1.1 数据库的建立

若要开发一个 Access 数据库应用系统，首先需要创建一个数据库，再在数据库中创建所需的各个数据表，并建立表之间应有的联系。在此基础上，才能创建其他必需的数据库子对象，最终形成完善的数据库应用系统。创建数据库的方法有：

1. 使用向导创建数据库

利用 Access 提供的“数据库向导”，可以一次性地依据所选定的数据库类型创建数据库及其中所需的表、窗体、报表等，这是最简单的创建数据库方法。该向导为用户提供了有限的选项来定义数据库。

使用向导创建数据库操作步骤如下：

（1）在 Access 工具栏中单击“新建”按钮，使任务面板切换到“新建文件”面板，如图 2.1 所示。

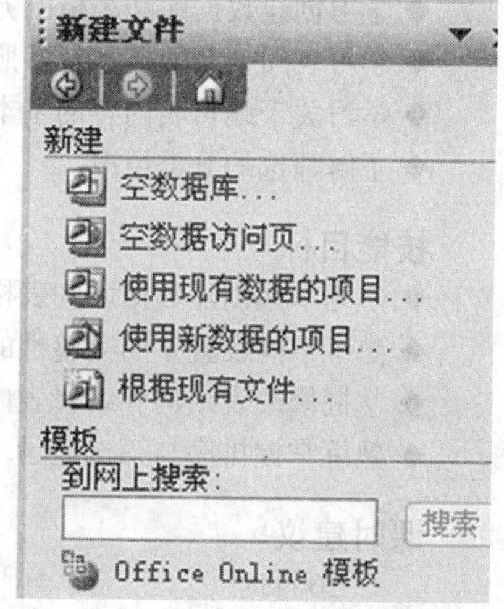

图2.1 “新建文件”面板

除此之外，还可以单击“文件”菜单下的“新建”命令，或者在“开始工作”面板中单击“新建文件”项也可以切换到“新建文件”面板。在“新建文件”面板上包括以下几项内容：

①空数据库。用于创建一个空数据库，然后再添加表、窗体、查询、报表及其他对象。

②空数据访问页。用于创建一个空数据访问页，然后再设置数据源并建立需要的连接。数据访问页是指 Access 发布的网页，包含与数据库的连接。在数据访问页中，可查看、添加、编辑以及操作数据库中存储的数据。数据访问页也可以包含其他来源的数据。

③使用现有数据的项目。使用已经建立好数据连接的项目创建 Microsoft Access 项目。Microsoft Access 项目是与 Microsoft SQL Server 数据库连接且用于创建客户 / 服务器应用程序的 Access 文件。项目文件中不包含任何数据或基于数据定义的对象（如表或视图）。

④使用新数据的项目。使用已经建立数据连接的项目创建 Microsoft Access 项目。

⑤根据现有文件。在已经存在的数据库基础上再创建一个新的数据库，并保留原数据库内的所

有对象，如数据表、查询、窗体等对象。

⑥本机上的模板。使用 Access 2003 提供的模板，并通过向导创建数据库。

（2）在“新建文件”面板中单击“本机上的模板”选项，打开“模板”对话框，并切换到“数据库”选项卡，如图 2.2 所示。

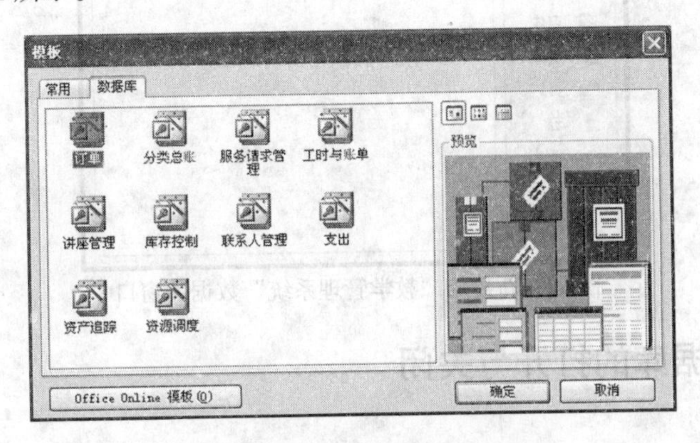

图2.2 数据库的“模板”对话框

在该选项卡中列出了“订单”、“分类总账”、“服务请求管理”、“工时与账单”、“讲座管理”等多种数据库模板，单击要使用的模板图标，然后单击“确定”按钮，弹出“文件新建数据库”对话框。在此对话框中，指定数据库的名称和位置，然后单击“创建”按钮。

（3）按照“数据库向导”的指导继续进行各种操作，逐步完成该数据库所包含的表、查询、窗体和报表对象的设计。

2. 创建空数据库

在大多数情况下，可以先创建一个空数据库，然后再添加表、窗体、报表及其他对象。这是最灵活和最常用的方法，但需要在创建空数据库之后再分别创建库中的每一个对象。建立一个空数据库的操作比较简单，可参考下面的示例。

【例题 2.1】

创建一个名为“教学管理系统”的空数据库，并保存到 D 盘根目录中。

操作步骤如下：

（1）单击 Access 工具栏上的“新建”按钮，或者选择“文件”菜单下的“新建”命令。

（2）在打开的“新建文件”面板中，单击“空数据库”选项，弹出“文件新建数据库”对话框，如图 2.3 所示。

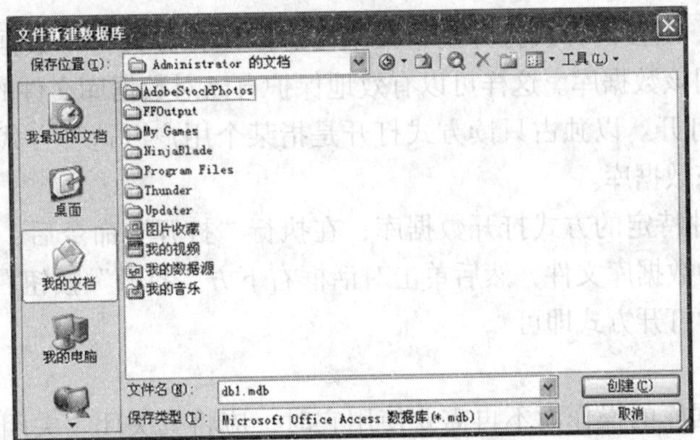

图2.3 “文件新建数据库”对话框

（3）在对话框中，指定数据库的保存位置为 D 盘根目录，文件名为“教学管理系统”。然后单击“创建”按钮，出现图 2.4 所示的“教学管理系统：数据库”窗口，表示该数据库已经创建成功，可以在此数据库窗口中创建所需的表和其他对象。

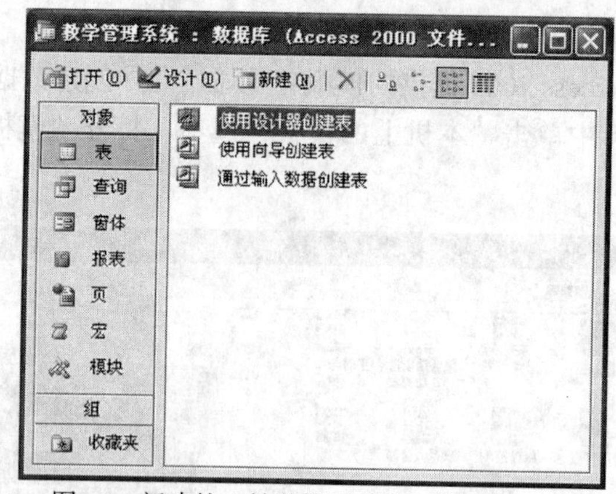

图2.4　新建的“教学管理系统”数据库窗口

2.1.2 数据库的打开与关闭

1. 数据库的打开

对于已经创建完成的数据库，可以有下述多种方法将其打开。

（1）双击 .mdb 文件打开数据库。创建完成的 Access 数据库通常以 .mdb 为文件扩展名保存在磁盘上，因而可以在 Windows 系统的“我的电脑”或“资源管理器”中打开该数据库对应的文件名，双击将其打开。此时将会启动 Access 软件，打开 Access 主窗口，并在主窗口内打开指定的数据库。

（2）打开最近使用过的数据库。在 Access 主窗口“文件”菜单的下拉列表中能够找到最近使用过的数据库文件名，单击它即可将其打开。另外，在主窗口右侧的“开始工作”面板的下方有一个“打开”列表，也可以在其中找到最近使用过的数据库文件名，单击它即可将其打开。

（3）使用“打开”命令打开数据库。选择 Access 主窗口“文件”菜单下的“打开”命令，或者单击工具栏上的“打开”按钮，在弹出的“打开”对话框中找到并选定要打开的数据库文件，然后单击对话框右下方的“打开”按钮将其打开。

需要说明的是，在使用“打开”命令打开某个数据库文件时，Access 还提供了 4 种不同的数据库打开方式供用户选择，它们分别是：

①以共享方式打开。这是默认打开数据库的方式，允许在同一时间有多个用户访问打开的数据库。

②以只读方式打开。以只读方式打开的数据库，用户只能查看而无法编辑内容。使用此方式可以防止无意间对数据的修改。

③以独占方式打开。以独占方式打开是指某个用户以这种方式打开数据库后，在这个用户使用期间其他用户将无法访问该数据库。这样可以有效地保护自己对数据库文件的修改。

④以独占只读方式打开。以独占只读方式打开是指某个用户以这种方式打开数据库后，其他用户只能以只读方式访问该数据库。

如果需要以上述某种特定的方式打开数据库，在执行“打开”命令后，在弹出的“打开”对话框中找到并选定要打开的数据库文件，然后单击对话框右下方“打开”按钮右侧的下拉箭头，在打开的列表中选取一种所需的打开方式即可。

2. 数据库的关闭

当用户完成了对数据库的操作而不再需要使用它时，应将其关闭。关闭数据库也就是关闭打开的数据库窗口，可以有以下几种方法：

（1）单击数据库窗口右上角的“关闭”按钮。

（2）双击数据库窗口左上角的“控制菜单”按钮。

（3）在 Access 主窗口中，选择“文件”菜单下的“关闭”命令。

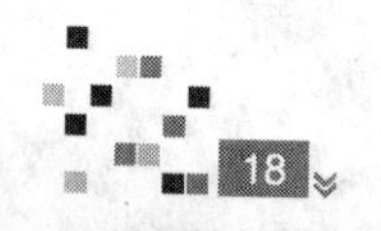

项目 2.2 使用表设计器创建表格

例题导读

在已创建的“教学管理系统”中，如何使用表设计器创建表格？如何定义字段名称、数据类型及设置相关属性？

在 Access 数据库中，表（通常也称为数据表）是存储与管理众多相关数据的基本对象。数据库中的其他对象几乎都是依赖表对象的存在而得以创建和使用的。在一个空数据库中，首要的任务就是创建若干个所需的数据表。创建表格的方法有多种，各不相同。

知识汇总

- 字段命名和数据类型分类
- 使用表设计器创建表格
- 设置主键和字段属性
- 使用查阅向导完成下拉列表的功能

2.2.1 表结构

一个 Access 数据库中的表是由行与列构成的二维表格。表中的每一个列称为一个字段，每一行称为一条记录。Access 数据表由表结构和记录数据两部分组成。所谓表结构就是表的框架，用以标明该表所包含的每一个字段的字段名称、数据类型以及相关属性等。要创建一个表格，首先需要设计和建立这个表的结构，然后再输入具体的记录数据。

1. 字段名称

字段名称是用来标识字段的，字段名称可以是大写、小写、大小写混合的英文名称，也可以是中文名称；字段命名应该符合 Access 数据库的对象命名的规则。字段名称应遵循如下的规则：

（1）字段名称可以是 1 ~ 64 个字符。

（2）字段名称可以采用字母、数字和空格以及其他一切特别字符（除句号（。）、惊叹号（！）或方括号（[ ]）以外）。

（3）不能使用 ASCⅡ码值为 0 ~ 32 的 ASCⅡ字符。

（4）不能以空格为开头。

2. 数据类型

根据关系理论，一个表中的同一列数据必须具有相同的数据特征，称为该字段的数据类型。Access 中经常用到的数据类型有 10 种。有关数据类型的详细说明，请参见表 2.1。

表 2.1 Access 中使用的数据类型

设定值	数据类型	大 小
文本	文本类型或文本与数字类型的混合。一般不需要计算。例如学号、电话号码等	最多可用 255 个字符或是由字段大小属性设定长度。Microsoft Access 不会为文本字段中未使用的部分保留空格
备注	长文本类型或文本与数字类型的组合	最多可用 640 000 个字符
数字	用于数学计算中的数值数据	1，2，3 或 8 个字节（16 个字节只适用于复制品编号）

续表 2.1

设定值	数据类型	大　小
日期 / 时间	日期 / 时间数值的设定范围为 100 ~ 9999 年	8 个字节
货币	用于数学计算的货币数值与数值数据，包含小数点后 1 ~ 4 位。整数最多有 15 位	8 个字节
自动编号	每当一条新记录加入到数据表时，Microsoft Access 都会自动生成一个唯一的连续数值（其增量为 1）或随机数字表。自动编号字段不能够更新	4 个字节（16 个字节只是用于复制品编号）
是 / 否	“是”和“否”的数值与字段只包含两个数值（True/False 或 On/Off）中的一个	1 位
OLE 对象	连接或内嵌于 Microsoft Access 数据表中的对象（如可以是 Microsoft Excel 电子表、Word 文件、图形、声音或其他二进制数据）	最多可用 10 亿字节（受限于可用的磁盘空间）
超级链接	文本类型或文本与数字类型的结合，最终以文本形式保存。作一个超级链接地址，具有三个部分：显示的文本，即呈现一个字段；或者是控制地址，即寻找一个文件的路径；或者是页子地址，即一个位于文件或页中的位置。插入一个超级链接到一个字段或控制的最简单方式，就是单击“插入”菜单中“超级链接”选项	在超级链接中的每一部分，可以包含多达 2 048 个字符
查询向导	可以建立一个字段，此字段允许从另一个数据表或者从一个以下拉式清单形式来表示的数值清单中，选取数值。在“数据类型”清单中，选取此选项，以启动查阅向导定义数据类型	与用来执行查阅的主关键字段大小相同。通常为 4 个字节

在 Access 数据库系统中，变量或字段的属性确定所存储数据的类型。如文本、备注字段的数据类型，可存储文本或数字；但数字数据类型仅允许在字段中存储数字。

Access 数据库管理系统为一些数据类型（如“数字”、“日期 / 时间”和“货币”等）预先设置了许多可能的显示格式，如日期可以用“yyyy/mm/dd”、“yyyy-mm-dd”或“dd/mm/yyyy”等格式显示。通过设置字段的格式（Format）属性可以控制其显示格式。

3. 建立表结构

要创建一个数据表，首先需要定义并建立这个表的结构。Access 提供以下几种建立表结构的方法：

（1）使用设计视图创建表。这是一种最常用的建立表结构方法。

（2）使用向导创建表。其创建方法与使用“模板创建数据库”的方法类似。

（3）通过输入数据创建表。

无论使用哪一种方法来创建表结构，用户都可以在设计视图中重新定义和修改表结构，如增加和删除字段，以及设置或改变字段的数据类型和属性等。特别是使用向导创建表格，因为表格中的所有字段都是来源于模板，所以新生成的表格必须再使用设计视图进行修改。

需要说明的是，Access 的表可以在两种不同的视图中打开，通常是在“设计视图”中创建或修改表的结构，而在“数据表视图”中输入或查看表的记录数据。在数据库窗口中以某种视图方式打开一个表之后，可以通过单击主窗口工具栏左端的“视图”按钮切换到另一种视图。

2.2.2 创建表结构

使用设计视图创建表也就是用表设计器创建表，其特点是在打开的设计视图中逐个定义表中每个字段的名称、数据类型及其属性。

技术提示：

在为每一字段选择不同的数据类型时，应该注意，每种数据类型所能设置的属性都有所不同。

【例题 2.2】

在“教学管理系统”中，使用表设计器创建一个“学生档案”表，该表的结构如表 2.2 所示。

表 2.2 “学生档案”表的结构

字段名称	数据类型	必填字段	说　明
学号	文本（8）	是	主键
姓名	文本（10）	是	
性别	文本（2）	否	有效性规则是：“男” Or “女”
出生日期	日期 / 时间	否	有效性文字是：性别字段只能输入“男”或“女”
政治面貌	查阅向导	否	短日期格式
班级编号	文本（8）	否	从“党员”和“团员”两个值选择
毕业学校	文本（20）	否	

操作步骤如下：

（1）打开“教学管理系统”数据库，在数据库窗口的左侧选择“表”对象，然后在右侧列表中双击“使用设计器创建表”选项，打开如图 2.5 所示的数据表设计视图。

图2.5　数据表设计视图

表设计视图分为上下两部分，上半部分用来输入各个字段的名称及其数据类型，下半部分用来为当前字段设置各种属性。

（2）单击上方“字段名称”列的第 1 行，在其中输入“学号”；单击该行的“数据类型”列，然后单击右侧出现的下拉箭头，在下拉列表中选择“文本”。在下半部分设置“字段大小”为 8，“必填字段”选择是。

“字段大小”属性可用来指定“文本”、“数字”或“自动编号”类型字段的长度，而“日期 / 时间”型和“是 / 否”型字段的大小是固定的。需要注意的是，如果某个字段中已经有数据存在，则重新设置其“字段大小”属性，特别是减少其字段长度时可能会造成数据丢失，因而需要格外小心。

“必填字段”用于设置字段中是否必须有值，若设置为是，则在输入数据时，该字段必须输入数据，不能设置为 Null。

（3）依据表 2.2 所列的字段名称及其数据类型，重复上面的步骤定义姓名字段，如图 2.6 所示。

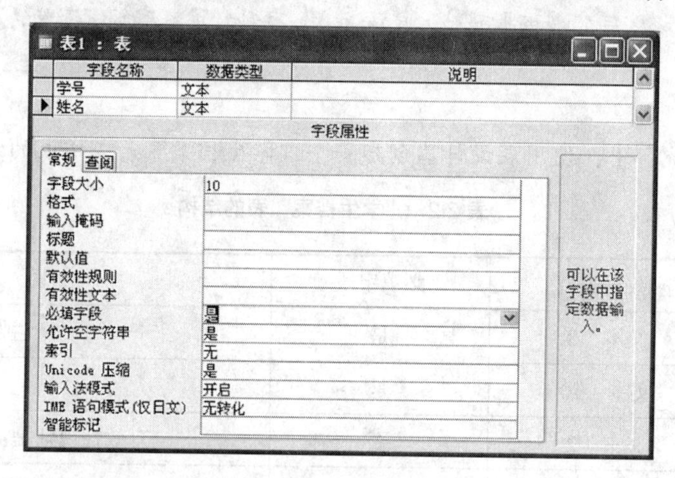

图2.6 设计“学生档案”表中的学号及姓名字段

（4）使用同样的方法定义性别字段的字段名和数据类型。在下半部分的“有效性规则”中添加“男”Or“女”，在有效性文本中添加性别字段只能输入“男”或“女”，如图 2.7 所示。

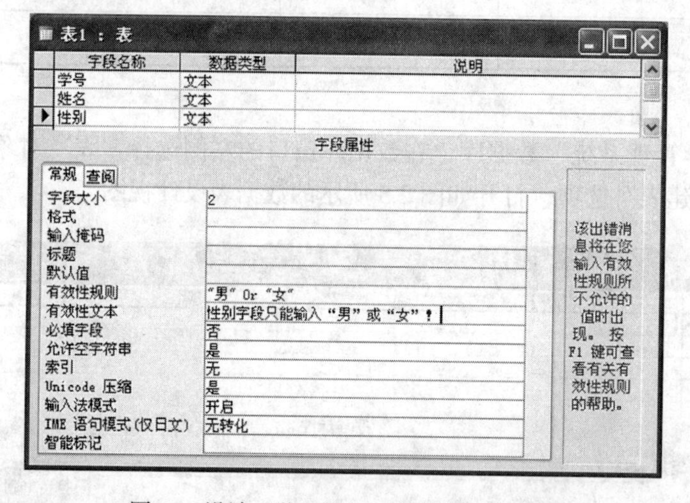

图2.7 设计“学生档案”表中的性别字段

字段的“有效性规则”属性可用来限制用户在该字段中输入的数据。如果用户输入的数据违反了该字段所定义的规则，就会根据事先设定的有效性文本显示相应的出错提示信息。无论是通过数据表视图或者与表绑定的窗体输入数据，还是从其他数据源中导入数据，只要是添加或编辑数据，都将强行实施该字段所设定的有效性规则。

记录有效性规则本身实际上是一个逻辑表达式，根据这个表达式运行的结果是真还是假来判断是否符合规则。Access 允许定义两种类型的有效性规则：字段有效性规则和记录有效性规则。字段有效性规则仅用来检查输入到单个字段中的数据。例如，本例题中为“性别”字段设置的有效性规则属于字段有效性规则。记录有效性规则用来检查同一记录相关字段之间的数据合法性，这在对比同一条记录的不同字段的值时将非常有用。

字段的“有效性文本”属性用于设置在该字段的数据输入出错时将显示的提示信息内容，就像例题中所设置的一样。一般情况下，“有效性规则”和“有效性文本”属性是成对出现的。

（5）定义出生日期字段的字段名和数据类型。在下半部分的“格式”下拉列表中选择短日期，如图 2.8 所示。

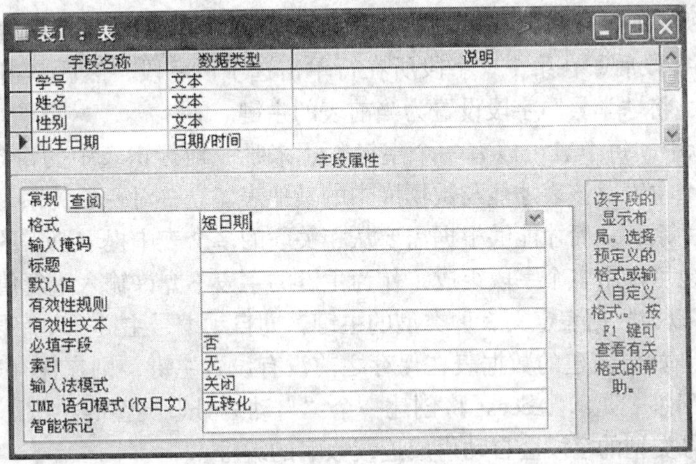

图2.8 设计“学生档案”表中的出生日期字段

“格式”属性用来规定数据的显示格式。Access 允许为字段中的数据，在不改变其实际存储形式的情况下设置一种用于显示的格式。对于不同数据类型的字段，允许设置的“格式”属性是不同的。

数字型或者货币型字段允许设置的格式为“常规数字”、“货币”、“欧元”、“固定”、“标准”、“百分比”、“科学记数”等。

日期 / 时间型字段允许设置的格式为“常规日期”、“长日期”、“中日期”、“短日期”、“长时间”、“中时间”、“短时间”等。Access 默认对“日期 / 时间型”字段的数据以“常规日期”格式显示。如果上述 7 种预定义的格式不能满足用户的需要，Access 还允许用户自定义所需的“日期 / 时间”格式。

“文本型”或者“备注型”字段的格式，不能够进行选择而需要自定义，即由用户自己创建一个格式字符串来规范该字段的显示格式或打印格式。Access 用于创建格式字符串的各字符包括：@、&、<、>、!。

“是 / 否型”字段允许选择的显示格式为“True/False”、“Yes/No”、“On/Off”等。默认情况下无论选择哪一种格式，是 / 否型字段在数据表视图中显示的都是复选框形式，只有在设计视图下方的“查阅”选项卡中将“是 / 否型”字段的“显示控件”属性改为“文本框”，所选择的显示格式才会起作用。

（6）定义政治面貌字段名，在数据类型下拉列表中选择“查阅向导...”，在弹出的对话框中选择“自行键入所需的值”单选按钮。单击“下一步”按钮，在弹出的下一个对话框中，在“第 1 列”的一个单元格中输入“党员”，一个单元格中输入“团员”，如图 2.9 所示。

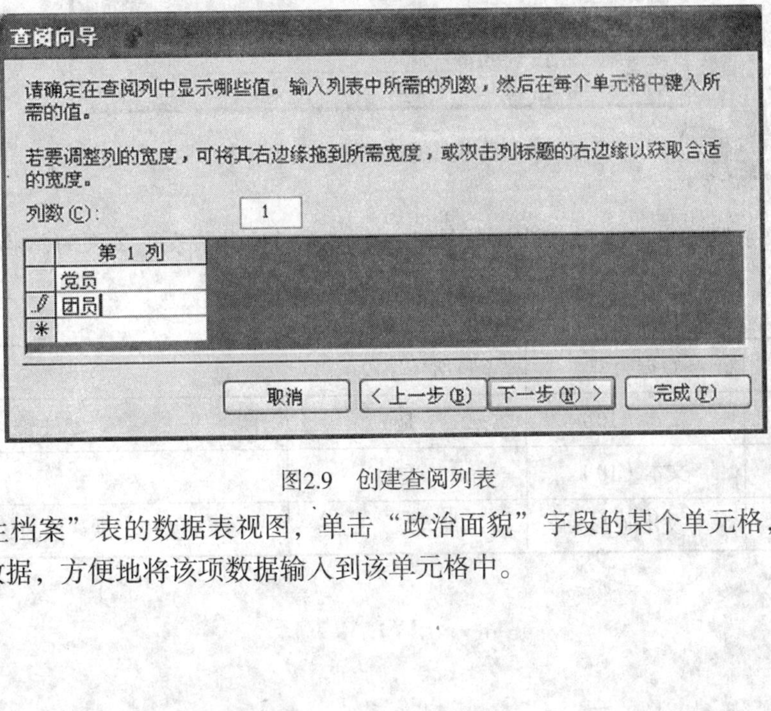

图2.9 创建查阅列表

切换到“学生档案”表的数据表视图，单击“政治面貌”字段的某个单元格，就可以在出现的列表中选取某项数据，方便地将该项数据输入到该单元格中。

（7）依据表 2.2 所列的字段名称及其数据类型，重复上面的步骤定义班级编号和毕业学校字段。

（8）定义好全部字段后，在第 1 个字段所在行单击选中该字段，然后单击主窗口工具栏上形如钥匙的“主键”按钮，将“学号”字段设置为当前表的主键。

在 Access 数据库中，每个表可以有一个主键，用来唯一地标识表中的每条记录。通常情况下，只有为某个表定义一个主键，该表才能与数据库中的其他表建立一对一的关系，或者以主表的身份与其他表建立一对多的关系，从而才能够根据需要从相关联的多个表中提取所需的数据。主键通常由一个字段担任，需要时也可以由多个字段组成，作为主键的字段不允许输入重复值也不允许为 Null 值。

在 Access 中，可以为数据表定义 3 种类型的主键，即自动编号主键、单字段主键和多字段主键。

①自动编号主键。如果新建的数据表在保存之前没有设置主键，则在保存表格时 Access 会询问是否要创建主键，若回答“是”，Access 将创建一个“自动编号”类型的主键。当向表中添加一条新记录时，此种自动编号类型的字段会自动生成连续数字的编号。

②单字段主键。单字段主键是以某一个字段作为主键，来唯一地标识每一条记录。如果某个字段不包含重复值或 Null 值，且能够将表中的不同的记录区别开来，便可以将该字段指定为主键。

③多字段主键。在不能保证表中的任何单个字段包含唯一值时，可以将两个或更多的字段指定为主键。多字段主键的字段排列顺序非常重要，需要在设计视图中定义和排列好。如果要设置多字段主键，应先按住 Ctrl 键，然后单击每一个要设置为主键的字段。

一般来说，为数据表设置主键的好处在于可以大大提高数据的查询和排序速度。如果想删除主键，则要先选择主键字段，再单击工具栏中的“主键”按钮即可取消主键设置。

（9）单击主窗口工具栏上的“保存”按钮，将所创建的表命名为“学生档案”进行保存。在设计视图中完成的“学生档案”表结构，如图 2.10 所示。

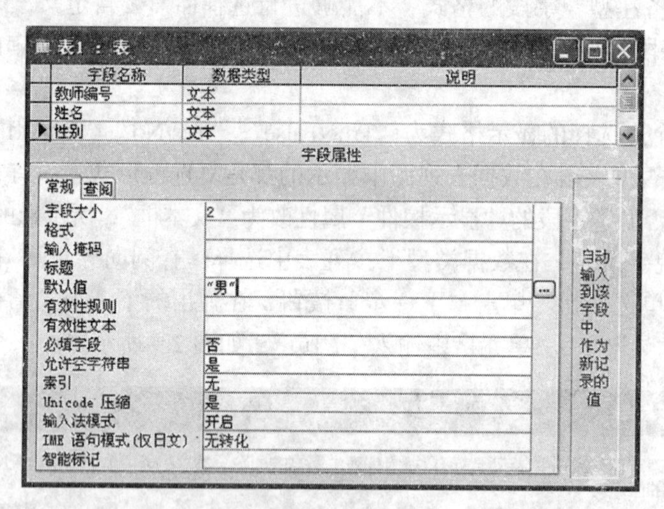

图2.10 设计完成的“学生档案”表结构

【例题 2.3】

在“教学管理系统”中，使用表设计器创建一个“教师档案”表，该表的结构如表 2.3 所示。

表 2.3 “教师档案”表的结构

字段名称	数据类型	必填字段	说　明
教师编号	文本（10）	是	主键
姓名	文本（10）	是	
性别	文本（2）	否	默认值为“男”

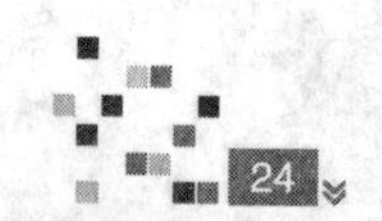

续表 2.3

字段名称	数据类型	必填字段	说　明
工作时间	日期 / 时间	否	短日期格式，输入掩码为 0000/99/99:0:_
政治面貌	文本（10）	否	
学历	文本（8）	否	标题为第一学历
职称	文本（8）	否	
系别	文本（10）	否	
联系电话	文本（15）	否	输入掩码 00000000000

操作步骤如下：

（1）按照【例题 2.2】所讲述的方法打开表设计视图。依据表 2.3 所列出的字段名称及其数据类型定义教师编号和姓名字段。

（2）定义性别字段的字段名和数据类型。在下半部分的“默认值”中输入“男”，如图 2.11 所示。

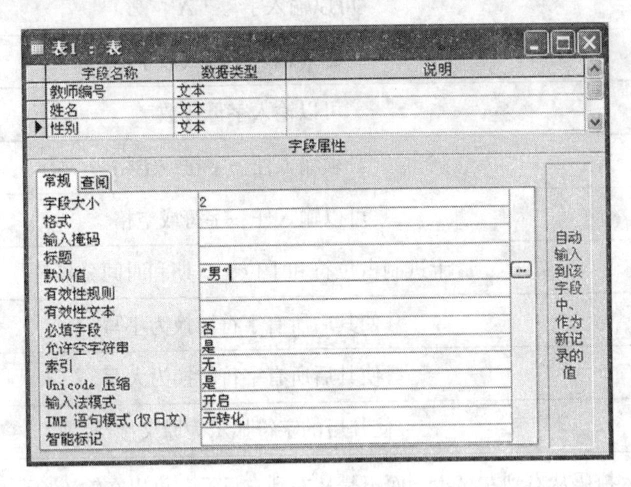

图2.11　设计“教师档案”表中的性别字段

为字段设置“默认值”属性，可以自动产生该字段的数据，减少用户的输入量。除“自动编号”和“OLE 对象”类型的字段之外，Access 允许为任何一个字段指定一个与字段类型相匹配的默认值。

（3）定义工作时间字段的字段名和数据类型。在下半部分的“格式”中选择“短日期”，在“输入掩码”中输入“0000/99/99:0:”，如图 2.12 所示。

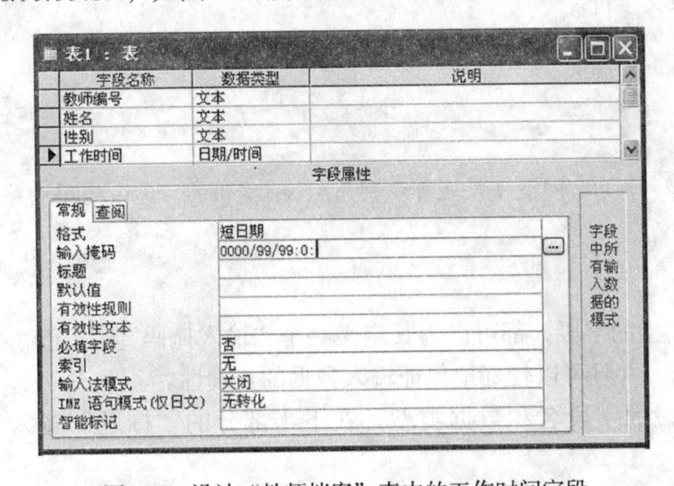

图2.12　设计“教师档案”表中的工作时间字段

为字段设置“输入掩码”属性，可用来规范该字段数据的输入格式及每一位上允许输入的数据内容，起到方便数据输入及减少输入错误的作用。输入掩码主要用于文本型和日期/时间型字段，也可以用于数字型或货币型字段。

输入掩码本身实际上是由若干个字符构成的一个特定字符串，由字面显示字符（如括号、句号、连字符等）和掩码字符（用于指定可以输入数据的位置及其数据种类等）组成。表 2.4 列出了 Access 允许的掩码字段及其简短说明。

表 2.4 输入掩码字符及其简短说明

字 符	说 明
0	必须输入数字 0 ~ 9，不允许使用加号和减号
9	可以输入数字或空格，不允许使用加号和减号
#	可以输入数字或空格，空白将转换为空格，允许使用加号和减号
L	必须输入字母（A ~ Z）
?	可以输入字母（A ~ Z）
A	必须输入字母或数字
a	可以输入字母或数字
&	必须输入任一字符或空格
C	可以输入任一字符或空格
.,:;-/	十进制占位符和千位、日期和时间分隔符
<	使其后所有字符转换为小写
>	使其后所有字符转换为大写
\	使其后的字符显示为原义字符
!	可以使输入掩码从右到左显示，而不是从左到右显示。可以在输入掩码中的任何位置使用感叹号
密码	创建密码输入文本框。文本框中键入的任何字符都按字面字符保存，但显示为星号（*）

在实际定义输入掩码字符串时，若是定义字面显示字符，请输入表 2.4 以外的任何其他字符（包括空格）；若要将表 2.4 中列出的某一个掩码字符定义为字面显示字符，则需要在字符前面加上反斜线（\），使其显示为原义字符。

技术提示：

实际上，文本型和日期/时间型字段还可以利用Access提供的“输入掩码向导”来方便地为其定义输入掩码。

对于大多数数据类型的字段，都可以为其定义一个“输入掩码”。指定输入掩码后，向字段中输入数据会变得容易进行，并且可以较好地保证输入数据的正确性。

（4）定义学历字段的字段名和数据类型。在下半部分的“标题”输入第一学历，如图 2.13 所示。

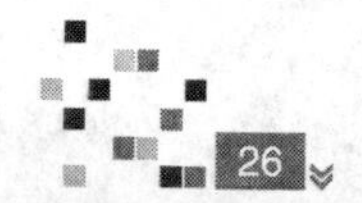

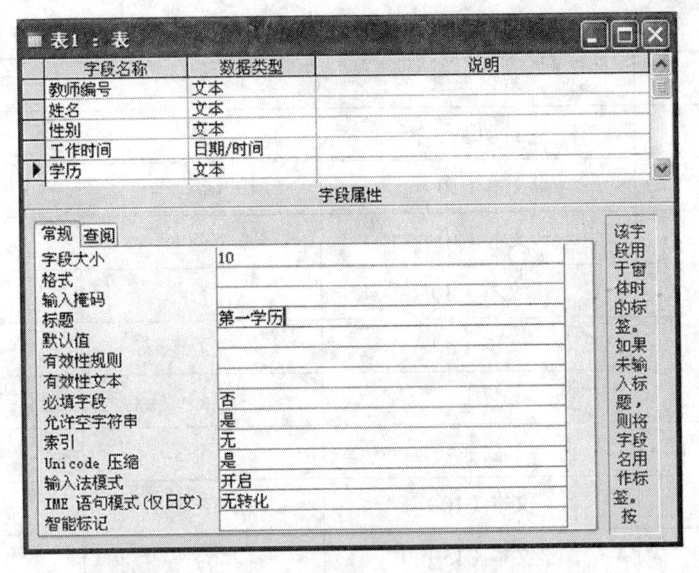

图2.13　设计“教师档案”表中的学历字段

字段的“标题”属性允许用户指定一个更为直观、具体的字段标题文字，来替代在数据表视图、窗体或报表中显示的字段名称。就像“学历”字段，它的“标题”属性设置为“第一学历”，就会在打开的“教师档案”数据表视图中，看到“学历”字段的标题已改为所设定的“第一学历”。

技术提示：

“标题”属性中所设置的“第一学历”可以在数据表视图、查询结果、窗体中显示在字段名称的位置上，但它并不是字段名。在创建查询、窗体或者报表时，所选择的字段依然是“学历”。

（5）依据表2.3所列的字段名称及其数据类型，重复上面的步骤定义其余的字段及主键。

（6）单击主窗口工具栏上的“保存”按钮，将所创建的表命名为“教师档案”进行保存。

在定义字段的同时，除了上面介绍的几种常规属性之外，还可以设置下面几种相关属性。

①输入法模式：当光标移动到这个字段的时候，会自动切换到输入法模式，这个属性对于含有中英文混合输入的录入窗体非常有用。

②智能标记：表示字段被识别和标记为特殊类型的数据。

③说明属性：在数据表视图显示的查询中，以及在以窗体视图或数据表视图显示的窗体中选择这个字段时，Access就会在状态栏上显示这些说明信息。

④允许空字符串：设置字段是否允许使用空字符串。

接下来，使用类似的方法依据表2.5和表2.6，使用表设计器创建“学生选课”表、“教师授课”表。

表2.5　“学生选课”表的结构

字段名称	数据类型	必填字段	说　明
选课ID	自动编号	否	主键
课程编号	文本（10）	否	
学号	文本（10）	否	

表 2.6 “教师授课”表的结构

字段名称	数据类型	必填字段	说　明
授课 ID	自动编号	是	主键
课程编号	文本（10）	否	
教师编号	文本（10）	否	
班级编号	文本（8）	否	
学年	文本（8）	否	
学期	数字	否	整型
学时	数字	否	整型
授课地点	文本（10）	否	
授课时间	文本（15）	否	

项目 2.3 使用数据表视图创建表格

例题导读

如何在数据表视图中创建表格？分析使用数据表视图创建表格与使用设计器创建表格的区别。

除了使用向导和设计视图来创建表格之外，用户还可以使用数据表视图来创建表格。使用数据表视图创建表格的过程是，在数据表视图打开一个空表，然后直接在表格的各字段栏目处输入字段名称来创建表。这种方法比较简单，但无法对每一个字段的数据类型和属性进行具体的设置，一般还需要在设计视图中对这种表进行进一步的定义和修改。

知识汇总

- 使用数据表视图创建表格

【例题 2.4】

使用数据表视图，在“教学管理系统”数据库中创建一个“课程名”表，该表的结构如表 2.7 所示。

表 2.7 “课程名”表的结构

字段名称	数据类型	必填字段	说　明
课程编号	文本（10）	是	主键
课程名	文本（20）	是	
课程类别	文本（6）	是	
学分	数字	是	整型

操作步骤如下：

（1）打开“教学管理系统”数据库，在数据库窗口的左侧选择“表”对象，然后单击工具栏上的“新建”按钮，打开如图 2.14 所示的“新建表”对话框。

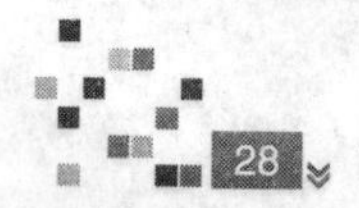

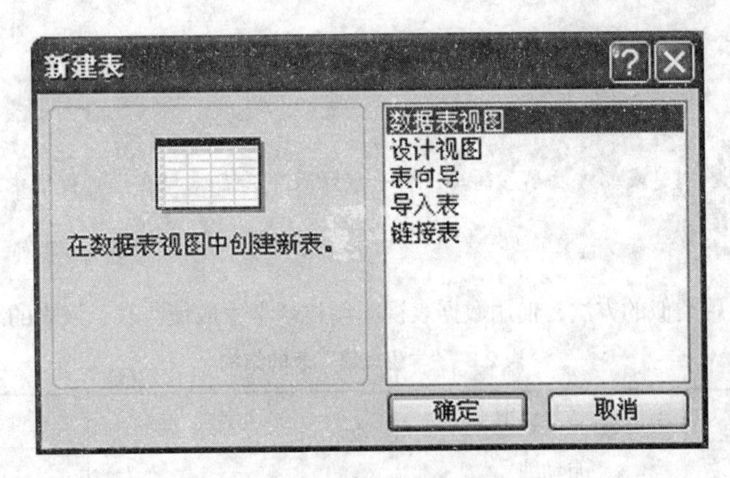

图2.14 “新建表”对话框

（2）在对话框中选择“数据表视图”，然后单击“确定”按钮，打开一个空数据表，默认字段名称依次为“字段 1”、“字段 2”、“字段 3”等，如图 2.15 所示。

图2.15　数据表视图

（3）在空数据表中，为每个所需的字段重新命名。双击“字段 1”，输入“课程编号”；双击“字段 2”，输入“课程名”。用同样的方法输入其他字段的名称。修改后的数据表视图如图 2.16 所示。

图2.16　对字段重新命名后的数据表

（4）此时，就可在数据表中直接输入记录数据。需要指出的是，由于以上操作仅仅定义了各个字段的名称，而没有定义各字段的数据类型和其他属性，所以如果此时输入数据，Access 将根据某个字段所输入的数据内容来判断该字段的类型。若输入普通字符或汉字，将作为文本类型的字段；若输入数值，则作为数字类型的字段。

（5）选择“文件”菜单下的“保存”命令，或者单击主窗口工具栏上的“保存”按钮，将所创建的表命名为“课程名”表加以保存。

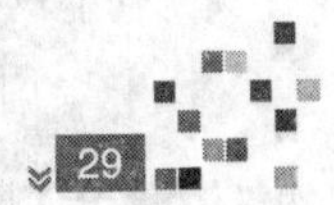

技术提示：

使用数据表视图创建表的方法尽管简单，但一般情况下，都需要在设计视图中对所创建的表进行进一步的修改和完善。

接下来，我们使用类似的方法，使用数据表视图创建“学生成绩”表，该表的结构如表 2.8 所示。

表 2.8 “学生成绩”表的结构

字段名称	数据类型	必填字段	说　明
成绩 ID	自动编号	是	主键
学号	文本（10）	是	
学年	文本（8）	否	
学期	数字	否	整型
课程编号	文本（10）	是	
成绩	数字	否	整型

项目 2.4 建立表间关系

例题导读

如何创建各种类型的关系？如何修改各种关系及如何删除各种关系？关系中的参照完整性对数据库起到什么作用？参照完整性对数据库设计有什么好处及坏处？

当我们在 Access 数据库中为不同的信息实体创建了表，而表与表之间尚无任何关联时，还不能反映出现实生活中事物之间的内在联系。关系就是定出表与表之间的这种联系的逻辑关系。关系通过匹配键字段中的数据来建立，键字段通常是两个表中使用相同名称的字段。在大多数情况下，两个匹配的字段中一个是所在表的主键，对每一条记录提供唯一的标识符；而另一个是所在表的外键。关系不是必须定义的，但是定义好表的关系，可以简化以后的开发工作，可以保证数据的完整性和有效性。建议在表设计完成以后，适当地定义表间关系。下面介绍建立和维护表间关系，设置参照完整性的具体方法。

知识汇总

- 表与表之间有哪几种关系
- 利用“关系”按钮创建表间关系
- 查看和编辑表间关系
- 设置参照完整性

2.4.1 表间关系的概念

有这样的情况，在两个或者多个表当中都需要包含某个事物的特定属性，比如“客户编号”和

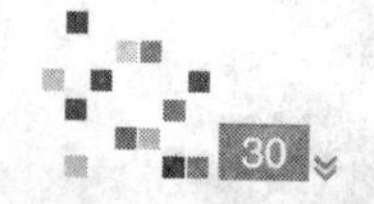

“客户名称”这两项重要信息需要同时在“客户资料”、“客户订单”及“送货单”表中使用。而且在现实的表当中，都有“客户编号”和“客户名称”这两个栏目，因此我们可能会在“客户资料”表、“客户订单”表、“送货单”这些表中都设计了“客户编号”和“客户名称”字段。当客户名称发生变更的时候，我们更新“客户资料”表当中的资料，但是存储在“客户订单”表和“送货单”表当中的“客户名称”字段值却仍然保持以前的客户名称没有变化，此时如果我们按客户名称生成一个送货单的汇总表，那么这一个客户会因为前后名称不一样而被误为两个客户，这显然不是我们想要的。同时，客户名称一般都比较长，同时存储在多个表的多条记录中，会额外增加数据库的体积。

如果我们为这几个表按照“客户编号”定义了关系，那么在其中一个表，例如，“客户资料”表中存储“客户编号”和“客户名称”，而只是在“客户订单”、“送货单”表中存储比“客户名称”要简短很多的“客户编号”，需要“客户名称”资料的时候只需要从“客户资料”表当中提取就可以了。

这样，“客户名称”仅在一个表中存储，明显减少了数据的冗余，减少了数据的维护难度，降低了数据库成本。虽然当记录很少的时候无法体会到这种优势，但当数据量足够大的时候，就很明显了。

关系是很重要的数据库对象，建立好关系对于规范表结构、减少数据冗余，以及保证数据完整性、有效性、安全性等方面有着重要作用，而且实现起来比较简单。下面让我们看一下表与表之间有哪几种关系。

1. 一对一关系

一对一关系是在两张表的主关键字字段上建立的一种关系。实际上这种一一对应的关系很少用到，因为这往往可以将两个表合并为一个表。以下几种情况可以用一对一关系：

（1）不常用的字段放在单独的表中，以减少表体积，加快对常用字段的检索和运算速度。

（2）需要具有更高安全性，可以将特定的字段放在单独表中，授权少部分人使用。

（3）字段太多以至于超过 Access 一张表所允许的数量。

2. 一对多关系

每一张订单对应有一条或者多条订单明细，这就是典型的一对多关系。

在 Access 中，表之间的协调必须利用关系来完成。关系通过匹配键字段中的数据来完成，在大多数情况下，这些匹配的字段是表中的主键，键字段通常是两个表中使用相同名称的字段。在“订单”与“订单明细”这两个表之间是通过“订单号”来建立这种关系的，“订单”表格的字段“订单号”是主键，对于每一条记录提供唯一的标识符，并且在其他表格有一个外部键。“订单明细”表中“订单号”字段就是外键，这两个字段具有相同的数据类型和字段大小，外键往往都有重复。

一对多关系是最常见的一种关系。实际上“产品”表还同时和这里的“订单明细”表具有一对多关系，它们的关系则是建立在“产品编号”这个字段上的。例如，在“教学管理系统”中的“学生档案”表与“学生成绩”表在同名“学号”字段上是一对多关系。

3. 多对多关系

多对多的关系理解起来可能不像一对一或者一对多关系那样直观，但是多对多关系也是在一对多关系建立以后的基础上形成的。例如，“订单”表与“产品”表之间，一张订单中包括多种产品，同样，一种产品也同时存在于多张订单中。这两张表具有这种多对多关系，因为它们分别和“订单明细”表都具有一对多关系。例如，在“教学管理系统”中的“学生成绩”表与“课程名”表在“课程号”字段上是多对多关系。

2.4.2 建立表间关系

关系是现实生活中事物之间的内在联系在数据库中的表示和体现，这种联系是客观存在的，所以，虽然建立关系这一步骤，是在完成表设计这一基础工作后实现的，但是在建表的时候，就应该分析和充分考虑这些关系的客观存在，才能设计出合理的表结构。

【例题 2.5】

下面为“教学管理系统”数据库中的“学生档案”表、“学生成绩”表、“课程名”表、“学生选

课”表、“教师档案”表和“教师授课”表6个表，创建各表格之间应有的关系。

操作步骤如下：

（1）打开“教学管理系统”数据库，单击主窗口工具栏上的“关系”按钮，或者选择“工具”菜单下的“关系”命令，打开“关系”窗口。然后单击主窗口工具栏上的“显示表”按钮，打开“显示表”对话框，如图2.17所示。

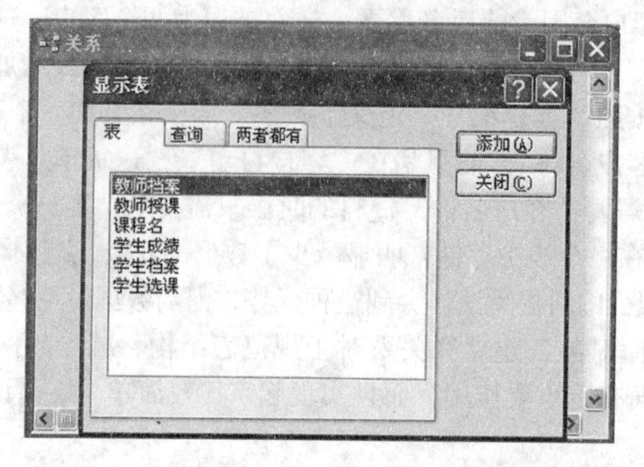

图2.17 “关系”窗口与“显示表”对话框

（2）在“显示表”对话框中选择“学生档案”表，然后单击“添加”按钮，将其添加到“关系”窗口，用同样的方法将“学生成绩”表、“课程名”表、“学生选课”表、“教师档案”表和“教师授课”表添加到“关系”窗口内。然后，关闭“显示表”对话框。至此，“关系”窗口的效果如图2.18所示。

（3）在“关系”窗口中，用鼠标选取“学生档案”表的“学号”字段，将其拖放到“学生成绩”表的“学号”字段上。此时将弹出如图2.19所示的“编辑关系”对话框。

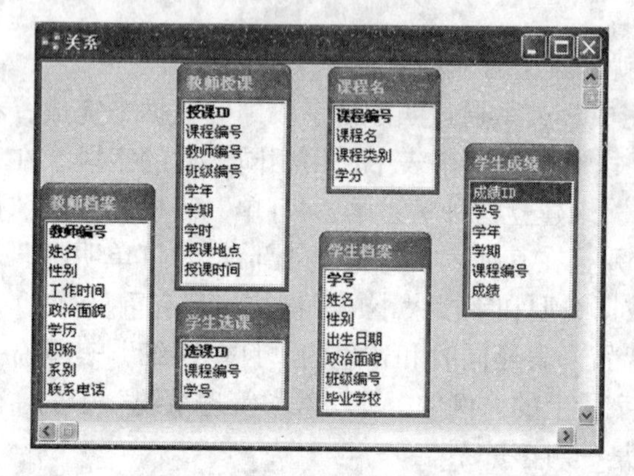

图2.18 添加表后的“关系”窗口

图2.19 “编辑关系”对话框

（4）由于只有“学生档案”表的“学号”字段是主键，所以创建的关系类型自动为“一对多”关系。单击“编辑关系”对话框中的“创建”按钮，完成“学生档案”表和“学生成绩”表通过“学号”字段建立一对多关系的操作。

如果选择“编辑关系”对话框中的“联接类型”按钮，可以选择联接属性，如图2.20所示。

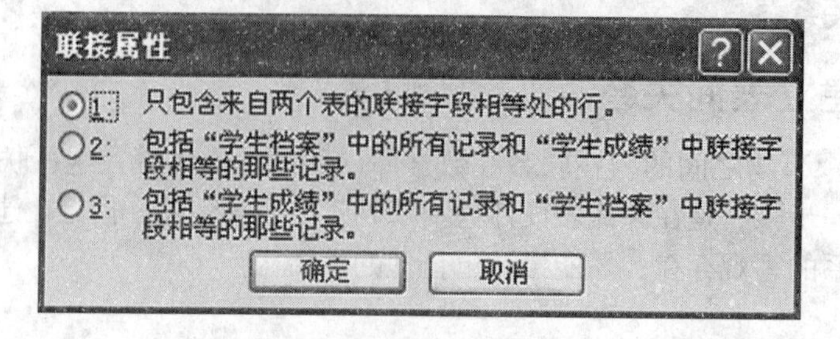

图2.20 “联接属性”对话框

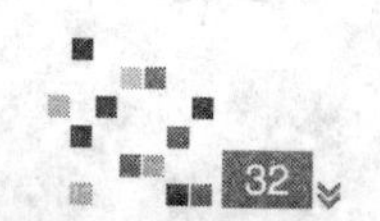

如果选择“编辑关系”对话框中的“新建”按钮，可以在“新建”对话框中选择新的表格和字段，如图 2.21 所示。

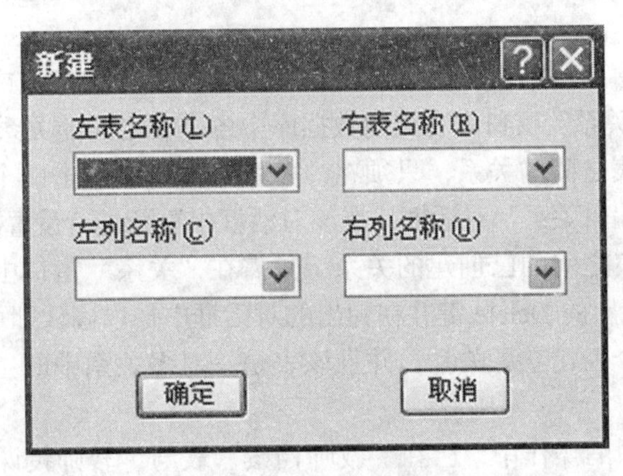

图2.21 “新建”对话框

（5）利用同样的方法为“学生档案”表的“学号”字段与“学生选课”表的“学号”字段创建关系。

（6）接下来为“课程名”表的“课程编号”字段与“学生成绩”表的“课程编号”字段、“课程名”表的“课程编号”字段与“学生选课”表的“课程编号”字段、“课程名”表的“课程编号”字段与“教师授课”表的“课程编号”字段、“教师档案”表的“教师编号”与“教师授课”表的“教师编号”字段之间创建关系。

至此，在“关系”窗口中将显示出各表共有字段之间用特定连线表示的表间关系，如图 2.22 所示。

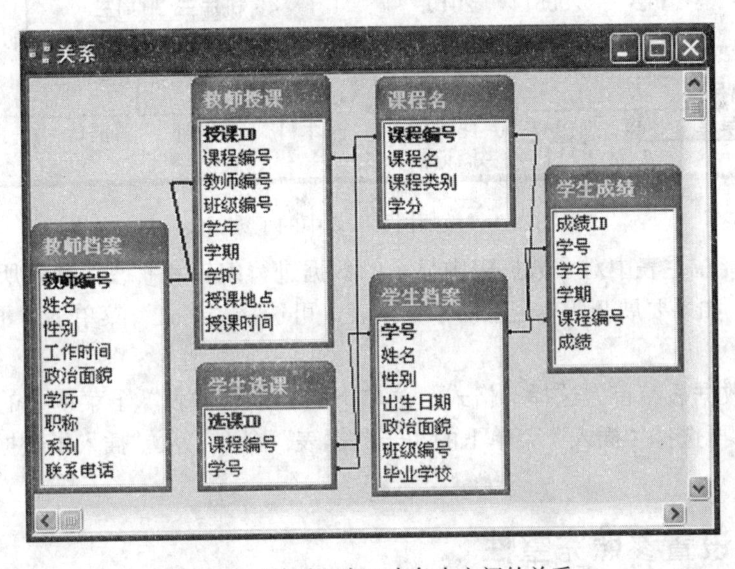

图2.22 “关系”窗口中各表之间的关系

技术提示：

在“关系”窗口的各个表中，所有使用粗体字显示的字段名均为主键。某一个表中用于建立关系的字段只要已设定为主键或者唯一索引，则在创建一对多关系时不论鼠标拖拽的方向如何，该表必定为主表，与之建立关系的表则为子表。

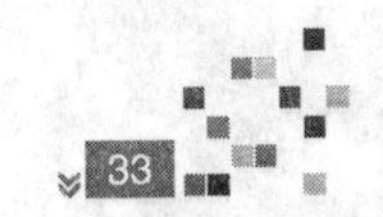

（7）单击工具栏的“保存”按钮，把修改的关系图保存下来。

创建好表之间的关系后，可以随时进行查看，必要时还可以对其进行修改或删除。查看和编辑表间关系的操作步骤如下。

（1）打开“数据库”窗口，单击主窗口工具栏上的“关系”按钮，或者选择“工具”菜单下的“关系”命令，即可打开“关系”窗口查看当前数据库中各个表之间的关系。

（2）如果要更改两个表之间的关系，只须在“关系”窗口中双击两个表之间的关系连线，这时将弹出如图 2.19 所示的“编辑关系”对话框，在该对话框中重新进行设置即可。

（3）如果要删除两个表之间的已创建的关系，只需在“关系”窗口中单击两个表之间的关系连续使其变粗，然后按下键盘上的 Delete 键并在弹出的对话框中加以确认即可。

当某个数据表与另一个表建立了关系，并且该表是一对多关系中的主表时，Access 将自动在该表中创建子数据表。

例如，在上面创建关系的操作中，已在“教师档案”表与“教师授课”表之间建立了一对多的关系，因此在数据表视图中打开“教师档案”表后，可以看到表中每一条记录的左端都添加了一个展开（+）或折叠（-）标记，单击某条记录的展开（+）标记就会弹出一个相应的子数据表，在其内显示出“教师授课”表中与该条记录对应的所有记录数据，如图 2.23 所示。

教师档案 ： 表

教师编号	姓名	性别	工作时间	政治面貌	第一学历	职称	系别	联系电话
1	马蓉平	女	1998-8-1	党员	本科	副教授	计算机	12345678901

授课ID	课程编号	班级编号	学年	学期	学时	授课地点	授课时间
1	1302	200612	2010	1	40	机房三	周一
2	1302	200613	2010	1	40	机房三	周二
3	1302	200614	2010	1	40	机房三	周三
17	1405	200615	2011	2	40	机房二	周四
18	1405	200616	2011	2	40	机房二	周五
(自动编号)				0	0		

教师编号	姓名	性别	工作时间	政治面貌	第一学历	职称	系别	联系电话
10	吴昊	男	1987-10-15	党员	本科	讲师	船体	13104295879

记录: 6 共有记录数: 6

图2.23 “教师档案”表中的子数据表

Access 允许直接在主表中对子数据表内显示的数据进行编辑和修改，并且所作的修改将保存在对应的子数据表中。如果要展开所有记录的子数据表，可选择“格式”菜单下“子数据表”的“全部展开”命令。

如果要修改子数据表，首先选择“格式”菜单下的“子数据表”子菜单中的“删除”命令，删除原有的子数据表；再选择“插入”菜单下的“子数据表”命令，从“插入子数据表”对话框中选择新的子数据表。

2.4.3 设置参照完整性

实施参照完整性是关系的一个重要属性，这个属性作为表与表之间的数据完整性维护的约束之一，用来防止相关表的键数据被意外删除或者更改，使得相关的表之间的数据保持完整和一致。实施参照完整性要求两个表都处在同一个数据库中，且主表的匹配字段必须具有唯一索引。

1. 实施参照完整性

在“关系”窗口中，双击两表之间的连线，在弹出的如图 2.19 所示的“编辑关系”对话框中，可以设定实施参照完整性这个属性。单击“实施参照完整性”复选框，使之选中，此时“级联更新相关字段”和“级联删除相关记录”复选框处于有效状态，可以设置这两个复选框选中或不选择中，如图 2.24 所示。

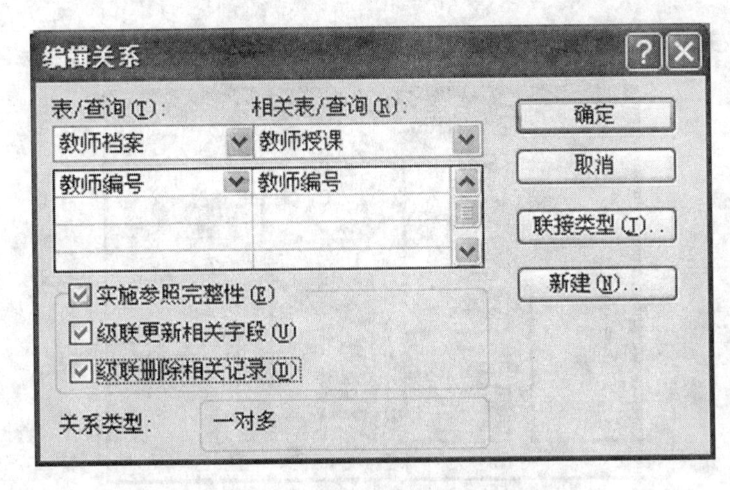

图2.24 实施参照完整性设置

设定“实施参照完整性”以后，不能在相关表的外键字段中输入不存在于主表的主键中的值。如果“级联更新相关字段”和“级联删除相关记录”复选框没有选中，那么只要相关表中包含某主键值的相关记录，则该主键值将不能被修改，也不能从主表中删除，以保证数据完整和有效。

例如，在“教师档案”表与“教师授课”表中，我们不希望在“教师授课”表中的“教师编号”在不是“教师档案”表中被随意地删除。同时，我们不希望“教师授课”表中填入一条“教师档案”表中没有的教师记录，所以这两张表的关系应该实施参照完整性。

2. 级联更新相关字段

选中“级联更新相关字段”复选框，且相关表中包含了某主键值的相关记录，则该主键值被修改时，相关表中的那些记录将被同时更新。例如，主键“教师编号”在“教师档案”表更新以后，希望“教师授课”表中的“教师编号”能自动更新，以使数据一致，减轻数据维护的难度和工作量，我们可以选中这两张表关系的“级联更新相关记录”复选框，如图 2.24 所示。

3. 级联删除相关记录

选中“级联删除相关记录”复选框，且相关表中包含了某主键值的相关记录，当该主键值被删除时，相关表中的相关记录将同时被自动删除，以保证数据是有效的。在某些情况下，同时删除相关表的数据并不会有任何警告消息。

例如，“教师档案”表中的某条记录被删除以后，保存在“教师授课”表中的被删除教师相关的数据就是无效数据，也应该一并删除。如果我们定义“教师档案”与“教师授课”表的关系是“级联删除相关记录”，Access 就可以自动完成相关表中无效数据的删除。

【例题 2.6】

对“教学管理系统”数据库中的“学生档案”表和“学生选课”表设置表之间的参照完整性规则，并验证其效果。

操作步骤如下：

(1) 打开“教学管理系统”数据库，单击主窗口工具栏上的“关系”按钮，或者选择“工具”菜单下的“关系”命令，打开“关系”窗口。

(2) 双击“学生档案”表和“学生选课”表之间的连线，打开如图 2.19 所示的“编辑关系”对话框。在对话框下方有 3 个复选框，如果同时选中“实施参照完整性”复选框和“级联更新相关字段”复选框，则在更新主表的主键字段数据时，Access 将自动更新相关表中的对应数据；如果同时选中“实施参照完整性”复选框和“级联删除相关记录”复选框，则在删除主表中的某条记录时 Access 将自动删除相关表中的对应记录。本例选中全部复选框，如图 2.24 所示。

(3) 单击“确定”按钮关闭“编辑关系”对话框，此时“关系”窗口中“学生档案”表和“学生选课”表之间的连线上将出现一对多关系的标志，其中的标志“1”代表一对多关系的“一方”，标

志“∞”代表一对多关系的“多方”，如图 2.25 所示。

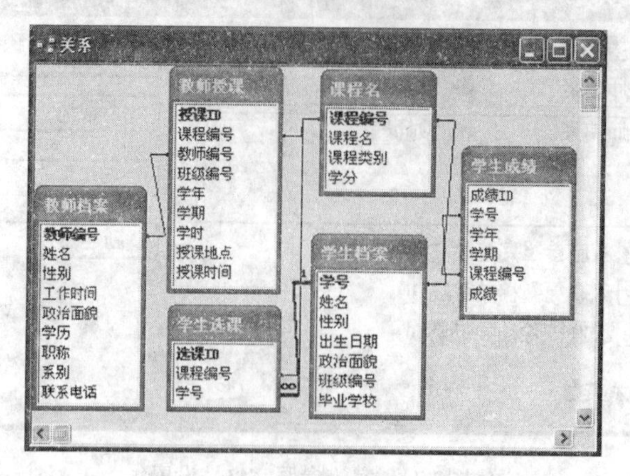

图2.25　表之间的一对多关系

（4）用相同的方法，为“课程名”表与“学生成绩”表之间、“课程名”表与“学生选课”表之间、“课程名”表与“教师授课”表之间、“教师档案”表与“教师授课”表之间设置参照完整性。设置完毕后的“关系”窗口如图 2.26 所示。

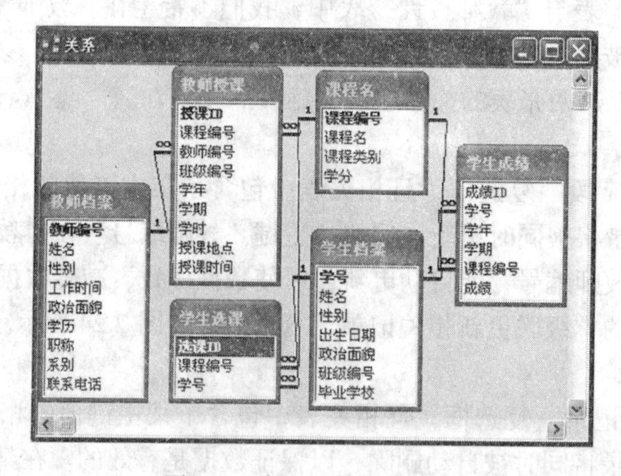

图2.26　表之间的各种关系

（5）现在可以验证设置参照完整性后的效果。关闭“关系”窗口，在数据表视图中打开“学生档案”表，在其中删除学号为“20101218”的记录，此时 Access 将弹出如图 2.27 所示的警告框，提示用户由于在子表中有相关记录，因而不能删除记录。

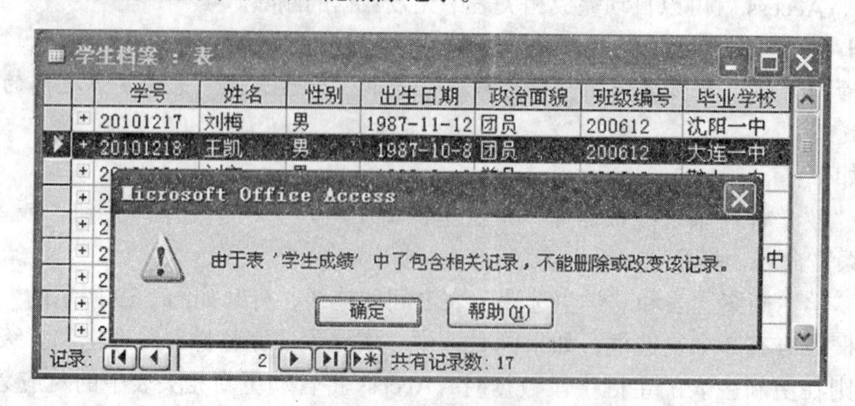

图2.27　不能删除包含相关记录的记录

（6）在数据表视图中打开“学生选课”表，在其中将学号“20101218”改为“2010121812”，此时 Access 将弹出如图 2.28 所示的警告框，提示用户由于在主表中没有对应的学号，因而不能添加或修改记录。

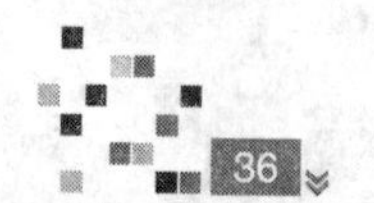

学生选课 : 表

选课ID	课程编号	学号
5	1302	20101217
6	1302	2010121812
7	1203	20101218

Microsoft Office Access

由于数据表'学生档案'需要一个相关记录，不能添加或修改记录。

确定　帮助(H)

记录: 6 共有记录数: 75

图2.28　不能添加或修改主表中没有的记录

技术提示：

一般来说，关系定义得越好、越精确，窗体程序的工作量就会越少。因为关系是在表一级限制了表间关系，使表之间的逻辑关系不出现错误，如果出现错误，数据将不能保存，这就保证了表中数据的完整和准确。但关系如果太多，也会在某些方面限制系统的灵活性。所以在某些情况下，可以考虑适当放宽这些限制，使用程序来灵活实现这些功能。建立在表结构定义完成以后，开始输入数据之前定义表间关系。当存在一对多关系时，先向"一"方输入数据，再向"多"方输入数据。在输入过程中如果出现错误，一定要注意出错警告对话框中的警示语言，认真分析再进行修改。表间关系一旦设置完成，再向表格输入数据时一定要加倍小心。

项目2.5 操作与维护表

例题导读

修改表结构都包括哪些工作？如何调整表格的外观、编辑表的内容？如何实现查找和替换功能？

数据表创建完成后，对其进行正确的使用和维护就显得格外重要。下面我们学习怎样在数据表视图中查看、添加、修改和删除数据，以及怎样在设计视图中修改表的结构等。

知识汇总

- 修改表结构，包括添加、删除、修改字段，以及重新设置主键
- 调整表的外观，包括改变字段顺序、隐藏和显示字段以及冻结列等
- 定位、修改、添加、删除记录；查找和替换数据
- 索引的分类及创建方法

2.5.1 修改表结构

1. 添加字段

在数据表视图和数据表设计视图中都可以添加新字段。以数据表视图方式打开数据表时，用鼠

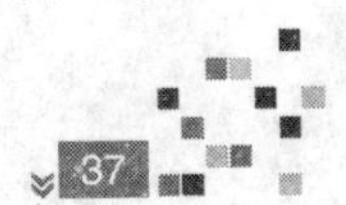

标单击要在其前边插入的列，然后选择“插入”菜单中的“列”选项。然后双击添加字段的名称，键入新的字段名。如果在数据表视图中添加字段，首先需要打开设计视图，在最末一行直接输入字段的名称并选定字段类型即可。

2. 删除字段

用户可以采用两种方法删除字段：一种方法是选择要删除的字段，然后选择“编辑”菜单中的“删除列”选项；另一种方法是单击要删除的字段，然后按下 Delete 键。删除时，系统会弹出“提示”对话框用以确认。

技术提示：

需要注意的是，删除字段时，必须先解除“关系”窗体中该字段的关联关系。

3. 修改字段

修改字段的操作包括修改字段名称、数据类型，以及字段大小、格式等各种属性。无论在哪种视图中，若要修改字段名称，只须双击需要改名的字段名称将其选中，然后输入新的字段名称即可。如果要改变字段的数据类型和重新设置该字段的其他属性，则必须在设计视图中进行修改。为了使所做的修改生效，应单击工具栏上的“保存”按钮保存修改结果。

4. 重新设置主键

重新设置主键只能在表的设计视图中进行。因为一个表只能有一个主键，所以重新设置主键时，一般不需要先删除原先定义的主键，只须将光标置于要新设置为主键的字段行上，单击工具栏上形如钥匙的“主键”按钮即可。

另外，如果当前数据表已经与其他表建立了“一对一”或“一对多”的关系，则必须在去除表之间的关系后，才能重新设置主键。

2.5.2 调整表的外观

调整表的外观包括改变字段顺序、调整行显示高度、调整列显示宽度、隐藏和显示字段以及冻结列等。调整表的外观只是影响表格在数据表视图下的显示，不能影响表格的基本结构。

【例题 2.7】

在打开的“教师档案”表中，先将“政治面貌”字段移动到“学历”的左边，再将“政治面貌”字段隐藏起来，然后再将该字段显示出来，最后冻结其中的“教师编号”字段，并观察操作结果。

操作步骤如下：

（1）在数据表视图中打开“教师档案”表。

（2）将鼠标指针置于“政治面貌”字段的字段名上，待鼠标指针变为黑色粗体向下箭头时单击，此时“政治面貌”字段列被选中。

（3）再次将鼠标指针靠近“政治面貌”字段的字段名，待鼠标指针变为空心箭头时按下鼠标左键，并拖动该字段到“学历”字段右侧，释放鼠标左键。“政治面貌”字段便被移动到“学历”字段的右边，如图 2.29 所示。

教师档案 : 表

教师编号	姓名	性别	工作时间	第一学历	政治面貌	职称	系别	联系电话
1	马蓉平	女	1998-8-1	本科	党员	副教授	计算机	13104298782
10	吴昊	男	1987-10-15	本科	党员	讲师	船体	13104295879
2	陈磊	男	2005-8-1	本科	党员	讲师	计算机	15566763587
3	田林	女	2008-8-9	本科		助教	管理	13942934879
4	冯宇	男	1997-8-1	本科		讲师	船体	
5	蔡家春	男	1976-5-10	硕士	党员	教授	船体	13942936987
6	陈月	女	1980-11-10	专科	党员	讲师	基础	13804295874
7	赵静	男	1998-10-14	专科	党员	助教	基础	
8	李雷	男	1960-2-15	本科		教授	基础	13898525841
9	周想	女	1976-5-9	硕士	党员	副教授	管理	15569872145
		男						

记录: 1 共有记录数: 10

图2.29 改变字段顺序示例

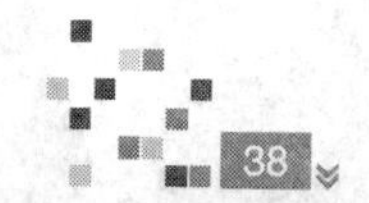

（4）单击“政治面貌”字段的标题选中该字段列，选择“格式”菜单下的“隐藏列”命令。此时，“政治面貌”字段便会隐藏起来，如图 2.30 所示。

教师档案 ：表

教师编号	姓名	性别	工作时间	第一学历	职称	系别	联系电话
1	马蓉平	女	1998-8-1	本科	副教授	计算机	13104298782
10	吴昊	男	1987-10-15	本科	讲师	船体	13104295879
2	陈磊	男	2005-8-1	本科	讲师	计算机	15566763587
3	田林	女	2008-8-9	本科	助教	管理	13942934879
4	冯宇	男	1997-8-1	本科	讲师	船体	
5	蔡家春	男	1976-5-10	硕士	教授	船体	13942936987
6	陈月	女	1980-11-10	专科	讲师	基础	13804295874
7	赵静	男	1998-10-14	专科	助教	基础	
8	李雷	男	1960-2-15	本科	教授	基础	13898525841
9	周想	女	1976-5-9	硕士	副教授	管理	15569872145
		男					

记录：1 共有记录数：10

图2.30　隐藏字段结果

（5）选择“格式”菜单下的“取消隐藏列”命令，弹出“取消隐藏列”对话框，如图 2.31 所示。在对话框的“列”列表中选中“政治面貌”字段旁的复选框，单击“确定”按钮关闭对话框。此时，“政治面貌”字段又将显示在数据表视图中，如图 2.31 所示。

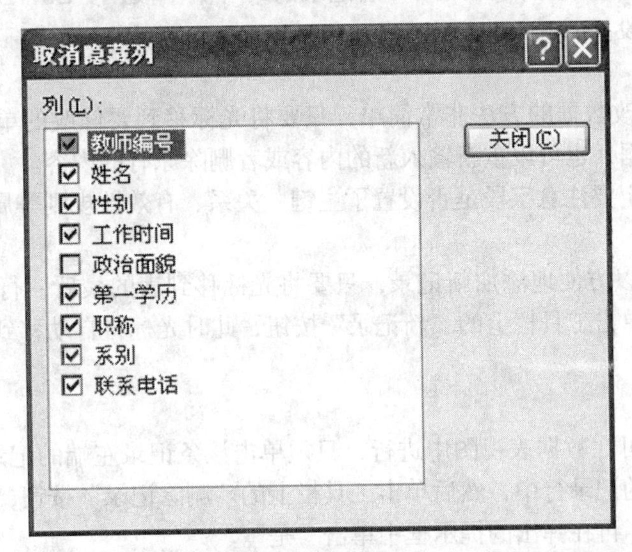

图2.31 “取消隐藏列”对话框

（6）将光标放置于“教师编号”字段列内的任意一个单元格上。选择“格式”菜单下的“冻结列”命令。这时“教师编号”字段被冻结，永远固定出现在窗口的最左边。

当将表中的某列或某几列字段冻结之后，无论怎样水平滚动窗口内容，被冻结列的字段内容将总是可见的，并且总是显示在窗口的左端，如图 2.32 所示。

教师档案 ：表

教师编号	姓名	性别	工作时间	政治面貌	第一学历	职称	系别	联系电话
1	马蓉平	女	1998-8-1	党员	本科	副教授	计算机	13104298782
10	吴昊	男	1987-10-15	党员	本科	讲师	船体	13104295879
2	陈磊	男	2005-8-1	党员	本科	讲师	计算机	15566763587
3	田林	女	2008-8-9		本科	助教	管理	13942934879
4	冯宇	男	1997-8-1		本科	讲师	船体	
5	蔡家春	男	1976-5-10	党员	硕士	教授	船体	13942936987
6	陈月	女	1980-11-10	党员	专科	讲师	基础	13804295874
7	赵静	男	1998-10-14	党员	专科	助教	基础	
8	李雷	男	1960-2-15		本科	教授	基础	13898525841
9	周想	女	1976-5-9	党员	硕士	副教授	管理	15569872145
		男						

记录：1 共有记录数：10

图2.32　冻结字段示例

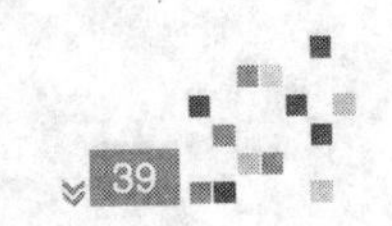

2.5.3 编辑表内容

数据表创建完成后，通常会需要对表中的数据进行编辑和维护，包括查看和修改数据、添加新记录和删除不需要的记录等。这些操作都需要在数据表视图中进行。

1. 定位记录

在数据表视图中查看或修改记录数据时，首先需要将光标定位到要查看或修改的记录上，以便使该记录成为当前记录，或者至少让要查看或修改的记录在窗口中显示出来。一般可以通过数据表底部的记录导航器来定位记录，也可以通过特定的键盘按键来定位记录。

使用记录导航器定位记录时，可以单击其中的“第一条记录”、“上一条记录”、“下一条记录”和“最后一条记录”按钮进行定位，也可以直接在记录导航器的文本框中输入一个记录编号，然后按Enter键，使得光标直接定位到该编号对应的记录上。

通过特定的键盘按键定位记录时，建议使用如下一些按键：

（1）按向上箭头键可定位到上一条记录；按向下箭头键可定位到下一条记录。

（2）按PgUp键可定位到上一屏记录；按PgDown键可定位到下一屏记录。

（3）按Home键可定位到当前记录的第一个字段；按End键可定位到当前记录的最后一个字段。

（4）按Ctrl+Home组合键可定位到第一条记录的第一个字段；按Ctrl+End组合键可定位到最后一条记录的最后一个字段。

2. 修改数据

在数据表视图中修改数据的方法非常简单，只要将光标移到要修改的单元格中，直接进行修改即可。不仅可以修改数据，也可以重新输入新的内容或者删除原有的内容。

在修改数据时，一定要注意字段是否设置了主键、关系、有效性规则等属性。

3. 添加记录

在数据表视图中可以方便地添加新记录，只要将光标移到表的最后一行上，直接输入要添加的记录数据即可。也可以单击工具栏上的“新记录”按钮，此时光标将自动移到表的最后一行上，接着输入新记录的数据即可。

4. 删除记录

若要删除某条记录可在数据表视图中进行，只须单击该条记录左端的记录选定器选中该记录行，或者将光标置于要删除的记录行中，然后单击工具栏上的“删除记录”按钮，或者选择“编辑”菜单下的“删除记录”命令，再在弹出的提示框中单击“是”。

Access还允许一次删除多条相邻的记录，只须在数据表视图左端的记录选定器上拖动鼠标同时选定多条要删除的记录，然后单击工具栏上的“删除记录”按钮，或者选择“编辑”菜单下的“删除记录”命令即可。

5. 查找和替换数据

在以数据表视图方式打开表之后，利用“查找”命令可以在大量记录数据中快速查找与定位指定的数据。

如果需要用某个指定的数据替换已有的数据，特别是当需要替换多个数据时，就应该使用Access提供的“替换”命令。

要在数据表中替换一个数据，首先应该让Access找到这个被替换的数据，所以“替换”命令和“查找”命令有很多相似之处。

【例题2.8】

在打开的“教师档案”表中，查找所有内容为“本科”的字段，并将其内容自动修改为“大学本科”。

操作步骤如下：

（1）在数据表视图中打开“教师档案”表后，将光标置于表中任意单元格。

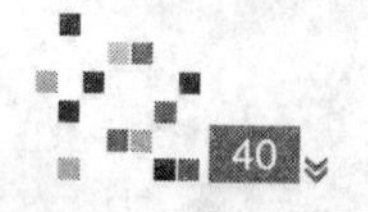

（2）选择“编辑”菜单下的“替换”命令，弹出“查找和替换”对话框。

（3）选择其中的“替换”选项卡，在“查找内容”文本框中输入要被查找的数据，本例中输入“本科”；在“替换为”文本框中输入替换后的新数据，本例中输入“大学本科”；并在“查找范围”、“匹配”和“搜索”下拉列表框中作适当的选择，如图 2.33 所示。

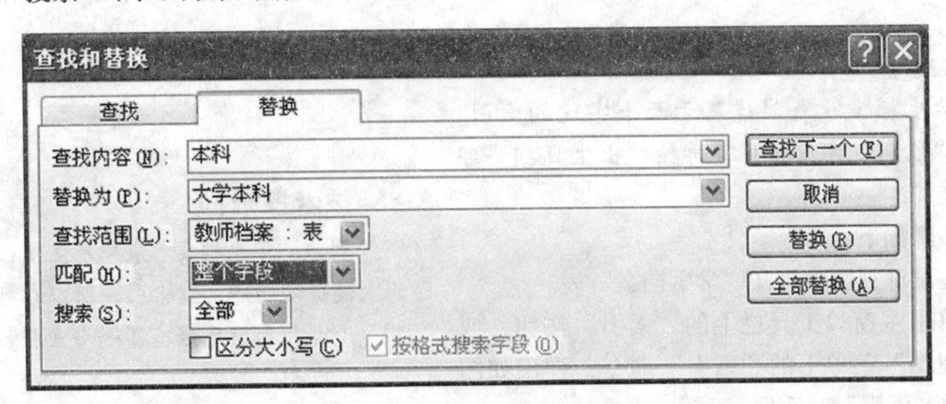

图2.33 “查找和替换”对话框

（4）如果需要在表中逐个查找、确认和替换数据，可先单击“查找下一个”按钮，找到并确认要被替换的数据后，再单击“替换”按钮。如果需要一次性地替换所有找到的数据，则应单击“全部替换”按钮。本例单击“全部替换”按钮。

技术提示：

在“匹配”列表框中可选择“整个字段”、“字段任何部分”或者“字段开头”；在“搜索”列表框中可选择“全部”、“向上”或者“向下”。在“查找范围”列表框中可以选择在当前表中或当前字段中进行查找。在各个列表框中正确地选择选项将有助于找到所需的数据并加快查找速度。此外，Access还允许在“查找内容”框中使用通配符来描述要查找的数据，即可以用“*”代替任意长度的未知字符串，用“？”代替任意一个未知字符，用“#”代替任意一个未知数字。

6. 创建索引

在 Access 数据库中，如果要快速地对数据表中的记录进行查找或排序，用户最好建立索引。它像在书中使用目录或索引来查找数据一样方便。可以基于单个字段创建索引，也可以基于多个字段来创建索引。创建多字段索引的目的是区分开与第一个字段值相同的记录。

数据表的主关键字能够自动设置索引。备注、超级链接和 OLE 对象等数据类型的字段则不可以设置索引。其他的字段，如果符合下列所有条件，也可以将它们设置为索引。

（1）字段的数据类型为文本、数字、货币或日期 / 时间。

（2）字段中包含要查找的值。

（3）字段中包含要排序的值。

（4）在字段中保存许多不同的值。

创建单个字段索引的方法是：首先在设计视图中打开要创建索引的表格，并选择要设置索引的字段；接下来单击“常规”选项卡中的“索引”属性文本框，再单击其右侧出现的向下箭头，在下拉列表框中选择“有（有重复）”选项；最后单击工具栏上的“保存”按钮保存修改后的数据表。

应该指出的是，在“索引”属性文本框的下拉式列表中，包括 3 种可选择的选项，现说明如下：

（1）无。该字段不建立索引。（默认值）

（2）有（有重复）。该字段建立索引，且字段中的数据可以有重复值。

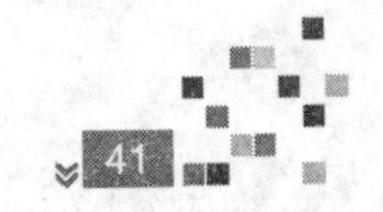

（3）有（无重复）。该字段建立索引，且字段中的数据不可以有重复值。这种索引也被称为唯一索引。

创建多字段索引来排序表中的记录时，Access 将首先依照定义的索引中的第 1 个字段的值进行排序，如果在第 1 个字段中出现重复值，则 Access 将依照索引定义中的第 2 个字段的值进行排序，以此类推。

【例题 2.9】

为“学生档案”表创建基于两个字段的索引，实现先按“性别”字段排序，再按“出生日期”字段排序。

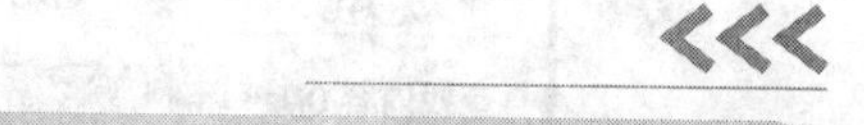

技术提示：

因为“学生档案”表中有主键，系统将为主键自动创建主键索引。所以在打开“索引”对话框时就已经有了一个索引。

操作步骤如下：

（1）在设计视图中打开“学生档案”表。

（2）单击主窗口工具栏上的“索引”按钮，或者选择“视图”菜单下的“索引”命令，弹出如图 2.34 所示的“索引”对话框。

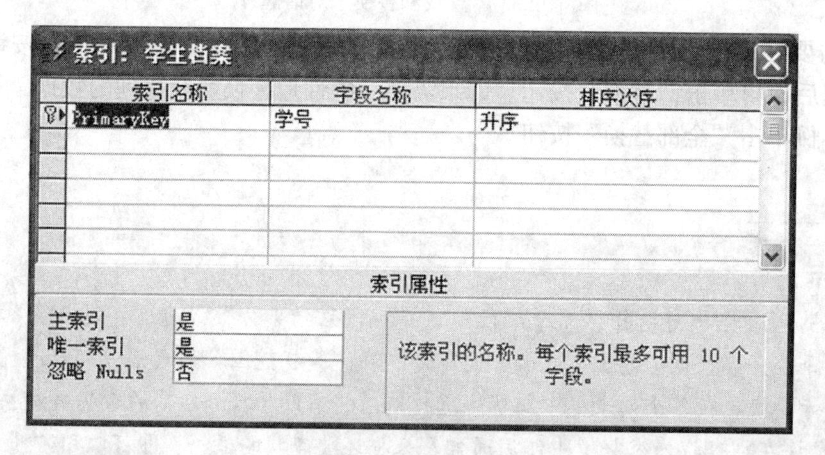

图2.34 “索引”对话框

设置索引主要包括 3 个部分：设置索引名称、设置字段名称以及设置排序次序。

（3）在该对话框的“索引名称”列的第一个空白行输入一个名称，例如“性别出生”。然后在对应的“字段名称”列中单击右侧的向下箭头，从下拉列表框中选择“性别”字段；在“字段名称”列的下一行处单击右侧的向下箭头，从下拉列表框中选择“出生日期”字段。“排序次序”都选择默认的“升序”，如图 2.35 所示。

索引：学生档案

索引名称	字段名称	排序次序
PrimaryKey	学号	升序
性别出生	性别	升序
	出生日期	升序

索引属性

待索引字段的名称。

图2.35 创建多字段索引

技术提示：

在创建多字段索引时，不论是多少个字段，在“索引名称”列上只能有一个名称，因为有几个索引名称就表示表格拥有几个索引。

（4）单击工具栏上的“保存”按钮保存修改后的数据表。

（5）切换到数据表视图，如图 2.36 所示。

学生档案 ：表

学号	姓名	性别	出生日期	政治面貌	班级编号	毕业学校
20101217	刘梅	男	1987-11-12	团员	200612	沈阳一中
20101218	王凯	男	1987-10-8	团员	200612	大连一中
20101221	刘宇	男	1988-2-19	党员	200612	鞍山一中
20101305	徐宇	女	1987-5-18	团员	200613	抚顺一中
20101316	王新	女	1988-7-21	团员	200613	本溪一中
20101408	马丽	女	1987-3-9	党员	200614	葫芦岛一
20101419	刘心颖	女	1987-12-17	团员	200614	铁岭一中
20101511	张岩	男	1986-9-30	团员	200615	盘锦一中
20101512	王芳	女	1988-2-26	团员	200615	锦州一中

记录: 1 共有记录数: 17

图2.36　多字段索引的排序结果

技术提示：

读者可以看到记录并没有像想象中的那样首先按“性别”排序，性别相同的记录则按“出生日期”的升序整齐排列。这是因为在“学生档案”表中有一个“学号”主键。Access在数据表视图中将按主键的升序进行显示记录。如果删除“学号”主键，这里的结果就会发生改变。注意，要先删除关系，才能删除主键。

项目 2.6 排序与筛选记录

例题导读

排序与筛选分别包括哪几类？尝试分析它们之间的区别和特点。

在实际工作中，经常需要对数据表中的众多记录按照一定的要求排列其显示顺序，或者从中筛选出感兴趣的数据进行输出。

知识汇总

- 对表中数据进行简单排序和高级排序
- 对数据表中的记录进行按选定内容筛选、内容排除筛选以及高级筛选

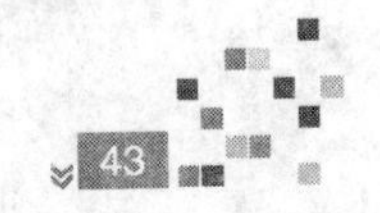

2.6.1 排序记录

对于已经定义了主键的数据表，Access 通常是按照主键字段值的升序来排列和显示表中各条记录的。此外，Access 也允许另行根据需要对各条记录依据一个或多个字段值的大小重新按升序（从小到大）或降序（从大到小）排列显示。

依据某个字段值的大小排序时，数字类型的数据将按其数值大小排序；文字类型的数据则通常按其对应 ASC Ⅱ码的大小（汉字按其拼音字母顺序）排列。“日期 / 时间类型”的数据也可以按其大小排列，“日期 / 时间”在前者为小，“日期 / 时间”在后者为大。此外，备注型、超链接型或 OLE 对象型的字段数据，不能进行排序。

Access 提供了三种不同的排序操作，即基于单个字段的简单排序、基于多个相邻字段的简单排序和高级排序。

1. 基于单个字段的简单排序

若要基于单个字段的大小对记录进行排序，首先要先打开需要排序的表格，并选择要排序的字段，例如“姓名”字段；再单击工具栏中的“升序排序”按钮或者是“降序排序”按钮，选择字段中的数据最终将会按照汉语拼音字母的升序或者是降序进行排序。

技术提示：

若在排序操作之后保存表，则将同时保存记录的排序结果。

2. 基于多个相邻字段的简单排序

基于多个相邻字段进行简单排序时，必须注意这些字段的先后顺序。Access 将首先依照最左边的字段值进行排序，然后再依据第 2 个字段的值进行排序，以此类推。

具体操作过程与基于单个字段的简单排序基本相似，只是在选取字段的时候要求选取多个连续的字段才行。

技术提示：

在操作过程中有两点要注意：第一，排序的多个字段必须相邻，如果不相邻，要先调整字段顺序后再操作；第二，被选中的多个字段必须同时按照升序或降序进行排序。

3. 高级排序

简单排序只可以对单个字段或多个相邻字段进行简单的升序或降序排序，然而很多时候需要将不相邻的多个字段按照不同的排序方式进行排序，这就需要用到高级排序方式。

【例题 2.10】

对“学生成绩”表的所有记录，先按“学号”字段值升序，再按“成绩”字段值的降序排序。

操作步骤如下：

（1）在数据表视图中打开需要排序的“学生成绩”表。

（2）选择“记录”菜单下“筛选”子菜单中的“高级筛选→排序”命令，弹出“筛选”窗口。

（3）在“筛选”窗口下方第 1 列的“字段”行网格中单击，再单击其右侧出现的向下箭头，从下拉列表中选择“学号”字段，然后在该列的“排序”行网格中单击，再单击其右侧的向下箭头，从下拉列表中选择“升序”。

（4）在“筛选”窗口下文第 2 列的“字段”行网格中单击，再单击其右侧出现的向下箭头，从下拉列表中选择“成绩”字段，然后在该列的“排序”行网格中单击，再单击其右侧的向下箭头，从下拉列表中选择“降序”。结果如图 2.37 所示。

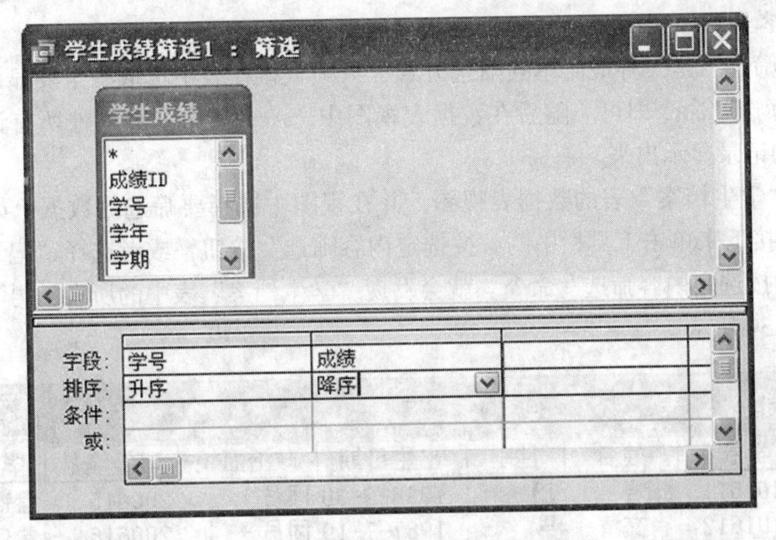

图2.37　在“筛选”窗口中设置排序方式

(5) 选择“筛选”菜单下的“应用筛选 / 排序”命令，或者单击主窗口工具栏上的“应用筛选”按钮，Access 将按所做的设置对“学生成绩”表所有记录先按学号升序排序，学号相同者再按成绩降序排序，排序结果如图 2.38 所示。

学生成绩 ： 表

成绩ID	学号	学年	学期	课程编号	成绩
3	20101217	2010	1	1101	89
2	20101217	2011	2	1203	87
1	20101217	2010	1	1203	67
37	20101217	2011	2	1405	56
39	20101218	2011	2	1405	60
6	20101218	2010	1	1101	59
4	20101218	2010	1	1302	54
5	20101218	2011	2	1203	49
8	20101221	2011	2	1203	97

记录: 1 共有记录数: 64

图2.38　排序后的“学生成绩”表记录

若要取消上面的排序操作结果，可以选择“记录”菜单下的“取消筛选→排序”命令，或者单击主窗口工具栏上的“取消筛选”按钮，Access 将按照该表原有的顺序显示记录。

技术提示：

与查询不同，不论使用哪一种排序方法，都会对数据源造成永久性的影响。如果想恢复原始的顺序，可以选择“记录”菜单中的“取消筛选/排序”按钮，或者在关闭表格时在警告对话框中选择“否”按钮。

2.6.2 筛选记录

Access 允许对所显示的记录进行筛选，即仅把符合指定条件的记录显示在数据表视图中。为此，Access 针对不同需要提供了多种筛选方式，包括按选定内容筛选、按内容排序筛选、按窗体筛选和高级筛选。

1. 按选定内容筛选

“按选定内容筛选”是一种最简单的筛选方式，只须直接在表中选取一个要显示的数据，然后选择“按选定内容筛选”命令即可。随后在数据表视图中，Access 全隐藏其他所有记录，而仅将含有这个被选定数据的记录显示出来。

例如，打开“学生档案”表的数据表视图，并在视图中选择要筛选的数据，如选择性别字段中的“男”字段值；接下来单击工具栏中的“按选定内容筛选”按钮，或者选择“记录”菜单下的“筛选”子菜单下的“按选定内容筛选”命令。就会发现“学生档案”表中的所有“男”性学生记录都被筛选出来，如图 2.39 所示。

学生档案 ： 表

学号	姓名	性别	出生日期	政治面貌	班级编号	毕业学校
20101511	张岩	男	1986-9-30	团员	200615	盘锦一中
20101612	肖文清	男	1987-7-19	团员	200616	营口一中
20101218	王凯	男	1987-10-8	团员	200612	大连一中
20101217	刘梅	男	1987-11-12	团员	200612	沈阳一中
20101221	刘宇	男	1988-2-19	党员	200612	鞍山一中
20111313	王子玉	男	1988-11-30	团员	201113	阜新一中
20111605	孙大宝	男	1989-7-10	团员	201116	兴城一中
20111412	邓磊	男	1990-1-2	党员	201114	绥中一中

记录: 1 共有记录数: 8 (已筛选的)

图2.39 “按选定内容筛选”结果

2. 内容排除筛选

“内容排除筛选”方式与“按选定内容筛选”方式操作方法类似，但筛选结果正好相反，含有被选定数据的记录将不会被显示出来。读者可以参考上面的方法筛选出不是“男”生的记录。

技术提示：

注意，在这里只能选择“记录”菜单下的“筛选”子菜单下的“内容排除筛选”命令才可以完成。

3. 高级筛选

“高级筛选”方式能够在打开的“筛选”窗口中设置比较复杂的筛选条件，还可以对筛选出来的记录进行排序，实现其他筛选方式不能达到的效果。

【例题 2.11】

在“学生档案”表中，筛选出所有男生的记录及在 1988 年以后出生的女生记录，并按“学号”降序排列后显示筛选出的各条记录。

操作步骤如下：

（1）在数据表视图中打开需要筛选的“学生档案”表。

（2）选择“记录”菜单下“筛选”子菜单中的“高级筛选 / 排序”命令，打开“筛选”窗口。

（3）在“筛选”窗口下方第 1 列的“字段”行网格中单击，再单击其右侧出现的向下箭头，从下拉列表中选择“性别”字段，再在该列的“条件”行网格中输入“男”。注意双引号为半角输入。

（4）在“筛选”窗口下方第 2 列的“字段”行网格中单击，再单击其右侧出现的向下箭头，从下拉列表中选择“出生日期”字段，再在该列的“或”行网格中输入“>=#1988-1-1#”。

（5）在“筛选”窗口下方第 3 列的“字段”行网格中单击，再单击其右侧出现的向下箭头，从下拉列表中选择“学号”字段，然后在该列的“排序”行网格中单击，再单击其右侧的向下箭头，从下拉列表中选择“降序”。设置完成的“筛选”窗口如图 2.40 所示。

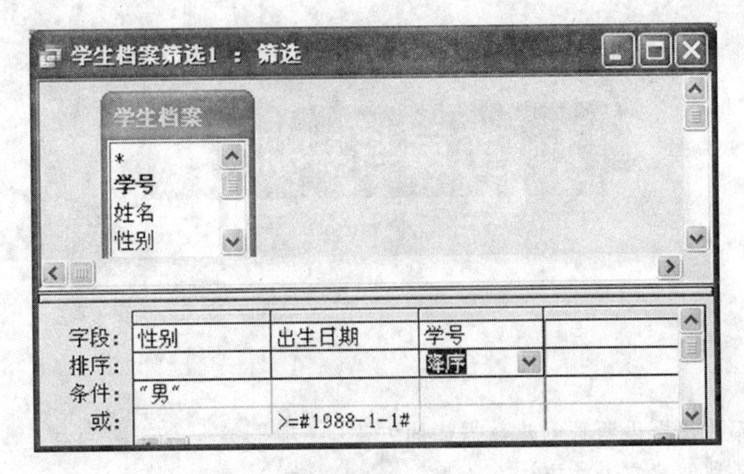

图2.40　设置完成的“筛选”窗口

（6）选择“筛选”菜单下的“应用筛选 / 排序”命令，或者单击工具栏上的“应用筛选”按钮。完成筛选后的“学生档案”表记录如图 2.41 所示。

学生档案 ：表

学号	姓名	性别	出生日期	政治面貌	班级编号	毕业学校
20111605	孙大宝	男	1989-7-10	团员	201116	兴城一中
20111530	钱小蕊	女	1989-11-1	团员	201115	建昌一中
20111412	邓磊	男	1990-1-2	党员	201114	绥中一中
20111313	王子玉	男	1988-11-30	团员	201113	阜新一中
20111202	张新	女	1989-4-20	党员	201112	庄河一中
20101612	肖文清	男	1987-7-19	团员	200616	营口一中
20101512	王芳	女	1988-2-26	团员	200615	锦州一中
20101511	张岩	男	1986-9-30	团员	200615	盘锦一中
20101316	王新	女	1988-7-21	团员	200613	本溪一中
20101221	刘宇	男	1988-2-19	党员	200612	鞍山一中
20101218	王凯	男	1987-10-8	团员	200612	大连一中
20101217	刘梅	男	1987-11-12	团员	200612	沈阳一中

记录：1　共有记录数：12（已筛选的）

图2.41　高级筛选后的“学生档案”表记录

当筛选条件比较复杂时，可考虑采用“按窗体筛选”方式。此方式是在打开的特定窗体中进行筛选操作，单击该窗体中某个字段名下方的单元格会出现一个下拉列表，用户可以从列表中选择一个已有的字段值作为筛选条件，并且允许对这个筛选条件进行进一步的编辑。

Access 规定，设置在此种窗体同一行上的多个条件之间是“与”的关系，如果需要设置具体“或”关系的条件，可以单击窗体底部的“或”标签，再在其中进行“或”关系条件的设置。读者可以尝试利用“按窗体筛选”方式在“学生档案”表中，筛选出在 1988 年以后出生的女生记录。

重点串联

Access 数据库是一个容器对象，不仅用来存储大量相关的数据，并且要存放与处理这些数据相关的所有对象。创建数据库系统的过程是：

创建数据库→创建表格→修改表格字段属性（包括添加、删除、修改字段，重新设置主键，创建索引等）→添加记录（包括定位、添加、删除、修改记录，查找和替换等）→建立关系（包括修改和删除关系），其中排序和筛选功能为可选项。

拓展与实训

基础训练

一、填空题

1. Access 数据库系统提供两种创建数据库的方法：一种是 ______；另一种是 ______。

2. Access 提供 3 种创建空表的方法：______、______和 ______。

3 数据库窗口中有 3 个命令按钮，分别是 ______、______和 ______。

4. 表是 ______的集合，一个数据库中可以有多个数据表，一个表中又由多个具有不同数据类型的 ______组成。

5. 在表设计视图中，用于设置字段的部分包括三项设置，它们是 ______、______和 ______。

6. 选中“编辑关系”对话框中的 ______和 ______选框，除了更新、删除或更改相关记录的限制，同时仍然具有参照完整性。

7. ______和 ______类型的字段不能设置字段有效性规则。

8. 数据表的有效性规则是在 ______对话框中设置的。

9. Access 针对不同需要提供了 3 种不同的排序操作，即 ______排序、______排序和 ______排序。

10. 在数据表视图中显示的各个字段，通常是依照在 ______所设置的顺序排列的。

二、单项选择

1. 下面的叙述正确的是（　　）。

A．在数据表视图中和设计视图中，都可以插入记录

B．在数据表视图中和设计视图中，都可以插入字段

C．在数据表视图中和设计视图中，都可以修改记录数据

D．在数据表视图中和设计视图中，都可以删除记录数据

2. 下面的叙述正确的是（　　）。

A．在数据表视图中，只能冻结表中的一列，不能冻结多列

B．在数据表视图中，只能冻结表中指定的列，不能冻结指定的行

C．不能同时对数据表中的记录进行筛选和排序

D．“取消筛选”只能用于取消记录筛选的效果，不能取消记录排序的效果

3. 假设数据库中表 A 与表 B 建立了“一对多”关系，表 B 为“多”方，则下述说法正确的是(　　)。

A．表 A 中的一个记录能与表 B 中的多个记录匹配

B．表 B 中的一个记录能与表 A 中的多个记录匹配

C．表 A 中的一个字段能与表 B 中的多个字段匹配

D．表 B 中的一个字段能与表 A 中的多个字段匹配

4. 定义字段的默认值是指（　　）。

A．不得使字段为空

B．不允许字段的值超出某个范围

C．在未输入数值之前，系统自动提供数值

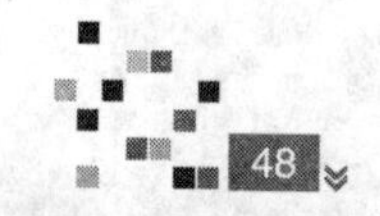

D．系统自动把小写字母转换为大写字母

5. 在确定数据管理应用系统中需要的表时不正确的是（　　）。

A．确定数据表是数据库应用系统设计过程中最重要的一个环节

B．信息不应在数据表之间复制

C．每个数据表应该只包含关于一个实体的信息

D．每条信息可以保存在多个数据表中

6. 关于主关键字不正确的是（　　）。

A．主关键字的内容具有唯一性，而且不能为空值

B．同一张数据表中可以设置一个主关键字，也可以设置多个主关键字

C．排序只能依据主关键字字段

D．设置多个主关键字时，每个主关键字的内容可以重复，但全部主关键字的内容组合起来必须具有唯一性

三、简答题

1. 设计一个新的数据库系统一般应该要经过哪些基本的步骤？

2. 数据表设计中字段命名应符合哪些规则？

3. 什么情况下应该考虑对字段设置索引？

4. 如何定义数据表之间的关系？

5. 实施参照完整性时，用户必须遵守哪些规则？

6. 打开表之后，什么时候应在数据表视图中工作？什么时候应在设计视图中工作？

技能实训

如本模块所述，创建一个“教学管理系统”数据库，再在其中创建“学生档案”表、“学生成绩”表、“课程名”表、“学生选课”表、“教师档案”表和“教师授课”表，并在各表之间建立相应的关系，然后在各个表中输入一定数量的记录。

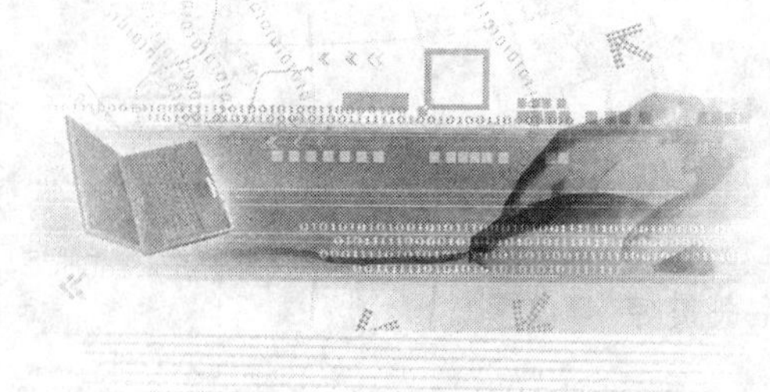

模块3

查询

教学聚焦

本模块讲述查询的功能及各种查询的创建方法、特点与应用。学习的重点是查询的创建和修改；学习的难点是查询的设计。

知识目标

◆ 学习查询的概念、目标、分类和查询的准则；
◆ 学习查询条件的设置；
◆ 学习 SQL 查询。

技能目标

◆ 具有熟练创建并操作选择查询的能力；
◆ 具有熟练设计并操作交叉表查询、参数查询的能力；
◆ 具有熟练设计并应用操作查询的能力；
◆ 具有创建 SQL 查询的能力。

课时建议

10 课时

课堂随笔

项目 3.1 选择查询

例题导读

在 Access 中，有两种方法可以创建查询，分别是使用向导创建查询和直接在设计视图中创建查询。尝试应用不同的方法创建查询，如何在查询中添加查询条件？

知识汇总

- 查询的分类，包括选择查询、交叉表查询、参数查询、操作查询和 SQL 查询
- 查询拥有 5 个视图，包括设计视图、SQL 视图、数据表视图、数据透视表视图和数据透视图视图
- 分别使用向导和设计视图创建查询
- 查询条件的设置

3.1.1 认识查询

查询是 Access 数据库系统中的一个非常重要的应用。简单地讲，查询就是从数据库中的表或其他查询结果中按照给定的要求（包括条件、范围、方式等）查找，将符合条件的记录按指定字段提取出来，形成一个新的数据集合。

1. 查询的功能

Access 的查询功能非常强大，一般可分为选择查询和操作查询两类。通过创建选择查询对象，可以从一个表或者多个相关的表中筛选出所需的记录数据，也可以从已有的查询中进一步筛选数据；通过创建操作查询对象则可以对指定的数据表进行记录添加、更新和删除等操作。

Access 允许用户使用查询向导或查询设计视图以交互方式直观地创建查询对象，系统将在后台自动生成对应的 SQL 语句。当运行创建好的查询对象时，Access 将从指定的数据源中筛选出符合给定条件的记录数据，这些查询结果数据会在内存中组成一个动态数据集合（简称动态集），并以数据表视图的方式显示出来。需要注意的是，这个动态集并不保存在所创建的查询对象中，查询对象中仅仅保存该查询的定义信息，即该查询所涉及的数据源、筛选条件、排序准则及要求输出的各个字段名称等信息。

设计和运行查询用户可以方便地从一个或者多个相关的表（也可以从已有的查询）中获取数据并在内存中形成一个动态集，并且可以指定由数据源的哪些字段来组成动态集，同时可以依据指定的字段对动态集中的记录进行排序，还可以对筛选出来的数据进行计算并将计算结果作为动态集中的新字段。

运行某个查询后生成的动态集有许多用途，不仅可以作为另一个查询的数据源，还可以作为窗体对象、报表对象和数据访问页对象的数据源。另外，还可以用动态集中的数据对数据源中的相应数据进行更新。

除此之外，Access 支持的 SQL 查询不仅可以实现上述所有查询功能，还能够实现数据定义功能，即可以用来创建或修改数据表结构。

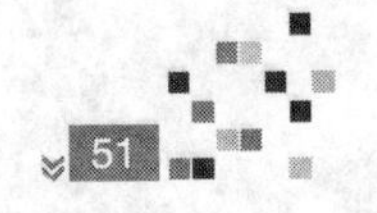

2. 查询的类型

Access 数据库中的查询对象有很多不同的类型，例如选择查询、交叉表查询、参数查询、操作查询以及 SQL 查询。每种查询都有着很重要的应用，它们的执行方式各有不同。

（1）选择查询。选择查询是最常用、最广泛的查询类型，它是根据指定的查询准则或条件，从一个或多个表中获取数据并显示结果，它不改变表中的数据。也可以使用选择查询对记录进行分组，再按组进行总计、计数、平均及其他类型的汇总计算。选择查询能够使用户查看自己想查看的记录。

（2）交叉表查询。交叉表查询是将来源于某个表中的字段进行分组，一组列在数据表的左侧作为行标题，一组列在数据表的上部作为列标题，然后在数据表行与列的交叉处显示表中某个字段统计值，形成一个新形式的表格。交叉表查询就是利用了表的行和列来统计数据的，也可以进行汇总。

（3）参数查询。参数查询是一种利用对话框来提示用户输入查询条件的查询，它与选择查询基本相似，只是这种查询可以根据用户输入的条件来检索符合相应条件的记录，提高了查询的灵活性。

（4）操作查询。操作查询与选择查询类似，都是由用户指定查询条件，但选择查询只是检索符合条件的相关记录，并不对原始表进行修改，而操作查询是在一次查询操作中对所得结果进行编辑等操作。Access 提供了如下 4 种操作查询。

① 删除查询。此种查询可以从一个或多个表中删除一组记录。例如，可以使用删除查询来删除已经退学的学生记录。使用删除查询，通常会删除整条记录，而不只是记录中所选择的字段。

② 更新查询。此种查询可以对一个或多个表中的一组记录进行批量更改。例如，可以将所有学生的成绩提高 5 分，或将某一位教师的授课地点进行修改。总之，使用更新查询可以成批更改已有表中的数据。

③ 追加查询。此种查询可将一个或多个表中满足条件的一组记录添加到一个或多个表的末尾。例如，假设用户获得了一些新的客户及包含这些客户信息的数据库。若要避免在自己的数据库中重新键入所有这些信息，就可采用追加查询将这些信息添加到已有的“客户”表中。

④ 生成表查询。这种查询可以将一个或多个表中满足条件的一组记录保存为一个新的数据表。例如，将学习成绩不及格的学生的记录另存为“不及格成绩”表中。

（5）SQL 查询。SQL 查询是用户使用 SQL 语句来创建的查询。事实上，前面几种查询都有对应的 SQL 语句。与前面几种查询类型相比，这种查询更加灵活，用户具有更大的主动性，可以完成前面各种查询所不能完成的各种复杂的查询，但是需要用户掌握创建复杂的 SQL 查询语句的方法。

3. 查询视图

Access 的查询对象一共拥有 5 种视图，分别是设计视图、SQL 视图、数据表视图、数据透视表视图和数据透视图视图。

（1）设计视图。查询对象的设计视图主要用于创建或修改查询。使用设计视图可以很方便地创建出各种功能强大的查询，也可以使用设计视图对已有的查询进行修改。稍后将详细介绍设计视图的使用。

（2）SQL 视图。在 Access 中，虽然可以使用设计视图创建出功能强大的查询，但其可定制能力依然存在一定的限制，为此，Access 提供了使用 SQL 语言的方式来创建查询。使用 SQL 视图不仅仅可以创建查询，更重要的是可以查看、修改已经创建的查询所对应的 SQL 语句。

（3）数据表视图。由于查询的运行结果往往是一张表，所以 Access 也为查询对象提供了“数据表视图”。对于选择查询来说，相当于显示查询的结果，对于操作查询来说，是预览涉及的记录。打开查询对象后，可以通过单击“视图”菜单中的“数据表视图”命令切换到查询的数据表视图。在数据表视图下，可以查看查询的执行结果。如图 3.1 所示的就是一个“不及格学生信息”查询的

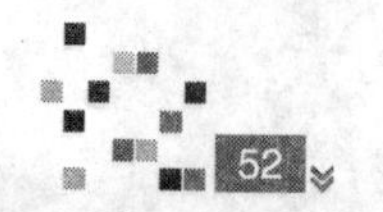

执行结果。

注意，数据表视图中显示的表是即时生成的一张虚拟表，Access 不会对其进行单独存储。

不及格学生信息 ：选择查询

班级编号	姓名	课程名	成绩
200614	刘心颖	数据库	55
200615	王芳	数据库	44
200615	王芳	网络基础	55
200616	肖文清	数据库	56
200616	肖文清	网络基础	57
200616	肖文清	基础会计	58
200612	王凯	数据库	54
200612	王凯	网络基础	49

记录：2 共有记录数：19

图3.1　“不及格学生信息”查询的数据表视图

（4）数据透视表视图和数据透视图视图。由于查询的运行结果往往是一张表，所以 Access 也为查询对象提供了数据透视表和数据透视图两种视图。这两种视图用于对查询执行的结果进行查看和分析，使用方法和表对象一样，在此不作详解。

4. 查询的保存

保存查询就是保存查询的要求，并不存储具体的数据，查询的数据仍然在原来的表里。保存查询的方法有 3 种：

（1）单击“文件”菜单并选“另存为”（对于新建查询只需要选“保存”）。

（2）单击工具栏的“保存”按钮。

（3）单击“设计视图”右上角的“关闭”按钮。

技术提示：

某些查询执行的结果不是表，比如建立一个创建新表的查询，这样的查询不能打开数据表视图、数据透视表视图和数据透视图视图。

保存新建查询（或修改已有的查询选“另存为”）时，系统打开“另存为”对话框，如图 3.2 所示，确定要保存的查询名称（对于新建查询系统默认名是“查询 1”等），本例输入查询名：学生信息，然后按“确定”按钮。

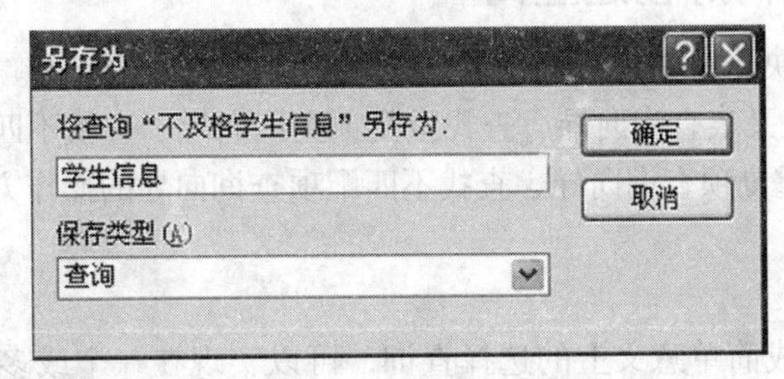

图3.2　查询“另存为”对话框

5. 查询的运行

查询创建后，通过对查询的运行，浏览查询的结果，从而检验查询设计的正确与否。运行查询可通过以下方法：

（1）单击工具栏的“运行”按钮或“查询”菜单下的“运行”命令。

（2）单击工具栏的“数据表视图”按钮或“查询”菜单下的“数据表视图”命令。

6. 查询创建方法

Access 为用户设置了两种创建查询的基本方法，即“在设计视图中创建查询”和“使用向导创建查询”。在“数据库”窗口中，选择“查询”对象页面，如图 3.3 所示；或者点击页面中的“新建”

按钮，出现如图 3.4 所示“新建查询”对话框，都可以显示出以上两种创建查询的方法。使用向导创建查询非常简单，但只能创建不带条件的查询，“设计视图”则可以创建一个带条件的查询，设计起来更直接、更灵活，建议尽量用设计视图创建查询。下面分别介绍用两种方法创建选择查询的操作。

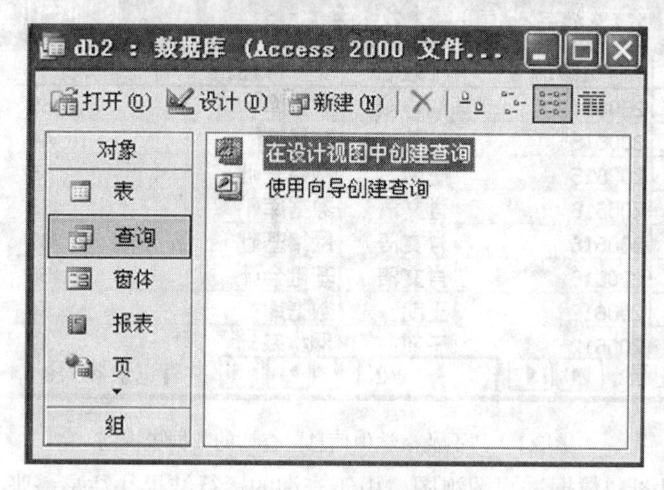

图3.3 “查询”对象页面

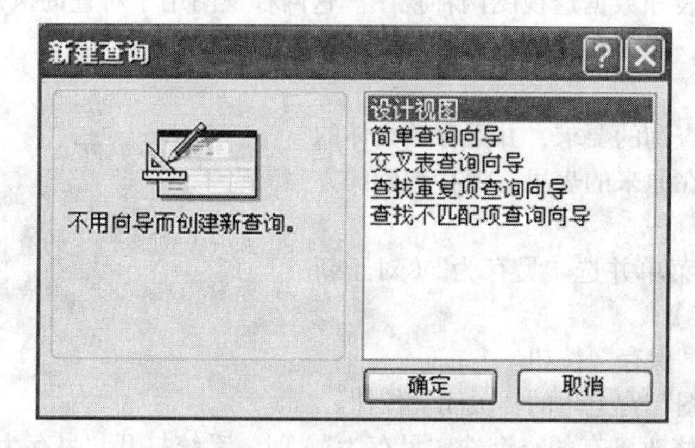

3.4 “新建查询”对话框

3.1.2 使用向导创建查询

查询向导能更方便、快捷地创建查询，但只能创建一些简单的查询。Access 提供了 4 种基本查询向导：简单查询向导、交叉表查询向导、查找重复项查询向导、查找不匹配项查询向导。下面分别介绍简单查询向导、查找重复项查询向导、查找不匹配项查询向导的操作方法，而交叉表查询向导在后面内容中介绍。

1. 简单查询向导

简单查询向导只能生成简单意义上的选择查询，可以实现在一个或多个数据源中进行查询，还可以对数据集进行汇总，包括总计、计数、平均、最大值、最小值及其他类型的汇总计算。

【例题 3.1】

在“教学管理系统”数据库中，依据“学生档案”、“学生成绩”和“课程名”3 张已经建立关系的数据表，查询每一位学生的“班级编号”、“姓名”、“学号”、“课程名”、“成绩”5 个字段信息，查询名称为“学生信息”。

操作步骤如下：

（1）打开“教学管理系统”数据库，在数据库窗口的“对象”列中，选择“查询”项，单击该窗口中的“新建”按钮，在出现如图 3.4 所示的“新建查询”对话框后，选择“简单查询向导”选项，单击“确定”按钮后打开“简单查询向导”对话框，如图 3.5 所示。

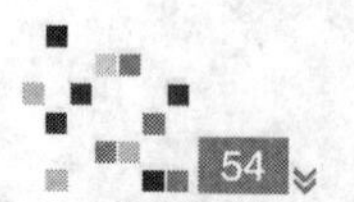

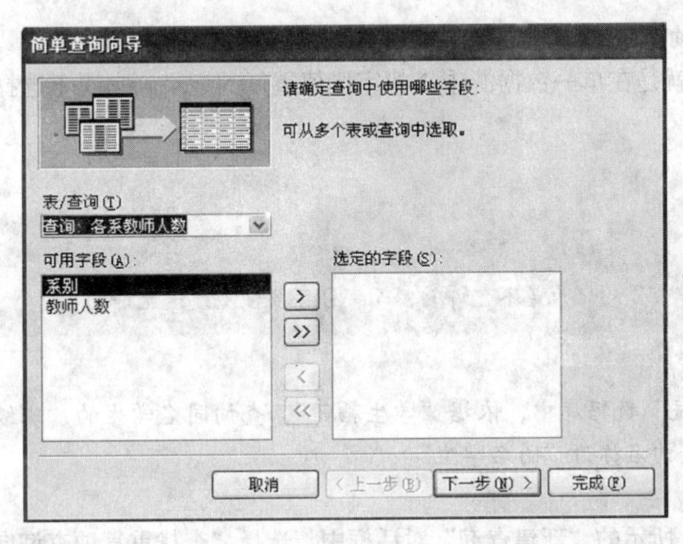

图3.5 “简单查询向导”对话框

（2）在对话框中分别从“学生档案”、“学生成绩”和“课程名”3张数据表中选定“班级编号”、“姓名”、“学号”、“课程名”、“成绩”5个字段信息，如图3.6所示。

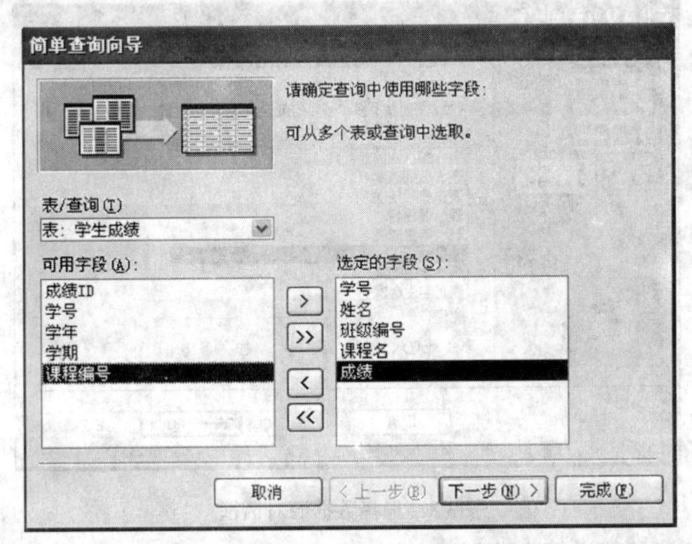

图3.6 “简单查询向导”选择字段对话框

（3）连续单击“下一步”，出现查询命名对话框后，在“请为查询指定标题”处输入查询名称“学生信息”，单击“完成”按钮查询创建完成，并显示查询的结果，如图3.7所示。

学生信息 ：选择查询

学号	姓名	班级编号	课程名	成绩
20101419	刘心颖	200614	数据库	55
20101511	张岩	200615	数据库	88
20101512	王芳	200615	数据库	44
20101514	陈晓	200615	数据库	89
20101615	朱燕妮	200616	数据库	77
20101612	肖文洁	200616	数据库	56
20101217	刘梅	200612	数据库	67
20101218	王凯	200612	数据库	54

记录：4 共有记录数：72

图3.7 查询结果显示

2. 查找重复项查询向导

查找重复项查询就是在单一数据源中查找字段值重复的记录。它属于选择查询，但只能在一个数据源上创建。

技术提示：

在单一数据源中重复的记录是不允许的，而部分字段值重复是允许的。

【例题 3.2】

在“教学管理系统”数据库中，依据“学生档案”，查询同名学生的“班级编号”、“姓名”、“学号”3 个字段信息，查询名称为“同名学生”。

操作步骤如下：

（1）在如上图 3.4 所示的“新建查询”对话框中，选择“查找重复项查询向导”选项，单击“确定”按钮后打开“查找重复项查询向导”对话框，如图 3.8 所示，选择“学生档案”表，单击“下一步”按钮。

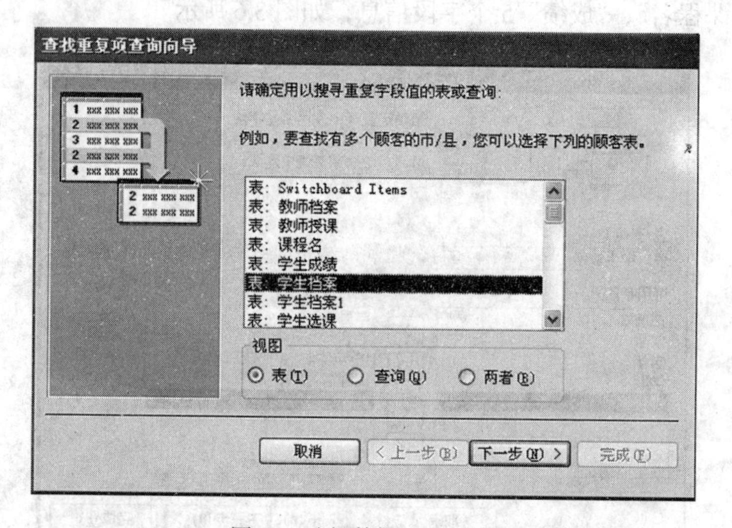

图3.8　选择数据源对话框

（2）在如图 3.9 所示的对话框中选择重复字段“姓名”单击“下一步”，在下一个对话框中选择显示除重复字段外的“班级编号”、“学号”两个字段信息，单击“下一步”。

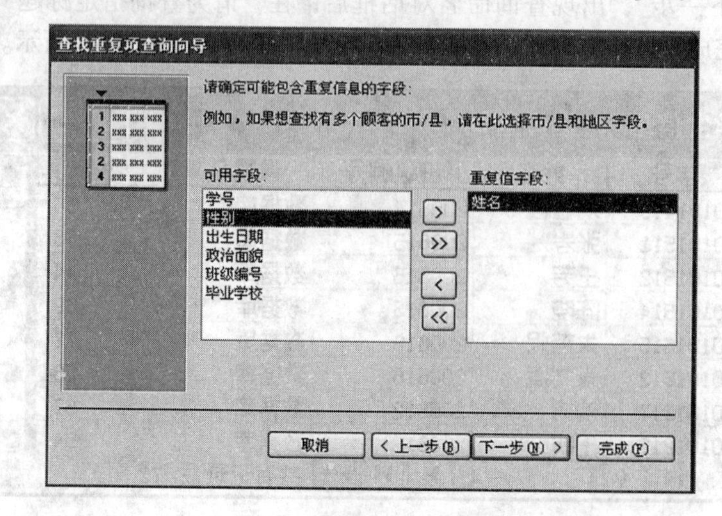

图3.9　选择重复字段对话框

（3）在出现查询命名对话框中，输入查询名称“同名学生”，单击“完成”按钮查询创建完成，并显示查询的结果。

3. 查找不匹配项查询向导

在具有一对多关系的主、子两个表中，对于主表中的每个记录，在子表中可能有多个记录与之对应，也可能没有记录与之对应。查找不匹配项查询就是在主表中查找那些在子表中没有记录与之对应的记录。

【例题 3.3】

在“教学管理系统”数据库中，根据“学生档案”和“学生选课”2 张表，查询未选课学生的“班级编号”、“姓名”、“学号”3 个字段信息，查询名称为“未选课学生”。

操作步骤如下：

（1）在如上图 3.4 所示的“新建查询”对话框中，选择“查找不匹配项查询向导”选项，单击“确定”按钮后打开“查找不匹配项查询向导”对话框，如图 3.10 所示，选择“学生档案”表（主表），单击“下一步”按钮。

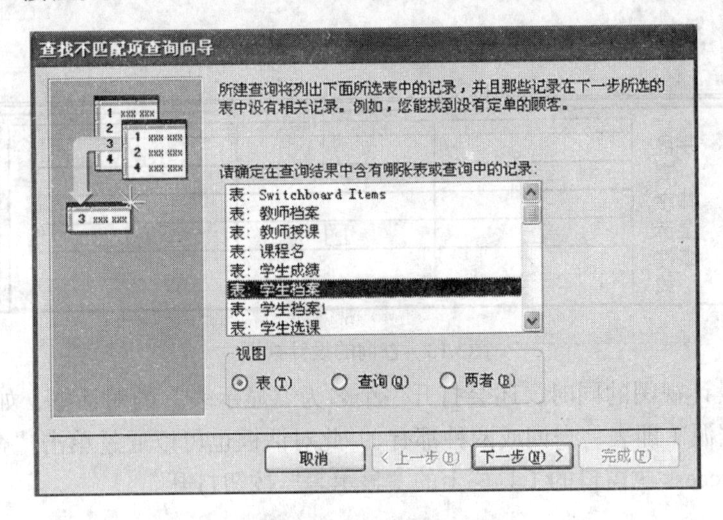

图3.10　选择主表对话框

（2）在如图 3.11 所示的选择子表对话框中选择“学生选课”表（子表），单击“下一步”。

（3）在如图 3.12 所示的选择匹配字段对话框中选择“学生选课”表中的“学号”字段与“学生选课”表中的“学号”字段，通过“匹配”按钮进行匹配后，单击“下一步”。

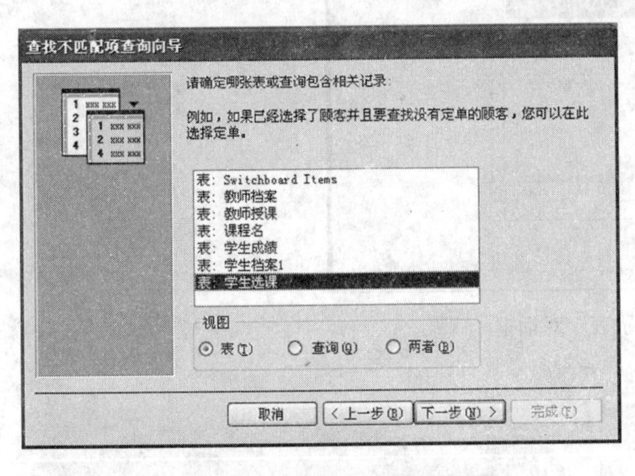

图3.11　选择子表对话框

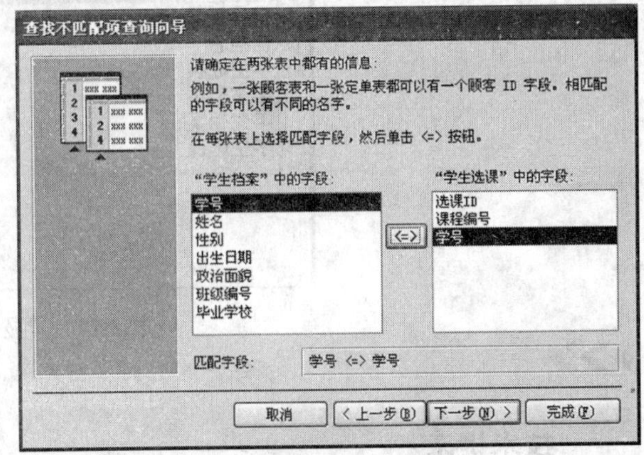

图3.12　选择匹配字段对话框

（4）在出现“选择查询结果所需字段”对话框中，分别选择“班级编号”、“姓名”、“学号”3 个字段信息，单击“下一步”按钮，在出现“查询命名”对话框中，输入查询名称“未选课学生”，单

击“完成”按钮查询创建完成，并显示查询的结果。

技术提示：

使用向导创建选择查询虽然简单，但不能通过设置条件来限制输出的结果。

3.1.3 在设计视图中创建查询

首先来介绍如何打开查询的设计视图。

在数据库窗口的“查询”对象页面中单击“新建”按钮，打开“新建查询”对话框，然后选择“设计视图”一项，再单击“确定”按钮，便会打开一个新查询的设计视图，如图 3.13 所示。

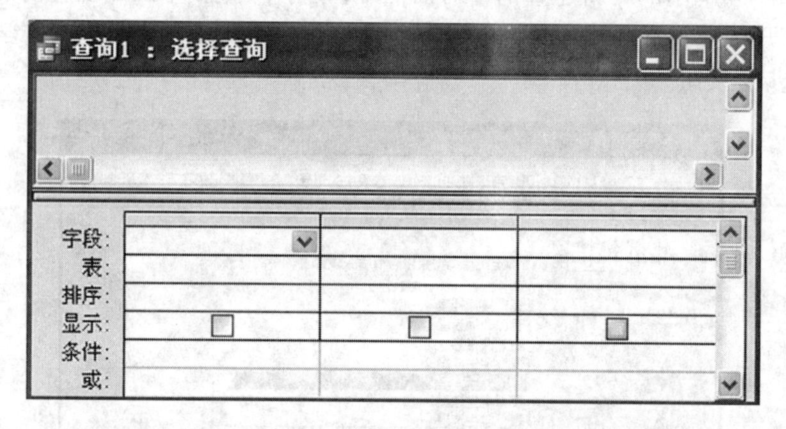

图3.13 查询的设计视图

打开新建查询设计视图的同时，还会打开一个名为“显示表”的对话框，如图 3.14 所示，用来添加查询所需的数据源（即表、查询或两种都有），此对话框也可以通过单击“查询”菜单中的“显示表”命令或单击 Access 主窗口的工具栏上的“显示表”按钮打开。

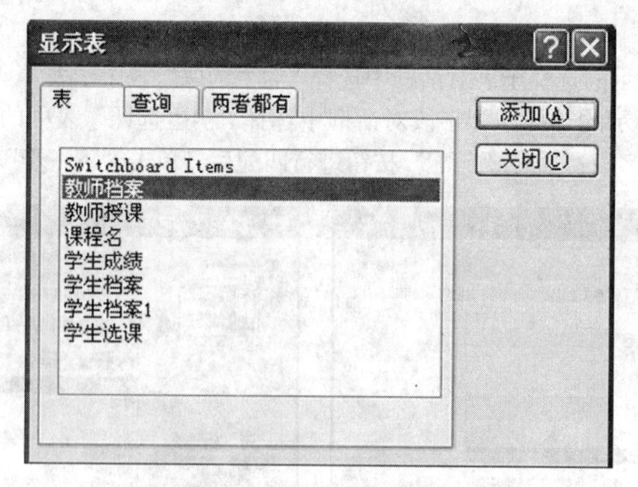

图3.14 “显示表”对话框

技术提示：

双击“数据库窗口”的“查询”对象页面中的“在设计视图中创建查询”图标，也可以打开一个新建查询的设计视图。

查询的设计视图分为上下两部分，上半部分称为“字段列表区”，用来查看和管理此查询所要操作的表或其他查询，其显示形式类似于表的“关系”视图，如图3.15所示。在字段列表区中单击某一个表或查询，再单击键盘上的“Delete”键便可以将其删除。

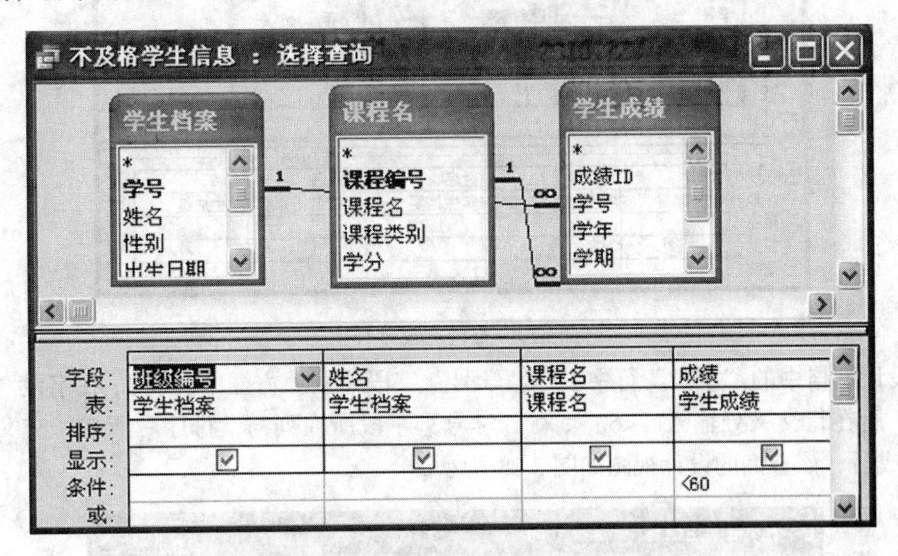

图3.15 “不及格学生信息”查询的设计视图

查询视图的下半部分称为“设计网格”区，用来对查询的结果中所包含的字段进行设计。设计网格区中各行作用如下：

（1）字段。在此添加字段。

（2）表。指定字段所在的表或查询。

（3）排序。指定查询结果的排序方式，可以指定为根据当前字段的值进行升序排列或降序排列。

（4）显示。指定查询结果中是否显示该字段。

（5）条件。使用条件表达式对查询结果进行筛选。

（6）或。在此行指定另一个条件表达式，与其他行是“或”的关系。

（7）总计。指定字段在查询中的汇总方式。该行只在选中了“视图”菜单中的“总计”命令后才会显示。

技术提示：

查询条件在同一行的表示“与”的关系，不同行的表示“或”的关系。

下面使用“设计视图”来创建一个带有查询条件的简单选择查询。

【例题3.4】

将前面创建的“学生信息”查询另存为“不及格学生信息”查询，不显示查询结果中原有的“学号”字段，添加查询条件“成绩不及格”。最后把查询结果按“学号”降序排序。

操作步骤如下：

（1）打开“教学管理系统”数据库，切换到“查询”对象页面，选择前面创建的“学生信息”单击右键，选择快捷菜单中的“另存为”按扭，出现如图3.16所示对话框，输入查询名“不及格学生信息”，单击“确定”按钮。

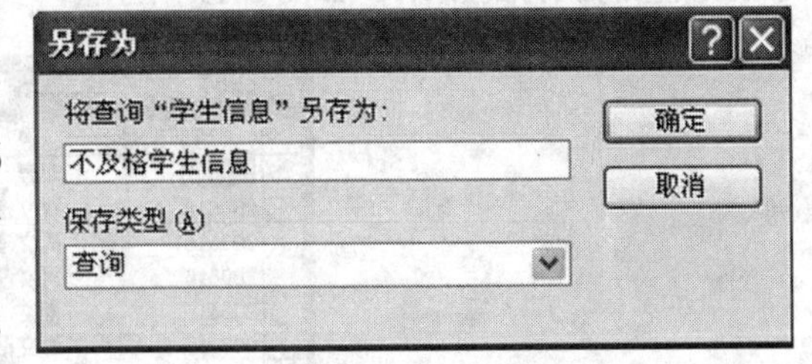

图3.16 “另存为”查询对话框

（2）在“查询”对象页面选中“不及格学生信息”查询，单击页面工具栏上的“设计视图”按钮，则弹出查询的设计视图，如下图3.17所示。

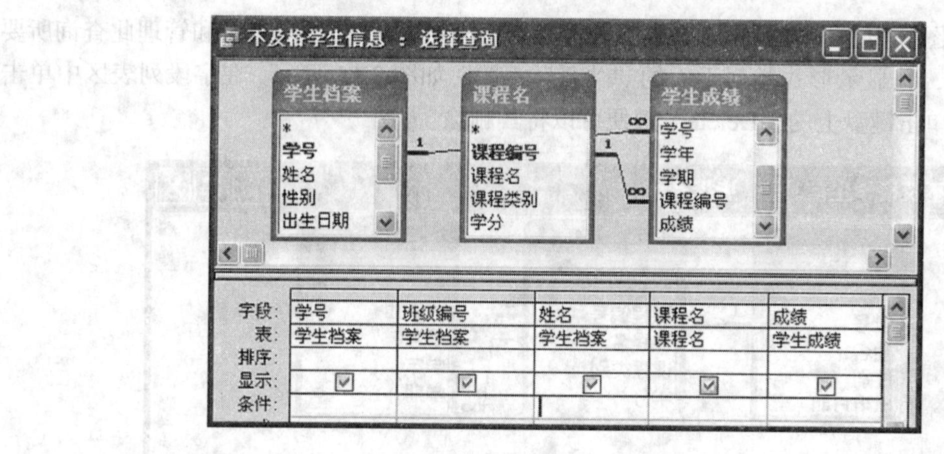

图3.17 查询的设计视图

（3）在设计网格中的“字段”行中去掉“学号”字段（去掉方框中的勾）；在字段“成绩”所在列与“条件”所在行交叉处输入“<60”；在“学号”字段所在列与“排序”所在行交叉处选择“降序”，设置完成后，该查询的设计视图如图 3.18 所示。

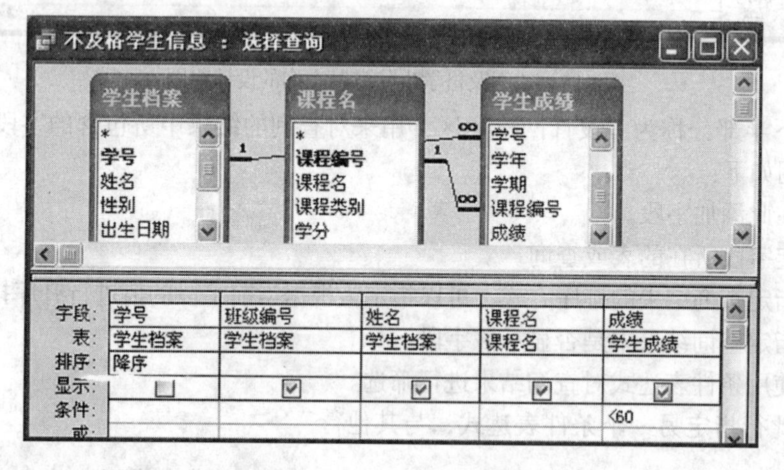

图3.18 查询设计视图中设计条件

技术提示：

要使用查询的设计视图创建不带条件的查询也非常简单，只要将需要显示的字段添加到“字段”行中，“条件”行中不要输入任何条件即可。

（4）单击“视图”菜单下的“数据表视图”命令或单击“查询”菜单下的“运行”命令可以查看到该查询执行的结果，如图 3.19 所示。

不及格学生信息 ： 选择查询

班级编号	姓名	课程名	成绩
201114	邓磊	会计电算化	50
200616	肖文清	船舶概论	40
200616	肖文清	英语	50
200616	肖文清	基础会计	58
200616	肖文清	网络基础	57
200616	肖文清	数据库	56
200615	陈晓	英语	54
200615	陈晓	船舶概论	50

记录: 1 共有记录数: 19

图3.19 “不及格学生信息”查询的结果

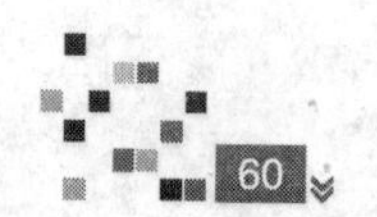

技术提示：

如果需要改变查询条件，例如，要查询成绩在80分以上的学生信息，则可以重新打开该查询的设计视图，在此基础上修改即可。

（5）用 SQL 视图查看以上查询的 SQL 语句。单击“视图”菜单下的“SQL 视图”命令，可以查看到该查询对应的 SQL 语句，如图 3.20 所示。这些 SQL 语句是在设计视图中设计查询的同时由系统自动生成的。

图3.20　“不及格学生信息”查询的SQL视图

3.1.4 查询条件的设置

在 Access 中建立查询时，查询条件通常都是一个条件表达式，而表达式是由常量、字段名（变量）、运算符、函数等组成的，接下来看看如何使用条件表达式设置查询条件。

1. 使用常量作为查询条件

在 Access 中，可以有数字型、文本型、日期型和逻辑型等几种常量。

（1）数字型常量。数字型常量包含各种数字型与货币数值，例如 47、-12.56 等。在设置条件时，数字型常量直接输入即可，不能用单引号或者双引号括起来。

（2）文本型常量。文本型常量是用单引号或者双引号括起来的一个字符串，例如，“北京”、“13911997788”、“计算机”等。作为查询条件输入时，如果没有在前后加上引号，Access 会自动加上双引号。

（3）日期型常量。日期型常量是用“#”括起来的一个代表特定年月日的字符串，例如，#2012-3-5#、#1976/5/19# 等。作为查询的日期条件输入时，如果没有在前后加上“#”符号，Access 会自动添加上。

（4）逻辑型常量。逻辑型常量包含 True 和 False，分别代表真和假。作为查询条件时直接输入即可。

2. 运算符在查询条件中的应用

Access 中运算符分为普通运算符和特殊运算符，其中普通运算符又分为算术运算符、关系运算符、逻辑运算符等。表 3.1 列出运算符的功能及在查询条件中的应用。

表 3.1　运算符的符号、应用

分　类	符　号	应　用		
		字段名	规则	功能描述
算术运算符	+、-、×、/	出生日期	Date()-［出生日］>=20	查询年龄在 20 岁以上的学生记录

续表3.1

分类	符号	应用		
		字段名	规则	功能描述
关系运算符	=、<>	性别	=" 男 "	查询男生记录
	>、>=、<、<=	成绩	>=60	查询及格的学生记录
逻辑运算符	not	姓名	Not " 李 "	查询不姓李的学生记录
	and	成绩	>80 and <90	查询成绩在 80 至 90 之间的学生记录
	or	成绩	=100 or =0	查询成绩为 100 分或 0 分的记录
特殊运算符	like	课程名	Like " 计算机 *"	查询课程名包含“计算机”的记录
	in	姓名	In（" 高霏 "," 王丽 "）	查询姓名为“高霏”或“王丽”的记录
	between	出生日期	Between #1980-1-1# And #1984-12-31#	查询在 1980 年到 1985 年之间出生的学生

技术提示：

查询性别为“男”的记录，可以表示为="男"，其中允许省略“=”。Like运算符用于指定某个类似的字符串，需要与特定的通配符一起使用。通配符“？”表示该位置匹配任意一个数字；通配符“★”表示该位置可匹配任意一串字符；通配符“#”表示该位置可匹配任意一个数字。

3. 函数在查询条件中的应用

表 3.2 列出常用函数在查询中的应用。

表 3.2　函数的名称、应用

函数名	规　则	功能描述
Right（）	Right（[课程名],2）= " 实训 "	查询课程名以“实训”结尾的记录
Mid（）	Mid（[班级编号],6,2）= "25"	查询班级编号中第 6、7 个字符为“25”的记录
Left（）	Left（[课程名],3）= " 计算机 "	查询课程名以“计算机”开头的记录
Len（）	Len（[姓名]）<=2	查询姓名为两个字的记录
Year（）	Year（[出生日期]）>=1980	查询 1980 年以后出生的学生记录

续表3.2

函数名	规　则	功能描述
Date（）	Date（）-［出生日期］>=20	查询年龄在 20 岁以上的学生记录
Now（）	Now（）	返回系统时间
Day（）	Day（Now（））	返回系统时间的日期
Month（）	Month（Now（））	返回系统时间的月份

4. 统计函数的应用

统计函数用于对一批数据求和、求平均、计数等，以下是对几个常用统计函数的说明。

（1）SUM（）。所有值的总和。只能对数值求和，Null 值将被忽略。

（2）AVG（）。所有值的平均值。只能对数值求平均，Null 值将被忽略。

（3）COUNT（）。所有值的个数或者表中记录的个数，忽略其中的 Null 值。

（4）MAX（）。所有值中的最大值（对于文本型数据，按字母排序的最后一个值）。

（5）MIN（）。所有值中的最小值（对于文本型数据，按字母排序的第一个值）。

技术提示：

在数据库表中经常会遇到某个字段值为空的记录，这种情况下就使用Null或空白来表示，空字符串是用半角双引号括起来的字符串，且双引号之间没有空格。若要查询这类记录，则可以使用特殊运算符“is”，例如查询姓名为空值（Null）的记录，则可以表示为：[姓名] is Null；查询联系电话暂时没有的记录，可以表示为：[联系电话]=""。

技术提示：

上面介绍的常量、运算符、函数及数据表中的字段名等，都可以按照一定的规则组成合法的表达式。在Access中，不仅创建查询条件需要使用表达式，其他许多操作（包括设定记录筛选条件、创建有效性规则、创建SQL语句、在窗体和报表中创建计算控件等）也都需要使用各种表达式。

项目 3.2 汇总查询

例题导读

在实际应用中，常常需要对查询的结果进行统计分析。在 Access 中可供选择的汇总选项都有哪些？如何设计分组汇总查询？

知识汇总

- 对表格记录进行分组总计计算
- 利用自定义计算生成新列

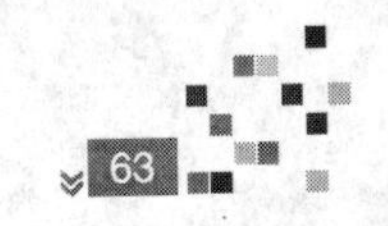

在前面介绍的查询中只是获取了满足条件的记录，没有对记录进行更深入的分析和利用，而在实际应用中，常常需要对查询的结果进行计算。例如，求和、求平均值等。Access 中提供了这些功能，接下来就介绍如何在查询的同时实现计算。

在 Access 的查询中，可以进行预定义计算和自定义计算。

1. 预定义计算

预定义计算又叫总计计算，是系统提供的用于对查询中的记录组或全部记录进行的计算，在查询的“设计视图”中单击工具栏上的“总计”按钮，在设计网格中就会出现“总计”行，用于进行总计的设置。

Access 提供了丰富的总计选项。单击查询中各个字段对应的“总计”单元格的下拉按钮，打开下拉列表，在下拉列表中共有 12 个总计选项供用户选择。使用时，只需要选择或输入这 12 个选项之一，后面不要括号也没有参数。这 12 个选项分为 4 类，其功能如表 3.3 所示。

表 3.3　总计选项

分　类	名　称	功　能
分组	分组（Group By）	指定进行数值汇总的分类字段
聚合函数	总计（Sum）	为每一组中的指定字段求和
	平均值（Avg）	为每一组中的指定字段求平均值
	最小值（Min）	为每一组中的指定字段求最小值
	最大值（Max）	为每一组中的指定字段求最大值
	计数（Count）	为每一组中的指定字段求记录数
	标准差（Stdev）	为每一组中的指定字段求标准差
	方差（Var）	为每一组中的指定字段求方差
	第一条记录（First）	返回组中第一个记录指定字段的值
	最后一条记录（Last）	返回组中最后一个记录指定字段的值
表达式	表达式（Expression）	在设计网格的“字段”行建立计算字段
限制条件	条件（Where）	在“条件”行指定查询条件

在以上的叙述中，字段也可以是表达式。

这里应该注意的是关于空值 Null 的处理：

（1）在数据库的表中输入一些当时不知道数据的值，一般用空值 Null 处理（什么也不输）。

（2）聚合函数总是忽略计算包含空值的记录。例如，“计数（Count）”函数将忽略包含 Null 值的记录的计数，“总计（Sum）”和“平均值（Avg）”将忽略对包含 Null 值的记录的统计，使用聚合函数时要注意这个特点。

（3）如果在数值计算中含有 Null，计算结果都是 Null（这可能不是用户所希望的），用户可以使用 IIF 函数对 Null 值作特殊处理。

（4）如果需要在计算中将 Null 当 0 或 1 处理，请用 Nz 函数。Nz 函数可以将 Null 值转换为 0 或 1。如 Nz（Null，0）=0，Nz（Null，1）=1。

【例题 3.5】

在“教师档案”表中创建查询“各系教师人数”，统计各个系的教师人数。

操作步骤如下：

（1）在“教学管理系统”数据库窗口的“查询”对象页面中双击“在设计视图中创建查询”图标，打开一个新查询的设计视图，并在“显示表”对话框中将“教师档案”表添加到此查询的设计视图中，随后单击“文件”菜单下的“保存”命令，将这个查询保存为“各系教师人数”。

（2）单击工具栏上的“总计”按钮，在设计网格中就会出现“总计”行，用于进行总计查询的设置。

（3）在查询设计视图窗口的查询设计网格中进行如下的设置：在“字段”行中，将“教师档案”表的“系别”和“教师编号”字段添加到设计网格的字段行中（选定字段的方法有多种，可以双击选中的字段；或直接将字段名拖放到下方“字段”行的某个网格中；或在“字段”行中单击某个网格再单击右侧出现的向下箭头，从下拉列表中选择某个字段），并在字段教师编号前输入显示字段名“教师人数:”，在“总计”行，单击下拉按钮，分别将“系别”指定为“分组”，将“教师编号”字段指定为“计数”。设置完成后，该查询的设计视图如图 3.21 所示。

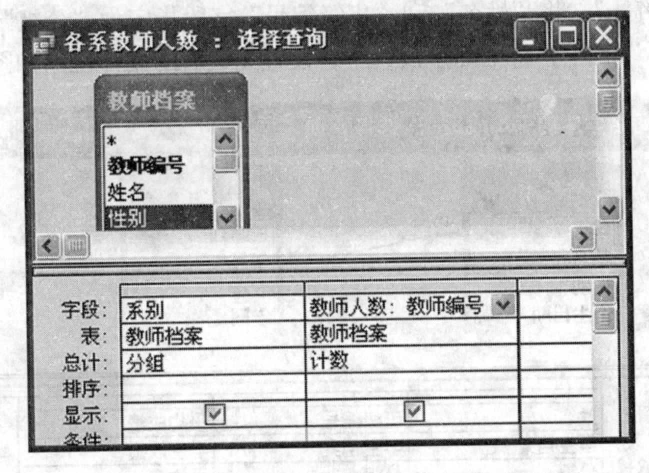

图3.21　“各系教师人数”查询的设计视图

（4）单击“查询”菜单下的“运行”命令，会生成该查询结果的数据表，如图 3.22 所示。

各系教师人数 ...

系别	教师人数
船体	3
管理	2
基础	3
计算机	2

记录: 1

图3.22　“各系教师人数”的查询结果

（5）用 SQL 视图查看以上查询的 SQL 语句。单击“视图”菜单下的“SQL 视图”命令，可以查看到该查询对应的 SQL 语句，如图 3.23 所示。

图3.23　“各系教师人数”查询的SQL视图

【例题 3.6】

在“学生档案”表和“学生成绩”表中创建名为“每名学生的平均成绩”查询，统计每个学生

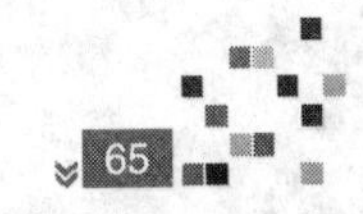

的平均成绩。

操作步骤如下：

（1）打开“教学管理系统”数据库，单击“查询”对象，再双击“在设计视图中创建查询”选项，打开“选择查询”的设计视图，并弹出“显示表”对话框。

（2）在“显示表”对话框中将“学生档案”和“学生成绩”两个表添加到此查询的设计视图中，然后关闭“显示表”对话框。

（3）单击工具栏中的“保存”按钮，或选择“文件”菜单下的“保存”命令，将此查询保存为“每名学生的平均成绩”。

（4）单击工具栏上的“总计”按钮，将“总计”行显示在设计网格中。

（5）然后在设计网格中作如下设置：在“字段”行中，将“学生档案”表中的“姓名”和“班级编号”字段以及“学生成绩”表中的“成绩”字段添加到设计网格的字段行中，并且在成绩字段前输入显示字段名“平均成绩：”，将“姓名”和“班级编号”字段指定为“分组”，将“成绩”字段指定为“平均值”，在“显示”行中，将全部字段选中，设置完成后的设计视图如图 3.24 所示。

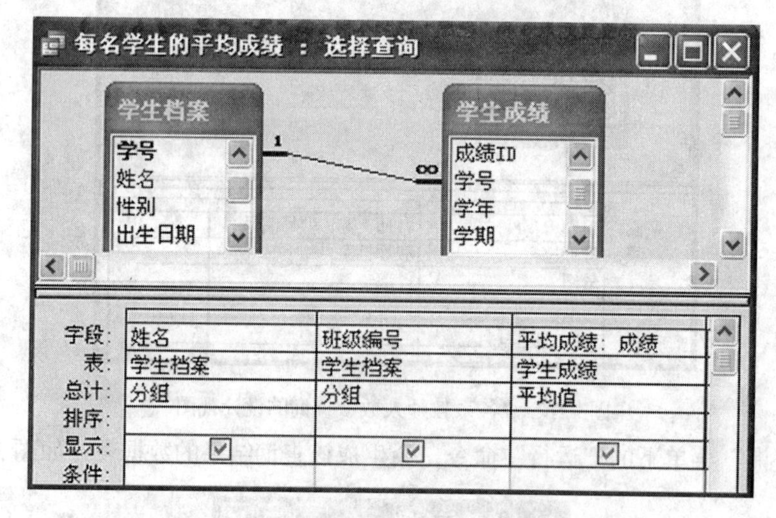

图3.24 “每名学生的平均成绩”的设计视图

（6）执行这个查询可以得到如图 3.25 所示的结果。

每名学生的平均成绩 ： 选择查询

姓名	班级编号	平均成绩
陈晓	200615	69
邓磊	201114	65
刘梅	200612	71.8
刘心颖	200614	78
刘宇	200612	79.6
马丽	200614	68

记录：1 共有记录数：17

图3.25 “每名学生的平均成绩”的查询结果

接下来，我们再使用类似的方法在“教学管理系统”数据库中，利用“学生档案”表和“学生成绩”表创建名为“每班不及格人数”的查询，统计每个班不及格的学生人数。

创建过程中前面 4 个步骤类似，我们关键看第 5 步中设计网格中的设置应用如何进行：

在“字段”行中，将“学生档案”表中的“班级编号”和“学号”字段以及“学生成绩”表中的“成绩”字段添加到设计网格的字段行中，并且在学号字段前输入显示字段名“不及格学生人数：”，将“班级编号”字段指定为“分组”，将“学号”字段指定为“计数”，将“成绩”字段指定为“条件”，并在“成绩”字段列与“条件”行交叉处输入条件：<60, 在“显示”行中，将“班级编号”

和“学号”字段选中，设置完成后的设计视图如图 3.26 所示。

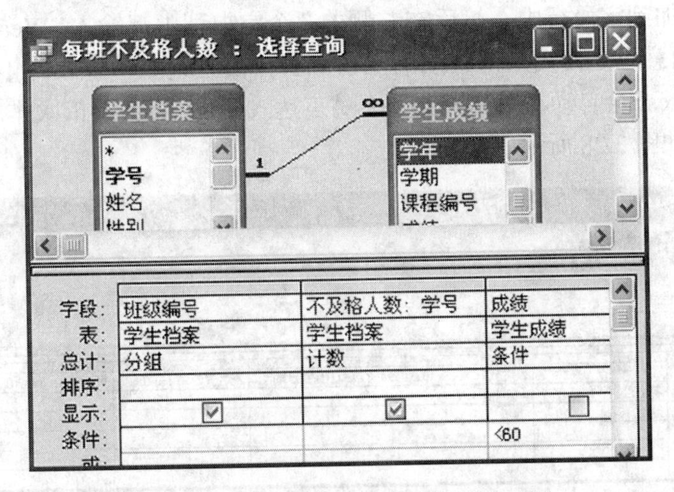

图3.26 “每班不及格人数”的设计视图

执行这个查询可以得到如图 3.27 所示的结果。

每班不及格人数 ...

班级编号	不及格人数
200612	5
200613	1
200614	2
200615	5
200616	5
201114	1

记录: 1

图3.27 “每班不及格人数”的查询结果

2. 自定义计算

除了使用 Access 提供的预定义函数进行计算外，还可以使用自定义计算得到需要的数据。自定义计算可以用一个或多个字段的值进行数值、日期和文本计算。

自定义计算的方法是在设计网格的空“字段”单元格中输入计算字段名和计算表达式。计算字段名在前，计算表达式在后，中间用英文冒号“：”分隔。计算表达式是不可少的，如果没有输入计算字段名，系统会自动加上适当的字段名。

技术提示：

计算字段是虚拟字段，仅在运行查询时显示计算结果，并不存储在表中。正因为如此，所以计算字段永远以数据库中最新的数据作为计算依据。

【例题 3.7】

利用“学生档案”表创建一个查询，按照性别来查询学生的年龄分布情况，要求分别得出男女学生的最大、最小和平均年龄，查询命名为“按性别统计学生年龄”。

操作步骤如下：

（1）打开“教学管理系统”数据库，单击“查询”对象，在显示的列表中再双击“在设计视图中创建查询”选项，打开“选择查询”的设计视图，并弹出“显示表”对话框。

（2）在“显示表”对话框中将“学生档案”表添加到此查询的设计视图中，然后关闭“显示表”对话框。

（3）单击工具栏中的“保存”按钮，或选择“文件”菜单下的“保存”命令，将此查询保存为“按性别统计学生年龄”。

（4）接下来，在设计视图的设计网格中，进行如下设置：在“字段”行中，将“学生档案”表中的“性别”字段添加到字段行中，然后在右侧的 3 个空白列中都输入“Year(Date())-Year([出生日期])”，这个表达式的意思是使用当前日期的年份减去“出生日期”字段的年份，得出学生的年龄。输入该表达式后，Access 会自动在表达式前加上“表达式 x”字样，并依次排序，它们将作为字段名显示在查询结果中，如图 3.28 所示。

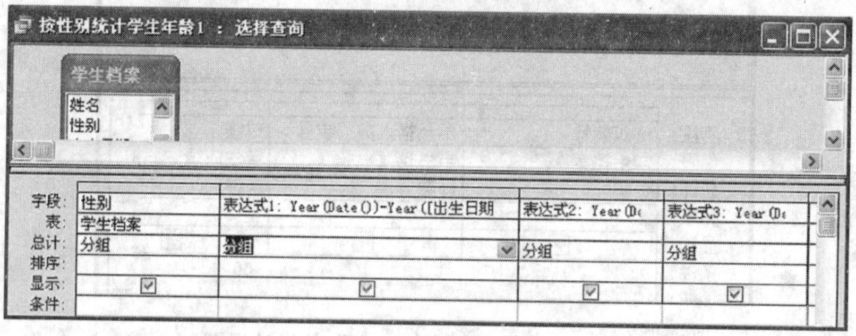

图3.28　在“按性别统计学生年龄”查询中输入表达式

（5）接着在“总计”行中，将“性别”指定为“分组”，将“表达式 1”、“表达式 2”和“表达式 3”字段分别指定为“平均值”、“最小值”和“最大值”。在“显示”行，全部字段选中。为了使查询结果更加清晰明了，在此将“表达式 1：”修改“平均年龄：”，“表达式 2：”修改为“最小年龄：”，“表达式 3：”修改为“最大年龄：”，设置完成后，该查询的设计视图如图 3.29 所示。

（6）保存并执行该查询的结果如图 3.30 所示。

技术提示：

在分组汇总查询中，不是所有字段属性都能显示出来的，只有分组字段和汇总字段能被显示出来。

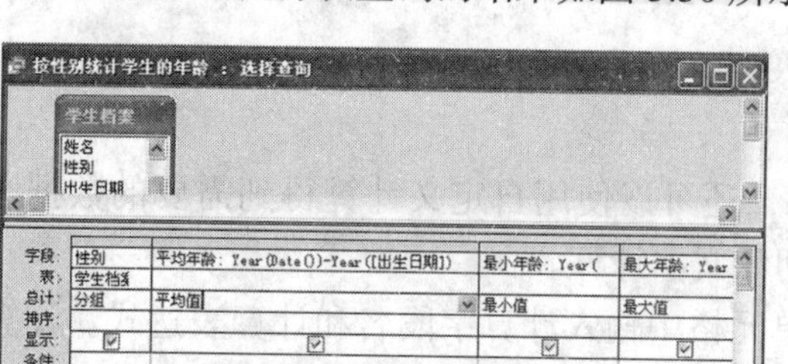

图3.29　“按性别统计学生年龄”查询的设计视图

图3.30　“按性别统计学生年龄”查询的执行结果

项目 3.3 交叉表查询

例题导读

创建交叉表查询的意义是什么？尝试使用多种方法来创建交叉表查询。

知识汇总

- 使用查询向导创建交叉表
- 使用查询设计视图创建交叉表

交叉表查询用于对数据进行汇总或其他计算，并对这些数据进行分组。一组显示在数据表的左部（行标题），一组显示在数据表的顶部（列标题），具体的数据值则显示在数据表的中间，使数据的显示更加直观、易读。

在 Access 中可以使用向导或设计视图创建交叉表查询。但使用向导只能创建基于一个表或查询的交叉表查询，而使用设计视图可以创建出基于多个表或查询的交叉表查询。

使用设计视图创建交叉表查询，只须在打开查询的设计视图后，选择“查询”菜单中的“交叉表查询”命令。此时，在查询设计视图的设计网格中就会出现“总计”行和“交叉表”行，并且隐藏了“显示”行。因为隐藏了显示行，所以交叉表查询必须对数据进行汇总计算。

用户要进行“交叉表”查询设计，可以单击查询中各个字段对应的“交叉表”单元格的下拉按钮，打开下拉列表，在下拉列表中共有 4 个“交叉表”选项，供用户选择，其功能如表 3.4 所示。

表 3.4　交叉表查询选项

名　称	功　能
行标题	显示为行标题。其“总计”行只能是“分组（Group By）”
列标题	显示为列标题。其“总计”行只能是“分组（Group By）”
值	显示值。其“总计”行可以按具体要求选择
（不显示）	不显示

1. 使用查询向导创建

在 Access 中，有两种方法可以创建交叉表查询，即交叉表查询向导和查询设计视图，使用交叉表查询向导只能从单一的数据源中建立交叉表，下面介绍使用查询向导创建交叉表查询的方法。

【例题 3.8】

使用向导创建一个为“每班男女生人数”交叉表查询，用来统计“学生档案”表中每个班级男生人数、女生人数和总人数。

操作步骤如下：

（1）在“教学管理系统”数据库窗口的“查询”对象页面中单击“新建”按钮，打开“新建查询”对话框，如图 3.31 所示。

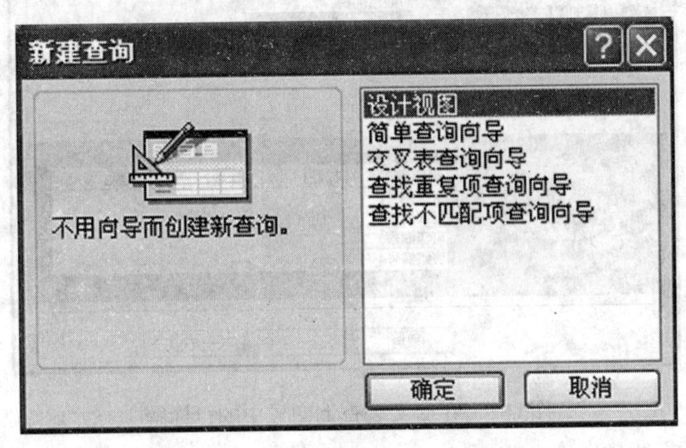

图3.31　“新建查询”对话框

（2）在“新建查询”对话框中选择“交叉表查询向导”选项，然后单击“确定”按钮即可打开交叉表查询向导。

（3）交叉表查询向导的第一步要求选择用来构建交叉表的表或查询，如图 3.32 所示，这里选择“表: 学生档案”。

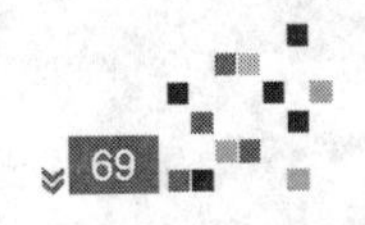

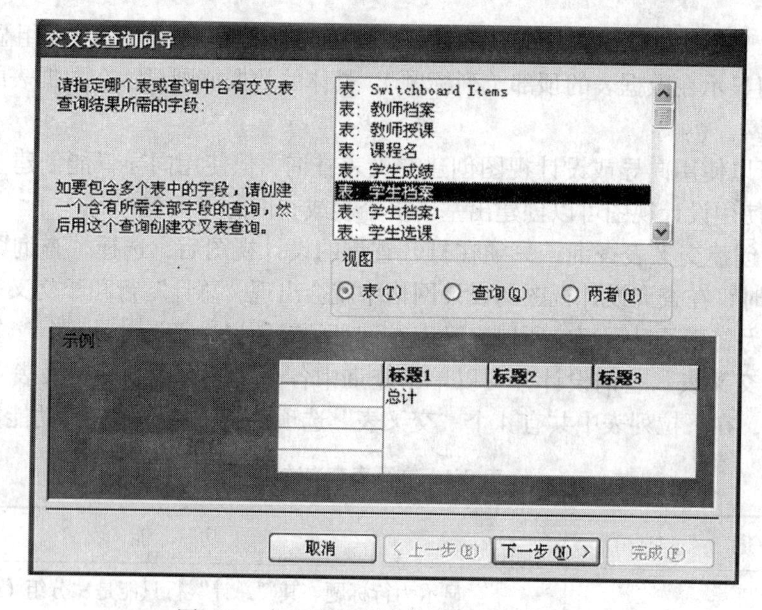

图3.32　在交叉表查询向导中选择数据源

技术提示：

如果要使用交叉表查询向导从多张表中建立交叉表，需要先建立一个包含所需全部字段的查询，再以此查询为基础使用交叉表查询向导建立交叉表查询。

（4）单击“下一步”按钮，打开交叉表查询向导的下一步，如图 3.33 所示。这一步要求确定用来做行标题的字段。这里选择“班级编号”字段，表示交叉表的每一行都是一个类别字段中的一个值。

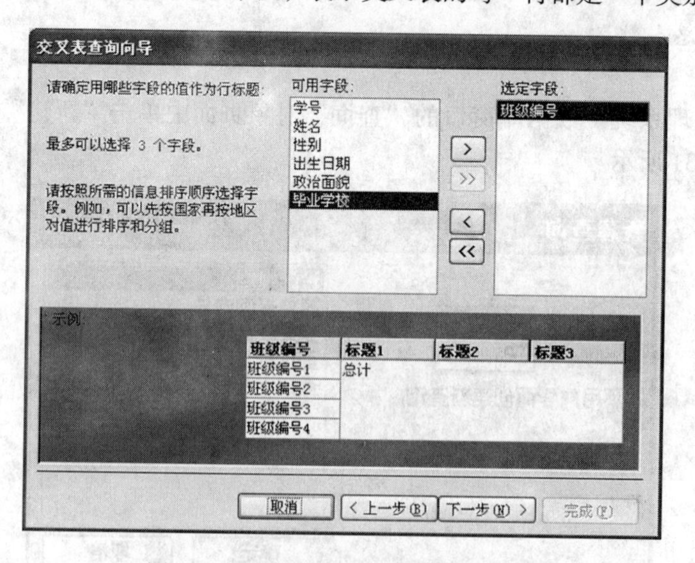

图3.33　在交叉表查询向导中的行标题

（5）单击“下一步”按钮，打开交叉表查询向导的下一步。这一步要求确定作为列标题的字段。这里选择“性别”字段，表示用“性别”字段中的值作为交叉表各列的标题。

（6）单击“下一步”按钮，打开交叉表查询向导的下一步，如图 3.34 所示。这一步要求确定交叉表中作何种统计计算。这里选择“学号”字段，并选择“计数”函数，表示对“学号”字段中的值按交叉表中行和列的要求作计数统计。

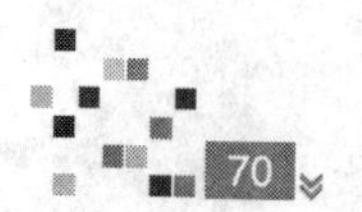

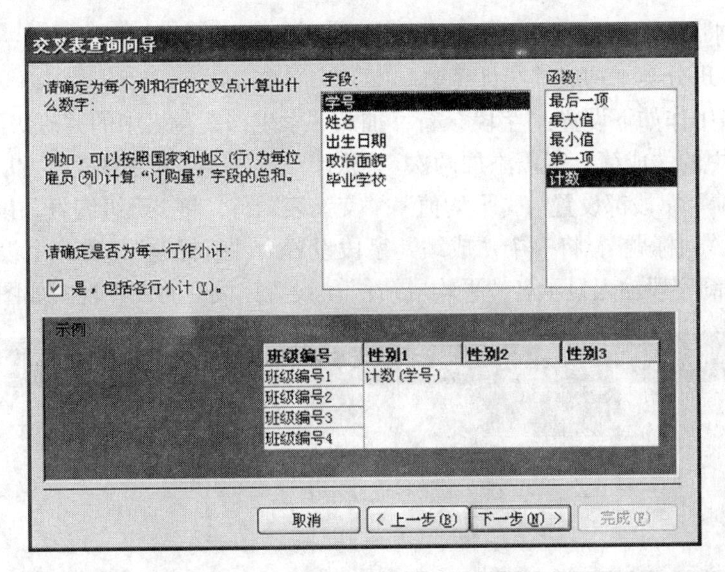

图3.34　在交叉表查询向导中选择计算字段

技术提示：

如果在这一步中选中"是，包括各行小计"选项，则将在交叉表查询的结果中包含一个"总计"字段，用于对各行数据进行总计计算。

（7）单击"下一步"按钮，打开交叉表查询向导的下一步，这是向导的最后一步，要求指定查询的名称，这里输入"每班男女生人数"。单击"完成"按钮，便完成了这个交叉表查询的建立，切换视图显示查询的结果，如图 3.35 所示。

每班男女生人数 ：交叉表查询

班级编号	总计 学号	男	女
200612	3	3	
200613	2		
200614	2		
200615	3	1	
200616	2	1	
201112	1		
201113	1	1	

记录：1　共有记录数：10

图3.35　"每班男女生人数"查询的执行结果

2. 使用设计视图创建

【例题 3.9】

创建一个交叉表查询，统计各班平均成绩及男女生分类平均成绩，命名为"各班分类平均成绩统计"。

操作步骤如下：

（1）打开"教学管理系统"数据库，单击"查询"对象，再双击"在设计视图中创建查询"选项，打开"选择查询"的设计视图，并弹出"显示表"对话框。

（2）在"显示表"对话框中将"学生档案"和"学生成绩"两个表添加到此查询的设计视图中，然后关闭"显示表"对话框。

（3）选择“查询”菜单中的“交叉表查询”命令，此时设计网格中会多出一行“交叉表”选项，并把查询命名为“各班分类平均成绩统计”。

（4）在设计网格中作如下设置：“字段”行，加入“学生档案”表中的“班级编号”和“性别”字段，“学生成绩”表中的“成绩”字段添加两次。“总计”行，将“班级编号”和“性别”设置为“分组”，再将 2 个“成绩”字段都设置为“平均值”；“交叉表”行，将“班级编号”设置为“行标题”，将“性别”字段设置为“列标题”，将一个“成绩”字段设置为“行标题”，另一个设置为“值”。最后将设为“行标题”的成绩字段输入显示名“平均成绩：”。设置完成后的设计视图如图 3.36 所示。

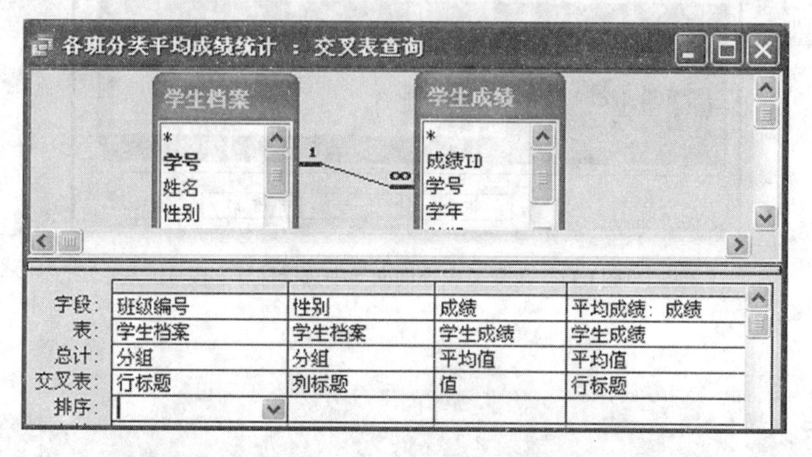

图3.36 “各班分类平均成绩统计”交叉表查询设计视图

（5）执行该查询，执行结果如图 3.37 所示。

各班分类平均成绩统计 ： 交叉表查询

班级编号	平均成绩	男	女
200612	69.93333333333	69.93333333333	
200613	75.2		75.2
200614	73		73
200615	68.93333333333	74.8	66
200616	65.4	52.2	78.6
201112	78.33333333333		78.33333333333
201113	80.66666666667	80.66666666667	
201114	65	65	

记录：1 共有记录数：10

图3.37 “各班分类平均成绩统计”的查询结果

项目 3.4 参数查询

例题导读

Access 提供了灵活方便的参数查询功能，分析参数查询与选择查询的区别，参数查询分为几类？

知识汇总

- 创建单参数查询
- 创建多参数查询

上面介绍的各种查询，不管其查询条件是简单还是复杂都是固定的，如果要改变条件，就要对查询进行重新设计，很不方便。例如，按照学生的学号查看学生的信息，如果将此查询设计为上面介绍的查询方式，则非常麻烦，这时就可以使用参数查询。参数查询的条件是动态的，运行时由用户从键盘输入，是一种比较灵活的查询方法。参数查询也属于选择查询，前面介绍的查询都可以改变为参数查询。

创建参数查询的操作和创建选择查询基本一样，只是在“条件”行输入的不是具体的值或确定的表达式，而是在方括号中输入提示文字。

参数查询有单参数和多参数查询两种，单参数查询在执行时只要求用户输入一个参数值，相对简单一些，而多参数查询需输入多于一个的参数值，可实现更为灵活的查询，下面分别介绍这两种查询。

1. 单参数查询

所谓单参数查询是在创建此种查询时仅设定一个参数，而在运行时则根据这个输入的参数值进行查询并输出相应的结果。

【例题 3.10】

利用“教学管理系统”数据库中的“学生档案”表创建一个名为“按班级查看学生信息”的单参数查询。使得运行此查询时，只需输入某个班级的“班级编号”，即可显示出该班学生的“学号”、“姓名”、“性别”、“出生日期”、“政治面貌”、“班级编号”、“毕业学校”字段。

操作步骤如下：

（1）打开“教学管理系统”数据库，单击“查询”对象，再双击“在设计视图中创建查询”选项，打开“选择查询”的设计视图，并弹出“显示表”对话框。

（2）在“显示表”对话框将“学生档案”表添加到该查询的设计视图中，然后关闭“显示表”对话框。

（3）单击工具栏中的“保存”按钮，或选择“文件”菜单下的“保存”命令，将此查询保存为“按班级查看学生信息”。

（4）在设计视图的设计网格中作如下设置：在“字段”行中添加“学生档案”表中的全部字段，再添加一次“学生档案”表中的“班级编号”字段；在“显示”行中，不将“班级编号”字段选中；在“条件”行中，为“班级编号”字段指定条件：“[请输入班级编号：]”，如图 3.38 所示。

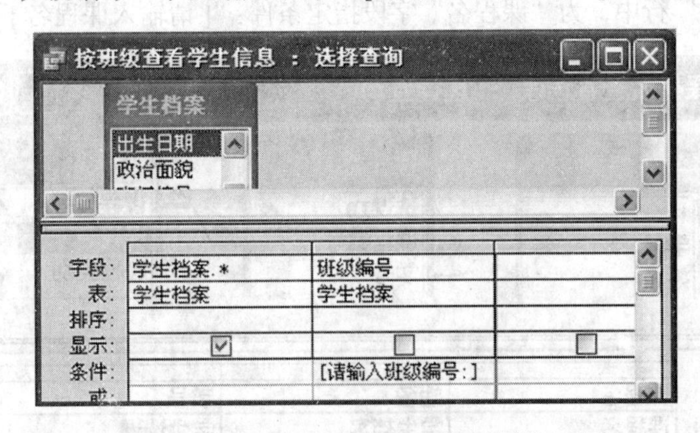

图3.38 “按班级编号查询”参数查询设计视图

（5）单击“查询”菜单下的“运行”命令，运行此查询。这时会弹出一个“输入参数值”对话框，上面显示了用户在设计视图中输入的提示文字，如图 3.39 所示。

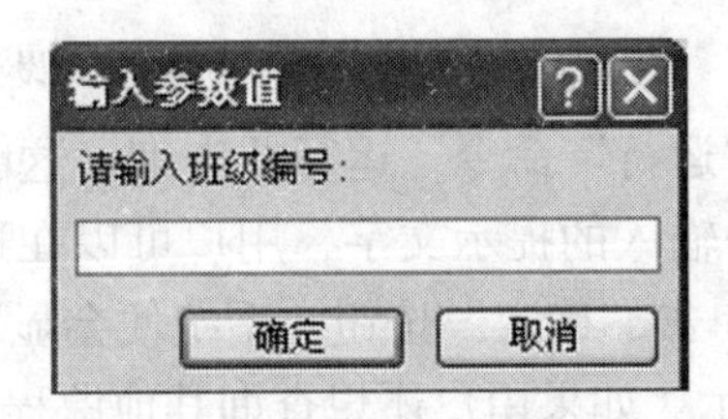

图3.39 “输入参数值”对话框

（6）用户可以在这个对话框中输入一个班级编号进行查询，比如输入“200613”，然后单击“确定”按钮，系统便会显示出这个查询的结果，即班级编号为“200613”的学生记录，如图 3.40 所示。如果用户还想查询其他班级的学生信息，则再运行一次这个查询，输入其他班级编号即可。

按班级查看学生信息 ： 选择查询

学号	姓名	性别	出生日期	政治面貌	班级编号	毕业学校
20101305	徐宇	女	1987-5-18	团员	200613	抚顺一中
20101316	王新	女	1988-7-21	团员	200613	本溪一中

记录: 1 共有记录数: 2

图3.40　按班级编号查询的结果

【例题 3.11】

利用“学生档案”表、“学生选课”表、“课程名”表创建一个名为“按课程名查看选课”的单参数查询，使得运行查询时，只需要输入一个课程名，即可显示出这门课的“课程名”、“学生姓名”、“学号”字段。

操作步骤如下：

（1）打开“教学管理系统”数据库，单击“查询”对象，再双击“在设计视图中创建查询”选项，打开“选择查询”的设计视图，并弹出“显示表”对话框。

（2）在“显示表”对话框中将“学生档案”表、“学生选课”表、“课程名”表添加到此查询的设计视图中，然后关闭“显示表”对话框。

（3）单击工具栏中的“保存”按钮，或选择“文件”菜单下的“保存”命令，将此查询保存为“按课程名查看选课”。

（4）在设计视图的设计网格中作如下设置：在“字段”行中添加“课程名”表中的“课程名”字段、“学生档案”表中的“姓名”字段和“学生选课”表中的“学号”字段；在“显示”行中，将全部字段选中；在“条件”行中，为“课程名”字段指定条件：“[请输入课程名]”，如图 3.41 所示，

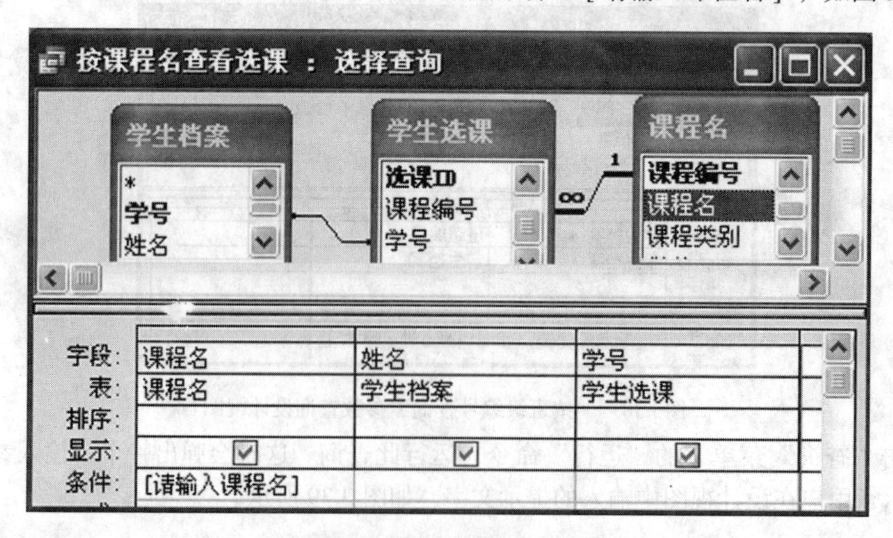

图3.41　“按课程名查看选课”参数查询设计视图

（5）单击“查询”菜单下的“运行”命令，运行此查询。这时会弹出一个“输入参数值”对话框，上面显示了用户在设计视图中输入的提示文字，用户可以在这个对话框中输入一个课程名进行查询，例如，输入“英语”，然后单击“确定”按钮，系统便会显示出这个查询的结果，即课程名为“英语”的选课情况，如图 3.42 所示。如果用户还想查询其他课程的选课信息，则再运行一次这个查询，输入其他课程名即可。

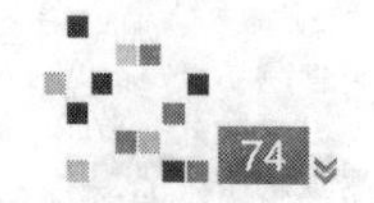

图3.42　按课程名查询的选课结果

2. 多参数查询

多参数查询是在创建此种查询时设定多个参数，而运行时则根据依次输入的各个参数值进行查询并输出相应的结果。

【例题 3.12】

利用“学生档案”表、“学生成绩”表和“课程名”表创建一个名为“某学期某课不及格信息”的多参数查询，使得运行查询时，需要输入一个学年、一个学期、一个课程名，即可显示出在这一学年这一学期这门课程不及格的学生的“姓名”、“班级编号”、“学年”、“学期”、“成绩”、“课程名”。

操作步骤如下：

（1）打开“教学管理系统”数据库，单击“查询”对象，再双击“在设计视图中创建查询”选项，打开“选择查询”的设计视图，并弹出“显示表”对话框。

（2）在“显示表”对话框中将表“学生档案”、“学生成绩”和“课程名”添加到此查询的设计视图中，然后关闭“显示表”对话框。

（3）单击工具栏中的“保存”按钮，或选择“文件”菜单下的“保存”命令，将此查询保存为“某学期某课不及格信息”。

（4）在设计视图的设计网格中作如下设置：在“字段”行中添加“学生档案”表中的“姓名”和“班级编号”字段，以及“学生成绩”表中的“学年”、“学期”、“成绩”字段和“课程名”表中的“课程名”字段；在“显示”行中，将全部字段选中；在“条件”行中，为“学年”字段指定条件：“[请输入学年：]”，为“学期”字段指定条件：[请输入学期：]，为“课程名”字段指定条件：“[请输入课程名：]”，为“成绩”字段输入固定条件“<60”，如图 3.43 所示。

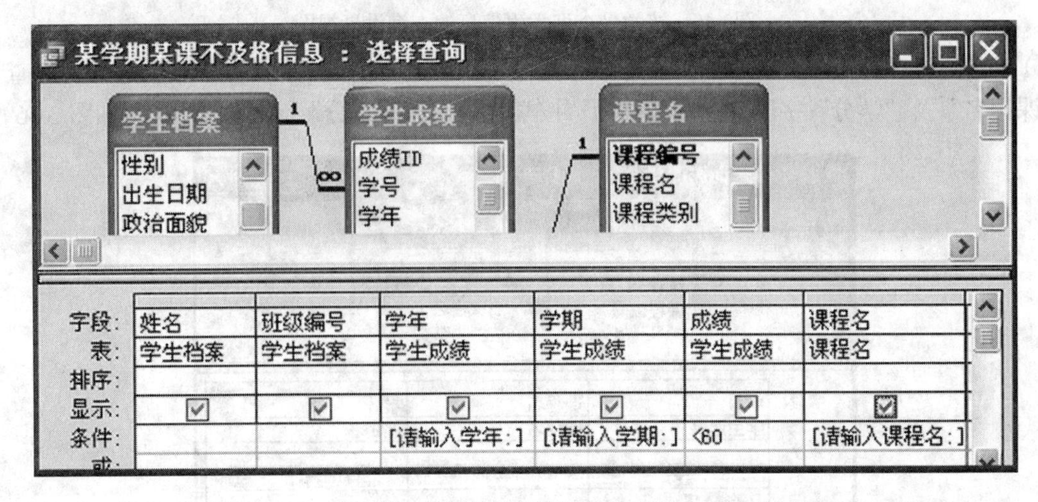

图3.43　“某学期某课不及格信息”多参数查询设计视图

（5）单击“查询”菜单下的“运行”命令，运行此查询，这时会弹出第一个“输入参数值”对话框，在此输入要查询的学年，单击“确定”按钮或按下回车键，这时会弹出第二个“输入参数值”

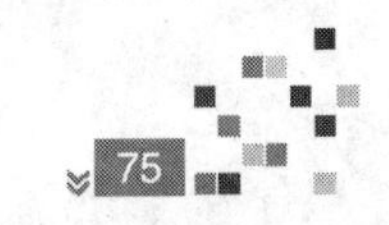

对话框，根据提示用户依次输入查询参数即可，如果学年、学期、课程名分别输入“2010”、“1”、“数据库”，单击“确定”按钮后即可以看到相应的查询结果，如图 3.44 所示。

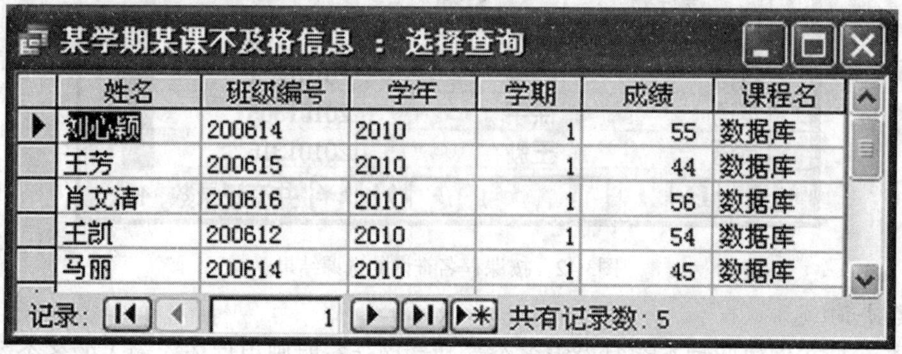

某学期某课不及格信息 ：选择查询

姓名	班级编号	学年	学期	成绩	课程名
刘心颖	200614	2010	1	55	数据库
王芳	200615	2010	1	44	数据库
肖文清	200616	2010	1	56	数据库
王凯	200612	2010	1	54	数据库
马丽	200614	2010	1	45	数据库

记录：1 共有记录数：5

图3.44 按学年、学期和课程名查询不及格结果

3. 参数查询实例

接下来我们再使用上面类似的方法完成以下实例，这里主要介绍设计视图中的设计网格的设置，其他步骤请大家自己思考。

（1）在“教学管理系统”数据库中以学号为参数，利用“学生档案”表查看某一个学生的全部信息，查询名称为“按学号查询学生信息”，查询设计视图如图 3.45 所示。

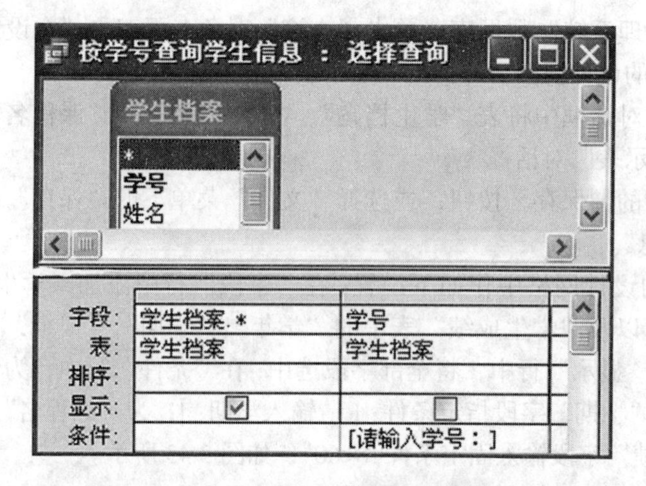

图3.45 按学号查询学生信息的查询设计视图

（2）在“教学管理系统”数据库中以学号为参数，利用“课程名”表和“学生选课”表查询“学号”、“课程名”及“学分”字段，查询名称为“按学号查询选课学分”，查询设计视图如图 3.46 所示。

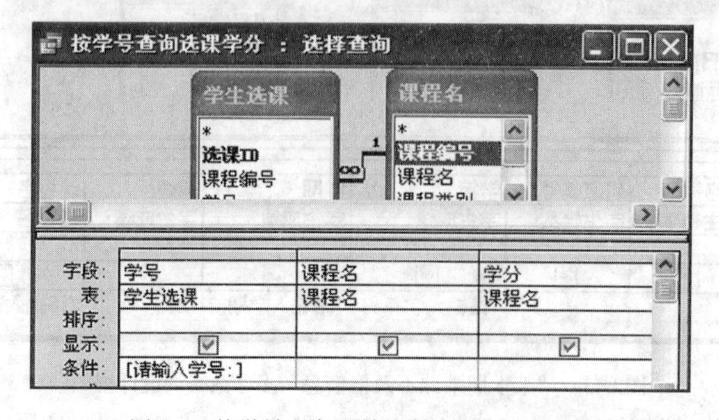

图3.46 按学号查询选课学分的查询设计视图

（3）在“教学管理系统”数据库中以学年、学期、教师姓名为参数，查看教师的“姓名”、“学

年”、“学期”及“学分和”，查询命名为“某学年某学期某教师的授课学分总和”，查询设计视图如图3.47所示。

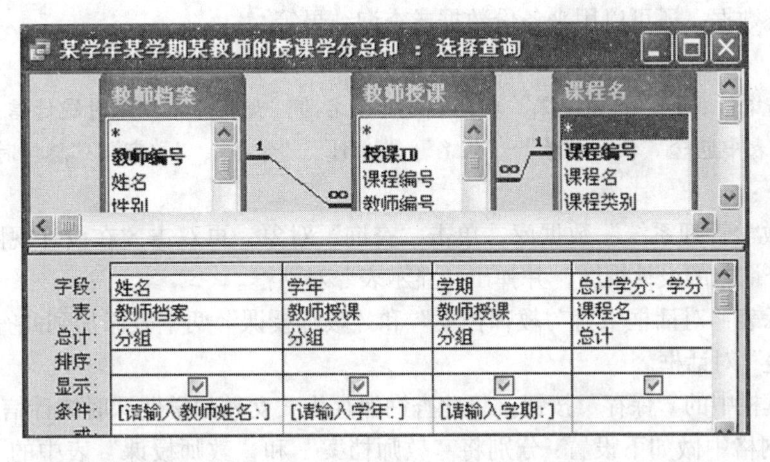

图3.47 “某学年某学期某教师的授课学分总和”的查询设计视图

技术提示：

在设计参数查询时，“条件”行的“[]”不能少，而“[]”中的文字只是对话框的提示符，可以任意选择，也可以不写。

项目 3.5 操作查询

例题导读

操作查询可以包括哪几种功能？在已打开的数据库中备份已有表格中的部分数据，该怎么操作呢？

知识汇总

- 利用生成表查询把满足条件的记录另存
- 对表中记录成批进行修改
- 向表格成批的追加记录
- 删除表格中的记录

选择查询用于检索数据，不更改源表中的数据，前面介绍的参数查询和交叉表查询都属于选择查询，并且对应于SQL语言中的SELECT语句。操作查询与选择查询不同，操作查询用于管理和维护数据库，是用来更改数据库的查询。操作查询包括生成表查询、追加查询、更新查询和删除查询四种。

3.5.1 生成表查询

生成表查询就是使用已有的一个或多个表中的数据创建新表。运行生成表查询时把查询的数据

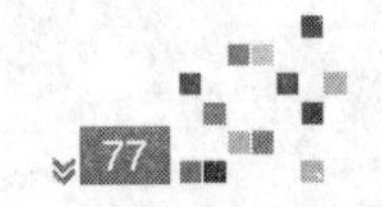

存储在一个新表中。生成的新表并不继承源表中的字段属性和主键设置。

生成表查询有很多应用。例如，创建用于导出到其他 Access 数据库中的表，可以创建变化数据在特定时间的静态数据，还可以用来备份数据或查询结果等。

【例题 3.13】

利用“教师档案”表和“教师授课”表，创建一个名为“女教师学期课时统计信息”的生成表查询，生成一个新表，新表中包含“教师编号”、“姓名”、“性别”、“学年”、“学期”、“总学时”6 个字段。

操作步骤如下：

（1）打开“教学管理系统”数据库，单击“查询”对象，再双击“在设计视图中创建查询”选项，打开“选择查询”的设计视图，并弹出“显示表”对话框。

（2）在“显示表”对话框中将“教师档案”和“教师授课”两个表添加到此查询的设计视图中，然后关闭“显示表”对话框。

（3）单击工具栏中的“保存”按钮，将此查询保存为“女教师学期课时统计信息”查询。

（4）在设计网格中做如下设置：分别将“教师档案”和“教师授课”表中的“教师编号”、“姓名”、“性别”、“学年”、“学期”、“学时”6 个字段添加到“字段”行中，并且在字段“学时”前输入新表字段名“总学时”；在“总计”行中将“学时”字段设置为“总计”，其余字段都设置为“分组”；在“条件”行中将“性别”字段限制为“女”，设置完成后的设计视图如图 3.48 所示。

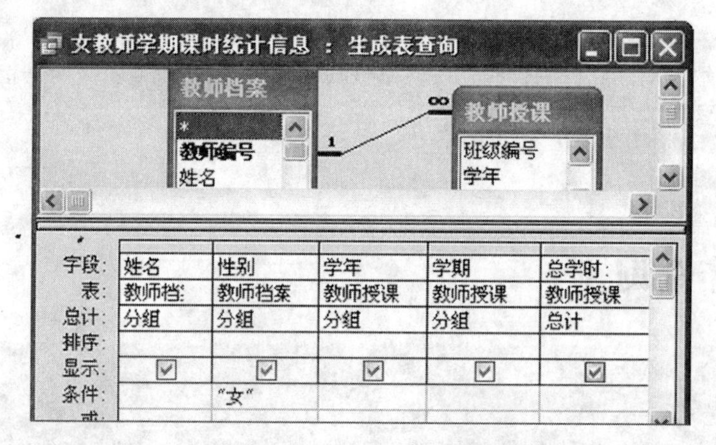

图3.48　“女教师学期课时统计信息”查询的设计视图

（5）单击“查询”菜单中的“生成表查询”命令，打开“生成表”对话框，在“表名称”文本框中输入生成表的名字“女教师学期课时统计表”，如图 3.49 所示。

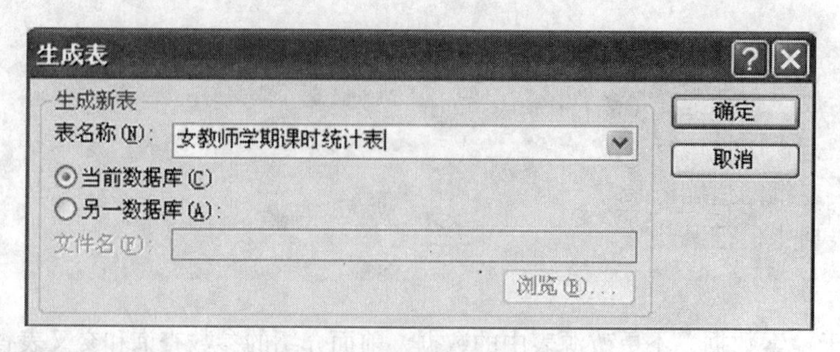

图3.49　“生成表”对话框

（6）单击“确定”按钮就完成了一个生成表查询的创建，单击工具栏上的“数据表视图”按钮，即可预览该生成表查询创建的新表数据，如图 3.50 所示。若对生成表结果不满意，可以再单击工具栏上的“设计视图”按钮返回到生成表查询的设计视图中进行修改。

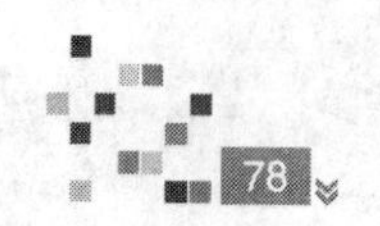

女教师学期课时统计信息 ：生成...

教师编号	姓名	性别	学年	学期	总学时
1	马蓉平	女	2010	1	120
1	马蓉平	女	2011	2	80
3	田林	女	2010	1	240
6	陈月	女	2011	2	100
9	周想	女	2011	1	175

记录: 1 共有记录数: 5

图3.50　预览生成表查询的结果

技术提示：

生成表查询从设计视图切换到数据表视图，并不会运行该查询，而仅是以数据表的形式显示该查询的结果记录集。其他类型的操作查询也是如此。

（7）单击“查询”菜单下的“运行”命令执行这一查询，这时会弹出一个对话框，要求确认是否要创建新表并填入数据，如图 3.51 所示。

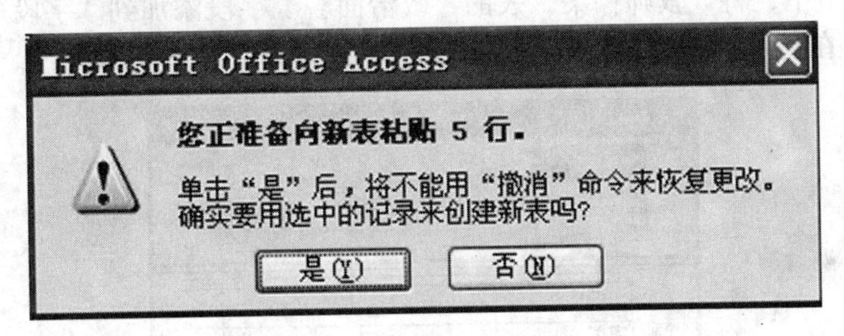

图3.51　确认创建新表的对话框

（8）单击“是”按钮将使用该查询结果中的记录创建新表，生成新表后不能撤销所做的更改，这时切换到“数据库”窗口中就可以看到该查询创建的表“女教师学期课时统计表”，如图 3.52 所示。双击打开该表，可以看到里面的数据和图 3.51 中的预览结果一样。

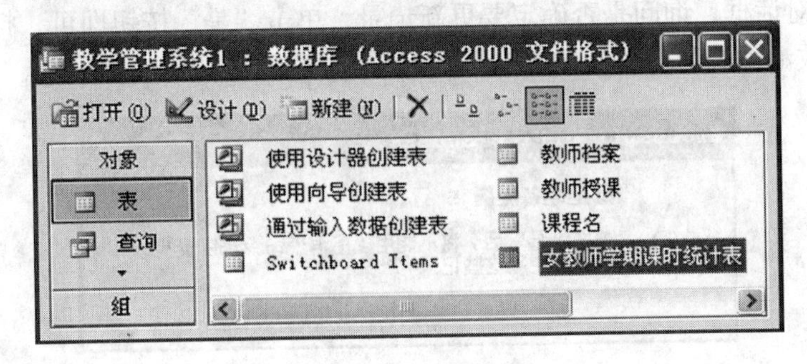

图3.52　新生成的表

技术提示：

所有的选择查询都可以改变为生成表查询，只要在打开某个选择查询的设计视图后，执行“查询”菜单中的“生成表查询”命令即可。

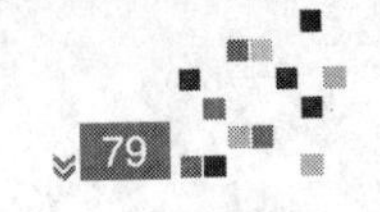

3.5.2 更新查询

更新查询就是对一个或多个表中的数据进行更改。运行更新查询的结果是自动修改了有关表中的数据。若设置了级联更新，则更新“一方”数据的同时，“多方”的数据也会自动更新。数据一旦更新，则不能恢复。

【例题 3.14】

创建一个更新查询，将“教师档案”表中所有“政治面貌”字段值为空的记录更新为“群众”。将此查询命名为“教师政治面貌更新”。

操作步骤如下：

（1）打开“教学管理系统”数据库，单击“查询”对象，再双击“在设计视图中创建查询”选项，打开“选择查询”的设计视图，并弹出“显示表”对话框。

（2）在“显示表”对话框中将“教师档案”两个表添加到此查询的设计视图中，然后关闭“显示表”对话框。

（3）单击“查询”菜单下的“更新查询”命令，此时，设计网格中增加了“更新”行，隐藏了“显示”行和“排序”行。

（4）单击工具栏中的“保存”按钮，或选择“文件”菜单下的“保存”命令，将此查询保存为“教师政治面貌更新”。

（5）在设计网格中，将“教师档案”表的“政治面貌”字段添加到“字段”行，在“更新到”行中输入“群众”，在“条件”行中输入“Is Null”（空值），如图 3.53 所示。

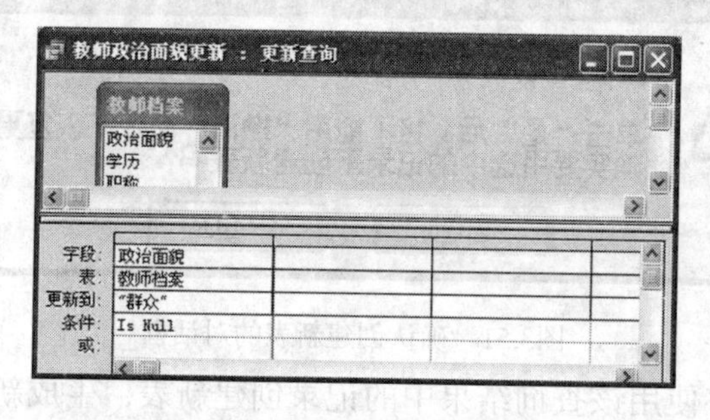

图3.53　更新查询的设计视图

（6）这样便完成了一个更新查询的设计，单击工具栏上的“保存”按钮。执行这个查询，会弹出如图 3.54 所示的对话框，询问是否确定要更新记录，单击“是”按钮即可，打开“教师档案”数据表浏览，原来“政治面貌”字段为空的记录都更新为“群众”。

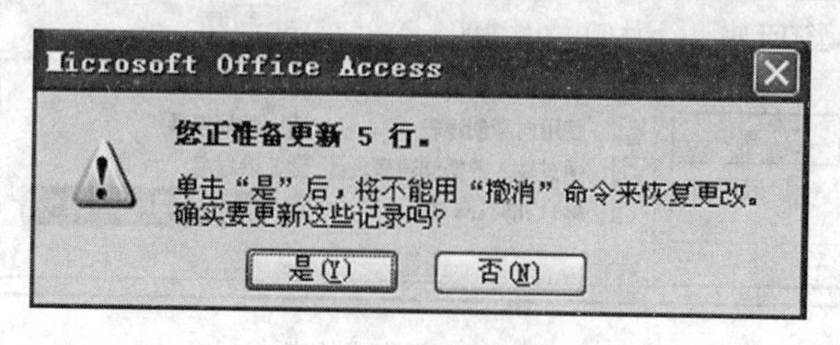

图3.54　确认更新对话框

技术提示：

使用更新查询可以同时更新多个字段的值，只要在查询更新的设计网格中同时为多个字段输入修改内容即可。

3.5.3 追加查询

创建一个追加查询，可以方便地实现将数据源中符合指定条件的所有记录，添加到一个指定的数据表中。需注意的是，被追加记录的数据表必须是已经存在的，这个表可以是当前数据库中的，也可以是其他数据库的。

【例题 3.15】

创建一个追加查询，将“男教师学期课时数”记录追加到刚创建的“女教师学期课时统计表”表中。将此查询命名为“追加男教师学期课时数记录”。

操作步骤如下：

（1）在“数据库”窗口的“查询”对象页面中打开前面创建的“女教师学期课时统计信息”查询的设计视图（图 3.49），并在“条件”行中将“性别”字段的条件改为“男”。

（2）单击“查询”菜单下的“追加查询”命令，打开“追加”对话框，在“表名称”文本框中输入“女教师学期课时统计表”，即前面执行生成表查询时创建的表名，如图 3.55 所示。

图3.55 “追加”对话框

（3）单击“确定”按钮，可以看到该追加查询的设计视图添加了“追加”行，这样便创建完成了一个追加查询。单击“文件”菜单下的“另存为”命令，将该查询另存为“追加男教师学期课时数记录”查询。

（4）单击“查询”菜单下的“运行”命令执行这个查询，这时也会弹出一个对话框，用于确认是否向表中追加信息，如图 3.56 所示。单击“是”按钮即可。

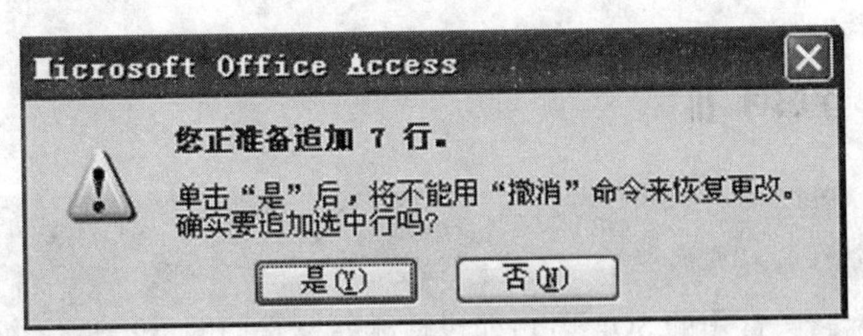

图3.56 确认追加的对话框

（5）打开“女教师学期课时统计表”，即可看到该表中追加了男教师的课时记录。

3.5.4 删除查询

删除查询就是对一个或多个表中的数据进行删除。运行删除查询的结果是自动删除了表中的有关数据。若设置了级联删除，则删除“一方”数据的同时，“多方”的数据也会自动删除。数据一旦删除，则不能恢复。

创建删除查询的操作与创建更新查询几乎一样，只须选择“更新查询”命令改为选择“删除查询”命令，此时，设计网格中会增加“删除”行，并自动填入“Where”。由于删除是按记录进行的，所以删除查询的设计视图中只要选取有关的字段就可以了。假如创建一个删除查询，实现在表“教师学期课时

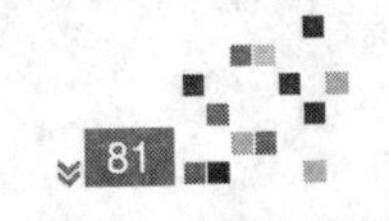

信息”中删除学期课时数小于 100 的记录，则只须选取“总学时”字段即可，设计视图如图 3.57 所示。

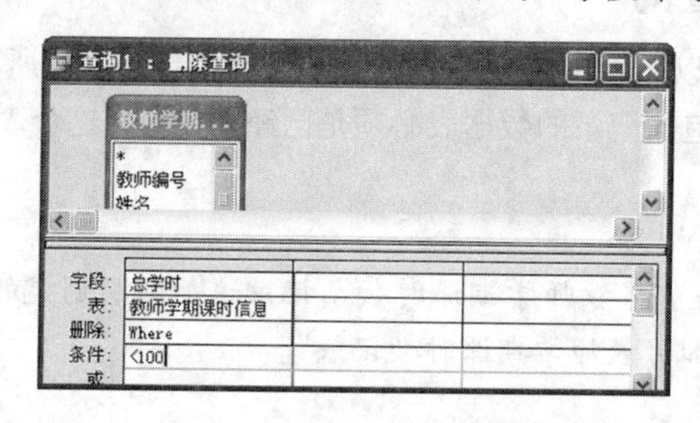

图3.57 删除查询设计视图

运行删除查询时会出现类似如图 3.58 所示的提示对话框。

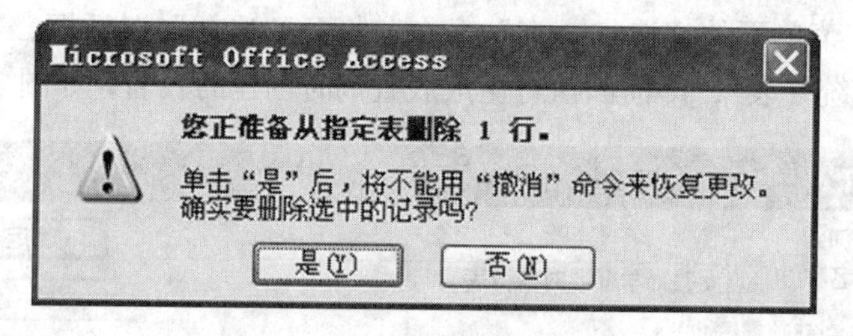

图3.58 删除查询提示对话框

技术提示：

使用删除查询可以永久性删除符合条件的记录，并且不能恢复，因此，用户在执行删除查询操作前最好对要删除记录的表进行备份，以防由于误操作造成数据丢失。删除查询删除的是整个记录，而不是指定字段中的记录，如果只删除指定字段中的数据，可以使用更新查询将该值替换为空值。

项目 3.6 SQL 查询

例题导读

什么是 SQL 语言？常用的 SQL 语句都包括哪些？它们的语法是什么？我们要如何编写 SELECT 语句？

知识汇总

- SELECT 语句的语法结构
- 利用 JOIN IN 实现多表查询
- 利用 GROUP BY 和 HAVING 子句实现分类汇总查询

SQL 查询是使用 SQL 语句创建的查询，可以使用 SQL 语句来查询、更新和管理 Access 数据库。在查询设计视图中创建查询时，Access 将同时在后台构造等价的 SQL 语句。使用 SQL 查询能够创建

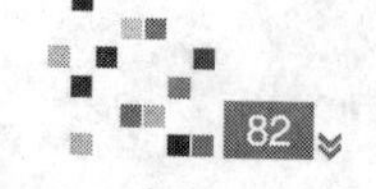

不能在设计视图中创建的SQL特定查询。

3.6.1 SQL查询简介

SQL是“Structured Query Language”（结构化查询语言）的缩写，它集成了数据库定义语言（DML）和数据库操作语言（DDL）的功能，是一种用于对关系数据库进行查询和管理的工具。前面在介绍使用设计视图创建查询时，在SQL视图中已经接触过SQL查询。事实上，所有这些查询都可以在SQL视图中直接输入SQL语句来创建。

SQL的主要优点如下：

（1）SQL是一种一体化的语言，提供了完整的数据定义、操作和控制功能。使用SQL可以实现数据库生命周期中的全部活动。

（2）SQL具有完备的查询功能。只要数据是按关系模式存放在数据库中的，就能够构造适当的SQL命令将其检索出来。

（3）SQL非常简洁，易学易用。虽然它的功能强大，但只有为数不多的几条命令。它的语法也相当简单，接近自然语言，易于学习和掌握。

（4）SQL是一种高度非过程化的语言。只需要用户说明想要执行什么样的操作，而不必说明怎样去做。

（5）SQL的执行方式多样，即能以交互命令方式直接执行，也能嵌入到各种高级语言中执行。尽管执行方式可以不同，但其语法结构是一致的。目前，几乎所有的数据库管理系统或数据库应用开发工具都已将SQL融入自身的语言之中。

SQL是由命令、子句和运算符等元素组成，这些元素结合起来组成用于创建、更新、查询和操作数据库的语句。SQL常用命令动词如表3.5所示。

表3.5　SQL常用命令动词

SQL功能	动　词	功能描述
数据定义	CREATE	创建新的数据库、表、字段和索引
	DROP	删除数据库中的表和索引
	ALTER	通过添加或改变字段来修改表
数据查询	SELECT	在数据库中查找满足特定条件的记录
数据操纵	INSERT	在数据库中插入新的记录
	UPDATE	更新数据库中的记录和字段
	DELETE	从数据库中删除记录

3.6.2 SELECT查询

SQL中功能最为强大、最常用的是SELECT语句，该语句不仅能够从一个或多个表中检索出符合各种条件的数据，并且能够进行嵌套查询、分组汇总查询及各种特殊查询。如果需要，还能够将查询结果保存为新的数据表。

SELECT语句通常可以在标题为“选择查询”的SQL视图中输入与执行。打开“选择查询”SQL视图的方法是：首先打开查询设计视图，并将弹出的“显示表”对话框关闭，然后选择“视图”菜单下的“SQL视图”命令即可。SELECT语句的语法格式如下：

SELECT［谓词］［显示的字段名或表达式］［AS 别名］［,…］

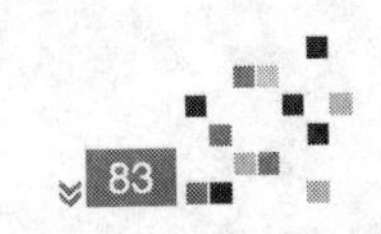

［INTO 新表名］
FROM 表名［,…］
［WHERE 条件］
［GROUP BY 字段名［HAVING 分组条件］］
［ORDER BY 字段名［ASC | DESC］］
;

说明：

（1）“[ ]”。表示该语句是可选的。

（2）谓词。用来限制返回的记录数量，主要包括 ALL、DISTINCT 和 TOP。ALL：返回满足 SQL 语句条件的所有记录，如果没有指定谓词，则默认值为 ALL；DISTINCT：可以去掉查询结果中指定字段的重复值，只返回不重复的值；TOP：使用 TOP n 可以返回查询结果最前面 n 条记录。使用 TOP n PERCENT 可以返回记录的百分比（其中 n 在此处表示百分比）。

（3）显示的字段名或表达式，用于指定查询结果中显示的字段，如果字段来源于不同的表，重名的字段名前要加上表名，以说明该字段来自于哪张表。

（4）INTO 子名。用于将查询得到的结果数据保存到一个指定的新数据表中。

（5）FROM 子句。指定了 SELECT 语句中的字段来自于哪些表，该子句后面是包含一个或多个的由逗号分隔的表达式，其中的表达式可为单一表名、已保存的查询或由内、外联接得到的复合结果。

（6）AS 别名子句。可以为返回的字段取一个新的标题，以增强表的可读性。

（7）WHERE 子句。用来制定查询的条件，使用时必须接在 FROM 子句之后。若不选择该子句，则表示选择全部记录。

（8）GROUP BY 子句。将查询结果按指定的列分组，每组产生一个汇总记录。

（9）HAVING 子句。用来指定分组的条件，该子句必须与 GROUP BY 子句结合使用。

（10）ORDER BY 子句。用来指定查询结果的排序方式，其中，ASC 表示递增，DESC 表示递减，默认情况下为递增排序。

（11）;。在 SQL 语句中使用“；”作为语句结束符。

另外，在 SELECT 语句中还会用到如下运算符和函数，在其他 SQL 语句中也一样使用。

（1）逻辑运算符（AND、OR 和 NOT）在 WHERE 子句中用于逻辑运算。

（2）比较运算符（=、>、<、>=、<=、<、>、BETWEEN、LIKE 和 IN）用于比较运算。

（3）在 SQL 语句中也可以使用统计函数，如 AVG、COUNT、SUM、MAX 和 MIN 等。

【例题 3.16】

使用 SELECT 语句查找出生在 1988 后的党员学生信息，并以学号降序排列。

根据前面所学知识，使用设计视图很容易创建一个查询，实现上面的功能，现使用 SELECT 语句来实现。

（1）从菜单中选择“SQL 视图”命令或者单击工具栏上的“SQL 视图”按钮打开 SQL 视图窗口。

（2）在查询的 SQL 视图中，输入以下 SQL 语句，如图 3.59 所示。

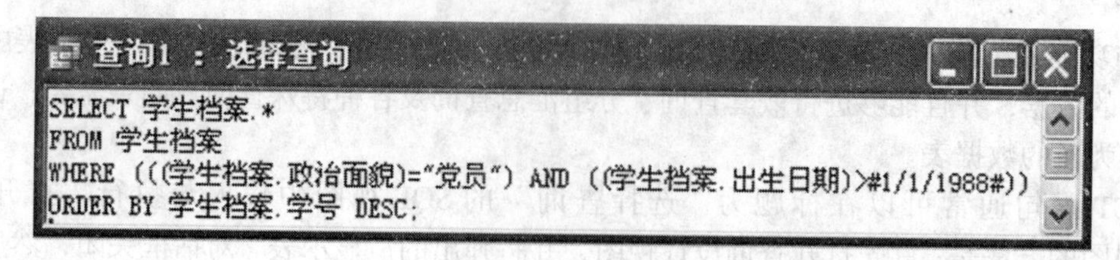

图3.59 SQL语句

（3）单击工具栏上的“运行”按钮执行该查询，可以看到查询结果如图 3.60 所示。

查询1 ： 选择查询

学号	姓名	性别	出生日期	政治面貌	班级编号	毕业学校
20111412	邓磊	男	1990-1-2	党员	201114	绥中一中
20111202	张新	女	1989-4-20	党员	201112	庄河一中

记录：1 共有记录数：3

图3.60　查询结果

如用 SELECT 实现前面【例题 3.7】中的“按性别统计学生年龄”查询，则可以在“SQL 视图”中输入下面的 SELECT 语句，如图 3.61 所示。

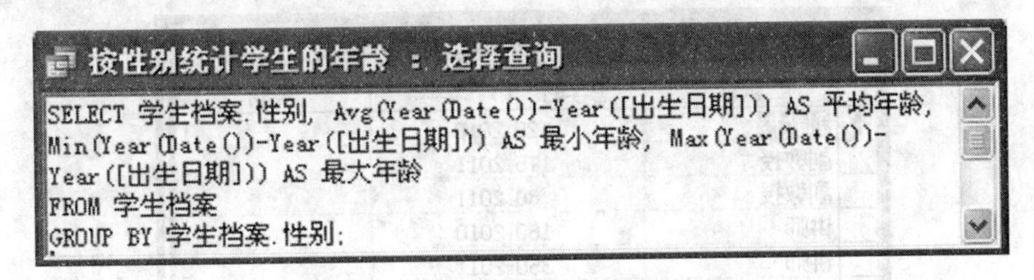

按性别统计学生的年龄 ： 选择查询
SELECT 学生档案.性别, Avg(Year(Date())-Year([出生日期])) AS 平均年龄,
Min(Year(Date())-Year([出生日期])) AS 最小年龄, Max(Year(Date())-
Year([出生日期])) AS 最大年龄
FROM 学生档案
GROUP BY 学生档案.性别;

图3.61　“SQL视图”中的SELECT语句

3.6.3 多表查询

【例题 3.17】

使用 SELECT 语句实现前面【例题 3.4】的查询要求，查询所有成绩小于 60 分的学生记录，并按学号降序排序。

程序设计如下：

```
SELECT 学生档案 . 班级编号 , 学生档案 . 姓名 , 课程名 . 课程名 , 学生成绩 . 成绩
FROM 学生档案 , 课程名 , 学生成绩
WHERE ( 学生成绩 . 成绩 <60) AND ( 学生档案 . 学号 = 学生成绩 . 学号 ) AND ( 课程名 . 课程编号 = 学生成绩 . 课程编号 )
ORDER BY 学生档案 . 学号 DESC;
```

说明：在该命令语句中使用了“学生档案 . 学号 = 学生成绩 . 学号”和“课程名 . 课程编号 = 学生成绩 . 课程编号”两个表达式来实现 3 个表的联接。除了这种方法外，还可以使用 JOIN ON 语句实现，在此不再介绍。

技术提示：

对于未重名的字段可以省略表名的引用，例如，“学生档案.姓名”可以直接写为“姓名”，本例中用到的字段没有重名现象，所以这些表名的引用可以全部省略。

3.6.4 分组汇总查询

分组查询是将检索得到的数据记录依据某个字段的值进行分组，该字段值相同的多条记录将被合并为一条记录后输出。SELECT 语句的分组查询功能是由 GROUP BY 子句实现的，并经常结合 Access 的某些统计函数一起使用。

【例题 3.18】

利用“教师档案”表和“教师授课”表，按职称分类统计各类职称（除助教外）的教师每学期

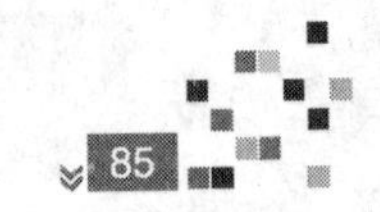

完成的课时总数。

程序设计如下：

```
SELECT 教师档案 . 职称 , SUM( 教师授课 . 学时 ) AS 总学时 , 教师授课 . 学年 , 教师授课 . 学期
FROM 教师档案 , 教师授课
WHERE 教师档案 . 教师编号 = 教师授课 . 教师编号
GROUP BY 教师档案 . 职称 , 教师授课 . 学年 , 教师授课 . 学期
HAVING ((( 教师档案 . 职称 )<>" 助教 "));
```

该查询执行的结果如图 3.62 所示。

查询1 ： 选择查询

职称	总学时	学年	学期
副教授	120	2010	1
副教授	175	2011	1
副教授	80	2011	2
讲师	160	2010	1
讲师	350	2011	2
教授	80	2010	1
教授	250	2011	2

记录： 1 共有记录数：7

图3.62 “按职称分类统计课时数”的查询结果

技术提示：

所有使用设计视图创建的查询都可以通过它们相应的SQL视图来查看对应的SQL语句。读者可以亲自尝试看看，请注意如何在SELECT语句中写成输入参数的匹配。

重点串联

本项目中讲述了查询的分类，并详细演示了如何逐步创建选择查询、参数查询、操作查询、交叉表查询等常用的查询。本模块的知识结构为：

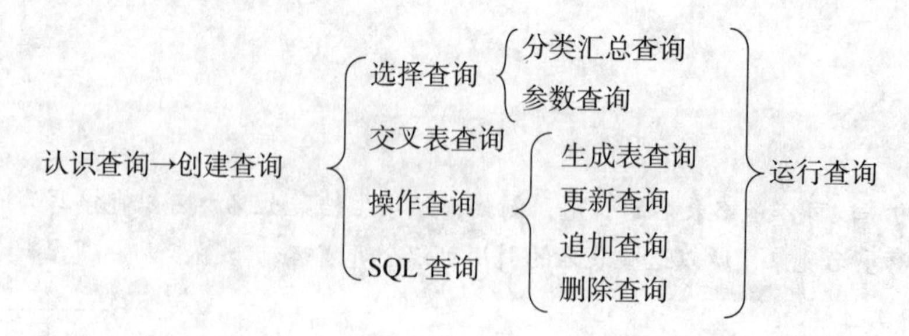

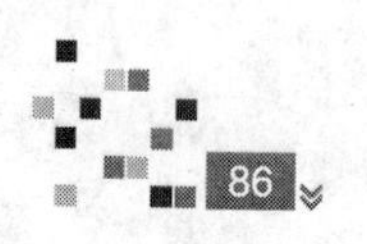

拓展与实训

基础训练

一、填空题

1. 创建一个新的 ______ 是查询的最终结果，而这一结果可作为其他数据库对象的 ______ 。

2. 查询的记录集实际上并不存在，每次使用查询时，都是从创建查询时所提供的 ______ 或 ______ 中创建记录集。

3. 创建查询的首要条件是要有______ 。

4. 在 Access 中有______ 、______ 、“查找重复项查询向导”、“查找不匹配项查询向导” 4 个查询向导。

5. 查询常常作为______ 、______ 、数据访问页的数据基础。

6. 在 Access 中，表是“物理”的，而查询是 ______ 的。

7. Access 2003 支持五种查询方式，它们是 ______ 、______ 、______ 、______ 和 ______ 。

二、选择题

1. 创建查询的方法有（　　）种。

A. 2　　B. 3　　C. 4　　D. 5

2. 操作查询主要不是用于数据库中数据的（　　）。

A. 更新　　B. 删除　　C. 索引　　D. 生成新表

3. 参数查询中的参数应在设计器的（　　）中设置。

A. 字段　　B. 排序　　C. 显示　　D. 准则

4. 创建交叉表查询必须对字段进行分组 Group By 操作的是（　　）。

A. 标题　　B. 列标题　　C. 行标题和列标题　　D. 行标题、列标题和值

5.（　　）不属于 Access 的查询窗口。

A. 设计视图　　B. 设计查询　　C. SQL 视图　　D. 数据表视图

6. 在与 Like 关键字一起得到的通配符中，使用（　　）通配符可以查询 0 个或多个字段。

A. ?　　B. *　　C. #　　D. !

7. Select 语句中用于返回查询的非重复记录的关键字是（　　）。

A. Top　　B. Group　　C. Distinct　　D. Order

三、简答题

1. 在 Access 中主要有哪几种查询?

2. 创建查询的方法有哪几种？它们分别有什么特点?

3. 什么是 SQL 语言？SQL 语言中最重要的查询命令是什么?

技能实训

1. 在“教学管理系统”中建立用于显示某一年出生的男生情况的查询。

2. 在“教学管理系统”中建立根据学号查看相应的学生信息的参数查询。

3. 在“教学管理系统”中，根据学生的出生日期，建立显示学生年龄的查询。

4. 在“教学管理系统”中建立生成表查询，用于将成绩不及格的学生的信息另外存储在一张单独的表中。

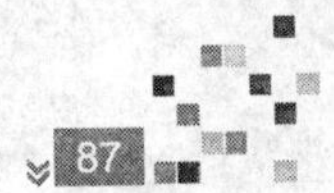

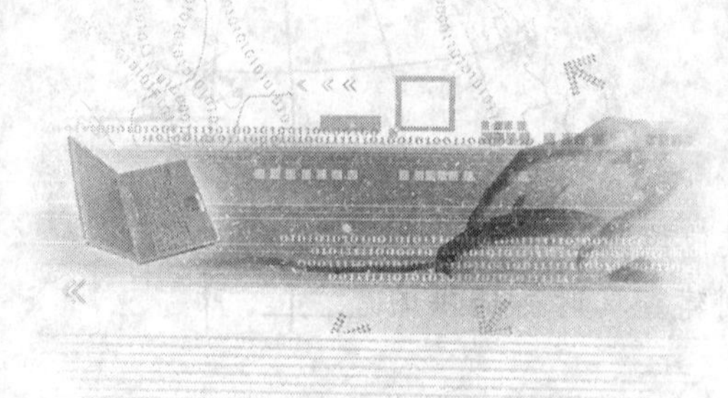

模块4 窗体

教学聚焦

本模块介绍窗体的相关知识，以及在“教学管理系统”中所需窗体的创建、修改及美化。

知识目标

◆ 学习窗体的概念及窗体类型；
◆ 了解五个窗体视图的区别；
◆ 学习窗体中常用控件的应用；
◆ 学习自定义菜单和工具栏的方法。

技能目标

◆ 熟练掌握自动创建各种窗体的方法；
◆ 熟练掌握在设计视图中使用各种窗体控件及添加字段、设置属性；
◆ 掌握美化窗体的方法；
◆ 掌握窗体综合应用。

课时建议

8 课时

课堂随笔

项目 4.1 认识窗体

例题导读

什么是窗体对象？窗体对象具有哪五个视图？常用的窗体控件包括哪些，它们的用途分别是什么？

知识汇总

- 认识窗体的概念与用途
- 窗体和窗体对象视图的分类
- 认识和添加控件和字段
- 窗体常用控件，包括文件框、命令按钮、标签、列表框、组合框、子窗体、选项卡、选项按钮、复选框、选项组等控件

在 Access 程序设计中，使用最多的就是窗体（Form）和窗体里的控件，同时窗体也是用户使用最多的数据库对象，是用于在数据库中输入和显示数据的数据库对象。也可以将窗体作为切换面板来打开数据库中的其他窗体和报表，或者作为自定义对话框来接受用户的输入及根据输入执行操作。下面介绍窗体的概念和作用、窗体的分类和视图以及常用窗体控件的使用方法等内容。

4.1.1 认识数据输入的窗体

窗体是用户与 Access 应用程序之间的主要接口，任何形式的窗体都建立在数据表或查询的基础上。

1. 窗体的概念与用途

窗体本身并不存储数据，其数据来源于数据库内表和查询中某些指定的字段。使用窗体可以使数据库中数据的输入、查看和维护操作变得更加直观和方便。在一个数据库应用系统中，用户通常不是直接对数据库中的数据进行输入、查询、修改和删除等操作，而是通过所设计的相应窗体来进行数据的录入、维护与检索工作，从而不仅为用户提供了操作的便利性和友好性，同时也有助于提高数据的准确性、安全性与可靠性。

窗体中通常包含各种图形化的控件对象，如文本框、列表框、选项按钮、复选框和命令按钮等，通过这些控件可以更好地进行人机交互，方便选取操作对象或执行所需的功能。窗体还可以作为应用程序的控制界面，将整个应用系统的各个对象有机地组织起来，从而形成一个实用的完整系统。事实上，在用 Access 开发的应用系统中，几乎所有的操作，包括数据的输入、修改和输出，以及应用程序的控件与驱动等，都是在所创建的各种窗体中进行的。

在 Access 中，窗体主要有如下用途：

（1）数据输入。提供增加、修改、删除等编辑数据的功能。

（2）数据输出。将查询、统计及分析的数据结果显示出来，并提供给用户查询数据。

（3）自定义对话框。对话框也是一种常见的窗体形式，在开发应用程序时，需要设计各种对话框形式的窗体对象，为用户提供系统提示信息或者用来接受用户的输入信息。

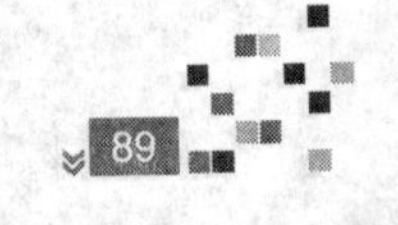

（4）打印数据库信息。在 Access 中，可以直接打印窗体，而不需要再单独创建一个报表。

（5）程序导航。使用切换面板或自定义的方式提供程序导航的功能，类似其他开发语言中常说的主界面。

2. 窗体的类型

Access 有很多不同类型的窗体，按照功能和外观可进行不同的分类。不同的功能和不同外观的窗体分别适用不同的场合，正是这些不同类型的窗体构成了一个丰富多彩而且功能多样的应用程序。

（1）按功能进行分类。按照功能不同，窗体可分为以下几个类别：

① 数据输入窗体。通过数据输入窗体，用户可以在数据输入窗体中增加、修改数据表中的数据。

② 切换面板窗体。切换面板窗体也称为控制窗体，主要用来控制应用程序的运行。切换面板窗体中通常会有多个命令按钮或选项按钮，用户单击某个按钮即可调用对应的功能或者转去执行相应的程序。

③ 自定义对话框。除了切换面板窗体和数据输入窗体以外，在开发数据库应用系统时通常还需要创建一些其他类型的窗体和对话框。例如，系统登录对话框、数据搜索窗体，以及各种信息提示或警告对话框等。

（2）按外观进行分类按照外观不同，窗体可以分为以下几个类别：

① 单个窗体视图。单个窗体视图是一次显示一条记录，例如，一个学生资料显示的界面就是一个典型的单个窗体视图。单个窗体视图可以完整地显示整条记录的所有字段内容，包括文本字段、备注字段，甚至 OLE 字段（照片），可以充分展示一条记录的所有信息，是常用的一种窗体视图，如图 4.1 所示。

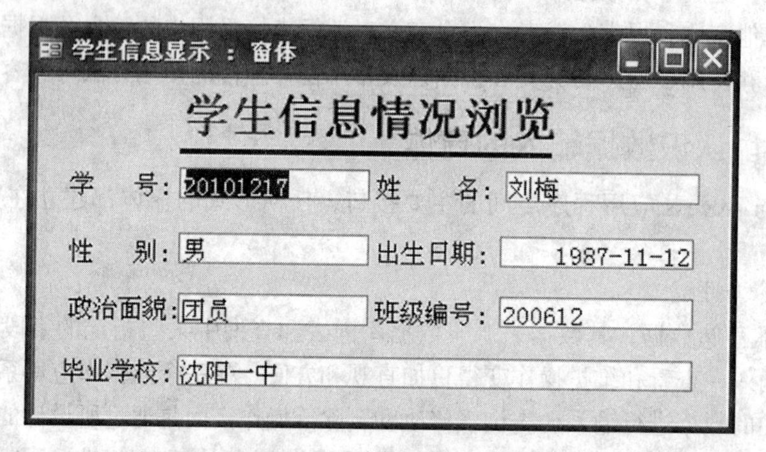

图4.1　单个窗体视图

② 连续窗体视图。在连续窗体视图中，我们一次可以显示多条记录，每条记录都显示在窗体的主体节部分。显示的记录数受窗体大小的限制，尽可能为当前窗口所容纳。

③ 数据表窗体视图。数据表窗体视图是像电子表格那样按行和列的形式显示窗体中的字段内容，它的形式与连续窗体类似。不过，数据表中的行高和列宽可以由用户自定义，在外观和操作上更类似电子表格。

④ 数据透视表窗体视图。数据透视表窗体视图作为数据透视表显示窗体，在数据透视表视图中，通过排列筛选行、列和明细等区域中的字段，可以查看明细数据或汇总数据。

每种窗体都能实现一种或多种功能，在什么场合选择使用什么类型的窗体并没有严格的规范，只要能实现相应的功能都可以。常用窗体使用指导如下：

① 字段较多的数据输入窗体应使用单个窗体视图的窗体。

② 字段较少的数据输入窗体可使用单个窗体视图、连续窗体视图或数据表窗体视图方式。后两

种视图在输入多条记录时，输入速度会比较快，而单个窗体在对数据验证等方面比较方便。

③ 数据显示与查询窗体应选择单个窗体视图的主窗体与数据表窗体视图的子窗体的组合方式，或者选择单个窗体视图的主窗体与连续窗体视图的子窗体的组合方式。

④ 信息提示及要求用户输入参数的窗体建议使用单个窗体视图的窗体。

⑤ 如果需要使用图表，则采用数据透视表窗体视图。

3. 窗体的视图

Access 的窗体对象具有五种视图类型，分别为窗体视图、数据表视图、设计视图、数据透视表视图和数据透视图视图。

（1）窗体视图。在数据库窗口中，单击“对象”列表中的“窗体”对象，双击其中的某个窗体对象，即可打开该窗体对象的窗体视图。窗体视图是系统默认的窗体对象视图，是用来显示窗体的具体内容并实现窗体功能的视图。

（2）数据表视图。窗体对象的数据表视图和普通表对象的数据表视图几乎完全相同，此种视图采用行与列构成的二维表格方式来显示窗体数据源中的记录数据。对于没有数据源的窗体，这种数据表视图没有实际意义。

（3）设计视图。设计视图是用来创建和设计窗体的视图。开发者可以在设计视图中为窗体指定数据源，利用“工具箱”向窗体中添加各种控件，为控件对象设置或修改各种属性，还可以调整窗体的版面布局、设置数据源与相应控件的绑定等。

（4）数据透视表视图。数据透视表视图用来汇总并分析表或查询中的数据，其界面与交叉表查询类似，通过在该视图中指定行字段、列字段和汇总字段来显示和分析数据记录。

（5）数据透视图。视图数据透视图视图是用动态交互图表的形式，直观地显示表或查询中的数据，从而帮助用户以图表方式查看和分析数据源中的数据。

4.1.2 使用窗体设计视图

Access 提供了多种创建窗体的方式，可以利用“自动窗体”功能快速地创建简单的窗体，也可以在“窗体向导”引导下快速创建窗体，还可以使用设计视图来灵活地创建具有个性的或较为复杂的窗体。

在许多情况下，使用向导创建的窗体并不能令人满意，这就需要在设计视图中对其进行修改和完善。下面介绍窗体设计视图的构成和窗体设计工具使用等内容。

1. 设计视图

在数据库窗口的“窗体”对象列表中，双击“在设计视图中创建窗体”选项，即可打开窗体设计视图，如图 4.2 所示。

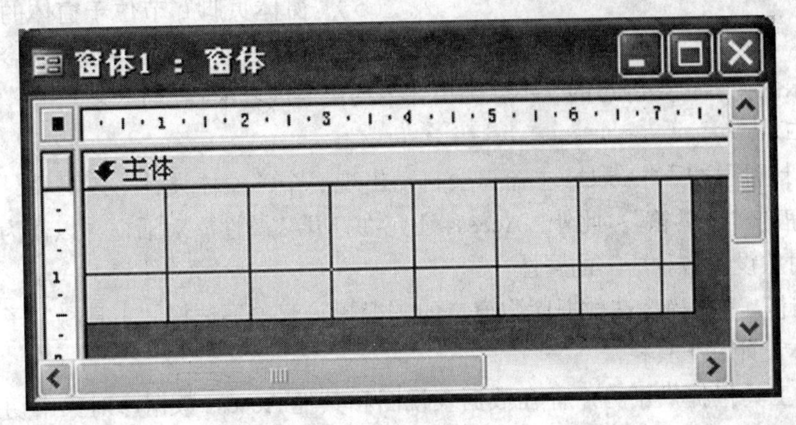

图4.2　窗体设计视图

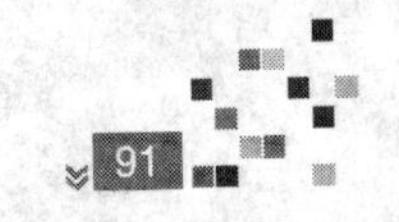

在默认情况下，窗体设计视图内有一个“主体”节，这是设计具体窗体内容的区域。选择“视图”菜单下的“窗体页眉 / 页脚”命令，则可在设计视图内添加“窗体页眉”节和“窗体页脚”节；此外，选择“视图”菜单下的“页面页眉 / 页脚”命令，则可在设计视图内添加“页面页眉”节和“页面页脚”节。如图 4.3 显示了包含所有五个节的窗体设计视图。

图4.3　包含所有五个节的窗体设计视图

以下是有关窗体设计视图中各个节的简短说明。

（1）“窗体页眉”节位于窗体视图的顶部，通常用来显示窗体的标题和说明文字信息等。这节显示的内容是静态的，不会随窗体内的主要内容滚动。

（2）“页面页眉”节只出现在需要打印的窗体中，用于在每个打印页的顶部显示，例如标题、徽标或列标题等信息。

技术提示：

设计视图中各个节的高度和宽度是可以调整的，也可以隐藏除“主体”节之外的某个节，或者为某个节设置背景色或背景图片。另外，可以在窗体的“属性”窗口中设置某个节的属性，以实现对该节内容的显示方式进行自定义。

（3）“主体”节是窗体最重要的区域，每个窗体都必须有一个“主体”节，用来显示一条或多条记录的具体内容。此外，窗体中的控件大多也放置在“主体”节中。

（4）“页面页脚”节在每个打印页的底部显示诸如日期或页码等信息。“页面页脚”节只出现在打印窗体中。

（5）“窗体页脚”节位于窗体的底部，通常用来放置各种汇总信息，也可以放置命令按钮和一些说明信息。该区域显示的内容也是静态的，不会随窗体内的主要内容滚动。

2. 窗体设计工具

打开窗体设计视图之后，Access 主窗口会自动出现一个“窗体设计”工具栏，同时将出现一个包含多个控件按钮的“工具箱”。此外，Access 还允许打开“属性”对话框，以便为窗体本身或者窗体中的各个控件对象设置各种所需的属性。

（1）“窗体设计”工具栏。在数据库主窗口的“视图”菜单下选择“工具栏”子菜单中的相关命令可以打开“窗体设计”工具栏。

“窗体设计”工具栏提供了另一种在数据表视图和其他 Access 数据库对象中切换的方法，如图 4.4 所示。

图4.4 "窗体设计"工具栏

工具栏上除了用户熟悉的图标按钮外，还有一些新的按钮，例如：

①"视图"按钮。使用该按钮可以在窗体"设计视图"、"窗体视图"和"数据表视图"间切换。

②"打印预览"按钮。可以在屏幕上查看所打印出来的窗体的样式。

③"字段列表"按钮。单击该按钮可以显示相关数据源中的所有字段列表。

④"工具箱"按钮。单击可以打开工具箱。

⑤"自动套用格式"按钮。可以打开一个自动套用窗体格式的对话框，可以为当前窗体选择一种样式布局。

⑥"代码"按钮。单击可以调用 VBA 代码编辑器为窗体或任何控件编写事件代码。

⑦"属性"按钮。打开或关闭"属性"对话框，可以在对话框中为窗体或控件对象设置属性。

⑧"生成器"按钮。打开或关闭生成器对话框，可以在其中选择需要打开的生成器对话框类型。

⑨"新对象"按钮。单击打开一个下拉列表，选择一个对象选项以创建相应的对象。

（2）工具箱。在工具箱中，包含许多用于窗体设计的控件，用户可以引用控件来设计自己的窗体。打开或关闭的方法是在窗体"设计视图"中单击工具栏上的"工具箱"按钮，如图 4.5 所示。

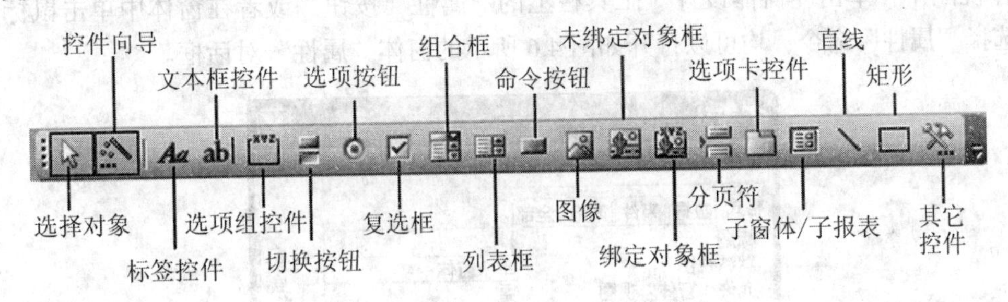

图4.5 "工具箱"窗体

工具箱是窗体设计的核心。在工具箱中包含如下几种工具：

① 选择对象工具（Pointer）。可以用它来选择菜单中的命令，以及对窗体中的控件对象进行选择、移动、放大\缩小和编辑。

② 控件向导工具（Wizard）。该按钮被按下后，创建控件时系统将自动启动控件向导工具，帮助用户快速地设计控件。

③ 标签控件工具（Label）。使用该工具可以产生一个标签控件，用来显示一些固定的文本提示信息。

④ 文本框控件工具（Text）。使用该工具可以产生一个文本控件，用来输入或显示文本信息。

⑤ 选项组工具（Option Group）。使用该工具可以产生一个选项组控件，用来建立含有一组开关按钮或单选按钮的控件框。

⑥ 切换按钮工具（Toggle）。该按钮可以用于作为结合到"是 / 否"字段的控件，或作为接收用户自定义对话框中输入数据的非结合控件，或者作为选项组的一部分。

⑦ 选项按钮工具（Option Button）。使用该工具可以建立一个单选按钮，用户可以把它放在选项组中使用。该按钮只能从多个值中选择一个。

⑧ 复选框按钮工具（Check Box）。通过该工具可以建立一个复选按钮，用户可以在选项组中使用。该按钮可以从多个值中选择一个，也可以选择多个，甚至还可以不选。

⑨ 组合框工具（Combo Box）。使用该工具可以建立一个组合框，用户可以建立含有列表和文本框的组合框控件，可以从列表中选择值或者直接在框中键入一个值。

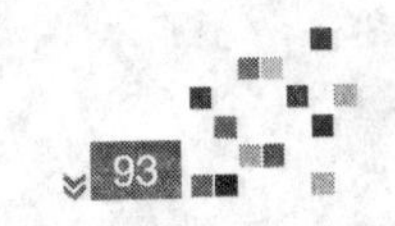

⑩ 列表框按钮（List Box）。使用该工具可以建立一个列表控件，可以在列表中选择一个值。

⑪ 图表工具（Graph）。使用该工具可以向窗体中添加图表对象，把该工具放在窗体上可激活图表向导，以帮助用户设计图表。

⑫ 选项卡控件工具。用于创建一个多页的选项卡对话框。可以在选项卡控件上复制或者添加其他控件。

⑬ 子窗体 / 子报表工具（Subform/Subreport）。使用该工具可以在当前的窗体中嵌入另一个窗体。

⑭ 画线工具（Unbound Object Frame）。使用该工具可以在窗体上画线。

⑮ 画矩形工具（Rectangle）。使用该工具可以在窗体上画矩形，该矩形可以被设置为实心或空心。

⑯ 页分割工具（Page Break）。使用该工具可以在窗体中加入一个页分割记号，以表示表单的下一页的开始。

⑰ 命令按钮（Command Button）。使用该工具可以在窗体中添加各种命令按钮，用来执行各种命令。

⑱ 其他控件按钮。用它在窗体中添加已经注册的 ActiveX 控件。

（3）“属性”对话框。添加到窗体中的每一个控件对象，以及窗体对象本身都具有各自的一系列属性，包括它们所处的位置、大小、外观、所要表示的数据来源等。在设计视图中创建窗体时，所有对象的各种属性都可以在对应的“属性”对话框中进行设置和修改。

在设计视图中，单击“窗体设计”工具栏上的“属性”按钮，或者在窗体中单击鼠标右键从快捷菜单中选择“属性”命令，均可以打开如图 4.6 所示的窗体“属性”对话框。

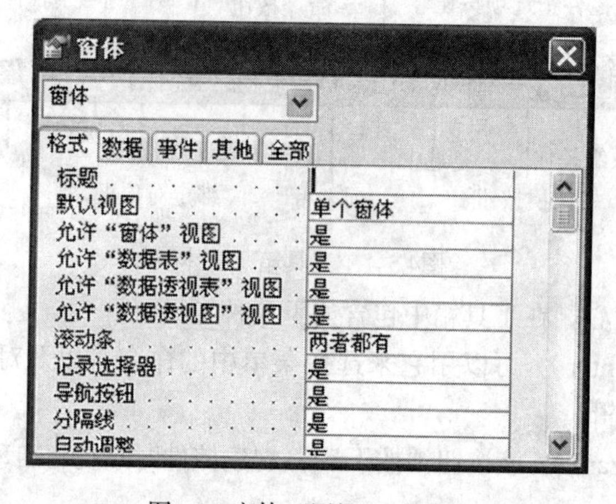

图4.6　窗体“属性”对话框

应该说，在设计视图中创建窗体的大部分工作是在这个“属性”对话框中完成的。“属性”对话框上方的下拉列表框是一个含有当前窗体及其所有控件对象名称的列表，可供设计者在其中选择要设置属性的对象。此外，也可以在窗体中用鼠标单击选中某个控件对象，则“属性”对话框的这个列表框就会自动显示出被选中的对象名称，从而便可为该对象设置其各种属性。

“属性”对话框含有以下五个选项卡：

①“格式”选项卡。用来显示和设置所选对象的布局与外观属性。

②“数据”选项卡。用来显示和设置所选对象与数据源、数据操作相关的属性。

③“事件”选项卡。用来显示和设置所选对象的方法程序与事件过程。

④“其他”选项卡。用来显示和设置与窗体相关的工具栏、菜单、帮助信息等属性。

⑤“全部”选项卡。用来显示和设置所选对象的全部属性。

3. 添加控件和字段

在设计视图中创建窗体，其过程通常是向窗体中添加各种所需的控件，然后调整控件的大小与

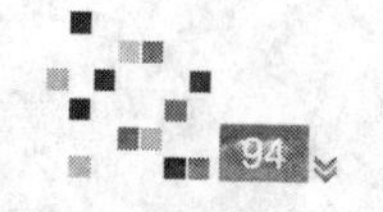

位置，为各种控件设置相关属性，并且将某些控件与其所要显示的数据源绑定。

（1）添加控件。打开窗体设计视图后，使用“工具箱”中的控件按钮，可以方便地向窗体中添加所需的各种控件。例如，在窗体中添加“标签”、“文本框”、“选项组”、“列表框”和“命令按钮”等。添加控件的方法是：先在“工具箱”中单击所要添加的控件按钮，例如，选择“文本框”控件按钮；然后在窗体的适当位置单击或拖拽鼠标即可。如果此时“工具箱”中的“控件向导”按钮处于选中状态，则 Access 在添加文本框控件的同时还将自动启动“文本框向导”，以帮助用户设置该文本框数据的字体、字号、对齐方式，以及定义文本框的名称等。如图 4.7 所示。

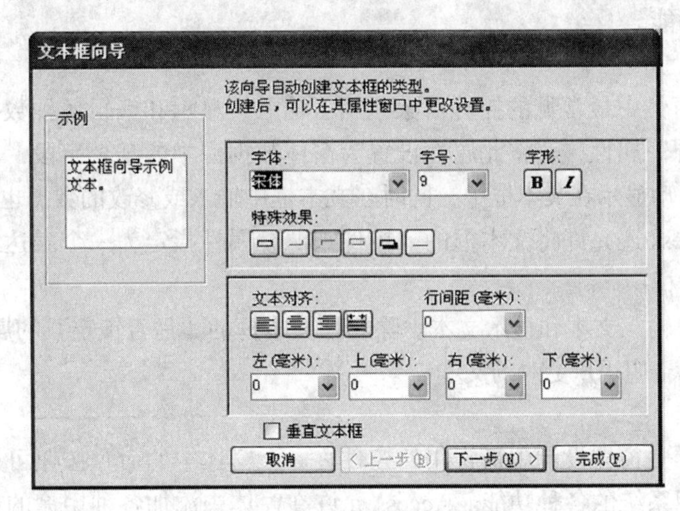

图4.7　“文本框向导”对话框

（2）添加字段。打开窗体设计视图后，使用“字段列表”可以方便地向窗体中添加字段。例如，把“学生档案”表中的“学号”字段添加到窗体中。具体操作：把鼠标指针移到字段列表中，选择“学号”字段，并将其拖到窗体的主体节中。使用这种方法可以向窗体添加任意字段。

（3）改变控件的大小与位置。若要改变窗体中某个控件的大小，只须单击这个控件将其选中，此时该控件四周会出现八个控制点，当鼠标光标靠近任意控制点而变成双向箭头时，就可拖动鼠标随意调整该控件的大小。

在控件被选定的基础上，移动控件主要有以下三种方法：

① 如果用鼠标移动，可以在该控件上微调鼠标指针的位置，当鼠标指针变成了一个黑色的小手掌形状时，拖动该控件到指定的位置。这个拖动过程包含控件及其左侧的显示栏。

② 把鼠标指针移动到左上角的黑色方块上，光标变成手指形状时，拖动该控件到指定的位置。这个拖动仅能够实现控件或其右侧显示栏中其中一项的移动。

③ 用键盘移动控件更方便，只要在选中该控件以后，按 Ctrl 键加上方向键就可以移动控件了。

利用“格式”菜单下的“对齐”、“大小”、“水平间距”、“垂直间距”等命令，可以对选中的一个或者多个控件进行相应的操作，从而可以更加精确地调整各个控件的相对位置、大小和布局。若要同时选中多个控件，可在按住 Shift 键的同时逐个单击要选定的控件。

此外，也可以在按下“工具箱”中的选择对象按钮后，在窗体中使用鼠标画一个包含多个控件的虚框来同时选中这些控件。

（4）绑定控件与未绑定控件。添加到窗体中的控件可分为绑定控件与未绑定控件两种。所谓绑定控件是指该控件已与对应的数据源（例如与表或查询中的某个字段）联系起来，当该控件的值发生变化时，对应数据源的数据将随之变化；反之，当对应数据源中的数据发生变化时，窗体中该控件显示的值也将随之变化。而未绑定控件则是指没有与数据源联系起来的控件。

在窗体中添加绑定控件的前提是先为窗体指定一个数据源，其方法是单击窗体水平标尺左端的

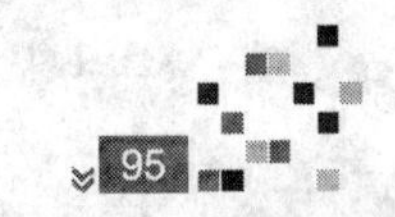

小方块选中该窗体，在“属性”对话框的“数据”选项卡中，单击“记录源”属性框右边的下拉按钮选取作为数据源的表或查询。此后，即可用上面讲述的方法在窗体内添加绑定控件。也可以先利用“工具箱”中的控件按钮，在窗体中添加一个未绑定控件，然后双击该控件打开“属性”对话框，在“数据”选项卡的“控件来源”属性框中，单击下拉按钮选取所要绑定的字段。

4.1.3 常用窗体控件

在设计视图中创建或修改窗体，往往可以归结为对窗体内各种控件对象的设计。下面简单介绍各种常用窗体控件的功能。

1. 文本框控件

文本框可以说是窗体中最常见的控件对象，用于输入、显示和编辑各种数据。文本框控件具有一个重要的“控件来源”属性，若将此属性设置为窗体数据源中的某个字段，即可实现与该字段绑定，该字段的值就会自动显示在文本框中，同时在文本框中输入或修改的数据也会被保存到与之绑定的字段中。另外，Access 还允许将文本框的“控件来源”属性指定为一个表达式，此时该表达式的结果值就会显示在文本框中。

文本框可以由用户输入文本和显示文本。除非把文本框的“是否锁定”的属性设置为“是”，否则不能用文本框显示不希望用户更改的文本。

2. 命令按钮控件

命令按钮控件同样是窗体设计中最常用的控件之一，窗体中的命令按钮可用以响应用户的鼠标操作，启动或切换应用系统的各种功能。Access 允许在窗体中添加各种用途的命令按钮，每个按钮的功能是由对应的宏或 VBA 事件过程代码完成的。

事实上，在设计窗体时可以方便地选用 Access 的“命令按钮向导”所提供的六个类别共三十余种操作的命令按钮，通过在窗体中添加这些命令按钮控件，不用编写任何事件过程代码，就可以实现功能强大的人机交互动作。

3. 标签控件

标签控件显示的文本用户不能直接修改。在标签中实际显示的文本是由“标题”属性控制的，如图 4.8 所示。还可以通过设置“背景式样”、“特殊效果”、“边框颜色”等属性，改变标签控件的外观。

图4.8 标签属性

4. 列表框控件和组合框控件

列表框的选项以垂直单列方式显示，也可以设置成多列方式。如果项目数量超过列表框所能显示的数据，滚动条自动出现在控件上。

组合框控件兼有文本框和列表框的功能，用户不仅可以从中选择数据还可以输入数据。

窗体中的列表框控件与组合框控件都可以让用户直接从一个列表中选择所需要的数据，二者的主要区别是：列表框任何时候都显示出一个列表，用户可以在这个列表中选择所需要的数据，但不能输入数据，而组合框不但可以选择还可以输入。此外，组合框通常只显示一项内容，只有当用户单击其右侧的向下箭头时才会显示出可滚动的下拉式列表。

5. 子窗体控件

使用“工具箱”中的子窗体 / 子报表控件工具，可以在已经创建好的主窗体中，添加对应的子窗体。

6. 选项卡控件

在窗体中使用选项卡控件，可以将相关的窗体元素分别放置在若干个选项卡中，从而可以在有限的窗体空间中容纳更多的内容。

7. 选项按钮控件、复选框控件和选项组控件

Access 窗体中的选项按钮与复选框的功能相似，只是形式不同。当多个选项按钮控件或者多个复选框控件不与选项组控件结合使用时，可用于多选操作；而当与选项组控件结合使用时，就只能用于单选操作。

项目 4.2 使用向导创建简单窗体

例题导读

如何使用 Access 方便又快捷地创建窗体对象？

知识汇总

- 使用“自动窗体”功能创建窗体
- 使用向导创建简单窗体

在 Access 中创建窗体有几种不同的方法，可以在设计视图里直接创建新的窗体；也可以使用窗体向导一步一步来创建窗体，或一步到位创建内置的几种窗体格式；还可以复制已有的窗体来快速建立窗体；甚至还可以设计窗体的模板，以便快速创建多个同类型的窗体。

4.2.1 自动创建窗体

Access 提供的“自动窗体”功能是创建数据操作类窗体的一种最迅速、最简单的方式，这种方式在选定窗体数据源之后，跳过了选择字段、布局和样式等步骤，在牺牲可选择性的基础上，使窗体创建一步到位。利用“自动窗体”功能可以创建“纵栏式”、“表格式”、“数据表”、“数据透视表”、“数据透视图”五种窗体。

技术提示：

使用“自动窗体”的数据源只能是单一数据表。如果想要显示多表信息，可以使用“窗体向导”。如果数据源表中含有子数据表，则在自动创建的窗体中包含子窗体。

通常情况下，可以有两种途径来自动创建窗体，一种是在数据库窗口的“表”对象下使用“自动窗体”命令，另一种是在数据库窗口的“窗体”对象下使用“自动创建窗体”向导。当然，无论哪一种途径创建的自动窗体，都可以在设计视图中进行进一步的修改和完善。

【例题 4.1】

利用“教学管理系统”数据库中的“教师档案”表，使用“自动窗体”命令快速创建一个可以浏览和修改每一位教师记录的窗体。

操作步骤如下：

（1）单击数据库窗口的“表”对象，在右侧列表中选定“教师档案”表。

（2）选择“插入”菜单下的“自动窗体”命令，或者单击主窗口工具栏上的“新对象”按钮右侧的向下箭头，从下拉列表中选择“自动窗体”选项。

（3）系统将自动快速地生成名为“教师档案”的窗体，并加以保存。该窗体包含了表中的每一个字段数据，其结果如图 4.9 所示。

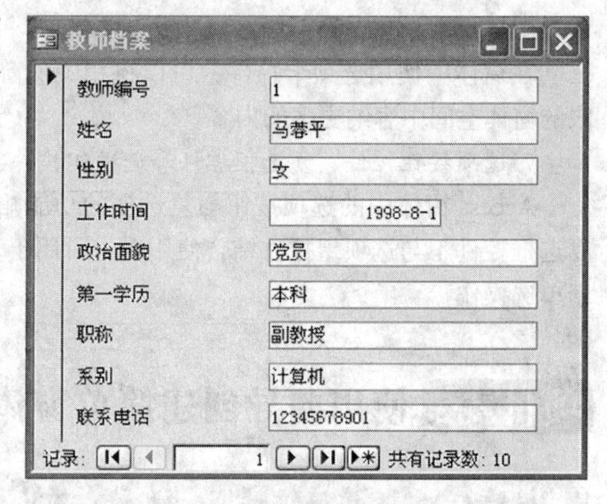

图4.9 自动创建窗体结果

利用 Access 的“自动创建窗体”向导，可以创建“纵栏式”、“表格式”、“数据表”、“数据透视表”、“数据透视图”等几种窗体，各种窗体只是显示记录的形式不同，其创建步骤是类似的。具体操作过程为：在数据库窗口的“窗体”对象下，单击“新建”按钮，在弹出的“新建窗体”对话框中选择“自动创建窗体”选项，在“请选择该对象的数据来源表或查询”下拉列表中选择数据源，最后单击“确定”按钮，此时系统将快速自动地生成相应格式的窗体。

4.2.2 使用“窗体向导”创建简单窗体

使用向导来创建窗体是一个很好的方法，它可以使新手快速地创建窗体，帮助经验丰富的编程高手加速开发速度。

【例题 4.2】

利用“教学管理系统”数据库中的“教师档案”表、“教师授课”表和“课程名”表，使用“窗体向导”命令创建如图 4.10 所示的窗体。

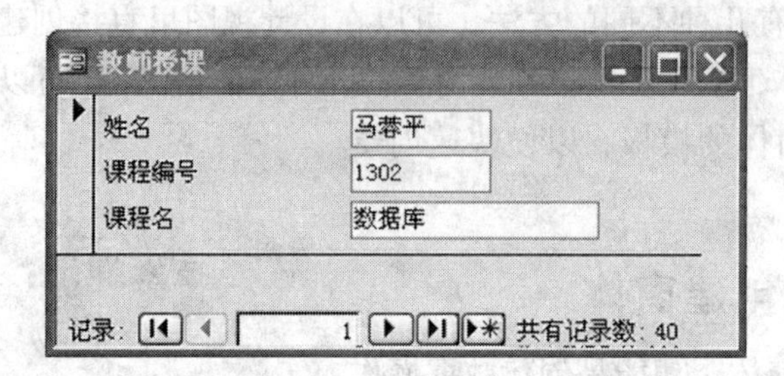

图4.10 “窗体向导”结果

操作步骤如下：

（1）在“教学管理系统”数据库中，选择“对象”下的“窗体”项，再在该窗口中单击“新建”按钮，打开“新建窗体”对话框，如图 4.11 所示。

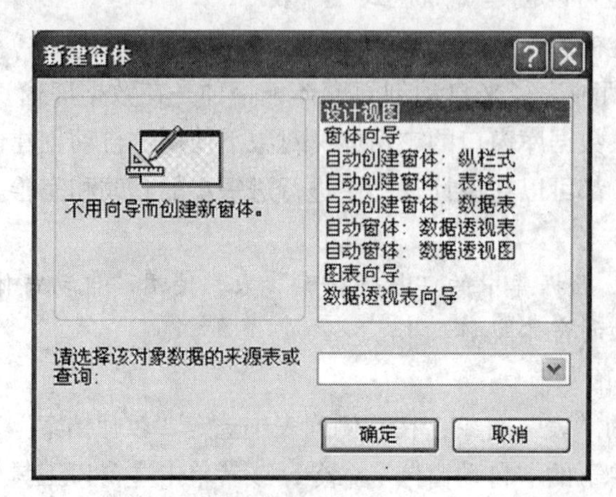

图4.11 “新建窗体”对话框

（2）在列表中选择“窗体向导”，打开“窗体向导”对话框，在“表 / 查询”下拉列表框中选择表格，在“可用字段”列表中选择字段，例如，“教师档案”表中“姓名”字段、“教师授课”表中“课程编号”字段、“课程名”表中“课程名”字段，把它们添加到“选定的字段”列表中，如图 4.12 所示。

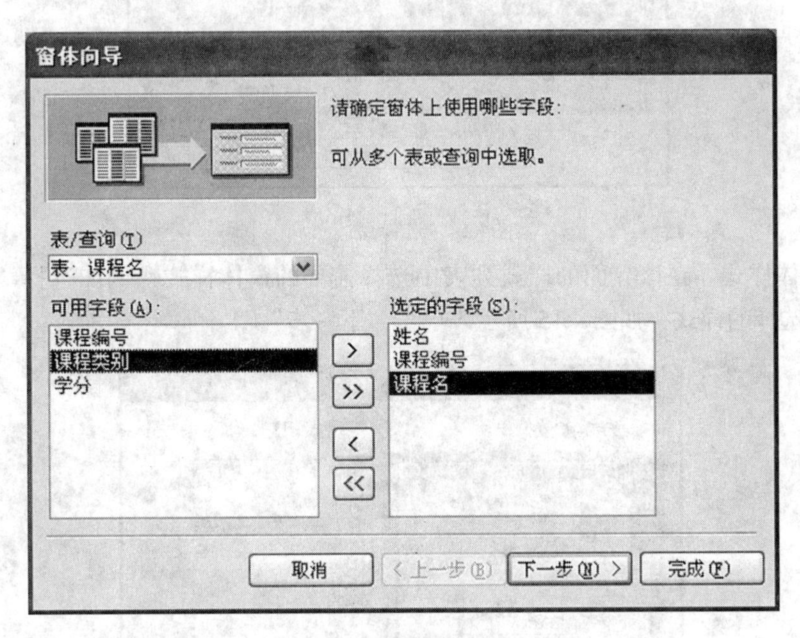

图4.12　选择窗体数据源

（3）单击下一步，设置查看数据的方式，如图 4.13 所示。在这里不想生成带有子窗体的窗体，所以在“请确定查看数据方式”列表中选择“通过教师授课”选项，单击“下一步”。

技术提示：

在本例题中数据源是来自于三个有关联的表中的字段，所以才要设置查看数据的方式，如果数据源来自于同一个表格，就没有此步骤。

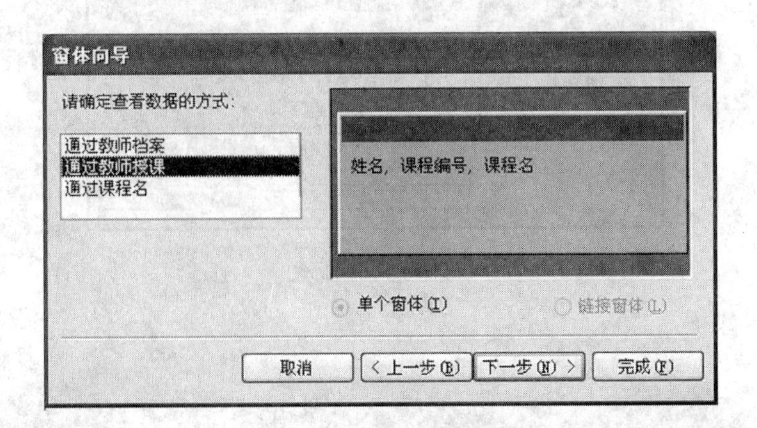

图4.13　选择查看方式

（4）设置窗体布局。在该界面中选中“纵栏表”单选按钮，如图 4.14 所示，然后单击“下一步”按钮。

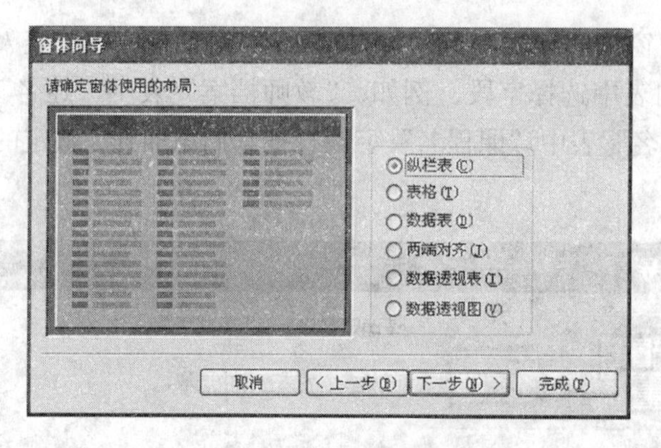

图4.14　选择窗体布局

（5）设置窗体样式。在该界面的样式列表中选择需要的窗体样式，例如选择“标准”样式，在窗体左侧可浏览选择的样式，如图 4.15 所示，单击“下一步”。

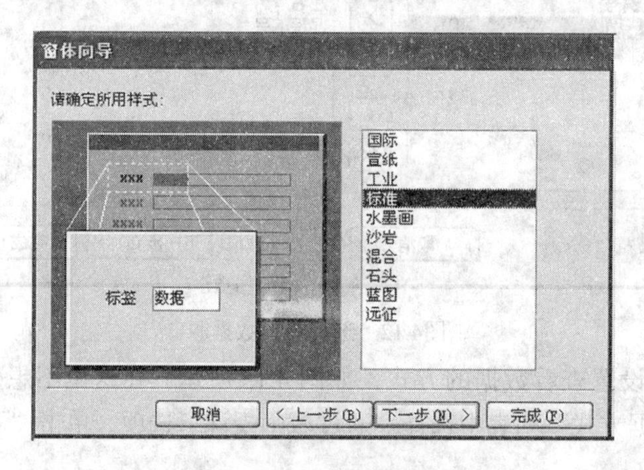

图4.15　选择窗体样式

（6）设置窗体标题。在该界面的文本框中输入窗体标题“教师授课”，并选中“打开窗体查看或输入信息”单选按钮，如图 4.16 所示，然后单击“完成”按钮进入“窗体视图”，效果如上图 4.10 所示。

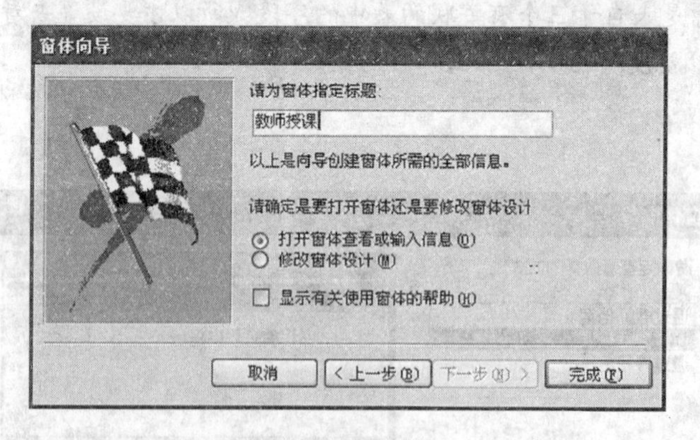

图4.16　命名标题

技术提示：

在“窗体向导”中选择要在窗体上使用的字段时，可以从多个表或查询中选取。从多个有关联的表中选择字段，可以生成带子窗体的窗体。

项目 4.3 使用向导创建图表窗体

例题导读

什么是数据透视表窗体，什么是数据透视图窗体？它们与普通窗体相比有什么特殊用途？

知识汇总

- 使用向导创建数据透视表窗体
- 使用向导创建数据透视图窗体

使用窗体向导或者自动创建窗体功能，还能创建数据透视表窗体和数据透视图窗体。用来实现以图表的形式显示记录数据，并可对数据进行分类汇总。

其中，数据透视表是一种能用所选定的格式和计算方式汇总大量数据的动态交互式表格。通过数据透视表，可以方便地选择所要查看的数据，随时更改窗体中的表格布局，以及以不同的方式对照和分析数据。

【例题 4.3】

创建一个数据透视表窗体。用以动态显示每名学生的各科成绩。

操作步骤如下：

（1）在“教学管理系统”数据库窗口中，打开“新建窗体”对话框，在列表中选择“数据透视表向导”，单击“确定”按钮。在弹出的第一个对话框中阅读提示信息后，单击“下一步”按钮。

（2）在弹出的第二个对话框中，选取数据透视表中所需包含的字段。本例题选取“学生档案”表中的“姓名”字段、“课程名”表中的“课程名”字段和“学生成绩”表中的“成绩”字段，如图 4.17 所示。

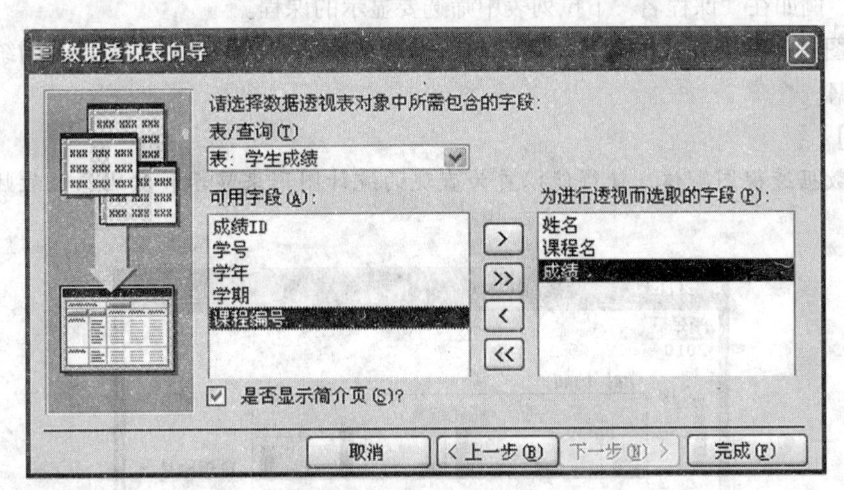

图4.17 选取数据透视表中所需包含的字段

（3）单击“完成”按钮，出现一个为“学生档案”的数据透视表设计窗口，以及一个“数据透视表字段列表”。如图 4.18 所示。

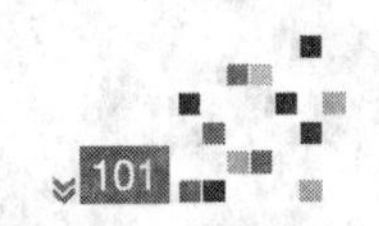

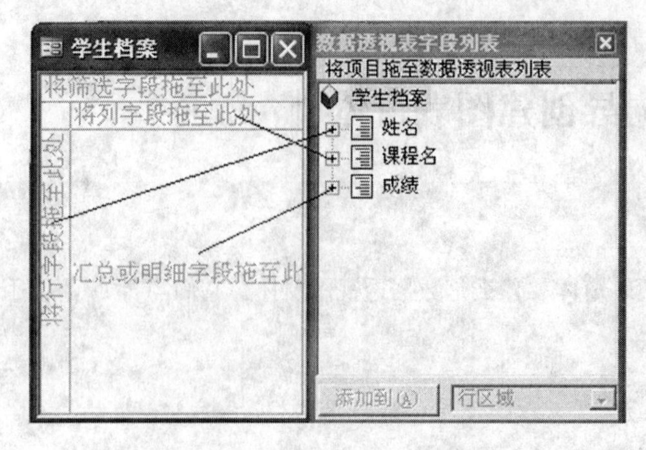

图4.18　数据透视表设计窗口及字段列表

（4）根据设计窗口左端、上方和中部各区域的提示，将“数据透视表字段列表”中的各个字段拖放到设计窗口中的各个区域。在本例题中，将“姓名”字段拖放到左端的“行字段”区域；将“课程名”字段拖放到上方的“列字段”区域；再将“成绩”字段拖放到中部的“明细字段”区域。至此，便会形成一个如图 4.19 所示效果的数据透视表窗体。

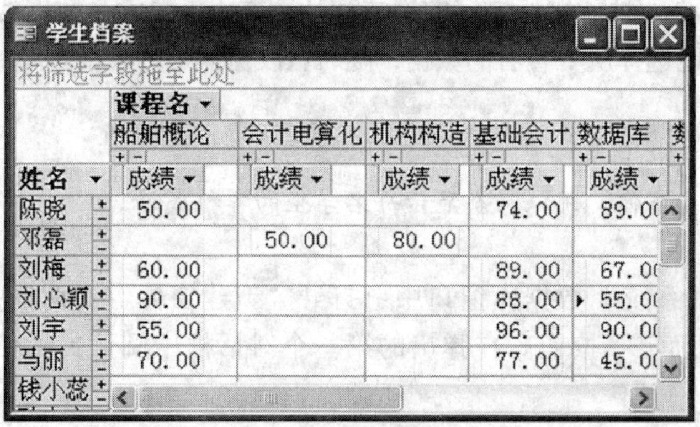

学生档案

将筛选字段拖至此处

姓名	船舶概论 成绩	会计电算化 成绩	机构构造 成绩	基础会计 成绩	数据库 成绩
陈晓	50.00			74.00	89.0
邓磊		50.00	80.00		
刘梅	60.00			89.00	67.0
刘心颖	90.00			88.00	55.0
刘宇	55.00			96.00	90.0
马丽	70.00			77.00	45.0
钱小蕊					

图4.19　创建完成的数据透视表窗体

（5）保存所做的设置，即可查看数据透视表的动态运行效果。数据透视表中的各个字段名都是一个下拉列表，例如在“课程名”下拉列表中筛选要显示的课程。

数据透视图是一种交互式的图表，功能与数据透视表类似，但是以更为直观的统计图形来表示一批相关的数据。

【例题 4.4】

创建一个数据透视图窗体，使得能以更为直观的统计图形来显示和对比每位教师的课时数，如图 4.20 所示。

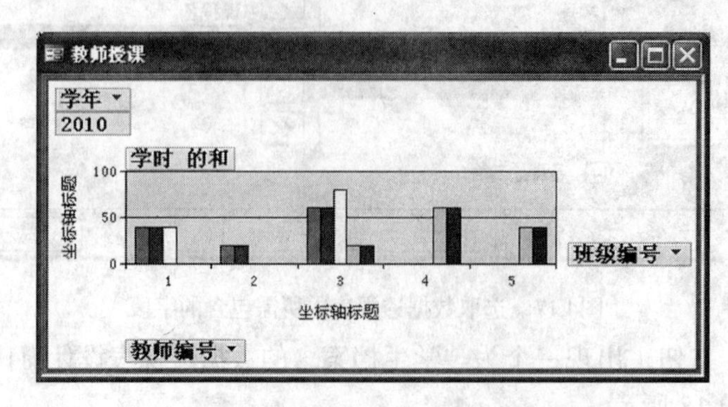

图4.20　“教师授课”数据透视图窗体

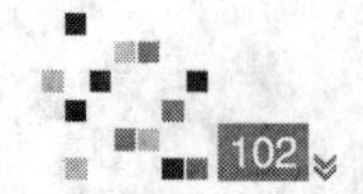

操作步骤如下：

（1）在“教学管理系统”数据库窗口中，打开“新建窗体”对话框，在列表中选择“自动窗体：数据透视图”选项，并在“请选择该对象数据的来源表或查询”的下拉列表框中选择“教师授课”表，如图 4.21 所示。

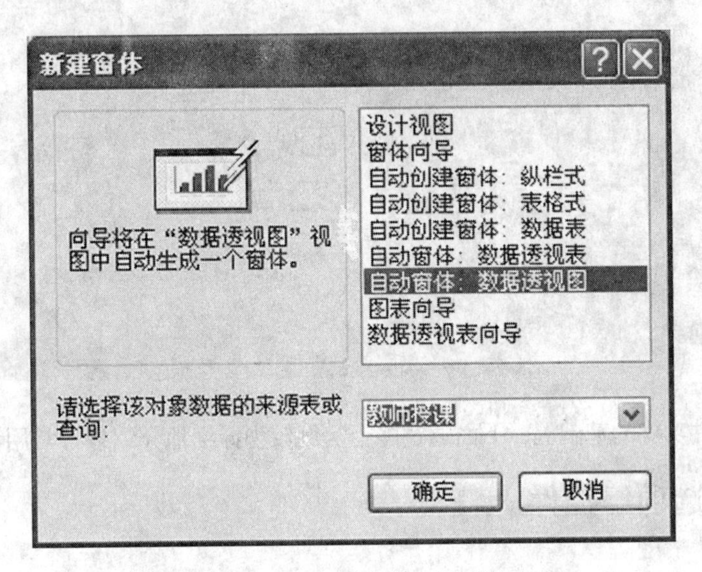

图4.21 “新建窗体”对话框

（2）单击“确定”按钮，打开“教师授课”透视图窗体和“图表字段列表”窗口，如图 4.22 所示。

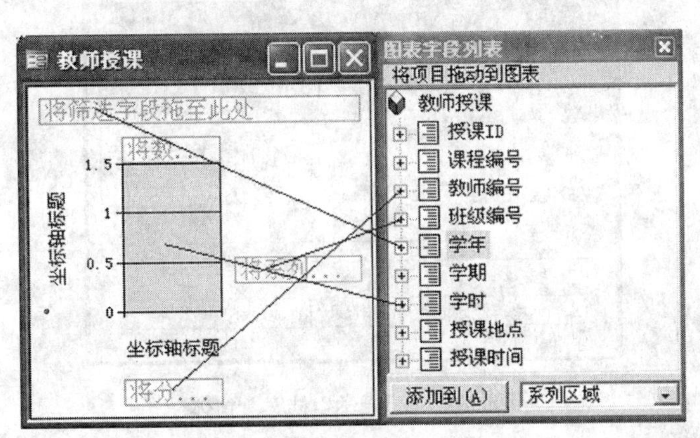

图4.22 数据透视图设计窗口

（3）将“图表字段列表”中的“教师编号”字段拖到“教师授课”窗体的“将分类字段拖至此处”位置，再把“班级编号”字段拖到“将系列字段拖至此处”位置，把“学期”字段拖到“将筛选字段拖至此处”位置，最后把“学时”字段拖到“数据字段”位置。此时形成的数据透视图效果如上图 4.20 所示。

（4）保存所进行的设置，即可更改和查看数据透视图的效果。与数据透视表类似，数据透视图中的各个字段名也都是一个下拉列表，因此可以在“学期”下拉列表中筛选出“2010”，查看 2010 学年每位教授在各班的授课情况。

技术提示：

根据Access安装内容不同，使用向导创建图表窗体可能不能使用。

项目 4.4 常用窗体控件

例题导读

如何为“教学管理系统”创建所需要的窗体对象？

知识汇总

- 添加和设置和选项组控件
- 利用向导添加组合框控件
- 利用控件向导添加列表框控件

在学习了窗体控件功能的基础上，下面通过多个实例较为详细地介绍各种常用窗体控件的使用方法。

4.4.1 选项组控件

【例题 4.5】

在“教学管理系统”数据库中的“学生档案”表为数据源，在设计视图中完成如图 4.23 所示的“登录学生档案”窗体。

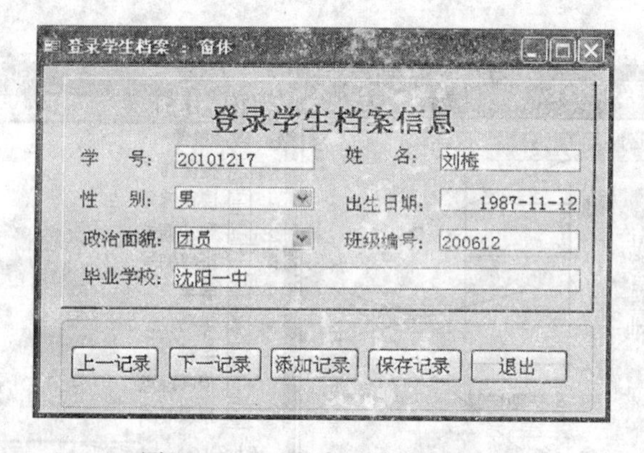

图4.23　“登录学生档案”窗体

操作步骤如下：

（1）在“教学管理系统”数据库窗口中，单击“新建”按钮，打开“新建窗体”。在列表中选择“设计视图”，在“请选择该对象数据的来源表或查询”下拉列表中选择“学生档案”表，单击“确定”按钮，弹出窗体设计视图，如图 4.24 所示。

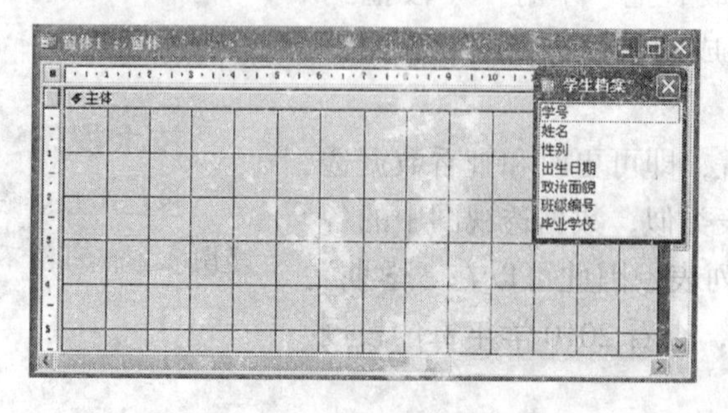

图4.24　窗体设计视图

（2）在“字段列表”中分别将“学号”、“姓名”、“性别”、“出生日期”、“政治面貌”、“班级编号”和“毕业学校”等字段拖放到窗体中，自动生成各个对应的绑定控件。并利用“格式”菜单下的“对齐”、“水平间距”和“垂直间距”等子菜单及其命令调整各个控件的布局使其按需要对齐。单击工具栏中的“保存”按钮，把窗体命名为“登录学生档案”，如图 4.25 所示。因为“政治面貌”字段是查阅列表，所以自动生成的是组合框，其他字段自动生成的是文本框。

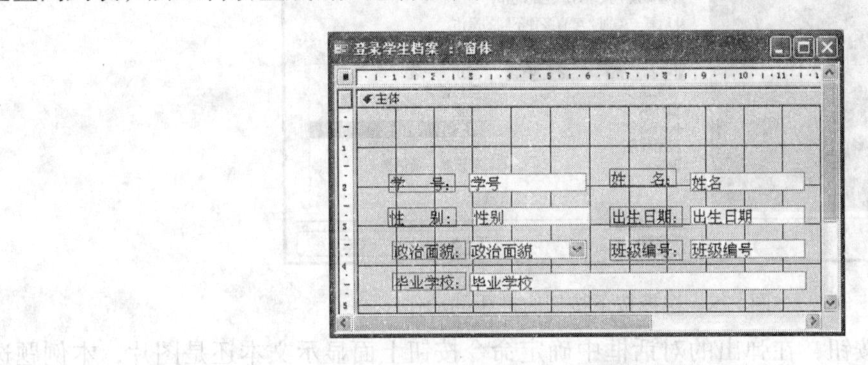

图4.25　字段拖放效果图

（3）将“性别”字段的文本框改为组合框。具体操作为：删除已有的“性别”字段，单击“工具箱”中的“组合框”控件按钮，再在窗体中单击，在弹出的“组合框控件向导”对话框中选择“自行键入所需的值”；单击“下一步”按钮，在第二个对话框的“第 1 列”的各行中依次输入“男”、“女”；单击“下一步”按钮，在第三个对话框中设定将该数值保存在“性别”字段中；单击“下一步”按钮，在第四个对话框中将该组合框相关的标签文字设定为“性别”；单击“完成”按钮完成组合框的创建。窗体设计视图如图 4.26 所示。

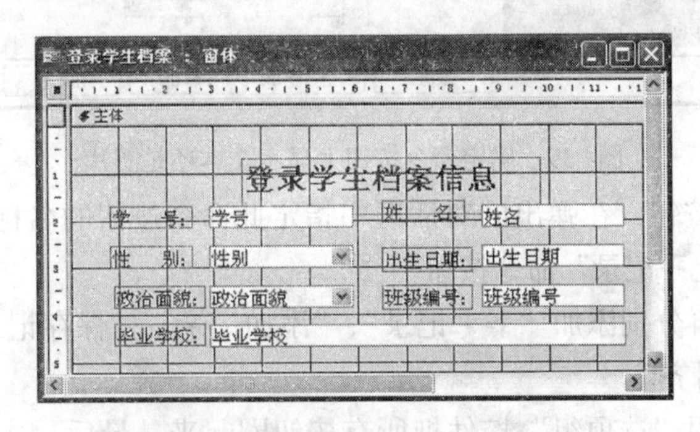

图4.26　将文本框改为下拉列表框

（4）使用“工具箱”中的标签控件，在设计视图的上方添加一个标签，双击该控件并输入标题“登录学生档案”，再在“属性”对话框中设置该标签的字体名称与字号。然后单击“工具箱”中的“选项组”按钮，用鼠标拖放把所有控件全部圈起来。在“属性”对话框中设置“凸起”特殊效果，最后删除“选项组”控件的标签。窗体设计视图如图 4.27 所示。

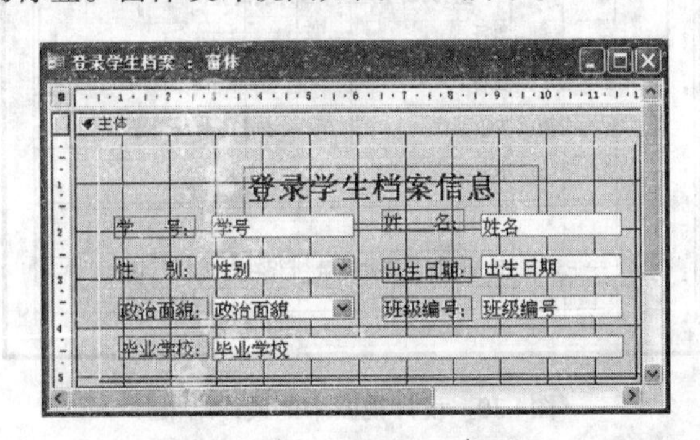

图4.27　添加标签和选项组控件

（5）在保持“控件向导”按钮是被选中状态的同时，单击“工具箱”中的“命令按钮”，在窗体下方的适当地方单击，弹出“命令按钮向导”的第一个对话框，在其中的“类别”栏中选择“记录导航”，然后在“操作”栏中选择“转至前一项记录”，如图 4.28 所示。

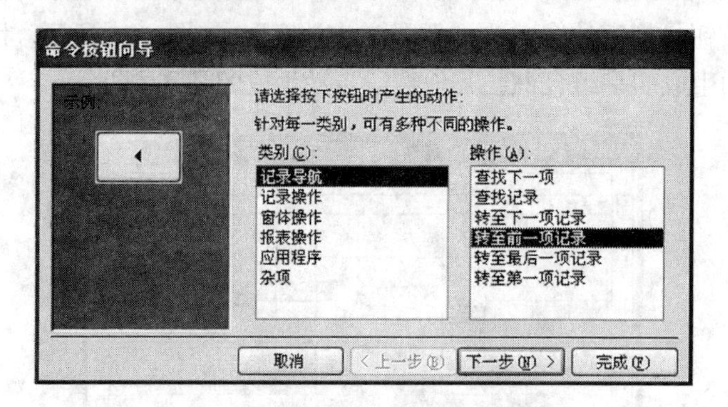

图4.28　选择按下按钮时产生的动作

（6）单击“下一步”按钮，在弹出的对话框中确定命令按钮上面显示文本还是图片，本例题选择“文本”单选按钮，在其后的文本框中输入“上一记录”，如图 4.29 所示。

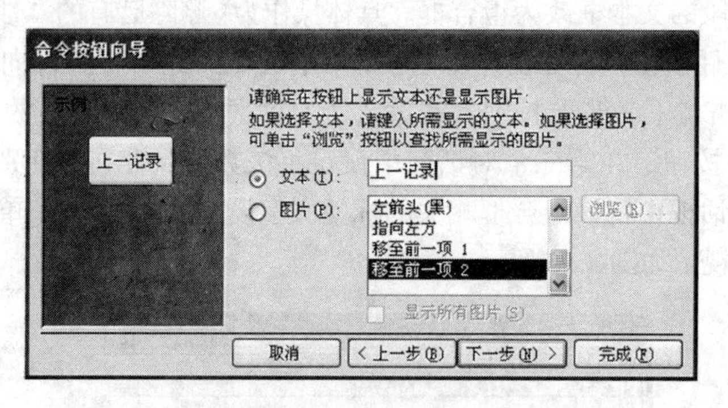

图4.29　确定命令按钮上显示文本还是图片

（7）单击“下一步”按钮，在弹出的对话框中指定此命令按钮的名称，单击“完成”按钮，即在窗体下方创建好一个“上一记录”命令按钮。

（8）用类似的方法，再分别添加“下一记录”、“添加记录”、“保存记录”和“退出”四个按钮，然后调整它们的位置使其对齐。

（9）重复步骤（4），用“选项组”控件把所有按钮圈起来。最后一次调整所有控件的位置。在设计视图中的最终设计结果如图 4.30 所示。

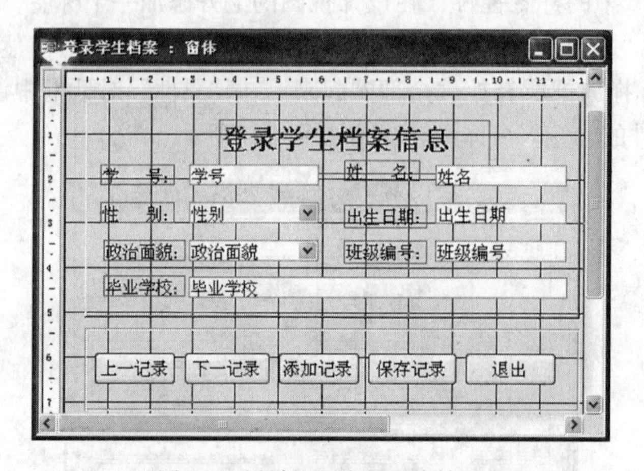

图4.30　设计视图中的最终结果

（10）单击窗体水平标尺左端的小方块选定窗体本身，在“属性”对话框中将窗体的“记录选择

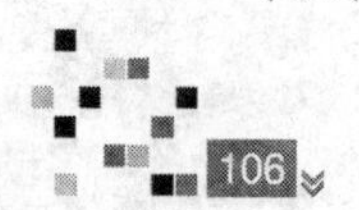

器”、“导航按钮”和“分隔线”三个属性均设置为“否”。

（11）单击工具栏中的“保存”按钮，切换到窗体视图，如图 4.23 所示。

4.4.2 列表框控件

【例题 4.6】

以“教学管理系统”数据库中的“学生成绩”表为数据源，在设计视图中完成如图 4.31 所示的“登录学生选课成绩”窗体。

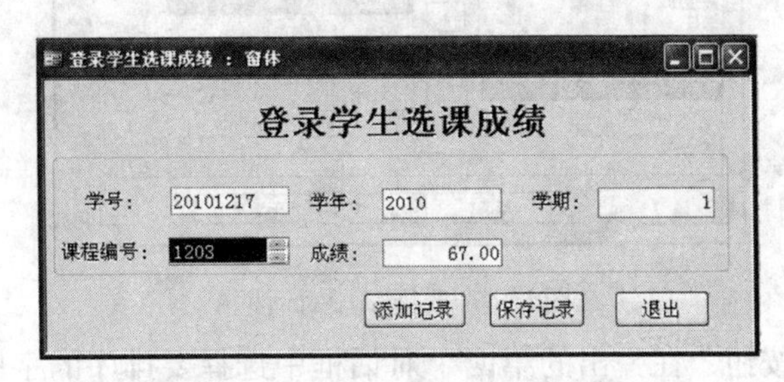

图4.31 “登录学生选课成绩”窗体

操作步骤如下：

（1）在“教学管理系统”数据库窗口中，单击“新建”按钮，打开“新建窗体”。在列表中选择“设计视图”，在“请选择该对象数据的来源表或查询”下拉列表中选择“学生成绩”表，单击“确定”按钮，弹出窗体设计视图。

（2）在保持“控件向导”被选中的同时，单击“列表框”控件并把鼠标指针移到窗体中单击，弹出“列表框向导”窗口，如图 4.32 所示。列表框获取其数值的方式有 3 个。尝试选择“使用列表框查阅表或查询中的值”单选按钮。

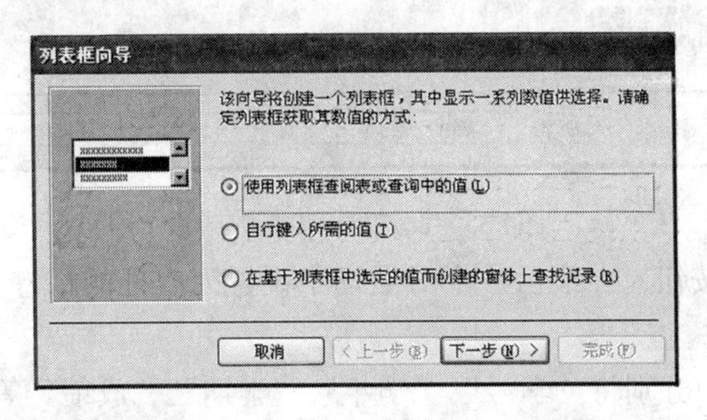

图4.32 所示“列表框向导”对话框

（3）单击“下一步”按钮，在弹出的第二个对话框中先在“视图”选项组中选中“表”单选按钮；在“请选择为列表框提供数值的表或查询”列表框中选择“学生成绩”表，如图 4.33 所示。

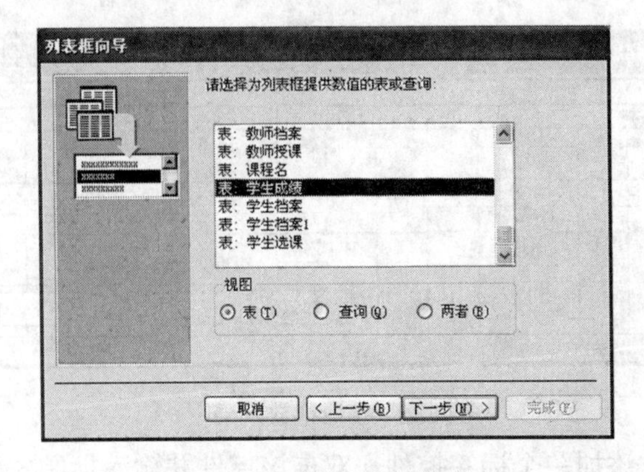

图4.33 为列表框选择数据表

（4）单击“下一步”按钮，在弹出的第三个对话框中双击“可用字段”列表中的“课程编号”字段。这样，“课程编号”会出现在“选定字段”列表中，设置为数据源。如图 4.34 所示。

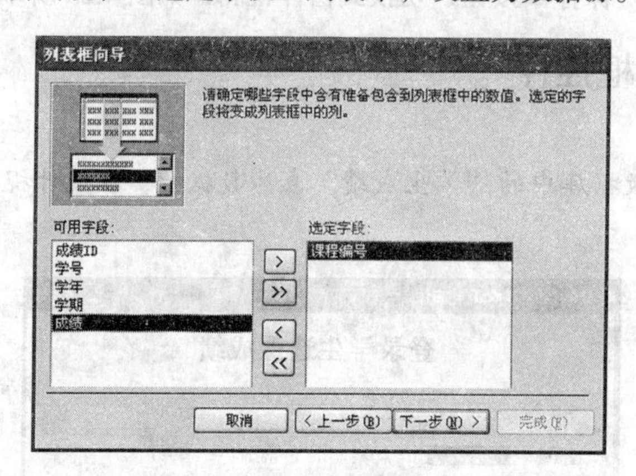

图4.34　选择字段对话框

（5）单击“下一步”按钮，在弹出的第四个对话框中选择要排序的字段，本例题中没有设置排序字段。单击“下一步”按钮，在弹出的第五个对话框中指定列表框的宽度。

（6）单击“下一步”按钮，在第六个对话框中选择“将该数值保存在这个字段中”，在后面的下拉列表中选择“课程编号”，如图 4.35 所示。

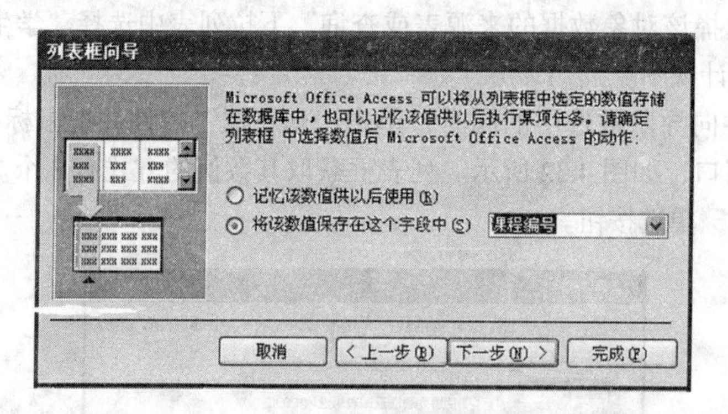

图4.35　设置可以更新数据源

（7）单击“下一步”按钮，在最后一个对话框中设置列表框的标签为“课程编号”。单击“完成”按钮，列表框添加完成。

（8）在“字段列表”中分别将“学号”、“学年”、“学期”、“成绩”等字段拖放到窗体中，自动生成各个对应的绑定控件。并利用“格式”菜单下的“对齐”、“水平间距”和“垂直间距”等子菜单及其命令调整各个控件的布局使其按需要对齐。单击工具栏中的“保存”按钮，把窗体命名为“登录学生选课成绩”，如图 4.36 所示。

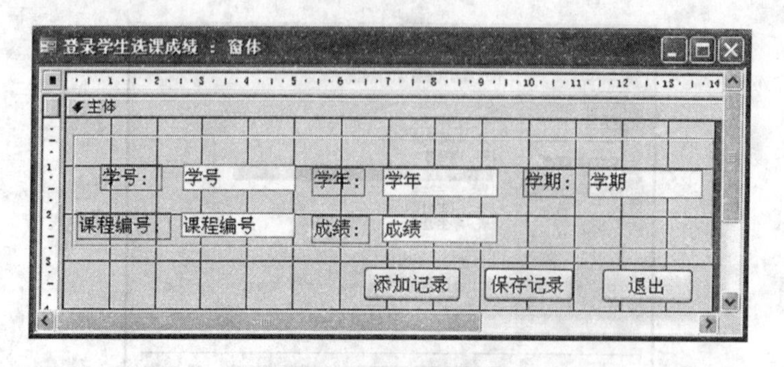

图4.36　字段拖放效果图

（9）在设计视图的上方添加一个标签控件，双击该控件并输入标题“登录学生选课成绩”，再在

“属性”对话框中设置该标签的字体名称与字号。然后单击“工具箱”中的“选项组”按钮，用鼠标拖放把所有控件全部圈起来。最后删除“选项组”控件的标签。

（10）在保持“控件向导”按钮是被选中状态的同时，单击“工具箱”中的“命令按钮”，在窗体下方的适当地方单击，弹出“命令按钮向导”的第一个对话框，在其中的“类别”栏中选择“记录操作”，然后在“操作”栏中选择“添加新记录”，单击“下一步”按钮，在弹出的对话框中确定命令按钮上面显示文本还是图片，本例题选择“文本”单选按钮，在其后的文本框中输入“添加记录”，单击“下一步”按钮，在弹出的对话框中指定此命令按钮的名称，单击“完成”按钮，即在窗体下方创建好一个“添加记录”命令按钮。

（11）利用同样的方法添加“保存记录”和“退出”按钮。调整它们之间的位置，如图4.37所示。

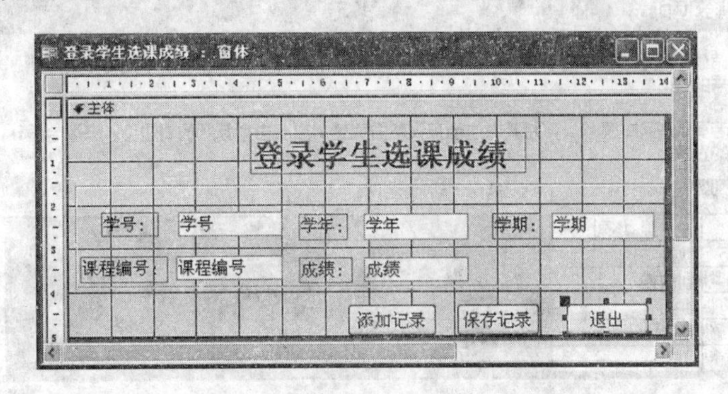

图4.37　设计视图最终效果图

（12）单击窗体水平标尺左端的小方块选定窗体本身，在“属性”对话框中将窗体的“记录选择器”、“导航按钮”和“分隔线”三个属性均设置为“否”。单击工具栏中的“保存”按钮，切换到窗体视图，如图4.31所示。

技术提示：

在【例题4.6】中，“课程编号”重复值比较多，在设置列表框获取数值方式时，适合选择“自行键入所需的值”。如果数据源字段没有重复值，比较适合选择“使用列表框查阅表或查询中的值”选项。

4.4.3 组合框控件

【例题4.7】

以“教学管理系统”数据库中的“教师档案”表为数据源，在设计视图中完成如图4.38所示的“教师档案登录”窗体。

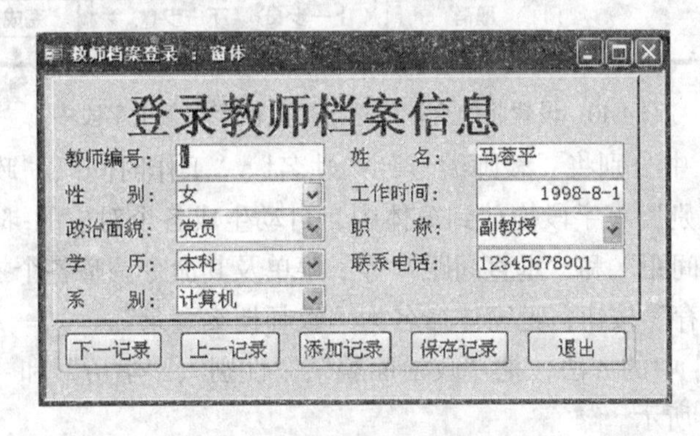

图4.38　“教师档案登录”窗体

操作步骤如下：

（1）在“教学管理系统”数据库窗口中，单击“新建”按钮，打开“新建窗体”。在列表中选择“设计视图”，在“请选择该对象数据的来源表或查询”下拉列表中选择“教师档案”表，单击“确定”按钮，弹出窗体设计视图。

（2）添加“职称”对象。保持“控件向导”按钮被选中状态，单击“工具箱”中的“组合框”按钮，再在窗体内的适当地方单击，在弹出的“组合框向导”对话框中，选定“自动键入所需的值”选项；单击“下一步”按钮，在弹出的第二个对话框的“第 1 列”中，逐个输入要在组合框的下拉列表中显示的各个选项内容，如图 4.39 所示。

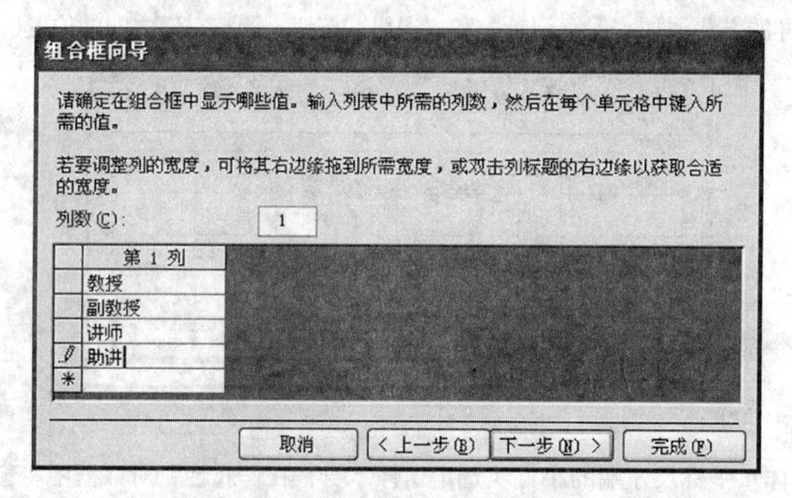

图4.39　输入在组合框下拉列表中显示的各个选项

（3）单击“下一步”按钮，在下一个对话框中选择“将该数值保存在这个字段中”，在后的下拉列表中选择“职称”，如图 4.40 所示。单击“下一步”按钮，在最后一个对话框中设置列表框的标签为“职称”。单击“完成”按钮，组合框添加完成。

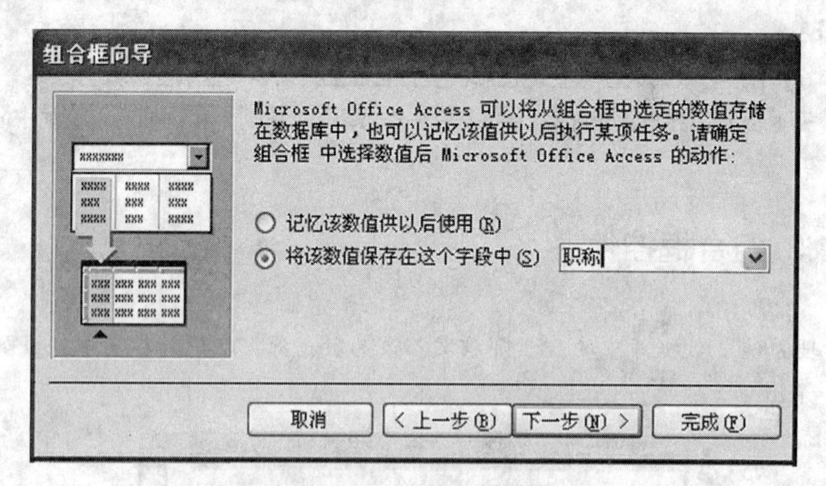

图4.40　设置将组合框的选定数值保存在某个字段中

（4）在“字段列表”中分别将“教师编号”、“姓名”、“工作时间”、“政治面貌”、“性别”、“学历”、“联系电话”和“系别”等字段拖放到窗体中，自动生成各个对应的绑定控件。并利用“格式”菜单下的“对齐”、“水平间距”和“垂直间距”等子菜单及其命令调整各个控件的布局使其按需要对齐。单击工具栏中的“保存”按钮，把窗体命名为“教师档案登录”。

（5）利用【例题 4.5】中的方法，把“政治面貌”、“性别”、“学历”和“系别”对象改成组合框对象。设计视图如图 4.41 所示。

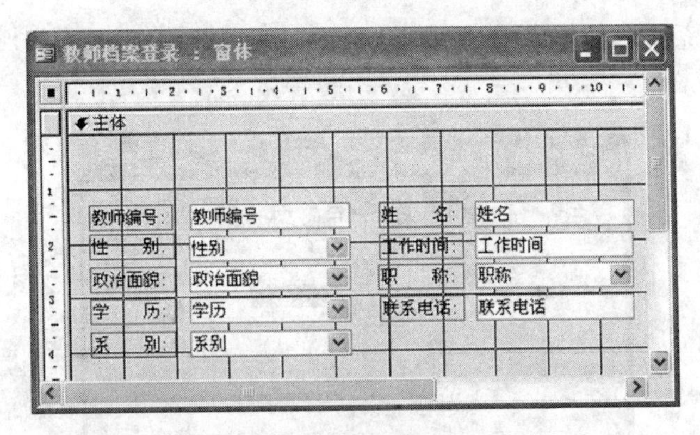

图4.41　设计视图效果图

（6）在设计视图的上方添加一个标签控件，双击该控件并输入标题“登录教师档案信息”，再在“属性”对话框中设置该标签的字体名称与字号。然后单击“工具箱”中的“选项组”按钮，用鼠标拖放把所有控件全部圈起来。在“属性”对话框中设置“凸起”特殊效果，最后删除“选项组”控件的标签。

（7）利用已掌握的知识添加“下一记录”、“上一记录”、“添加记录”、“保存记录”和“退出”按钮。添加“选项组”控件，把所有命令按钮全部圈起来，如图 4.42 所示。

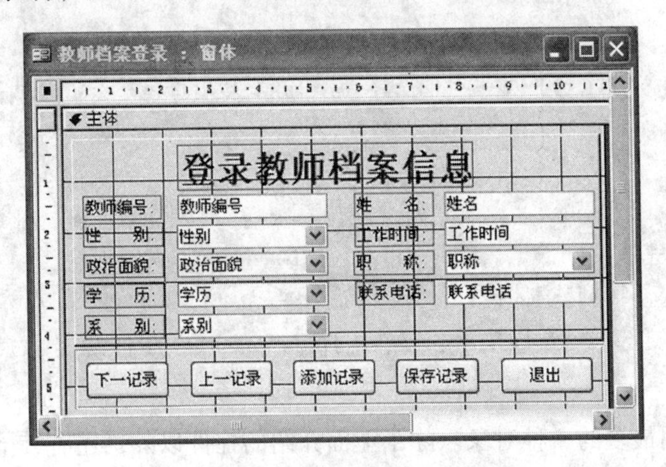

图4.42　设计视图中的最终设计结果

（8）单击窗体水平标尺左端的小方块选定窗体本身，在“属性”对话框中将窗体的“记录选择器”、“导航按钮”和“分隔线”三个属性均设置为“否”。单击工具栏中的“保存”按钮，切换到窗体视图，如图 4.38 所示。

接下来，我们用类似的方法完成下面实例。

（1）以“教学管理系统”数据库中的“课程名”表为数据源，完成“课程信息输入”窗体的设计。如图 4.43 所示。

图4.43　“课程信息输入”窗体

（2）以“教学管理系统”数据库中的“学生选课”表为数据源，完成“学生选课信息登录”窗体的设计。如图 4.44 所示。

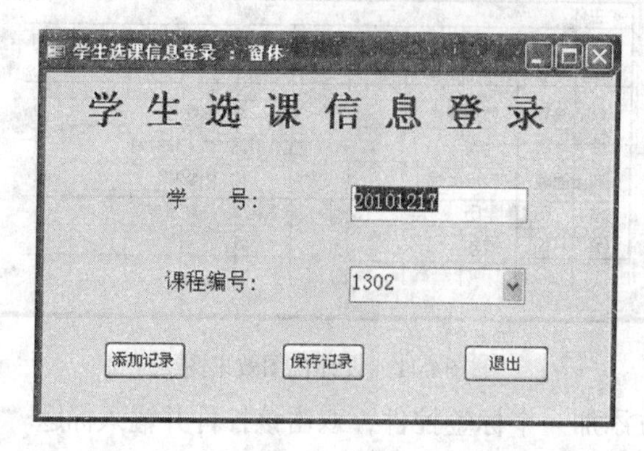

图4.44　“学生选课信息登录”窗体

项目 4.5 其他窗体控件

例题导读

如何使用 Access 设计一个问卷调查窗体，使它能自动向表格添加记录？

知识汇总

- 使用子窗体完成两个数据表记录同时显示
- 利用选项卡控件美化窗体设计
- 添加和设置复选框、选项按钮和选项组控件

窗体是系统中使用最多的一种对象。除了上面介绍的控件以外，还有其他多种控件，而且在窗体上可以使用的控件也越来越多、越来越丰富。下面再介绍几种其他的控件对象。

4.5.1 子窗体控件

【例题 4.8】

以“教学管理系统”数据库中的“学生档案”表和“学生成绩”表为数据源，完成如图 4.45 所示的“学生信息显示”窗体。

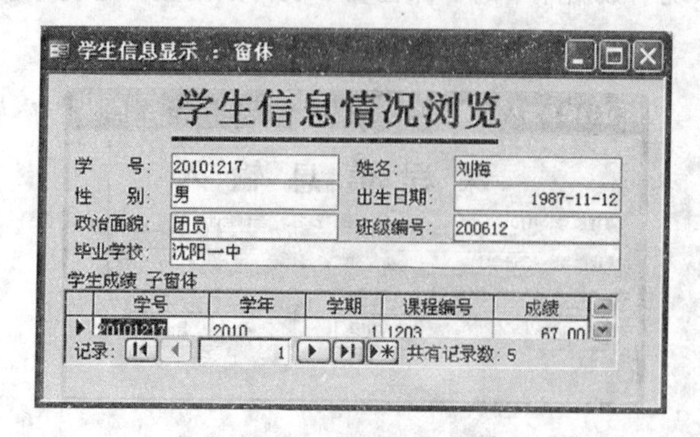

图4.45　“学生信息显示”窗体

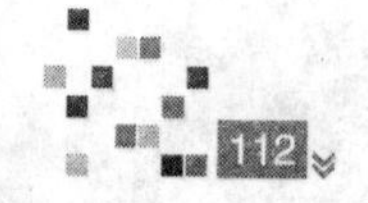

操作步骤如下：

（1）在“教学管理系统”数据库窗口中，单击“新建”按钮，打开“新建窗体”。在列表中选择“设计视图”，在“请选择该对象数据的来源表或查询”下拉列表中选择“学生档案”表，单击“确定”按钮，弹出窗体设计视图。

（2）在“字段列表”中分别将“学号”、“姓名”、“性别”、“出生日期”、“政治面貌”、“班级编号”和“毕业学校”等字段拖放到窗体中，自动生成各个对应的绑定控件。并利用“格式”菜单下的“对齐”、“水平间距”和“垂直间距”等子菜单及其命令调整各个控件的布局使其按需要对齐。单击工具栏中的“保存”按钮，把窗体命名为“学生信息显示”。

（3）选择“视图”菜单下的“窗体页眉 / 页脚”命令，然后在新增的“窗体页眉”节中添加一个标签控件，双击该控件并输入窗体标题文字“学生信息情况浏览”，再在“属性”对话框中设置该标签的字体名称与字号，并调整其位置。然后单击“工具箱”中的“直接”按钮，按住 Shift 键，用鼠标在标题文字下方画出一条水平直线，通过该直线的“边框宽度”属性调整直线的粗细。

（4）保持“控件向导”按钮被选中状态，单击“工具箱”中的“子窗体 / 子报表”控件按钮，在窗体内的适当地方单击，在弹出的“子窗体向导”对话框中，选中“使用现有的表和查询”单选按钮，如图 4.46 所示。

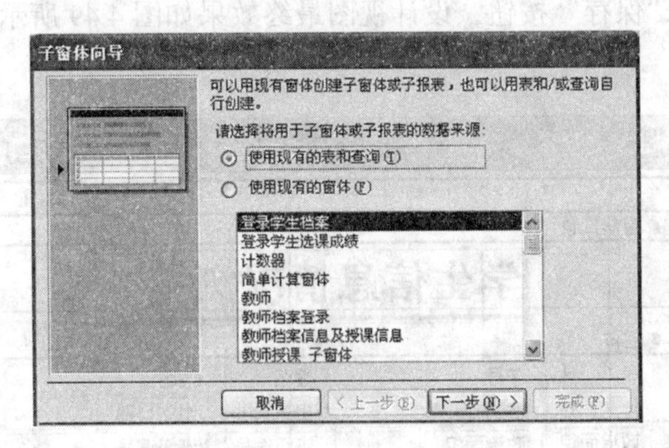

图4.46　选择子窗体的数据来源

（5）单击“下一步”按钮，在弹出的第二个对话框中选定在子窗体中包含哪些字段。本例题将“学生成绩”表的“学号”、“学年”、“学期”、“课程编号”和“成绩”字段添加到“选定字段”列表中，如图 4.47 所示。

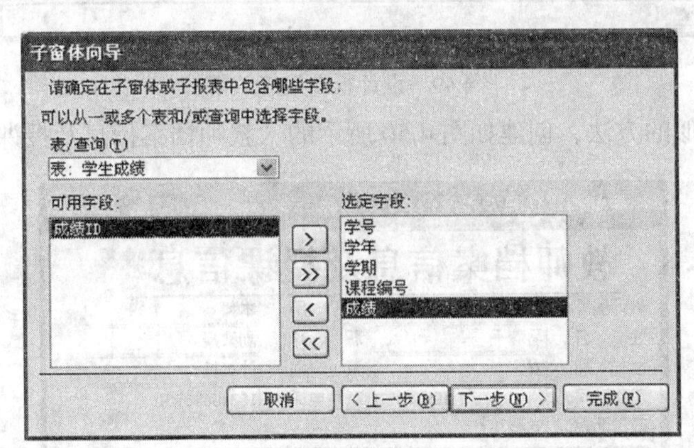

图4.47　选择子窗体中包含的字段

（6）单击“下一步”按钮，在弹出的第三个对话框中确定将主窗体链接到子窗体的字段。

本例题选定“从列表中选择”单选按钮，并在下列的列表中选定“对学生档案中的每个记录用学号显示学生成绩”，如图 4.48 所示。

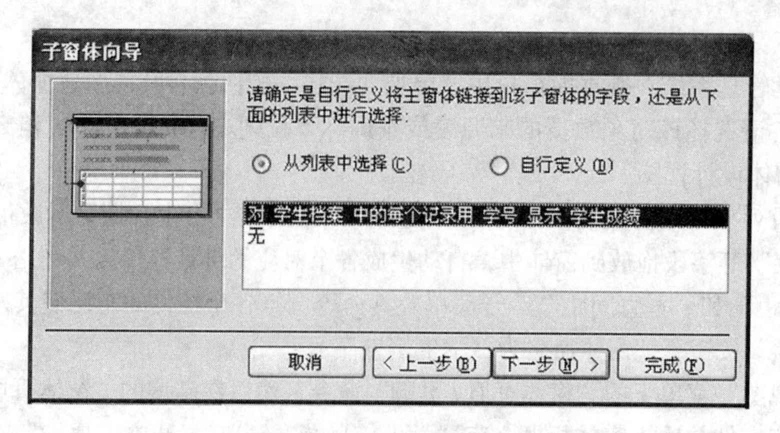

图4.48　确定将主窗体链接到子窗体的字段

（7）单击“下一步”按钮，在弹出的最后一个对话框中为所创建的子窗体指定一个名称，单击“完成”按钮关闭对话框。

（8）最后调整所有窗体控件对象的位置。单击窗体水平标尺左端的小方块选定窗体本身，在“属性”对话框中将窗体的“记录选择器”、“导航按钮”和“分隔线”三个属性均设置为“否”。

（9）单击工具栏中的“保存”按钮，设计视图最终效果如图 4.49 所示。切换到窗体视图，如图 4.45 所示。

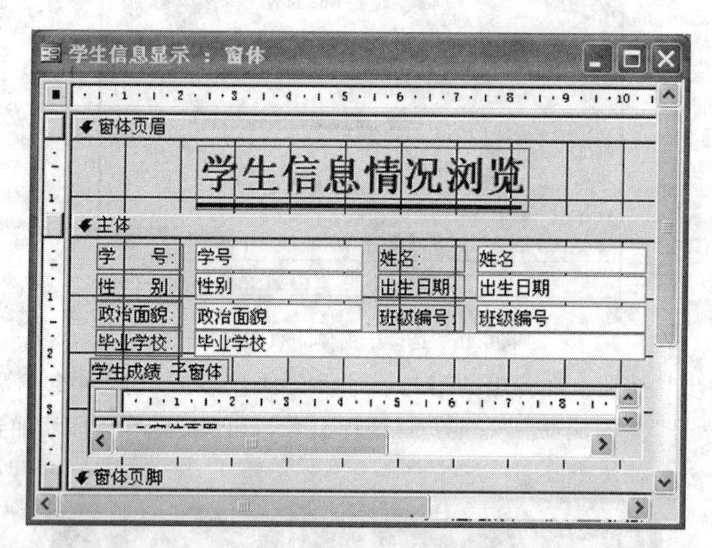

图4.49　设计视图最终效果

接下来，我们用类似的方法，创建如图 4.50 所示的“教师档案信息及授课信息”窗体。

图4.50　“教师档案信息及授课信息”窗体

4.5.2 选项卡控件

【例题 4.9】

以“教学管理系统”数据库中的“教师档案”表为数据源，在设计视图中完成如图 4.51 所示的“教师档案信息窗体”。

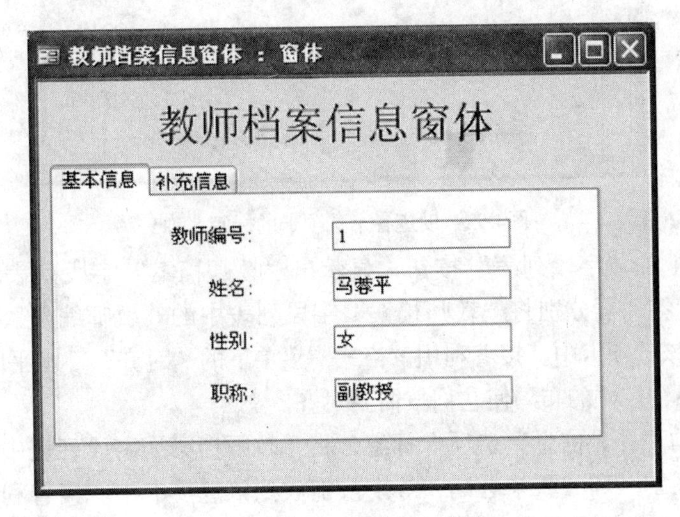

图4.51　教师档案信息窗体

操作步骤如下：

（1）在数据库窗口选择“窗体”对象，然后在列表中双击“在设计视图中创建窗体”选项，打开窗体设计视图。

（2）单击窗体水平标尺左端的小方块选中窗体对象，在“属性”对话框中将窗体的“记录源”属性设置为“教师档案”表。

（3）单击“工具箱”中的“选项卡控件”按钮，在窗体中拖动鼠标画出一个适当大小的选项卡控件，其结果如图 4.52 所示。

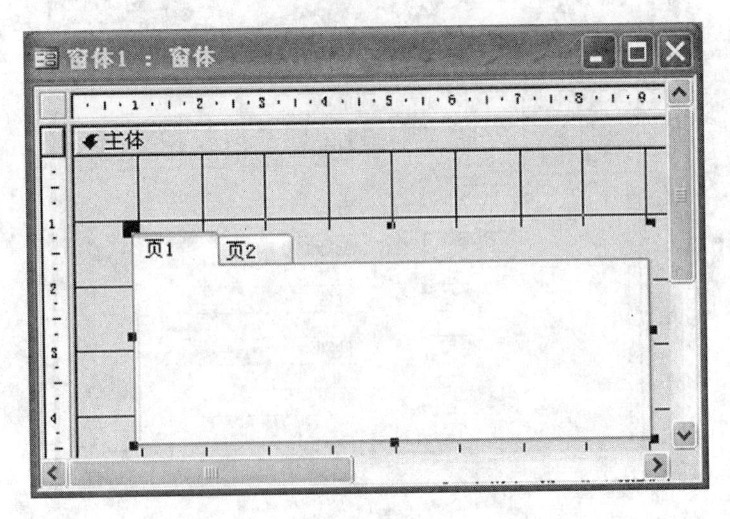

图4.52　添加到窗体中的选项卡控件

（4）单击其中的“页 1”选项卡标签，在“属性”对话框中将其“标题”属性更改为“基本信息”；再单击其中的“页 2”选项卡标签，在“属性”对话框中将其“标题”属性更改为“补充信息”。此时设计视图的效果如图 4.53 所示。

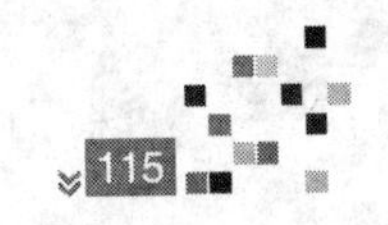

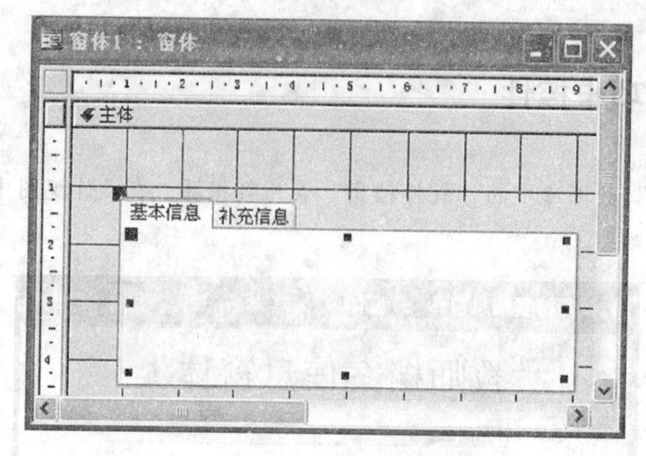

图4.53　设定各个选项卡的标签名称

（5）单击工具栏上的“字段列表”按钮，显示出“教师档案”字段列表。然后单击窗体中的“基本信息”选项卡标签，再分别将“教师档案”字段列表中的“教师编号”、“姓名”、“性别”和“职称”等字段拖放到该选项卡中。接着利用“格式”菜单下的“对齐”、“水平间距”和“垂直间距”等子菜单命令，调整各个控件的布局使它们按需要对齐。

（6）单击窗体中的“补充信息”选项卡标签，将“教师档案”字段列表中的“工作日期”、“政治面貌”、“学历”、“系别”和“联系电话”等字段拖放到该选项卡中。接着利用“格式”菜单下的“对齐”、“水平间距”和“垂直间距”等子菜单命令，调整各个控件的布局使其按需要对齐。

（7）在设计视图的上方添加一个标签控件，双击该控件并输入标题“教师档案信息窗体”，再在“属性”对话框中设置该标签的字体名称与字号。

（8）单击窗体水平标尺左端的小方块选定窗体本身，在“属性”对话框中将窗体的“记录选择器”、“导航按钮”和“分隔线”三个属性均设置为“否”。

（9）单击工具栏中的“保存”按钮，把窗体命名为“教师档案信息窗体”，设计视图最终效果如图 4.54 所示。切换到窗体视图，如图 4.51 所示。

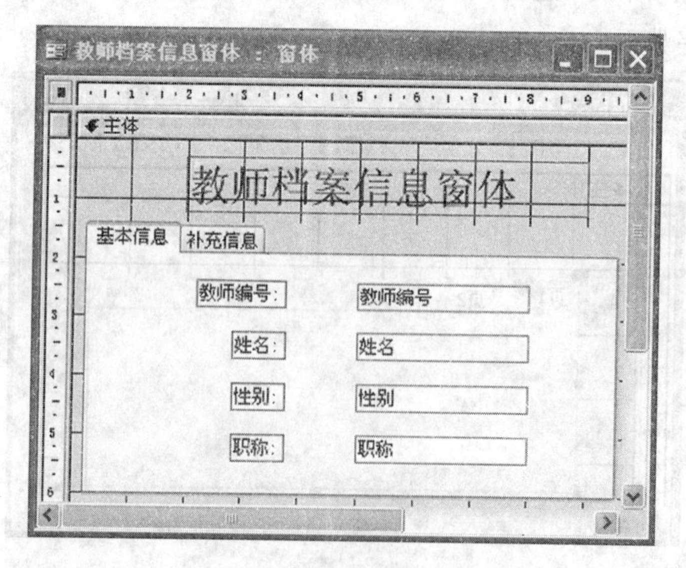

图4.54　设计视图最终效果

4.5.3 选项按钮控件

【例题 4.10】

使用复选框、选项按钮和选项组控件创建如图 4.55 所示的窗体。

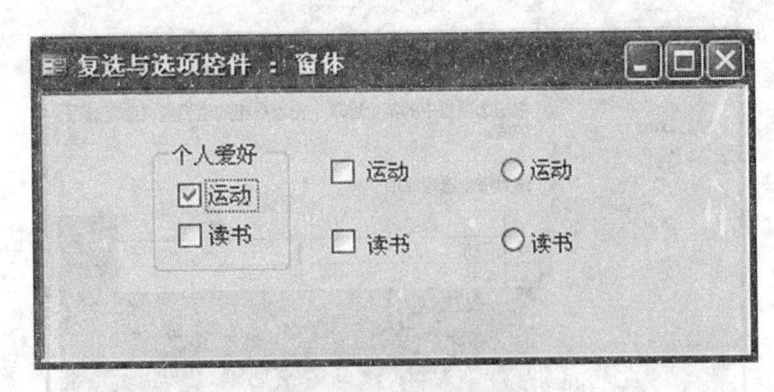

图4.55　复选与选项控件

操作过程如下：

（1）打开窗体设计视图，确定工具箱中的“控件向导”按钮保持按下状态。

（2）单击工具箱中的“选项组”控件，并把鼠标指针移到窗体中，在适当位置单击后，弹出“选项组向导”窗口，如图4.56所示，在“标签名称”列中输入要创建的控件的标签文本，然后单击“下一步”按钮。

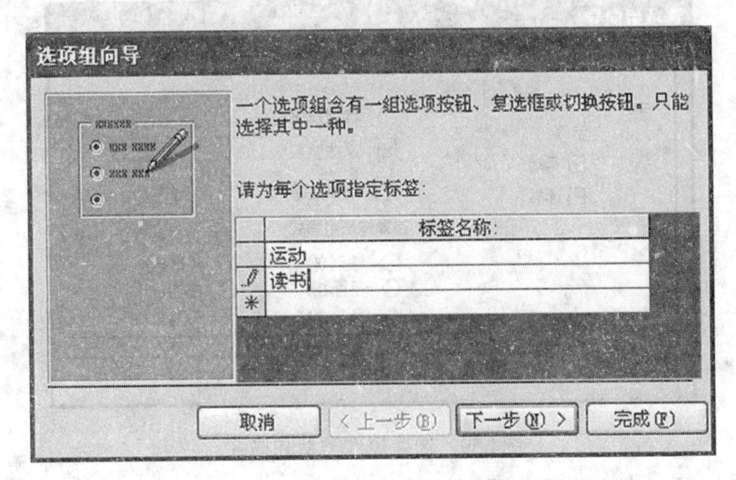

图4.56　为“选项组”控件指定标签

（3）设置默认选项。选项“是，默认选项是”单选按钮，并在右侧的下拉列表框中选择默认选项，如图4.57所示，然后单击“下一步”按钮。

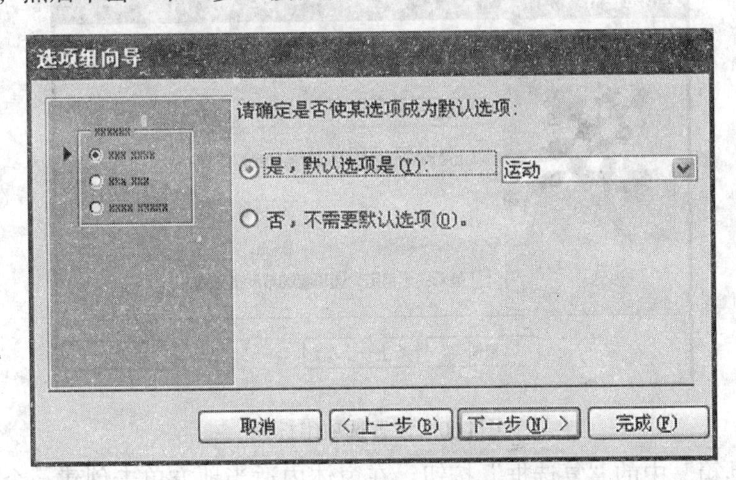

图4.57　设置默认值

（4）为选项赋值。在“值”列中，可为每个选项赋值，以便在访问时使用，如图4.58所示，然后单击“下一步”按钮。

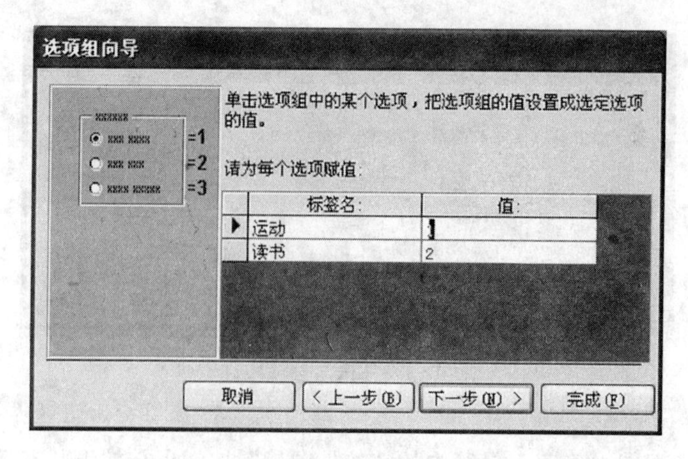

图4.58　选项值

（5）选择控件类型和格式。选项组中可使用复选框、选项按钮和切换按钮三种控件，本例题选中复选框，并选择控件显示样式为“蚀刻”，如图 4.59 所示，然后单击“下一步”按钮。

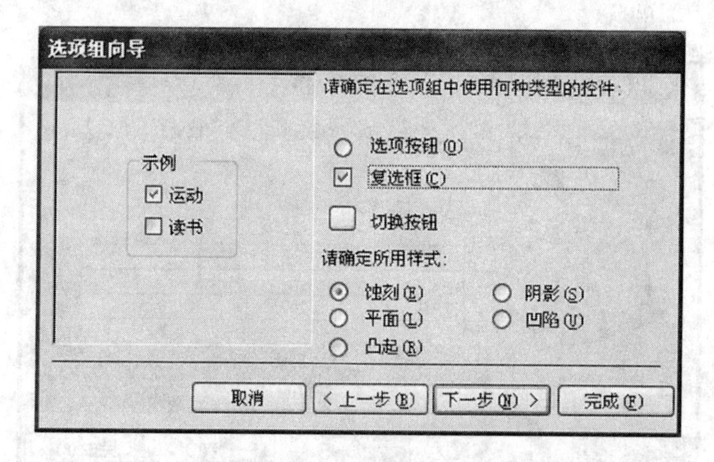

图4.59　选择控件类型和格式

（6）设置选项组标题。在文本框中设置选项组标题，例如“个人爱好”，如图 4.60 所示。然后单击“完成”按钮。

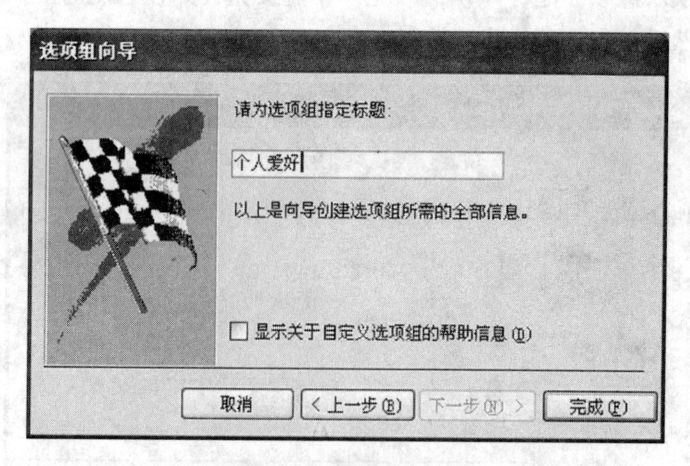

图4.60　设置选项组标题

（7）单击“工具箱”中的“复选框”按钮，在窗体内适当地方单击创建一个复选框控件，再将与之对应的标签控件的“标题”属性设置为“运动”。

（8）使用类似的方法在窗体内添加“读书”复选框控件。

（9）单击“工具箱”中的“选项按钮”，在窗体内适当地方单击创建一个单选按钮控件，再将与

之对应的标签控件的“标题”属性设置为“运动”。

（10）使用类似的方法在窗体内添加“读书”单选按钮控件。利用“格式”菜单下的“对齐”、“水平间距”和“垂直间距”等子菜单命令，调整各个控件的布局使其按需要对齐。

（11）单击窗体水平标尺左端的小方块选定窗体本身，单击“工具栏”中的“属性”按钮，在打开的“属性”对话框中将窗体的“记录选择器”、“导航按钮”和“分隔线”三个属性均设置为“否”。

（12）单击工具栏中的“保存”按钮，设计视图最终效果如图4.61所示。切换到窗体视图，如图4.55所示。

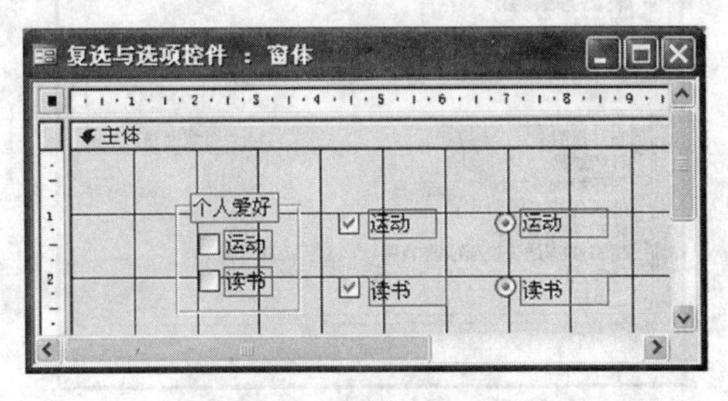

图4.61　设计视图最终效果

技术提示：

当多个“选项按钮”控件或者多个“复选框”控件与“选项组”控件结合使用时，它们只能作为单选存在。如果没有“选项组”控件圈起来，它们都可以是多选按钮。大家可以试试例题，除了在“个人爱好”选项组中的按钮只能选择一个，其他四个按钮全可选择。

项目4.6 美化窗体

例题导读

如何在Access中提供的自定义功能下创建下拉式菜单和弹出式菜单？如何自制工具栏？

知识汇总

● 利用“工具”菜单下的“自定义”命令创建自定义下拉式菜单、弹出式菜单，以及自定义工具栏

窗体是应用程序的用户界面，不仅应具备操作的方便性和友好性，还应尽可能地做到赏心悦目。为了使设计的数据库应用程序更加实用，还应该为所设计的窗体添加个性化的菜单栏和工具栏。下面介绍为窗体添加工具栏和菜单栏的操作步骤。

4.6.1 设计下拉式菜单

【例题4.11】

使用Access中提供的自定义功能，创建“教学管理系统”的自定义下拉式菜单。

操作步骤如下：

（1）打开“教学管理系统”数据库，选择“工具”菜单下的“自定义”命令，打开“自定义”对话框，如图 4.62 所示。

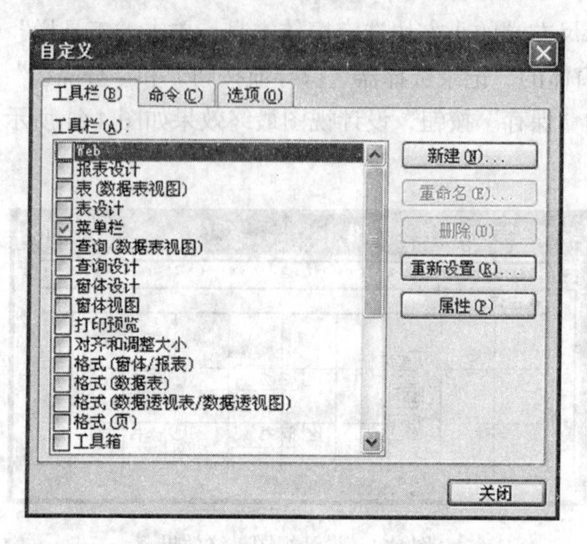

图4.62 “自定义”对话框

（2）打开“工具栏”选项卡，单击“新建”按钮，弹出“新建工具栏”对话框，如图 4.63 所示。在工具栏名称文本框中输入“教师管理”，然后单击“确定”按钮，创建空工具栏。

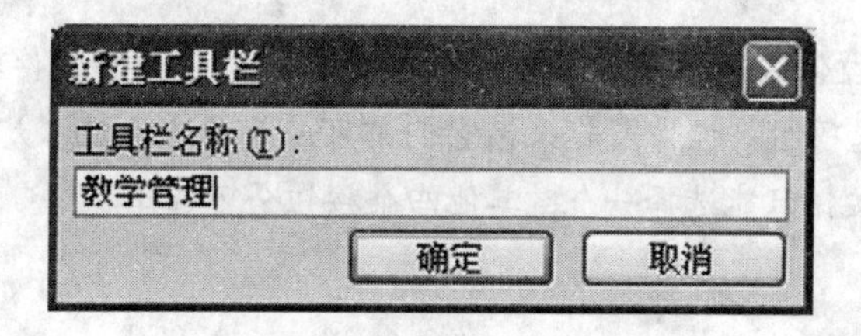

图4.63 “新建工具栏”对话框

（3）在“自定义”选项卡中选择自定义的“教师管理”项，单击“属性”按钮，打开“工具栏属性”设置对话框，如图 4.64 所示，在“类型”下拉列表框中选择“菜单栏”项，将新创建的工具栏转换到菜单栏，如图 4.65 所示，然后单击“关闭”按钮。

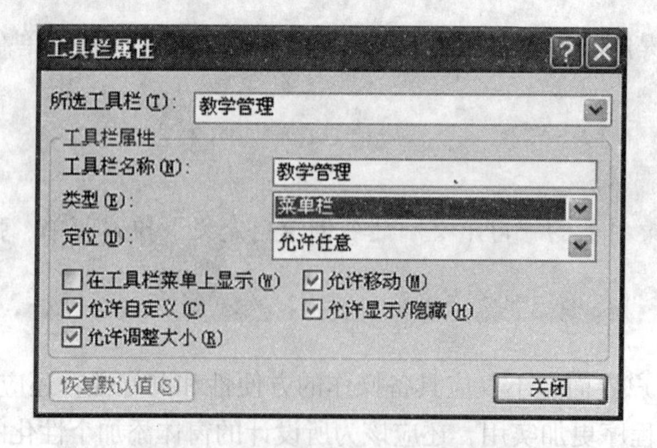

图4.64 “工具栏属性”对话框

图4.65 “教学管理”菜单栏

（4）在“自定义”对话框中打开“命令”选项卡，在“类别”列表中选择“新菜单”项，如图4.66 所示，再把“命令”列表中的“新菜单”项拖到新建的菜单栏中。

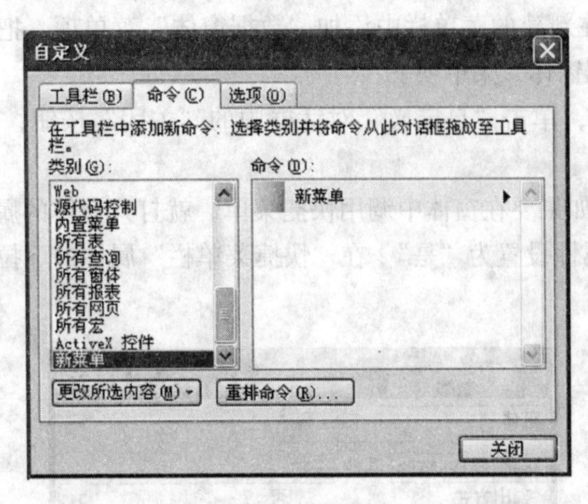

图4.66 “自定义”对话框中“命令”选项卡

（5）在新建的菜单栏中的“新菜单”上右击弹出快捷菜单，在“命名”项中设置菜单名称为“数据表”，如图 4.67 所示。

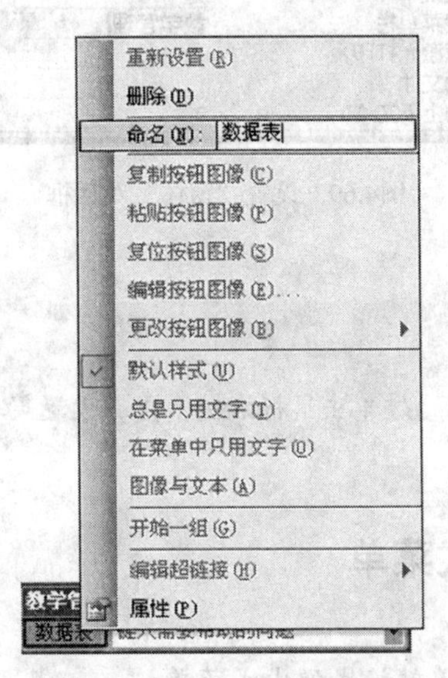

图4.67 添加菜单项

（6）在“自定义”对话框和“命令”选项卡中选择“所有表”项，将“命令”列表框中的“学生档案”拖到新建菜单栏中的“数据表”的下拉菜单中，松开鼠标后即可添加“学生档案”菜单项。

（7）使用同样的方法把“教师档案”表、“课程名”表、“教师授课”表、“学生选课”表和“学生成绩”表都添加到“数据表”下拉菜单中，如图 4.68 所示。

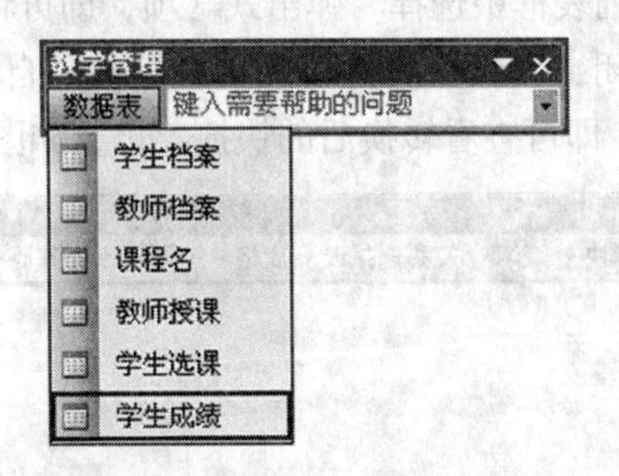

图4.68 “数据表”下拉菜单项

（8）用同样的方法，在新建的菜单栏中添加“数据查询”菜单项，把“教学管理系统”数据库中的所有查询添加到“数据查询”菜单项下。

（9）用同样的方法，在新建的菜单栏中添加“数据窗体”菜单项，把“教学管理系统”数据库中的所有窗体添加到“数据窗体”菜单项下。

（10）菜单创建完成后，单击“自定义”对话框中的“关闭”按钮，关闭对话框后即可使用菜单栏。

（11）调用快捷菜单。如果要在窗体中调用快捷菜单，就打开窗体的属性对话框，在“其他”选项卡中，将“快捷菜单”属性设置为“是”；在“快捷菜单栏”属性的下拉列表框中选择需要的快捷菜单，如图 4.69 所示。

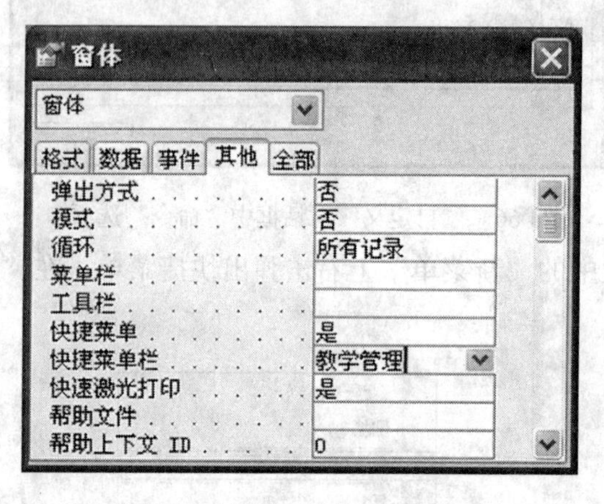

图4.69 设置“窗体”对话框

技术提示：

添加的所有下拉菜单项都可以通过单击鼠标右键，重新设置菜单名称、更改按钮图像等。

4.6.2 设计弹出式菜单

【例题 4.12】

将新建的“教学管理”下拉菜单转换成弹出式菜单。

操作步骤如下：

（1）打开“教学管理系统”数据库，选择“工具”菜单下的“自定义”命令，打开“自定义”对话框，如图 4.62 所示。

（2）选择新建的“教学管理”复选框，单击右侧的“属性”按钮，打开“工具栏属性”对话框，如图 4.64 所示。在“类型”下拉列表框中选择“弹出式”项，即可将下拉式菜单转换成弹出菜单。

（3）单击“关闭”按钮，关闭“工具栏属性”对话框，在“自定义”对话框中的“工具栏”选项卡中选中“快捷菜单”复选框，即可查看转换后的快捷菜单，如图 4.70 所示。

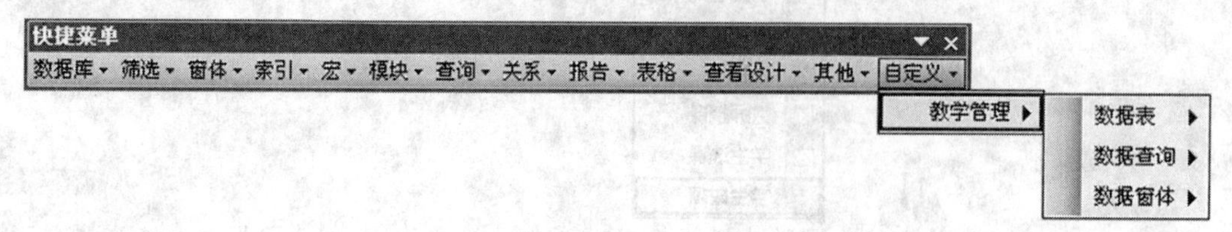

图4.70 “教学管理”弹出菜单

（4）使用【例题 4.11】所用的方法，在窗体中使用新创建的弹出式菜单。

4.6.3 创建工具栏

【例题 4.13】

在“教学管理系统”数据库中，创建“教学管理工具栏”，其中包括“新建”、“打开”、“剪切”、“粘贴”、“排序”、“筛选”等多个命令按钮。

操作步骤如下：

（1）选择“工具”菜单下的“自定义”命令，或者用鼠标右键单击工具栏在弹出的快捷菜单中选择“自定义”命令，打开如图 4.62 所示的“自定义”对话框。

（2）在该对话框的“工具栏”选项卡中单击“新建”按钮，在弹出的“新建工具栏”对话框中输入一个工具栏的名称，本例题输入“教学管理工具栏”。然后单击“确定”按钮返回“自定义”对话框。此时，在屏幕上出现一个名为“教学管理工具栏”的空白工具栏。

（3）在“自定义”对话框的“工具栏”列表中选中新建的“教学管理工具栏”，然后单击“属性”按钮，打开如图 4.64 所示的“工具栏属性”对话框，在其中设定“类型”为“工具栏”，“定位”为“允许任意”，单击“关闭”按钮。

（4）在“自定义”对话框的“命令”选项卡中，在“类别”列表中选取某个工具按钮类别（例如“文件”类别），再在“命令”列表中选取该类中的某个按钮（例如“打开”），将其拖拽到屏幕上所创建的新工具栏中。再进行类似的操作，将“编辑”和“记录”类别中的“剪切”、“粘贴”、“升序”、“降序”、“按选定内容筛选”、“按窗体筛选”命令按钮逐个拖放到屏幕上所创建的新工具栏中。此时“教学管理工具栏”如图 4.71 所示。

图4.71　教学管理工具栏

（5）最后需要将制作完成的工具栏连接到相应的窗体。为此，首先在设计视图中打开要连接工具栏的窗体，然后在该窗体“属性”对话框的“其他”选项卡中，将其“工具栏”属性指定为要连接的新工具栏即可。

（6）重新打开此窗体后，即可看到这个指定的新工具栏已经自动出现在屏幕上。

重点串联

本项目中讲述了查询的分类，并详细演示了如何逐步创建选择查询、参数查询、操作查询、交叉表查询等常用的查询。本模块的知识结构为：

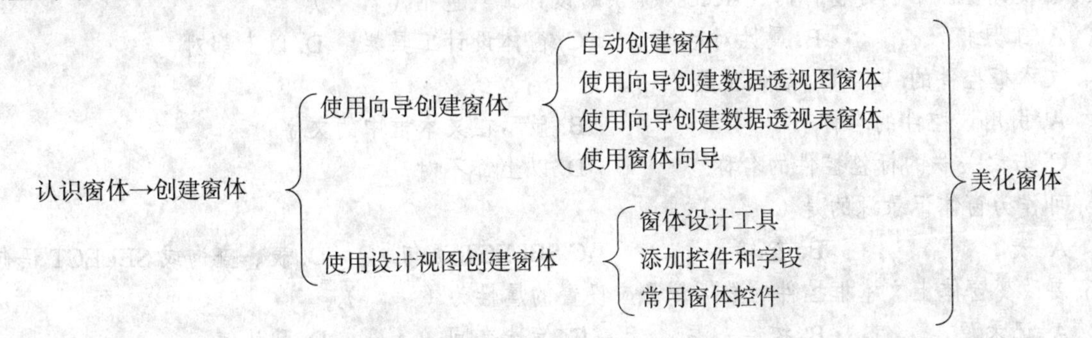

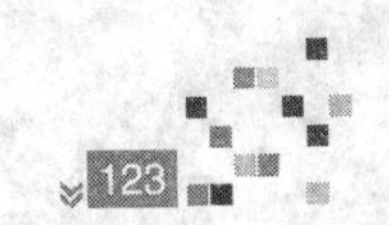

拓展与实训

基础训练

一、填空题

1. Access 窗体的视图中，______ 视图是用来创建和修改设计对象的窗口；______ 视图是能够同时输入、修改和查看数据记录的窗口。

2. 窗体由上到下被分为 5 个节，它们分别是：______、______、______、______和______。

3. 窗体提供了非常便捷的方法来 ______、______、______ 和 ______ 数据，有时我们把窗体称做________。

4. 在 Access 数据库系统中，用户可以建立四种基本的窗体类型，这四种基本窗体类型分别是：______、______、______和______。

5. 在窗体中，使用的表达式是由______、______、______、______以及______组成。

6. 选项卡控件主要用于创建一个______的选项卡窗体或选项卡对话框。可以在选项卡控件上复制或添加其他控件。

7. 添加到窗体中的控件可分为绑定控件与未绑定控件两种，所谓绑定控件是指______________________________。向窗体中添加绑定控件的前提是先为窗体指定一个______。

8. 所谓“主 / 子窗体”又被称为 ______ 窗体，其中主窗体用来显示______主表中的数据，子窗体则显示与主表数据对应的______子表中的数据。

9. 单击“工具箱”中的“文本框”按钮并在窗体中单击或拖放鼠标时，Access 会自动创建一个 ______ 以及一个与之关联的 ______ 。如果此时“工具箱”中的 ______ 按钮处于选中状态，则 Access 还将同时启动“文本框向导”。

10. 文本框控件具有一个重要的______属性，若将此属性设置为窗体数据源中的某个字段，即可实现与该字段的______。

二、单项选择

1. Access 中的窗体是指（　　）。

A. 人机交互时的界面　　B. 数据库查询结果显示窗口

C. 数据表记录显示窗口　　D. 数据表记录输入与修改窗口

2. 使用窗体设计视图，可以创建（　　）。

A. 切换面板窗体　　B. 数据操作窗体　　C. 自定义对话框　　D. 以上都对

3. 在设计视图中创建窗体时，Access 提供的设计工具包括（　　）。

A. 工具箱　　B. 属性对话框　　C. 窗体设计工具栏　　D. 以上都对

4. 文本框控件的“名称”属性值是（　　）。

A. 引用该控件的名称　　B. 显示在文本框中的文字

C. 与之关联的标签控件的名称　　D. 以上都不对

5. 可作为窗体记录源的是（　　）

A. 表　　B. 查询　　C.SELECT 语句　　D. 表、查询或 SELECT 语句

6. 要改变窗体上文本框控件的数据源，应设置的属性为（　　）。

A. 记录源　　B. 控件来源　　C. 筛选查阅　　D. 默认值

7. 如果想显示出具有一对多关系的两个表中的数据，可以使用的窗体形式是（　　）。

A. 数据表窗体　　B. 纵栏式窗体　　C. 表格式窗体　　D. 主/子窗体

三、简答题

1. 如何在窗体上添加一个命令按钮来直接实现窗体的打印？

2. 子窗体控件的用途是什么？如何将主窗体中的一行和子窗体中的一行进行连接？

3. 如何创建自定义的工具栏和菜单栏？怎样使得打开某个窗体时自动弹出特定的工具栏和菜单栏？

技能实训

1. 仔细阅读 Access 帮助中关于窗体的部分，如图 4.72 所示。

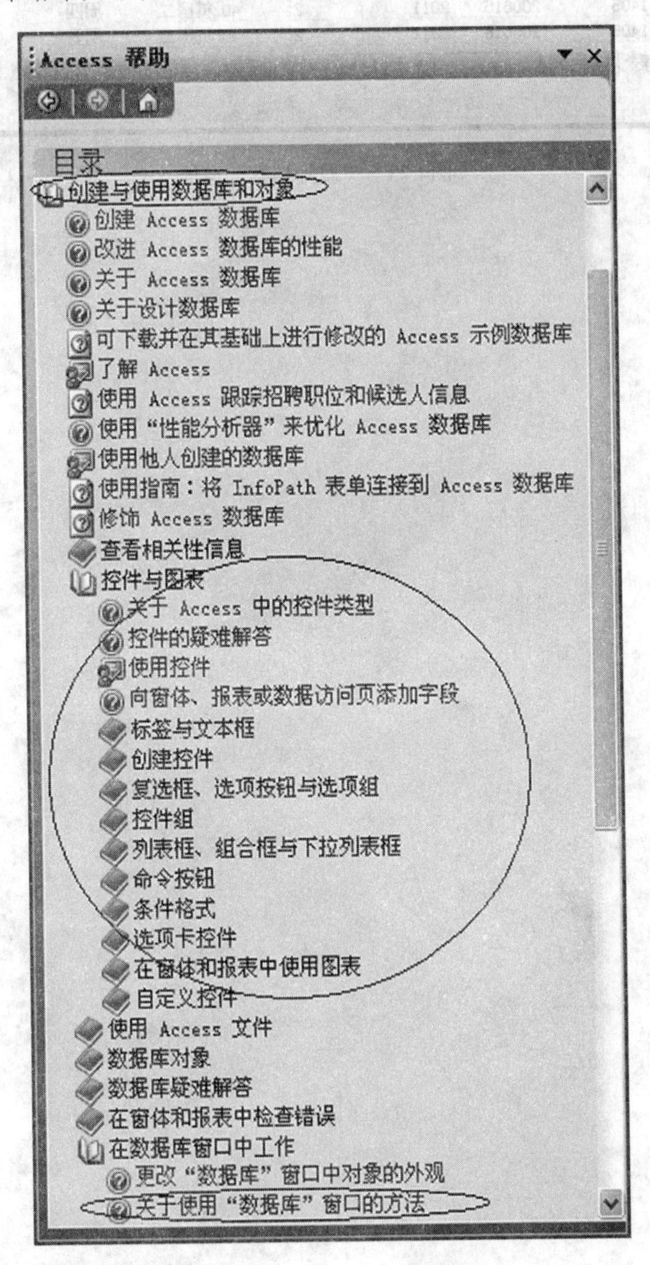

图4.72　Access帮助中关于窗体的部分

2. 在"教学管理系统"中，建立一个窗体，在进行教师个人资料输入的同时进行教师授课情况的输入，如图 4.73 所示。

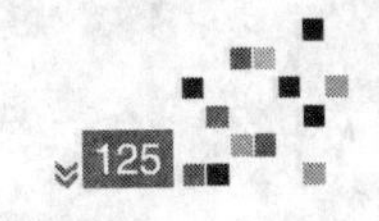

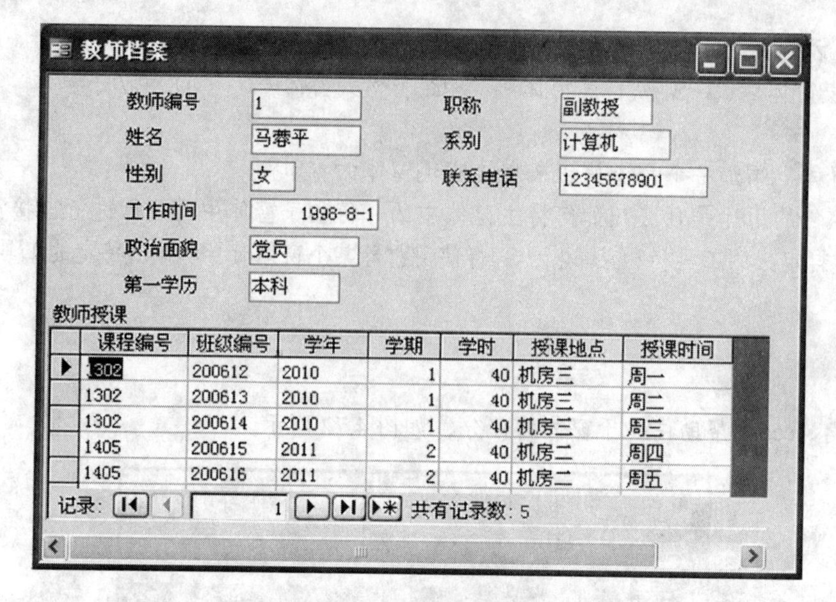

课程编号	班级编号	学年	学期	学时	授课地点	授课时间
1302	200612	2010	1	40	机房三	周一
1302	200613	2010	1	40	机房三	周二
1302	200614	2010	1	40	机房三	周三
1405	200615	2011	2	40	机房二	周四
1405	200616	2011	2	40	机房二	周五

图4.73 “教师档案”窗体

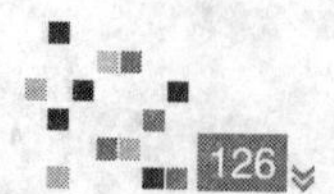

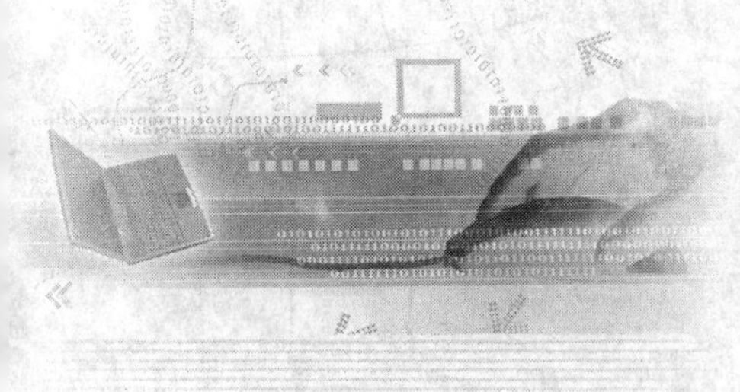

模块5 报表

教学聚焦

报表是专门为打印而设计的特殊窗体。本模块介绍报表的分类、创建、修改和使用的方法。

知识目标

- ◆ 了解报表的结构、视图类型；
- ◆ 学习报表的用途和优点；
- ◆ 分析报表与窗体的区别；
- ◆ 了解报表设计区的内容。

技能目标

- ◆ 熟练掌握采用不同方式创建报表；
- ◆ 熟练掌握修改报表的布局；
- ◆ 熟练掌握报表的编辑、预览和打印。

课时建议

6 课时

课堂随笔

项目 5.1 认识报表

例题导读

尽管数据表和查询都可用于打印，但是，报表才是打印和复制数据库管理信息的有效方式。尝试分析报表对象与窗体对象的区别。

知识汇总

- 认识报表用途、报表及报表的视图类型
- 掌握报表设计视图组成

报表是一种 Access 数据库对象，是真正面向用户的对象。报表大部分内容是从基础表、查询或 SQL 语句，甚至窗体中获得的，它们都是报表的数据来源。报表中的其他信息（如格式、图片等）则存储在报表的设计中。

5.1.1 认识报表的用途

报表是 Access 2003 的数据库对象之一，主要作用是比较和汇总数据，显示经过格式化且分组的信息，并打印出来。合理运用 Access 报表内置的事件、方法、属性能够更深层次地设计报表，以解决一些报表难题。与其他打印数据方法相比，报表具有以下两个优点：

（1）报表不仅可以执行简单的数据浏览和打印功能，还可以对大量原始数据进行比较、汇总和小计。

（2）报表可生成清单、订单及其他所需的输出内容，从而可以方便有效地处理商务。

报表作为 Access 2003 数据库的重要组成部分，不仅用于数据分组，单独提供各项数据和执行计算，还提供了以下功能：

（1）报表的功能可以以格式化形式输出数据，从而使用户的报表更易于阅读和理解。

（2）可以对数据分组，进行汇总。

（3）可以包含子报表及图表数据来丰富数据显示。

（4）可以输出标签、发票、订单和信封等多种样式报表。

（5）可以进行计数、求平均、求和等统计计算。

（6）可以使用剪贴画、图片或者扫描图像来美化报表的外观。

（7）通过页眉和页脚，可以在每页的顶部和底部打印标识信息。

（8）可以利用图表和图形来帮助说明数据的含义。

1. 报表的视图类型

Access 2003 提供了三种视图：设计视图、打印预览视图和版面预览视图。通过单击工具栏中的“视图”按钮，可以实现视图之间的切换。

（1）设计视图。设计视图用于创建和编辑报表的结构，如图 5.1 所示。在设计视图模式下既可以自行设计报表，也可以修改报表的布局；报表设计视图和窗体设计视图差不多，. 只是增加了组页眉、组页脚（可以没有）。

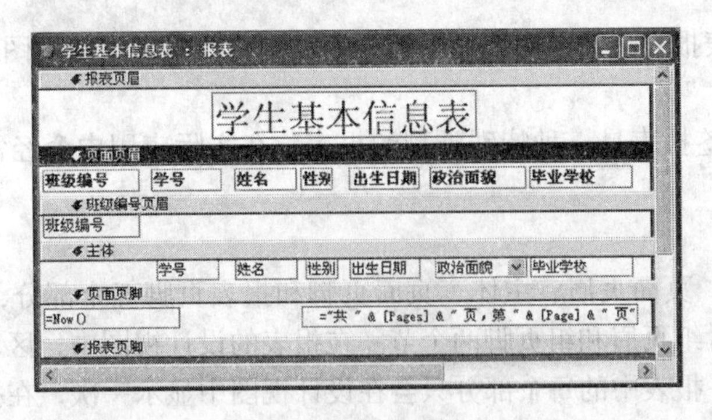

图5.1　设计视图

（2）打印预览视图。打印预览视图用于查看报表的页面输出形态。在"打印预览"视图模式下以不同的缩放比例预览报表的版式，也可以浏览报表中的数据。为了保证打印出来的报表外观精美、合乎要求，通常需要频繁使用Access的打印预览功能显示效果，以便对其做出修改。

（3）版面预览视图。版面预览视图用于查看报表的版面设置。在该视图模式下报表只显示几个记录作为示例。

2. 报表的类型

根据版面格式的不同，可将Access报表分为四种类型：纵栏式报表、表格式报表、图表报表和标签报表。在各种类型的报表设计过程中，可以根据需要在报表页中显示页码、报表日期甚至使用直线或方框等来分割数据。报表设计也可以设置颜色和阴影等外观属性。

（1）纵栏式报表。纵栏式报表也称为窗体报表，一般是在主体区域中以垂直方式显示一条或多条记录。纵栏式报表中记录的字段标题和字段数据在每页的主体中一起显示。纵栏式报表打印预览视图如图5.2所示。

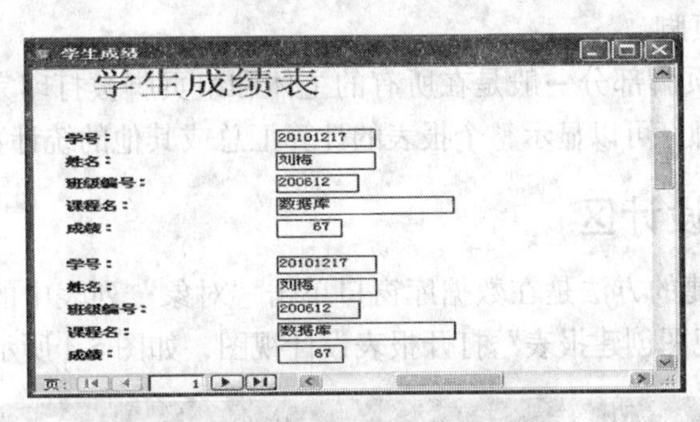

图5.2　纵栏式报表打印预览视图

（2）表格式报表。表格式报表以整齐的行、列形式来显示记录，通常一行显示一条记录，一页显示多行记录。与纵栏式报表不同，表格式报表记录的字段标题不是安排在每页的主体中显示，而是在页面页眉中显示。可以在表格式报表中设置分组字段，显示分组统计数据。表格式报表打印预览视图如图5.3所示。

学生成绩

学号	姓名	课程名	成绩
201014	刘心颖	基础会计	88.00
201015	张岩	基础会计	77.00
201015	王芳	基础会计	66.00
201015	陈晓	基础会计	74.00
201016	朱燕妮	基础会计	61.00

图5.3　表格式报表打印预览视图

（3）图表报表。图表报表指包含图表显示的报表类型，在报表中使用图表，可以更直观地显示数据之间的关系。

（4）标签报表。标签报表是一种特殊类型的报表，在实际应用中会经常用到各种标签，例如物品标签、客户标签等。

3. 报表的结构

报表包含报表页眉、页面页眉、主体、页面页脚和报表页脚五个部分，如果对报表中的记录进行分组，报表还可以包含组页眉和组页脚两个节。在报表的设计视图中，区域被表示成许多可以改变长度和宽度的带状区域。报表中的每个部分只会在设计视图中显示一次，在打印出来的报表中，某些部分可能会重复多次。

（1）报表页眉。在报表的顶端，显示报表的标题、图形或说明性文字，每个报表对象只有一个报表页眉，一般是以大字体将报表的标题放在报表顶端的一个标签控件中。

（2）页面页眉。页面页眉中的文字或控件一般打印在每页的顶端。通常，它是作为群组 / 合计报表中的列标题，而且可以包含报表的标题。

（3）组页眉。组页眉主要是通过文本框或其他类型的控件显示分组字段等数据信息，可以建立多层次的组页眉和组页脚，但不可以分太多的层，一般不超过 3 ~ 6 层。

（4）主体。打印表或查询中的记录，是报表显示数据的主要区域。主体用来处理每条记录，其字段数据必须通过文本框或其他控件绑定显示，主要是复选框和绑定对象框。根据主体内字段数据的显示位置，报表又划分为多种类型。

（5）组页脚。组页脚主要是通过文本框或其他类型的控件显示分组统计数据。组页眉和组页脚可以根据需要单独设置使用，可以选择“视图 / 排序与分组”命令，在“排序与分组”窗口中进行设置。

（6）页面页脚。通过文本框和其他一些类型的控件，在每页的底部显示页码或本页的汇总说明，报表的每一页有一个页面页脚。

（7）报表页脚。报表页脚部分一般是在所有的主体和组页脚被打印完成后，才会打印在报表的最后面。通过使用报表页脚，可以显示整个报表的计算汇总或其他的统计数据。

5.1.2 报表设计区

进入报表设计区最快捷的方法是在数据库窗口单击“对象”列表中的“报表”对象，然后双击对象显示区内的“在设计视图创建报表”打开报表设计视图，如图 5.4 所示。

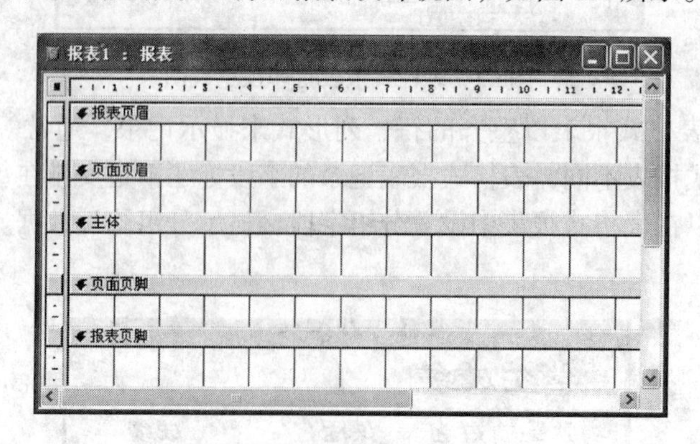

图5.4 报表设计视图

1. 在报表中添加节

为了使报表更易于理解，可将报表分成若干节，在报表上以不同的间隔显示信息。新建的空白报表默认有三个节：“页面页眉”、“主体”、“页面页脚”。选择“视图”菜单下的“报表页眉 / 页脚”，或在报表任意位置鼠标右键单击，在弹出的菜单项内选择“报表页眉 / 页脚”，可在设计区增加“报表页眉”、“报表页脚”两个节。

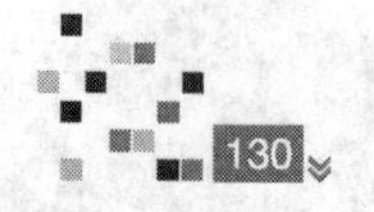

设置节的大小有两种方法：

（1）将鼠标放在节的下边缘或右边缘上，当鼠标指针变为上下箭头或左右箭头时，按下鼠标左键并拖动可增大或缩小节高度或宽度，调整合适大小后释放鼠标；将鼠标放在节的右下角边缘，当鼠标指针变为上下左右箭头时，按下鼠标左键并拖动可同时增大或缩小节高度。

（2）通过节的属性对话框的“格式”选项卡中“高度”属性值来完成节的高度的设置。节的宽度不能单独设置，可通过报表的属性对话框的“格式”选项卡中的“宽度”属性值来设置。

报表的节也具有属性，不过比报表的其他控件的属性要少得多。除节的背景颜色可以使用“格式”工具栏上的“填充 / 背景色”设置外，其他所有属性必须通过节的属性对话框来设置。在报表任意位置鼠标右键单击，在弹出的菜单项内选择“属性”，或双击节中任意空白区域、节边线、节选择器都可以打开节的属性对话框，它有格式、数据、事件、其他、全部五个选项卡，如图 5.5 所示。

如果没有采用设计视图打开报表，选中设计好的报表，单击工具栏上的“属性”按钮，则将会弹出另外一种报表属性对话框，如图 5.6 所示。

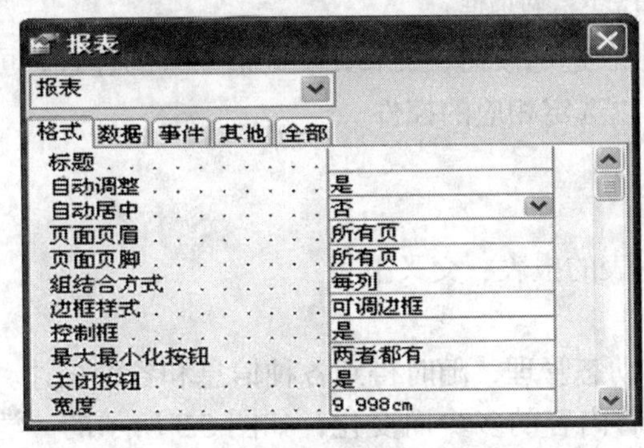

图5.5　报表节属性对话框

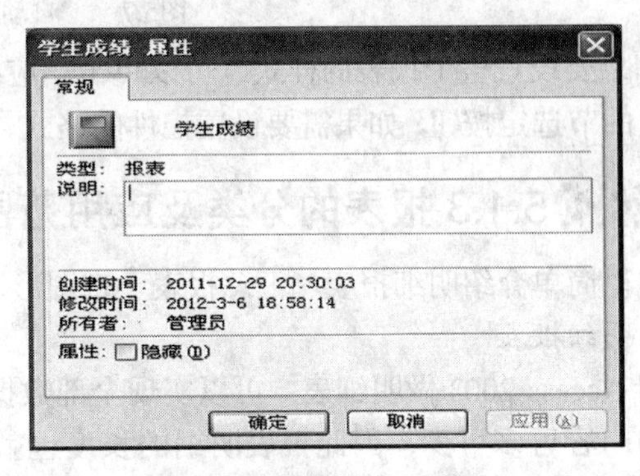

图5.6　报表属性对话框

2. 向报表工作区添加控件

报表中的每一个对象都称之为控件，控件分为三种：

（1）绑定控件。绑定控件与表字段绑定在一起。在向绑定控件输入值时，Access 会自动更新当前记录中的表字段值。

（2）非绑定控件。非绑定控件保留所输入的值，不更新表字段值。

（3）计算控件。计算控件是建立在表达式（如函数和计算）基础之上的。计算控件也是非绑定控件，它不能更新字段值。向报表中添加计算控件时，如果控件是文本框，可以直接在控件中输入计算表达式。不管控件是不是文本框，都可以使用表达式生成器来创建表达式。

3. 控件的更改和设置

更改控件的方法通常有两种：在设计视图内直接修改或利用属性窗口进行修改。用户可以在设计视图中对控件进行如下操作：

（1）通过鼠标拖动创建新控件、移动控件。

（2）通过按 Del 键删除控件。

（3）激活控件对象，拖动控件的边界调整控件大小。

（4）利用属性对话框改变控件属性。

（5）通过格式化改变控件外观，可以运用边框、粗体等效果。

（6）控件增加边框和阴影等效果。

技术提示：

报表对象与窗体对象相同，用法相似。它们的数据来源都是基础表、查询或SQL语句，创建报表时所有的控件基本上都可以在报表中使用，设计窗体时所用到的各种控件操作也同样可以在报表的设计过程中使用。报表与窗体的区别在于:在窗体中可以对数据进行操作，例如对数据输入、修改和删除等，但是在报表中不可以对数据进行输入等操作。

4. 设置报表的布局

可以对当前报表的设计视图使用系统预定义的布局改变预览效果。具体操作方法如下：

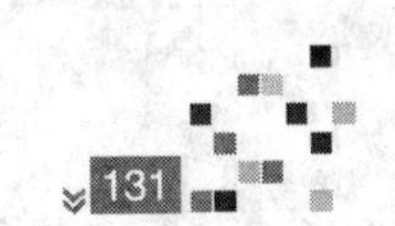

打开某个报表的设计视图，单击工具栏中的“自动套用格式”按钮，打开“自动套用格式”对话框，在“报表自动套用格式”列表中列出了六种设计样式，可根据自己的需要选择适当的风格选项，还可以指定字体、颜色和边框等属性，如图 5.7 所示。

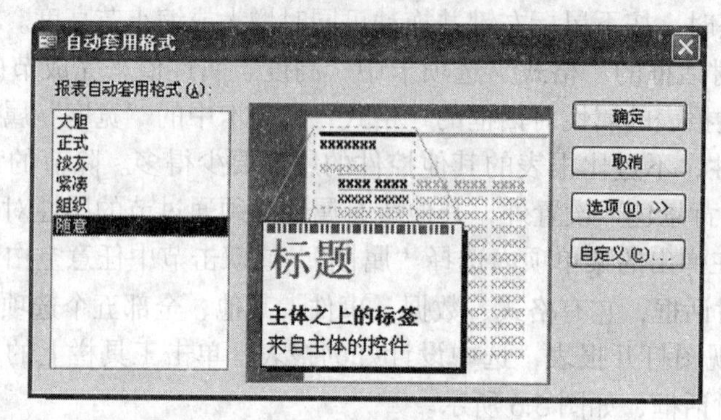

图5.7 “自动套用格式”对话框

如果要设置整个报表的样式，可以单击相应的报表选定按钮；如果要设置某个节的样式，可以单击相应的节选定按钮；如果需要设置控件的格式，可以选定相应的控件。

5.1.3 报表的分类及应用范围

这里简单介绍明细报表、汇总报表、带图形与图表的报表、交叉报表。

1. 明细报表

用 Access 2003 做明细表，可以实现全部数据的动态管理，随时得到各种信息和各种统计。报表明细的内容可多可少，因此报表明细的长度也就随着内容的多少而变化，如图 5.3 所示的“学生成绩”是一个简单的明细表，将数据表的记录信息完整地显示出来。

2. 汇总报表

在报表中有时需要对某个字段按照指定的规则进行计算，因为有时报表不仅需要详细的信息，还需要给出每个组或整个报表的汇总信息。例如，要在向导视图中打开“学生成绩”报表，在对记录排序后可进行“汇总选项”设置，在汇总选项对话框内对成绩设置汇总、平均值、最大值和最小值，既可以同时显示明细和汇总，也可以只显示汇总值，还可以汇总百分比。预览效果如图 5.8 所示。

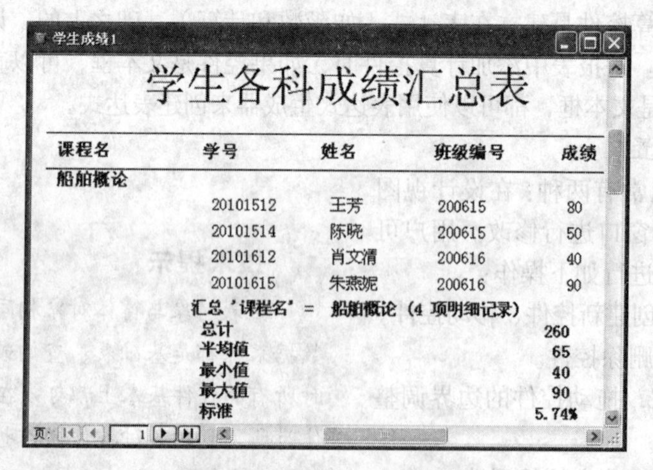

图5.8 汇总报表预览效果

3. 带图形与图表的报表

在报表中既可以加入图片，也可以为报表添加背景图片，还可以将 Access 2003 中的数据以图表的方式显示出来，快速生成图表报表。在报表中使用图表来显示数据，能更直观地表示出数据之间的关系。要想在报表中插入图片，可以在设计视图下选中工具栏中的“图像”控件，在页面页眉的适当位置置入，在弹出的对话框中选择合适图片单击“确定”按钮完成操作；在报表中插入图表，需在图

表向导下按提示操作即可完成；在报表中插入背景图片，单击工具栏中的“属性”按钮，在属性对话框选择“格式”选项卡中的“图片”属性，单击“生成器”按钮，在“插入图片”对话框中选择背景图片。带图形、背景、图表的报表预览效果如图 5.9 所示。

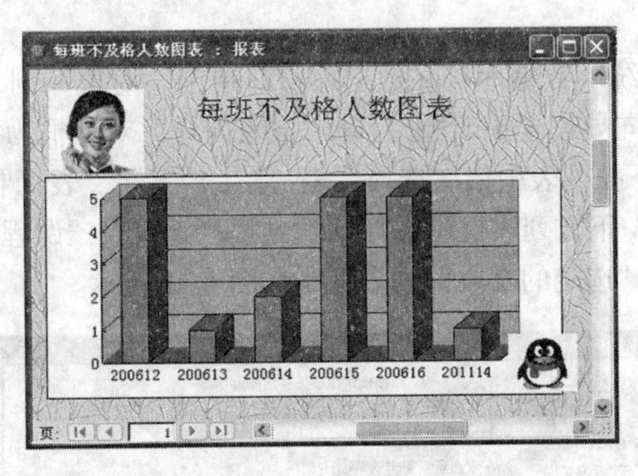

图5.9　带图形、背景、图表的报表预览效果

4. 交叉报表

交叉表报表是使用交叉表查询作为报表的数据源。在交叉表报表中由于列标题来自于交叉表查询数据源的表的记录值，因此当记录数目发生变化时，交叉表报表的列标题的数目也会随查询结果的变化而改变。如在“教师档案表”中建立“各系职称人数分类统计表”交叉查询，再根据此查询建立报表，预览效果如图 5.10 所示。

各系职称人数分类统计表

系别	教授	副教授	讲师	助教
船体	1		2	
管理		1		1
基础	1			2
计算机		1	1	

图5.10 交叉报表预览效果

项目 5.2 使用向导创建报表

例题导读

教务处期末要致每位学习生绩不及格的学生一封信，如何设计一个通知单？

知识汇总

- 利用“报表向导”创建报表
- 利用“图表向导”创建报表
- 利用“标签向导”创建报表

创建报表最简单的方法是使用向导。在报表向导中，需要选择在报表中出现的信息，并从多种格式中选择一种格式以确定报表外观。与自动报表向导不同的是，用户可以用报表向导选择希望在报表中看

到的指定字段，这些字段可来自多个表和查询，向导最终会按照用户选择的布局和格式，建立报表。

【例题 5.1】

在“教学管理系统”中，使用多个表格为数据源，利用报表向导功能创建报表。

操作步骤如下：

（1）打开“教学管理系统”数据库，在数据库窗口单击“对象”列表中的“报表”对象，然后双击对象显示区内的“使用向导创建报表”，打开“报表向导”对话框为报表选择数据源。在该对话框的“表 / 查询”组合框的下拉列表中依次选择“表：学生档案”、“表：课程名”和“表：学生成绩”，在每个表对应的“可用字段”下方列表框中选择“学号”、“姓名”、“课程名”和“成绩”选项，单击“>”键并将选定字段添加到“选定的字段”列表框中，图 5.11 所示。

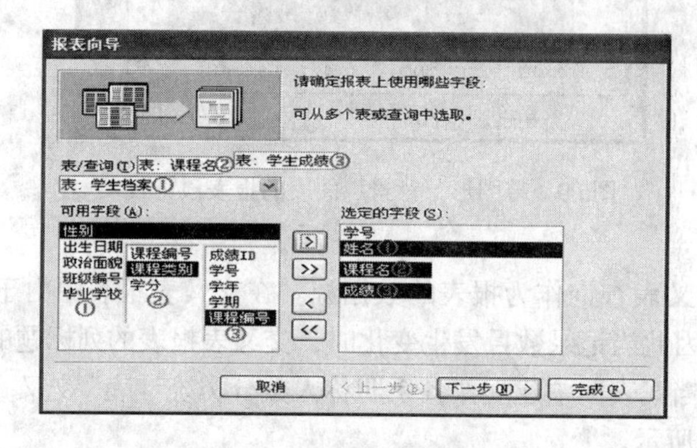

图5.11 确定报表数据源

（2）单击“下一步”按钮打开确定数据查看方式对话框，在列表框中选择“通过学生成绩”选项，如图 5.12 所示。单击“下一步”按钮，打开添加分组级别对话框默认选择，在本例题中没有选择分组字段。

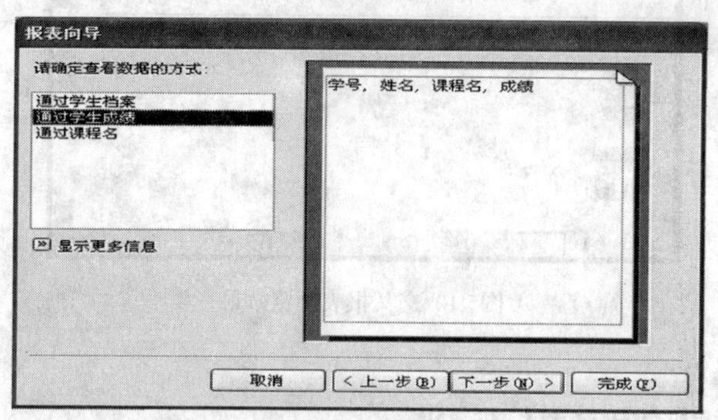

图5.12 确定查看数据方式

（3）单击“下一步”按钮，打开“排序和汇总”对话框。选择“学号”、“姓名”和“课程名”作为一、二、三选项按升序排序记录值，如图 5.13 所示。继续单击“下一步”按钮，打开报表的布局方式对话框，默认布局为“表格”，布局方向为“纵向”。

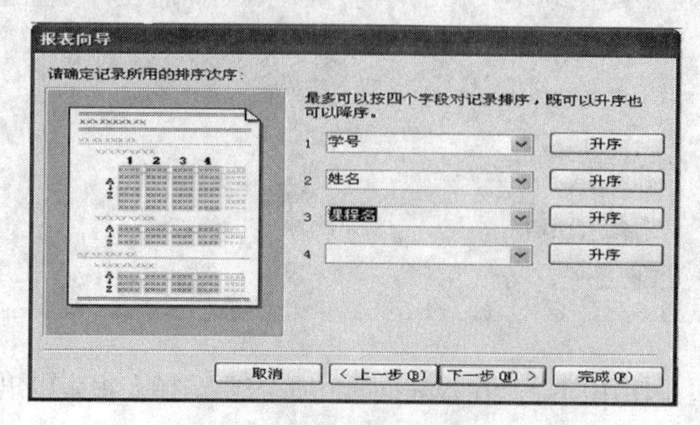

图5.13 确定报表排序和汇总方式

（4）单击“下一步”按钮，打开报表的样式对话框，选择“组织”样式。单击“下一步”按钮，打开报表的指定标题对话框，在指定标题文本框输入“学生成绩”，默认预览报表选项。

（5）单击“完成”按钮，学生成绩报表预览视图如图5.14所示。

学生成绩

学号	姓名	课程名	成绩
201014	刘心颖	基础会计	88.00
201015	张岩	基础会计	77.00
201015	王芳	基础会计	66.00
201015	陈晓	基础会计	74.00
201016	朱燕妮	基础会计	61.00
201016	肖文清	基础会计	58.00
201012	刘梅	基础会计	89.00
201012	王凯	基础会计	59.00

图5.14　学生成绩单报表预览视图

报表向导能够根据用户的设置来创建相应的报表。在报表向导中不仅可以选择多个表或查询，进行字段的选择和字段的顺序排列以及进行汇总计算，还可以设置报表的类型和显示样式。

使用图表向导功能可以将数据以图表的形式表示出来，使数据能够以更直观的方式显示。图表向导功能十分强大，它提供了20种图表形式供用户选择，用户据此可创建外观漂亮的各类图表。

【例题5.2】

在“教学管理系统”中，使用指定查询:“不及格学生信息”为数据源，利用向导功能创建图表报表。

操作步骤如下：

（1）打开“教学管理系统”数据库，在数据库窗口选择“报表”对象，然后双击“数据库”窗口工具栏上的“新建”图标，打开“新建报表”对话框。

（2）选择“图表向导”选项，在该对话框右下角提供的下拉列表中选择在查询模块建立的查询“每班不及格人数”，如图5.15所示。

（3）单击“确定”按钮，打开选择图表数据字段对话框，选择“》”按钮将可用字段添加在右侧的文本框内。

（4）单击“下一步”按钮，打开“选择图表类型”对话框。选择“三维柱形图”作为图表样例。

（5）单击“下一步”按钮，打开预览图表对话框设置数据在图表的布局方式，单击左上侧的“预览图表”，可提前查阅图表效果，系统一般默认前两个字段置于图表坐标轴上。

如果希望更改“预览图表”选项组中的字段，可将新选择的字段直接拖到修改字段上进行替换，如图5.16所示。

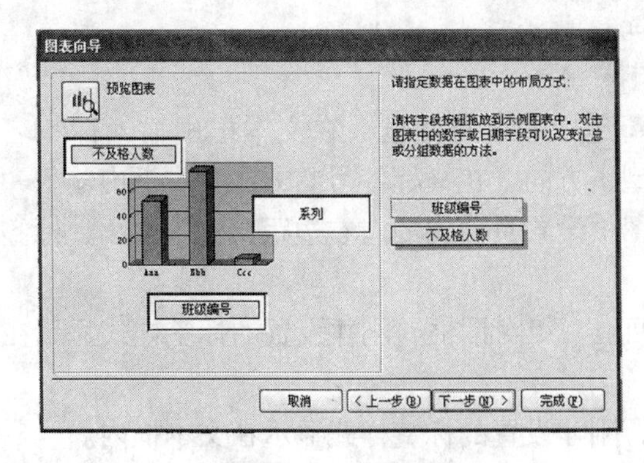

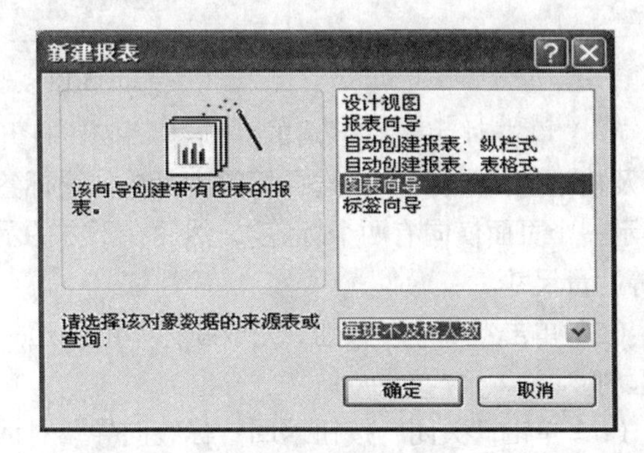

图5.15　选择数据源图　　　　5.16　确定数据在图表的布局方式

（6）单击“下一步”按钮，打开指定图表标题对话框，输入图表标题“每班不及格人数图表”，单选“否，不显示图例”和“打开报表并在其上显示图表”两个单击按钮。

（7）单击“完成”按钮，生成如图 5.17 所示的图表报表。

在日常的教务处理工作中，常常需要定期发送大批量规格统一的信件，信封上某些区域和书信内容都大同小异。Access 提供了建立邮寄标签的标签向导，它可以快速地生成通信时所需的信封地址标签或书信内容。标签向导的功能十分强大，它不但支持标准型号的标签的创建，也支持自定义标签的创建。

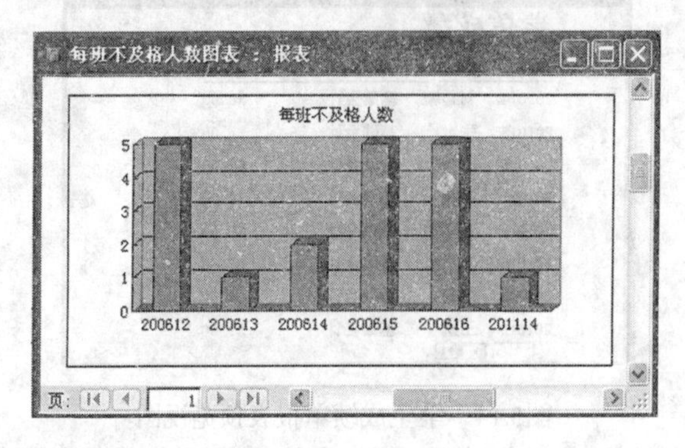

图5.17　生成图表报表

【例题 5.3】

本例题使用指定查询：“不及格学生信息”为数据源，利用向导功能创建标签报表。

操作步骤如下：

（1）打开“教学管理系统”数据库，在数据库窗口选择“报表”对象，然后双击“数据库”窗口工具栏上的“新建”图标，打开“新建报表”对话框。

（2）在“新建报表”对话框中选择“标签向导”选项，在该对话框右下角提供的下拉列表中选择在查询模块已建立的查询“不及格学生信息”。单击“确定”按钮，打开了“标签向导”对话框。

（3）在“标签向导”对话框中可以根据预期目标选择有关标签型号，系统提供了一些定制标签的相关参数，如型号、尺寸和在纸上横向打印的标签个数（横标签号），度量单位，标签按厂商的定制标签类型等选项可供用户选择。用户还可以根据系统提供的“自定义”按钮来自己设计标签。单击“自定义”按钮，打开“新建标签尺寸”对话框，如图 5.18 所示。

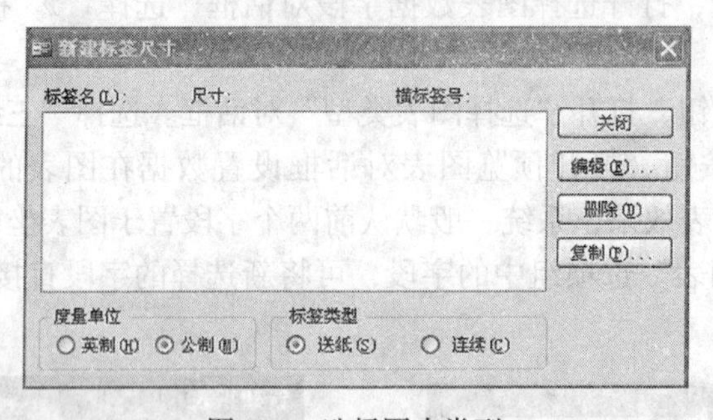

图5.18　选择图表类型

（4）单击对话框右下角的“新建”按钮打开“新建标签”对话框，在文本框中输入标签名称“不及格学生信息标签”，选择标签度量单位、标签类型、方向，在横标签号右方的文本框内输入“2”（表示一个页面横向有两个标签），然后在下方的示意图中设置页面内的左右边距、标签大小、标签间隔等度量尺寸。

（5）单击“确定”按钮，完成新标签的创建并返回上一级对话框，刚才设置的标签样式显示在文本框内。

（6）单击“关闭”按钮返回“标签向导”对话框，刚才设置的标签样式显示在文本框内。

（7）单击“下一步”按钮，在弹出的向导对话框中设置标签的文本使用的字体为“宋体”，字号为“10”号字，字体粗细为“半粗”，文本颜色为“黑色”。在对话框左侧的预览框中可预览文本的字体和颜色，如图 5.19 所示。

（8）单击“下一步”按钮打开标签向导对话框确定标签具体内容，在右侧的原型标签内输入相关提示文字，双击左侧的可用字段或选中某可用字段单击中间的单向箭头按钮，字段名被“{}”括号括起来，在最终显示时直接从数据库中提取对应内容显示在标签的指定位置，如图5.20所示。

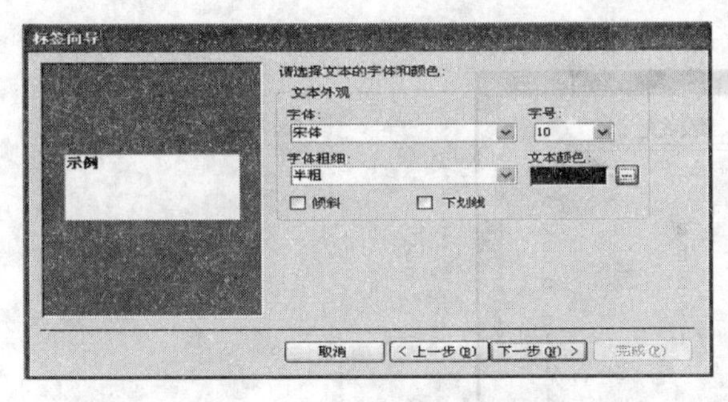

图5.19　指定文本的字体颜色

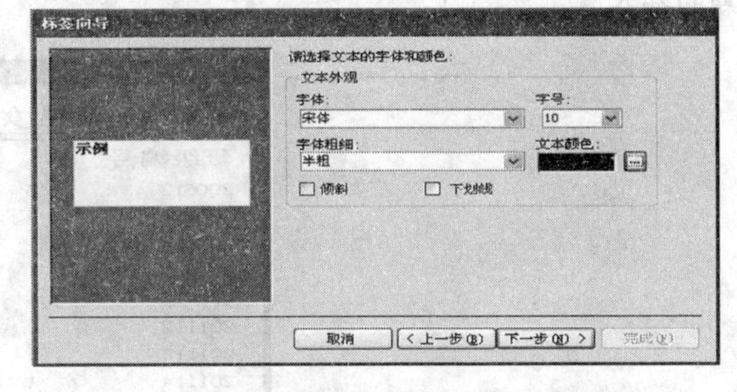

图5.20　确定邮件标签的显示内容

（9）单击“下一步”按钮，打开向导对话框询问是否对标签进行排序，把“可用字段”列表框中的“班级编号和姓名”两个字段添加到“排序依据”列表框中。

（10）单击“下一步”按钮，打开标签向导的最后一个对话框，在文本框中输入文字“不及格学生信息标签报表”，默认单选按钮选项“查看的打印预览”。

（11）单击“完成”按钮，就可以直接看到标签的打印预览视图，如图5.21所示。

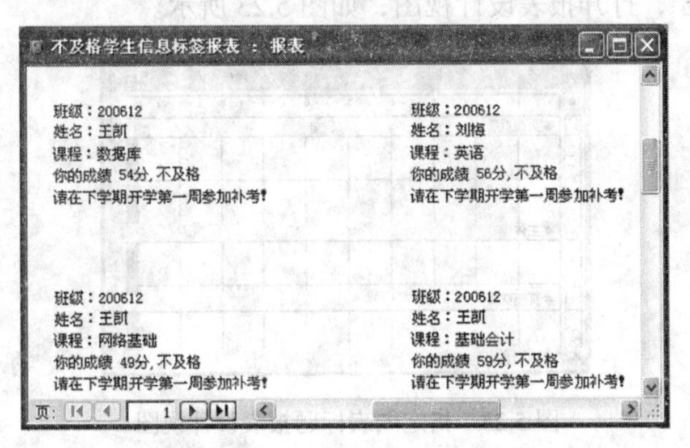

图5.21　生成标签报表

项目5.3 使用设计视图创建报表

例题导读

如何使用设计视图来创建报表？尝试完成“教学管理系统”中的报表功能。

知识汇总

- 利用设计视图创建报表
- 利用子报表功能显示多表信息

5.3.1 使用设计视图设计报表

使用报表向导和自动创建报表等向导可以很方便地创建报表，但这些方法创建出来的报表形式和功能都比较单一，布局比较简单，很多时候不能满足用户的要求。Access提供的报表设计视图比报表向导的功能更强大，通过报表设计视图不仅可以设计一个新的报表，还可以对一个已有的报表进

行进一步的编辑和修改。

【例题 5.4】

以“每班男女生人数”查询为数据源，使用设计视图创建如图 5.22 所示的报表，注意页码和日期的插入。

每班男女人数统计

班级编号	男	女	总计
200612	3		3
200613		2	2
200614		2	2
200615	1	2	3
200616	1	1	2
201112		1	1
201113	1		1
201114	1		1
201115		1	1
201116	1		1

2012-3-9 15:46:10 第 1 页，共 1 页

图5.22 报表效果图

操作步骤如下：

（1）打开“教学管理系统”数据库，在数据库窗口选择“报表”对象，然后双击对象显示区内的“在设计视图创建报表”，打开报表设计视图，如图 5.23 所示。

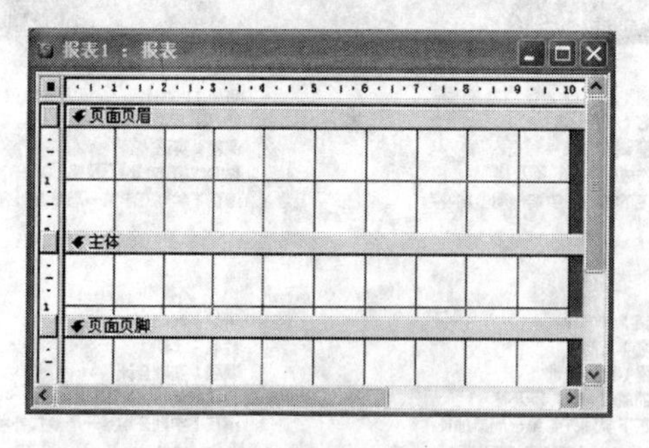

图 5.23 指定图表标题报表设计视图

（2）在报表设计视图的任意位置，单击鼠标右键，在弹出的列表中选中“属性”命令或在工具栏选中“属性”按钮，打开报表属性对话框（在上方的下拉列表框内可选择工作区域）。选择“数据”选项卡，单击“记录源”组合框右边的下拉列表框按钮，在其下拉列表中选择对应表或查询，选择已在查询模块做好的查询“每班男女生人数”，如图 5.24 所示。

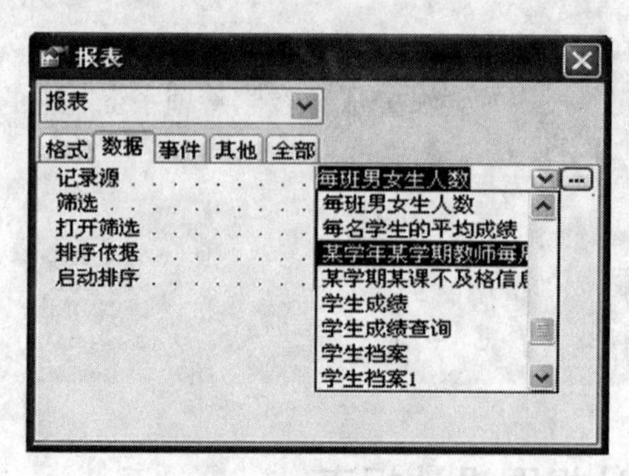

图5.24 报表属性对话框

（3）根据数据的需要将字段列表中的字段拖拽至报表设计视图的主体区中。选中所有附加标签控件，采用剪贴和粘贴的方法将它们放在“页面页眉”节并与所属的文本框对齐；由于需要在每页上都要打印标题，在页面页眉上添加所需的标签控件并输入文本“每班男女人数统计表”，继续添加两

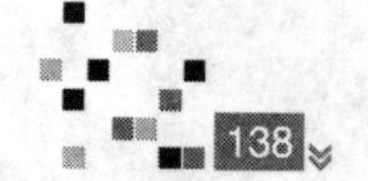

条“直线”控件作为控件之间的分隔线，最后选中报表各控件，鼠标右键单击“属性”命令，在对话框中分别对报表各控件格式进行相应的设置，如控件的大小、位置、颜色、特殊效果以及字体和字号等，如图 5.25 所示。

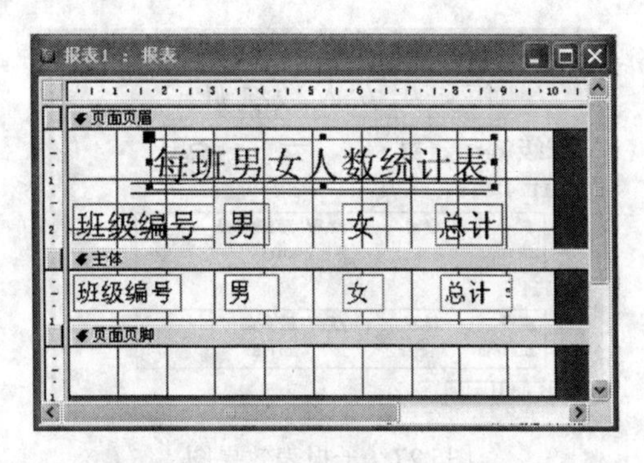

图5.25　设计报表控件内容及属性

（4）在页面页脚内继续插入页码和时间信息。将光标置于页面页脚节，继续添加一条“直线”控件作为控件之间的分隔线；在菜单栏选择“插入 / 日期和时间”，在弹出的“日期和时间”对话框内根据图示进行选择；选择“插入 / 页码”，在弹出的“页码”对话框内根据图示进行选择，如图 5.26 所示。

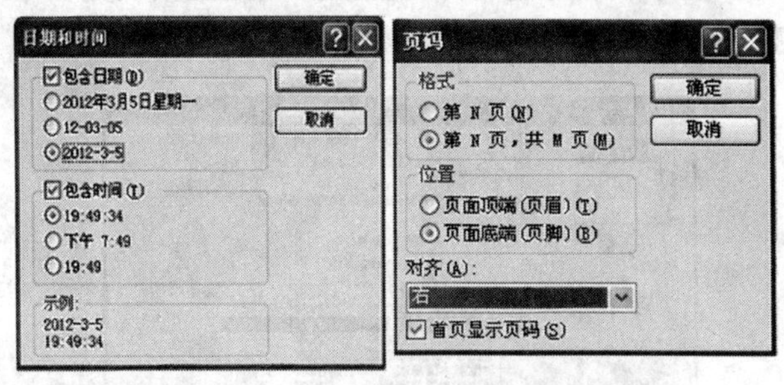

图5.26　在页面页脚节插入页码和日期

（5）报表设计完成后，单击工具栏中的“保存”按钮，在弹出的“另存为”对话框中，在文本框内输入文本“每班男女人数统计表”对报表命名。单击工具栏中的“视图”按钮，切换到打印预览或版面预览视图观看设计效果，如图 5.22 所示。

5.3.2 认识子报表

子报表是插入到其他报表中的报表，包含子报表的报表称为主报表。在多个报表合并时，其中一个报表必须作为主报表，其余的报表为子报表。在报表的设计和应用中，一般利用子报表实现一对多关系的表之间的联系，主报表显示“一”端表的记录，而子报表则显示与“一”端表当前记录所对应的“多”端表的记录。主报表可包含多个子报表，但是主报表最多只能包含两级子报表（例如，某个报表可以包含一个子报表，这个子报表还可以包含子报表）。

一个主报表可以基于表、查询或 SQL 语句等数据源，也可以不基于它们。通常，主报表与子报表的数据来源有以下几种联系：

（1）一个主报表内的多个子报表的数据来自不相关记录源。在此情况下，非结合型的主报表只是作为合并的不相关的子报表的“容器”使用。

（2）主报表和子报表数据来自相同数据源。当希望插入包含与主报表数据相关信息的子报表时，应该把主报表与查询或 SQL 语句结合起来。

（3）主报表和多个子报表数据来自相关记录源。一个主报表也可以包含两个或多个子报表共用的数据，在此情况下，子报表包含与公共数据相关的详细记录。

1. 在已有报表中创建子报表

【例题 5.5】

在【例题 5.4】创建的“每班男女生人数统计表”报表的基础上创建如图 5.27 所示的子报表。

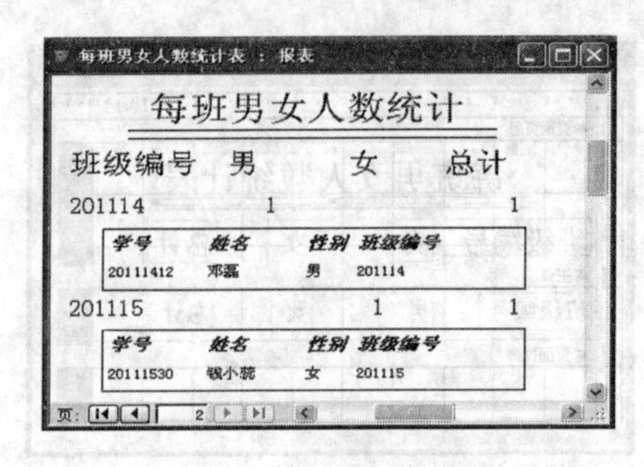

图5.27 子报表效果图

操作步骤如下：

（1）打开“教学管理系统”数据库，在数据库窗口选择“报表”对象，在报表列表中选择要作为主报表的“每班男女人数统计表”报表，然后单击“设计”按钮。在报表设计视图中，确保控件工具箱已显示，并使“控件向导”按钮处于选中状态。单击控件工具箱中的“子窗体 / 子报表”控件工具按钮，在报表设计视图的“主体”节的适当位置直接拉出比主报表宽度略小的子报表控件，松开鼠标弹出向导对话框确定子报表的数据源，如图 5.28 所示。

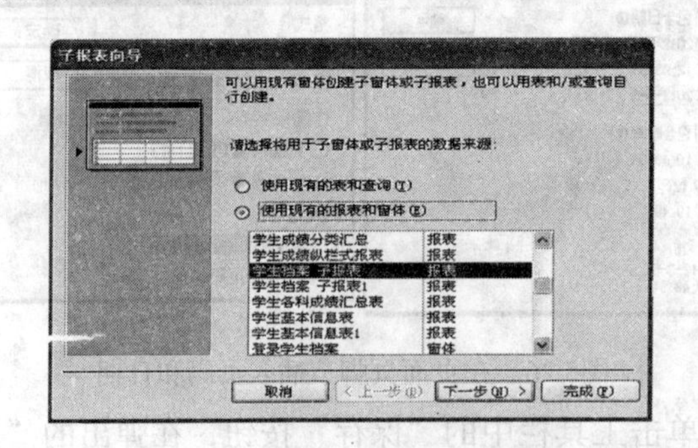

图5.28 确定子报表的数据源

（2）在对话框中选中“使用现有的表或窗体”单选按钮，在下方的列表框中选中“学生档案 子报表”选项。单击“下一步”按钮，弹出确定主 / 子报表链接方式对话框，如图 5.29 所示。

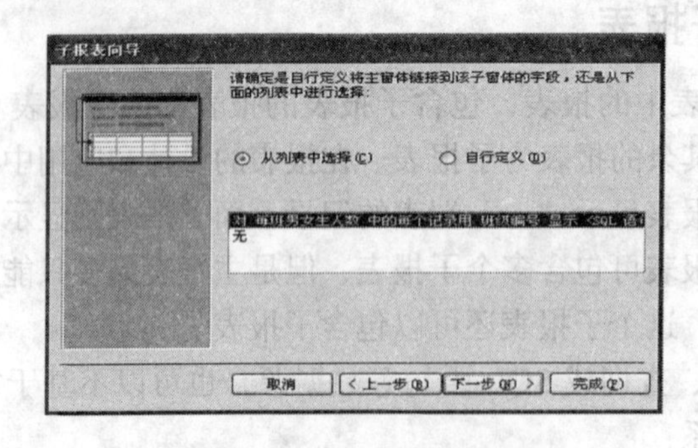

图5.29 确定主/子报表链接方式

（3）单击“下一步”按钮，打开指定子报表的名称对话框，在文本框中自动显示刚选择的子报表名称“学生档案 子报表 1”，如果需要修改标题重新键入文本，不需要则保持默认值。

（4）单击“完成”按钮，完成子报表的设计，调整相关控件的字体、大小，并将子报表的标签删除。切换到预览视图就可以直接预览子报表设计效果，如图 5.27 所示。

2. 将现有报表添加到主报表中

在 Access 还可以在数据库窗口中选择某个报表作为子报表插入其他报表中。

操作步骤如下：

（1）在数据库窗口中，选择“报表”对象。

（2）从报表对象列表框中选择作为主报表的报表，单击“设计”按钮。

（3）按 F11 键切换到数据库窗口中。

（4）将作为子报表的报表拖至主报表的适当位置上。

（5）单击工具栏中的“保存”按钮，保存对报表所做的修改。

在添加了子报表控件后，可以在报表的设计视图中继续调整子报表的位置、字体、前景以及背景等格式。

3. 主报表与子报表的链接

在主报表中加入子报表时，子报表的数据源中应具有链接主报表的相关字段，由系统参照数据库中表之间的关系自动建立这种链接，该链接可以确保在子报表中打印的记录与在主报表中打印的记录保持正确的对应关系。在通过子报表向导创建子报表时，直接对链接的属性进行设置。

建立链接的操作步骤如下：

（1）在创建子报表时，打开如图 5.29 所示的确定主 / 子报表链接方式对话框。

（2）选中“自行定义”单选按钮，单击“下一步”按钮打开定义主 / 子报表的链接字段选项区域，如图 5.30 所示。在“窗体 / 报表字段”组合框的下拉列表中选择主报表的链接字段“班级编号”，在“子窗体 / 子报表字段”组合框的下拉列表中选择子报表的链接字段“班级编号”。单击“下一步”按钮，完成主 / 子报表的链接字段定义。

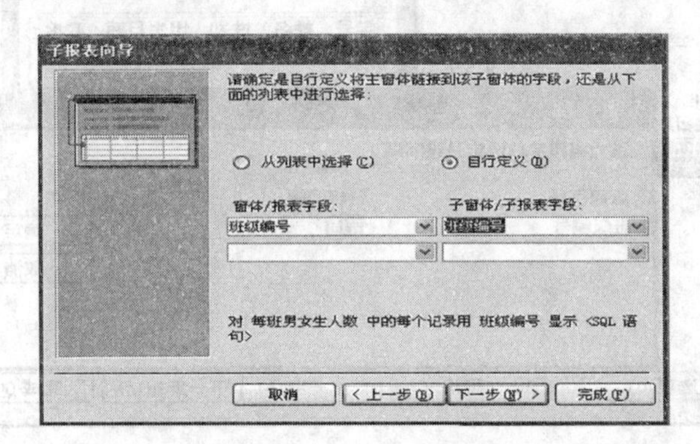

图5.30 确定主/子报表链接方式

如果是通过报表向导创建的子报表，即使在选中的字段中没有链接字段，Access 也会自动将它们包含在数据源中。链接的字段并不一定要显示在主报表或子报表上，但它们必须包含在基础数据源中。

项目 5.4 编辑和打印报表

例题导读

如何对报表记录进行排序和分组？如何在报表中添加计算控件？怎么样才能把报表发布到网上？

知识汇总

- 对报表记录进行反序和分组显示
- 在报表中添加汇总信息
- 为报表设置打印设置

5.4.1 报表记录的排序与分组

在创建报表的过程中，有时除了需要对整个报表的记录数据进行汇总统计外，还经常需要依据某个字段或表达式的值，进行分组汇总和排序输出。在 Access 数据库中除了可以利用报表向导实现记录的排序和分组外，还可以通过报表的设计视图对报表中的记录进行排序和分组。利用分组可以提高报表的可读性和信息的利用效率。

【例题 5.6】

以“学生档案”表为数据源，按“班级编号”分组，同时按其升序排序创建“学生基本信息表”。

操作步骤如下：

（1）在“教学管理系统”数据库窗口，选择“报表”对象，在报表列表中选择“使用向导创建报表”，在弹出向导对话框中在“表 / 查询”下方的下拉列框中选中“表 : 学生档案”，按下“全选键”将“可用字段”下方文本框内的所有字段置换到“选定字段”下方的文本框内。

（2）单击“下一步”按钮弹出“是否添加分组级别”对话框，选中左侧的“班级编号”字段，按下“>”键为报表添加分组级别。单击左下角的“分组选项”，在弹出的对话框内可对分组级别字段做进一步的设置，如图 5.31 所示。单击“确定”按钮返回向导对话框。

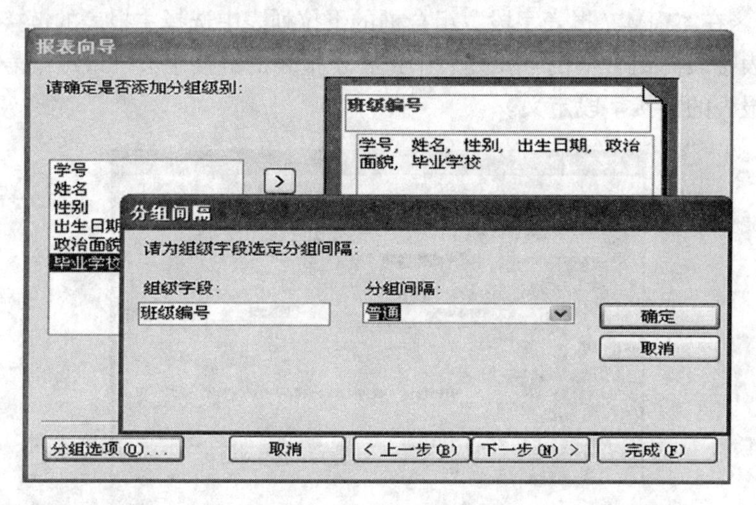

图5.31 确定是否添加分组级别

（3）下面操作步骤同【例题 5.1】，在此只做简要描述报表生成过程。确定“学号”字段作为明细记录升序使用的字段，设置布局方式为“递阶”，勾选“调整字段宽度使所有字段都能显示在一页中”，使用样式为“正式”，指定为“学生基本信息表”，单击“完成”按钮完成报表的初步设计。

（4）打开设计视图，单击工具栏上的“排序和分组”按钮，弹出“排序与分组”对话框，如图 5.32 所示。在前面（2）、（3）步设置的“班级编号”字段分组，“学号”字段升序在该对话框内清晰地表现出来。系统默认的排序顺序为升序排列。如果希望对数据做进一步操作时，可以单击要设置分组属性的字段或表达式（最多可对 10 个字段和表达式进行分组），然后设置其组属性。

①组页眉：用于设定是否显示该组的页眉。当该属性的属性值为“是”时创建组页眉；属性值为“否”时删除组页眉。

②组页脚：用于设定是否显示该组的页脚。当该属性的属性值为“是”时创建组页脚；属性值为“否”时删除组页脚。

技术提示：

在创建完成子报表之后，还可以修改主报表和子报表的链接关系。首先打开子报表控件的属性对话框，在“链接子字段”文本框中输入子报表链接字段；再在“链接主字段”文本框中输入主报表中的链接字段即可。

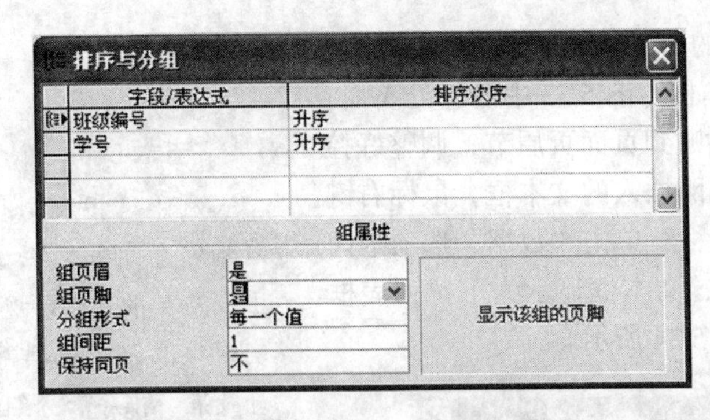

图5.32 “排序与分组”对话框

③分组形式：选择值或值的范围以便创建新组式，分组方式取决于分组字段的数据类型。

④组间距：指定分组字段或表达式值之间的间距值。间隔值根据字段数据类型，以及正在进行分组的字段或表达式的分组形式设置的不同而不同。

⑤保持同页：用于指定是否将打印组的所有记录放在同一页上。

在对报表中的数据分组时，可以添加“组页眉”或“组页脚”。组页眉通常包含报表数据分组所依据的字段（分组字段），可以在记录组的开头放置相关信息，如组名称或组总计数；而组页脚通常用来计算每组的总和或其他汇总数据，可以在记录组的结尾放置相关信息，如组名称或组总计数。它们不一定要成对出现。

5.4.2 报表中的计算

在报表中经常出现需要对某个字段按照指定的规则进行计算，有的报表不仅需要详细的信息，还需要给出每个组或整个报表的汇总信息。在报表中创建计算控件时，可以使用以下两种方法：如果控件是文本框，可以直接在控件中输入计算表达式（输入时必须是以等号开头的表达式）；不管控件是不是文本框，都可以使用表达式生成器来创建表达式。

【例题 5.7】

在【例题 5.1】创建的“学生成绩单”报表中使用添加计算控件的方法，添加学生每门课程的平均成绩并在页面页脚节添加当前日期和报表的总页数和页码。

操作步骤如下：

（1）在“教学管理系统”数据库窗口，在设计视图中打开“学生成绩单”报表。单击工具栏上的“排序和分组”按钮，弹出“排序与分组”对话框，对课程名设置为组页眉升序排序，按学号升序排序。在设计视图模式下报表添加了“课程名页眉”栏，如图 5.33 所示。

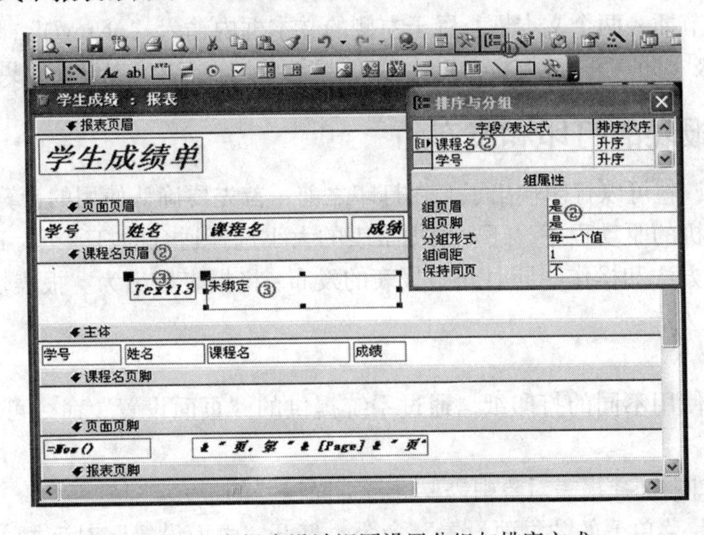

图5.33 在报表设计视图设置分组与排序方式

（2）单击工具栏上的“文本框”按钮，在课程名页眉节空白处拉出文本框（图 5.33 中的③处），将标签用剪切复制的方法粘贴到页面页眉节，调整好控件位置和节的高度。选定刚插入的文本框，鼠标右键单击弹出文本框属性对话框，单击“数据”选项卡内“控件来源”旁的文本框，文本框显示为下拉列表框并显示“…”按钮，如图 5.34 所示。

技术提示：

利用“报表向导”创建报表时，就可以指定分组并依据该字段进行分组统计输出。而在报表设计视图中，则可以进一步地实现报表记录的排序并获得更好的分组统计效果。排序和分组是报表和窗体最大的区别，从字义上分析，排序是让数据以某种规则（升序或降序）依次排列，使得数据的规律性和变化都清晰可见；分组是依照字段的特性进行数据归类，将同类型的数据集合在一起便于综合或统计。

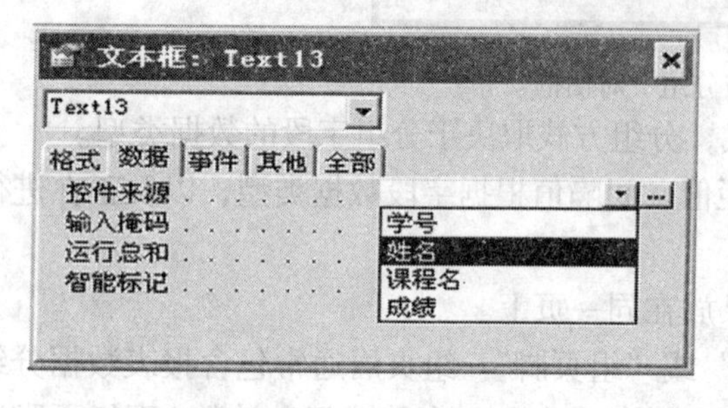

图5.34 文本框属性对话框

（3）显示并单击“…”按钮弹出“表达式生成器”对话框，左侧列表框内选择“函数 / 内置函数”，中间列表框默认选择，右侧列表框直接选择“Avg”；在上方文本框选中刚插入的括号内函数值，左侧列表框内选择“表 / 学生成绩”，中间列表框双击“成绩”选项，则本次操作完成后均值公式直接生成在上方的文本框内，如图 5.35 所示。如果用户觉得操作繁琐，可直接在图 5.35 中的控件来源处的文本框内直接输入“=Avg([成绩])”；最直接的是在课程名页眉节的文本框内直接输入“=Avg([成绩])”。

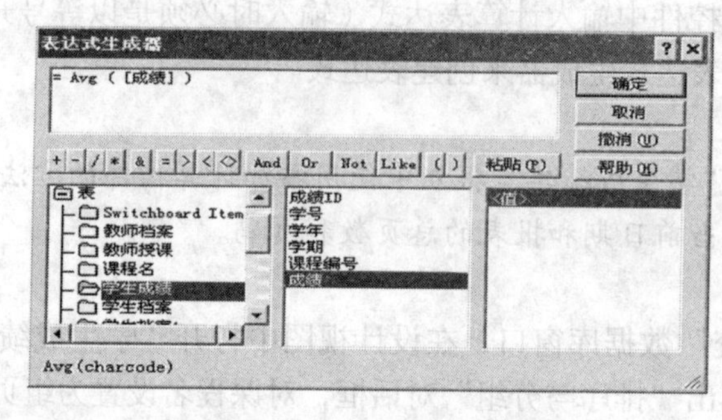

图5.35 “表达式生成器”对话框

（4）在页面页脚节插入两个文本框，置于左侧的文本框内输入“=Now()”；右侧的文本框内输入“="共 " & [Pages] & " 页，第 " & [Page] & " 页 "”。返回预览视图检查设计效果。

5.4.3 报表的打印和发布

报表设计完成后，就可以打印输出了。在打印之前，首先要确认使用的计算机是否连接打印机，并且已经安装了打印机的驱动程序，还要根据报表的大小选择适合的打印纸。这里主要介绍报表页面设置和打印预览的方法和操作，同时介绍报表的发布：将报表导出为“报表快照”模式文件或者 Excel 文件，以备网上发布。

1. 页面设置

不同的报表需要使用不同的打印纸，通过系统提供的“页面设置”命令可以设置打印纸类型。操作方法如下：

（1）在数据库窗口中选择报表对象中需要进行页面设置的报表。

（2）选择“文件”菜单下的“页面设置”命令，打开“页面设置”对话框，如图 5.36 所示。默

认打开“页”选项卡；选择“页面设置”对话框中的“页”选项卡，单击“纸张”选项区域中“大小”组合框旁的下拉按钮，可以在下拉列表中选择所需的打印纸定制类型及自定义大小。

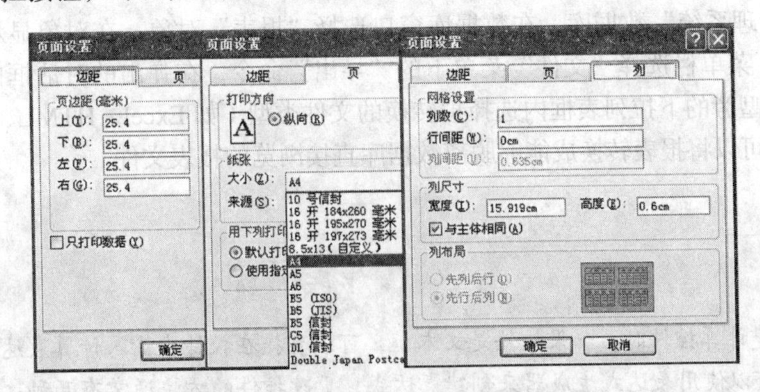

图5.36 在页面设置对话框确定打印纸类型

（3）页面设置完成后，单击“确定”按钮即可。

2. 打印预览报表

打印报表的最简单方法是直接单击工具栏上的“打印”按钮，直接将报表发送到打印机上。但在打印之前，有时需要对页面和打印机进行设置。报表打印预览操作步骤如下：

（1）在数据库窗口中选择“报表”对象中需打印的报表。

（2）单击数据窗口中“对象”栏下的“报表”按钮，选中所需预览的报表后，单击工具栏中的“预览”按钮直接进入“打印预览”窗口。打印预览与打印真实效果一致（“所见即所得”）。如果报表记录过多，一页容纳不下时，在每页的下面有一组翻页按钮和页数指示框进行翻页操作。

（3）选择“文件 / 打印”命令，打开“打印”对话框，设置打印机类型、打印范围、打印份数等信息，如图 5.37 所示。单击右上方的“属性”按钮，可以对打印质量、纸的类型、纸的大小和打印方向进行设置；单击左下方的“设置”按钮，可以对页面的边距、列等参数进行设置。单击“确定”按钮返回“打印”开始打印操作。

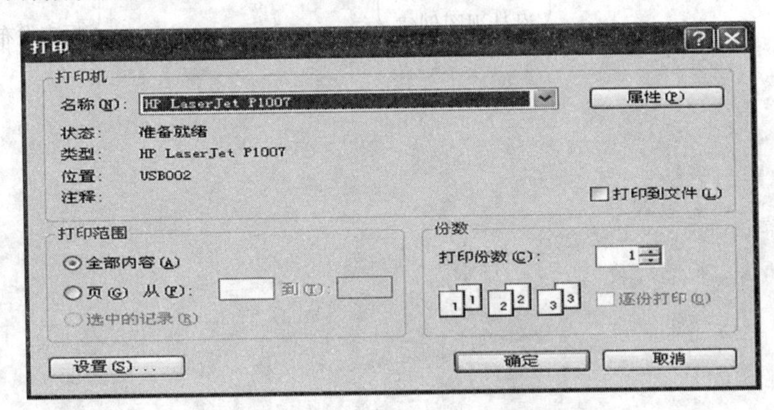

图5.37 在“打印”对话框设置打印操作

3. 报表的发布

如果您需要经常使用网络来传送、打印、影印、发布 Access 报表，假设对方的计算机没有安装 Access，如何才能让接收方便捷地直接检视和打印这些报表，而不需要传送拷贝整个数据库。Access 提供了导出功能可以方便地将报表保存成用户需要的文件格式，如文件、“报表快照”模式文件等，用户就可以便捷地使用或在网上发布这些文件。

报表快照是 Access 2003 提供的新型报表，不需要照相复制和邮寄印制版本，接收者就能在线预览并只打印他们所需要的页面。它是一个具有 .snp 扩展名的独立文件，包含报表所有页的备份，该备份包括高保真图形、图标和图片并保存报表的颜色和二维版面。当用户第一次创建一个报表快照

时，Access 2003 就在默认情况下自动安装了 Snapshot Viewer（快照取景器），不需要 Access 授权就可以查看、打印、储存、发行和分发报表快照。

打开“教学管理系统”数据库，在数据库窗口选择“报表”对象，在对象显示区内选中指定报表文件，在 Access 菜单栏选择“文件”菜单下的“导出”命令，在弹出的对话框内的文本框内输入文件名，在保存类型旁的下拉列表框内选择拟转换的文件类型（如 Excel、HTML、快照格式等），单击“确定”按钮就可以将报表转换成能够脱离数据库直接浏览的报表文件。

技术提示：

在报表中创建计算控件时，如果控件是文本框，可以直接在控件中输入计算表达式；不管控件是否为文本框，都可以使用表达式生成器来创建表达式。更改控件的方法通常有两种：在窗体内直接修改或利用属性窗口进行修改。在报表中可以计算记录的总计值（=Str(Count(*))、求和（=sum([字段])）或平均值（=Avg([成绩])），如果要计算报表中所有记录中特定字段的总计或平均值，需要将文本框控件添加到报表页眉或报表页脚中；如果要计算报表中分组记录中特定字段的总计或平均值，需要将文本框控件添加到页面页眉或页面页脚中。

重点串联

报表是以书面打印格式展示数据的一种有效方式，可以按照用户所需的各种方式打印输出所要查看的信息。学习以及掌握报表知识的顺序为：

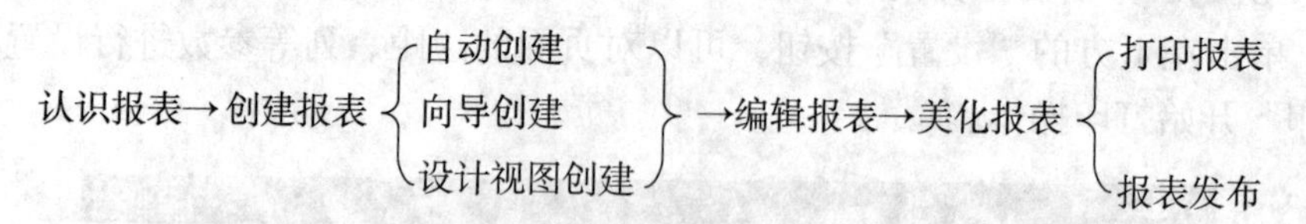

拓展与实训

▶基础训练

一、填空题

1. 报表有三种视图，它们是 ______、______ 和 ______。

2. 交叉表报表是以 ______ 为数据源的报表。

3. 主报表最多可以包含 ______ 级子报表。

4. 在主报表中加入子报表时，子报表的记录源中应具有 ______ 相关字段。

5. 报表的标题应用使用 ______ 控件，放在报表页眉节中；制表人及制表日期应放在 ______ 节中。

6. 打开排序与分组对话框，应使用 ______ 菜单，分组字段是 ______，组页眉和组页脚的选项应设置为 ______；将分组字段放在 ______ 节中，统计各课程平均成绩的表达式为 ______，放在 ______ 节中。

二、选择题

1. 如果想制作标签，利用（　　）向导进行较为迅速。

A. 图表　　B. 标签　　C. 报表　　D. 纵栏式报表

2. 在报表的设计视图中，不适合包含的控件是（　　）。

A. 标签控件　　B. 图形控件　　C. 文本框控件　　D. 选项组控件

3. 在设计报表时，如果在报表每一页的页脚处都打印页码，应该将插入的页码放置在（　　）。

A. 报表页脚　　B. 页面页脚　　C. 主体节的底部　　D. 页面页眉

4. 函数 Now() 返回的值是（　　）。

A. 返回系统当前日期　　B. 返回日期的日数

C. 返回时间中的小时数　　D. 返回系统当前的日期与时间

5. 以下有关报表的叙述正确的是（　　）。

A. 在报表中必须包含报表页眉和报表页脚

B. 在报表中必须包含页面页眉和页面页脚

C. 报表页眉打印在报表每页的开头，报表页脚打印在报表每页的末尾

D. 报表页眉打印在报表第一页的开头，报表页脚打印在报表最后一页的末尾

6. 以下有关报表的叙述正确的是（　　）。

A. 在报表中可以进行排序但不能进行分组操作

B. 子报表只能通过报表向导创建

C. 交叉表报表是交叉表报表向导创建的

D. 交叉表报表的数据源应该是交叉表查询

7. 要实现报表的分组统计，其操作区域是（　　）。

A. 报表页眉或报表页脚区域　　B. 页面页眉或页面页脚区域

C. 主体区域　　D. 组页眉或组页脚区域

8. 报表的记录源可以是（　　）。

A. 表　　B. SELECT 语句　　C. 查询　　D. 组页眉或组页脚区域

三、简答题

1. 报表有哪些类型？

2. 报表的作用是什么？

3. 报表由哪几部分组成？每部分的作用是什么？

4. 报表和窗体的区别是什么？

5. 如何使用“设计”视图创建一个报表？

技能实训

1. 以“教学管理系统”数据库为练习实例，使用报表向导创建一个按“系别”分组，按“教师编号”排序的老师信息报表。报表包括系别、老师编号、姓名、性别、工作时间、政治面貌和职称等信息。

2. 以“教学管理系统”数据库为练习实例，使用设计向导来创建一个表格式标签，要求以“教师授课”作为数据源。

3. 以“教学管理系统”数据库为练习实例，使用报表设计视图根据输入的系别和教师编号输出教师信息表。要求：报表页眉中显示标题“教师信息表”，页面页眉中显示系别名称、职称和课程名，每页的底部显示页码，报表页面设置纸张大小为B5。提示：为报表记录源设计一个参数查询。

模块6 数据访问页

教学聚焦

本模块讲述有关“数据访问页”（也称为“Web 页”）的一些基本知识以及创建“Web 页”的方法。

知识目标

◆ 了解数据访问页的功能和作用；
◆ 学习创建数据访问页的方法；
◆ 学习编辑和修改数据访问页；
◆ 了解在数据访问页中使用 Office 控件和超链接。

技能目标

◆ 掌握在数据访问页设计视图中添加文本；
◆ 掌握从表或者查询选择需要的字段并为数据访问页选取适当的版式；
◆ 掌握对选取的数据字段进行分组和排序；
◆ 掌握为数据访问页选择合适的主题；
◆ 掌握设置数据页的页眉、页脚、主体，设置数据访问页所需的控件，合理安排控件的布局；
◆ 掌握设置数据访问页的访问权限。

课时建议

4 课时

课堂随笔

项目 6.1 认识数据访问页

例题导读

了解有关数据访问页的基本知识，尝试着用不同的方法打开一个已有的数据访问页。

知识汇总

- 数据访问页和数据访问页的视图分类
- 数据访问页可以用两种方法打开，即在 Access 数据库中打开，也可在 IE 浏览器中打开

6.1.1 数据访问页概述

Access 数据库允许用户以 HTML 页的格式存储数据，以便使数据库成为 Internet 上的可用资源，这样就能够迅速地从网络上的其他部门收集数据。

数据访问页是 Access 数据库中新增加的一个对象类型，它和其他的数据库对象（如窗体、报表、查询和宏等）在性质上是完全相同的。窗体和报表是用来显示、编辑和汇总数据的，而数据访问页则能够允许用户与 Web 之间进行数据交换，它主要是用于阅读、编辑和汇总保存在 HTML 页上的数据。

我们可以这样认为，数据访问页其实是 Access 数据库在 Web 页上创建的窗体和报表，只不过数据访问页是专门用来查看、编辑和汇总在浏览器上的活动数据。数据访问页单独存储在 Access 数据库之外的 HTML 文件中，而不是统一地存放在 .mdb 数据库文件中。

通过数据访问页设计器，用户可以创建新的 HTML 文件或者编辑原有的 HTML 文件。数据访问页设计器是以 Internet Explorer（IE 浏览器）作为其设计界面，并包括属性页、工具箱、字段列表和向导等工具。

创建数据访问页的方法有多种，最基本的创建方法有下列三种：一是通过“数据页向导”创建；二是使用“数据页设计器”创建；三是使用“数据库向导”直接自动创建数据访问页。

6.1.2 数据访问页的类型

与 Access 数据库中其他对象不同，数据访问页不保存在数据库系统中，也不保存在 Access 的工程文件中，而是单独保存在外部的文件中，其格式是 .htm 或 .html。在 Access 数据库窗口中，只生成了一个与数据访问页同名的快捷方式，将鼠标指针移到这些快捷方式上，将显示 HTML 文件的存储路径，如图 6.1 所示。

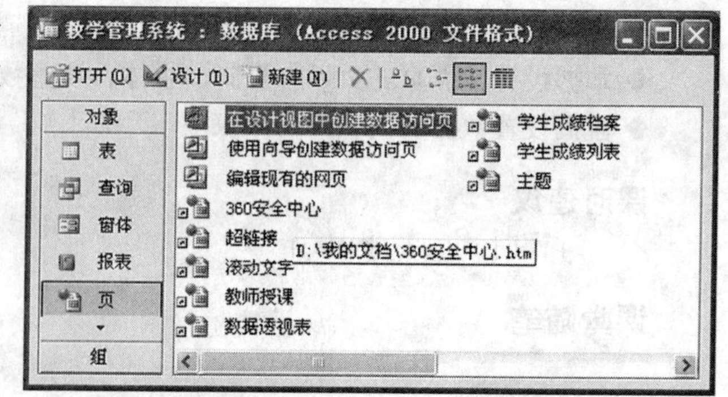

图6.1 “页”对象窗口

根据数据访问页用途不同，可将其划分为如下两种。

1. 交互式访问页

此种类型的数据访问页经常用于显示分组数据的信息，在导航栏中也提供了用于排序和筛选，但不能编辑访问页中显示的数据。例如，用来发布某一门课程在每一班的总分。

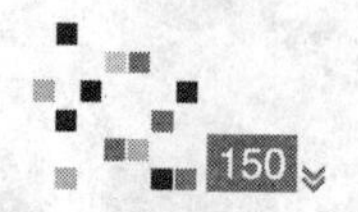

2. 数据分析

访问页中包含一个数据透视图，以便分析数据趋势以及比较数据库中数据；还可以包含一个电子表格，进行数据输入和编辑。

6.1.3 数据访问页的视图

数据访问页有三种视图方式，分别为设计视图、页面视图和网页预览视图。

1. 设计视图

设计视图是一个用来创建和修改数据访问页的可视化集成界面。在设计视图中，设计者可以向数据访问页内添加各种控件、设置控件的属性、调整其外观和布局、建立与数据库中表和查询的联系、设定记录的分组级别等操作（参见图 6.12）。

2. 页面视图

页面视图是在 Access 中打开和查看所创建的数据访问页的一种视图方式。在页面视图中，通常能够以展开或者折叠的方式查看数据库中的统计数据或者详尽数据。对于某些数据访问页来讲，还允许在页面视图中输入或修改其数据源中的数据（参见图 6.10）。

3. 网页预览视图

网页预览视图是在 Web 浏览器中打开和显示数据访问页的一种视图，这与浏览器中查看普通网页的视图是相同的。Access 允许直接从数据访问页的设计视图或页面视图转换到该访问页的网页预览视图。

6.1.4 数据访问页的打开

可以采用两种方式打开数据访问页对象，即在 Access 数据库的页面视图中打开或者在 IE 浏览器中打开。顺便指出，除 Microsoft 的 IE 浏览器以外，数据访问页对象不支持任何其他类型的浏览器。

1. 在 Access 数据库中打开

可以在 Access 数据库的页面视图中打开和使用数据访问页，此种打开数据访问页的方式通常不是为了应用，而是为了查看和测试。打开的方法是：在数据库窗口中单击“对象”列表中的“页”对象，在右侧的列表中选取需要打开的数据访问页对象，然后单击工具栏中的“打开”按钮。此外，也可以通过直接双击要打开的数据访问页对象将其打开。

2. 在 IE 浏览器中打开

如前所述，数据访问页的功能是为 Internet 用户提供访问 Access 数据库的界面，因此，在实际应用中，应该通过 Microsoft 的 IE 浏览器来打开数据访问页。为此，必须在网络上提供一台 Web 服务器，并且为此数据访问页指明 URL（Uniform Resource Locator）路径。

在 IE 浏览器中打开数据访问页的方法是：在本地计算机上存放数据访问页的文件夹下，双击要打开的数据访问页文件。或者先打开 IE 浏览器，然后在地址栏中输入要打开的数据访问页的 URL 路径。

需要说明的是，数据访问页因与数据库直接连接，当 Web 浏览者在 IE 浏览器中查看数据访问页时，看到的是属于自己的数据访问页副本。这意味着对页面中数据进行的任何筛选、排序，以及对显示方式所作的任何改动，包括在数据透视表列表或电子表格中进行的改动，都将只影响访问者自己的数据访问页副本。但对页面中数据本身的改动，如修改值、添加或删除数据，都将保存在源数据库中，并且查看该数据访问页的所有用户都将看到这些更改，所以需要格外小心。

应当引起重视的是，因数据访问页与数据库直接连接，为了保护数据访问页所访问的数据，必须对数据访问页连接到的数据库采取相应的安全措施，或者通过配置 IE 浏览器的安全设置来防止未经授权的访问。

项目 6.2 使用向导创建数据访问页

例题导读

在 Access 数据库中，有多种方法可以创建数据访问页，如何使用向导创建数据访问页？自动创建和向导创建各自的优势是什么？

知识汇总

- 利用“自动创建”功能创建数据访问页
- 利用向导创建数据访问页

Access 提供的“自动创建数据页”功能是一种最简单的创建数据访问页的方法，可以创建含有单个数据源中所有字段（除图片字段外）的数据访问页。此种数据访问页的格式由系统自动设定，不需要用户作任何设置。下面我们学习如何实现快速创建访问页，以及使用向导，根据向导中的提示逐步设置创建访问页。

【例题 6.1】

在“教学管理系统”中，使用“教师授课”表，快速创建一个纵栏式“教师授课.htm”数据访问页。

操作步骤如下：

（1）在“教学管理系统”数据库窗口的“对象”列中，选择“页”项，单击该窗口中的“新建”按钮，打开“新建数据访问页”对话框，如图 6.2 所示。

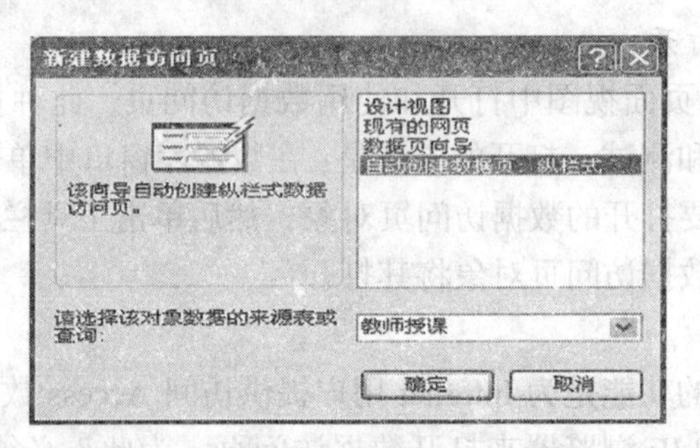

图6.2 “新建数据访问页”对话框

（2）在对话框中选择“自动创建数据页：纵栏式”项，并在“请选择该对象数据的来源表或查询：”下拉列表框中选择“教师授课”表，然后单击“确定”按钮，即可生成数据访问页，如图 6.3 所示。

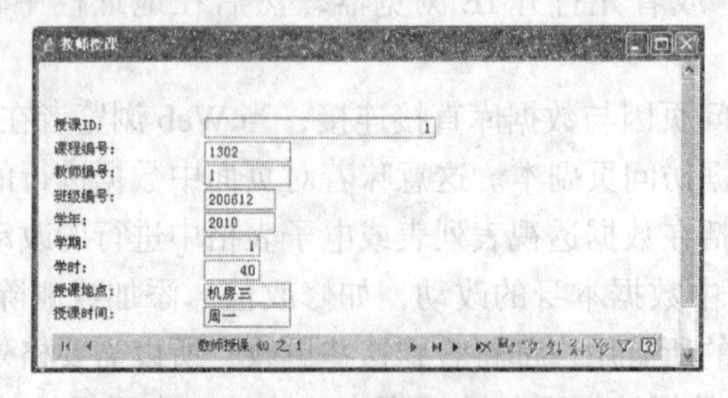

图6.3 自动创建的纵栏式数据访问页

（3）在数据访问页中，可以浏览“教师授课”表中的数据，也可在文本框中直接修改表中数据，还可添加新的记录，并且可以对按选定的字段进行排序。

（4）单击工具栏中的“保存”按钮，打开“另存为数据访问页”对话框，在该对话框中将数据

访问页保存为 .htm 或 .html 格式的文件，例如教师授课 .htm。保存后的访问页是以文件的形式单独存在，而数据库窗口中只显示一个链接，如图 6.4 所示。

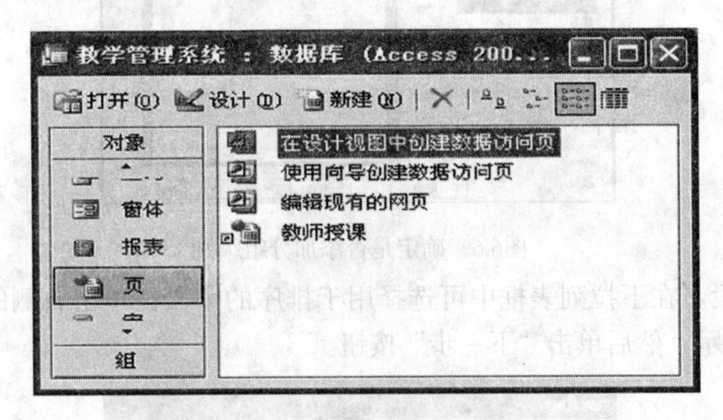

图6.4 “教学管理系统”中“页”对象

另外，所创建的数据访问页保存后，可以在 IE 浏览器的地址栏中输入文件路径将其打开。用户通过浏览器，不仅可以在网上查看数据库中的数据，并可以修改或删除其中的数据，修改后的数据将直接保存到与之相连的数据源中。

技术提示：

和自动创建报表、窗体等一样，自动创建数据访问页的数据源只能选择一个表或查询的全部分字段内容。

在快速创建数据访问页的过程中，数据源的选取除了上面介绍的方法以外，我们还可以在数据库窗口中先选择要创建数据访问页的表格、查询、窗体、报表等对象，例如在表对象中选择“课程名”表。接下来单击工具栏上的“新对象”后的箭头，在下拉列表中选择“页”命令，也会出现如图 6.2 所示的对话框。同时，在“请选择该对象数据的来源表或查询”文本框中自动添加“课程名”表。在“新对象”的下拉列表中除了包括新建页以外，还包括“自动窗体”、“自动报表”、“表”、“查询”、“窗体”、“报表”、“宏”、“模块”和“类模块”等功能。大家可以尝试使用这些命令快速创建相应的对象。

利用 Access 的“数据页向导”创建数据访问页对象是一种非常有效的方法，向导会就所需的记录源、字段、版面及格式等提出一系列的问题，并根据用户的回答来创建数据访问页。使用向导不仅可以创建来自多个表和查询的数据访问页，而且不可以选取所需的字段，并可以设定依据一个或者多个字段对数据访问页中的记录进行排序和分组。

【例题 6.2】

在“教学管理系统”数据库中，以“学生档案”表、“课程名”表和“学生成绩”表三个有关系的数据表格为数据源，利用向导创建一个名为“学生成绩档案 .htm”的数据访问页。

操作步骤如下：

（1）在“教学管理系统”数据库页窗口中，选择“使用向导创建数据访问页”项，再单击该窗口中的“设计”按钮，打开“数据页向导”对话框。

（2）选择字段。在“表 / 查询”下拉列表框中选择需要的表或查询，并在“可用字段”列表框中选择数据访问页中所需要的字段，如图 6.5 所示，然后单击“下一步”按钮。

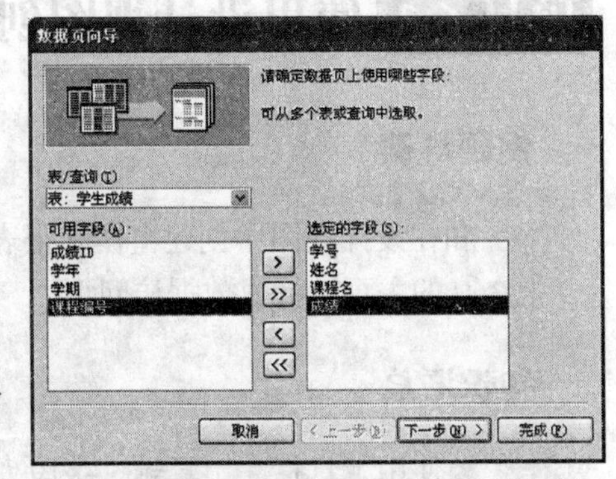

图6.5 确定在数据访问页上显示的字段

（3）设置分组字段。在字段列表框中可以选择用于分组的字段，选择的分组字段将显示在右侧预览框的顶部，如图 6.6 所示，在这里没有设置分组字段，单击“下一步”按钮。

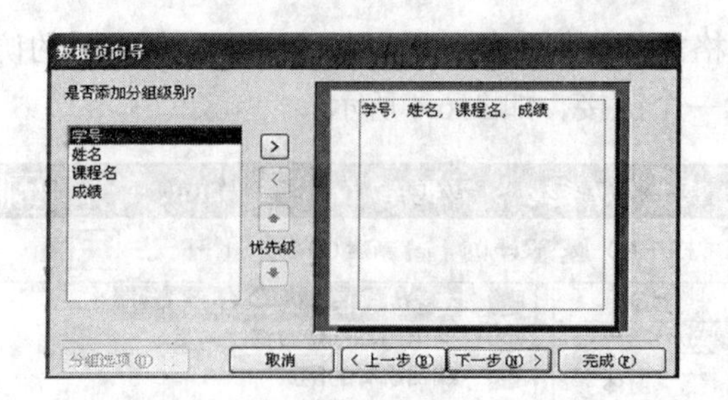

图6.6 确定是否添加分组级别

（4）选择排序字段。在下拉列表框中可选择用于排序的字段，单击右侧的按钮可改变该字段的排序方式，如图 6.7 所示，然后单击“下一步”按钮。

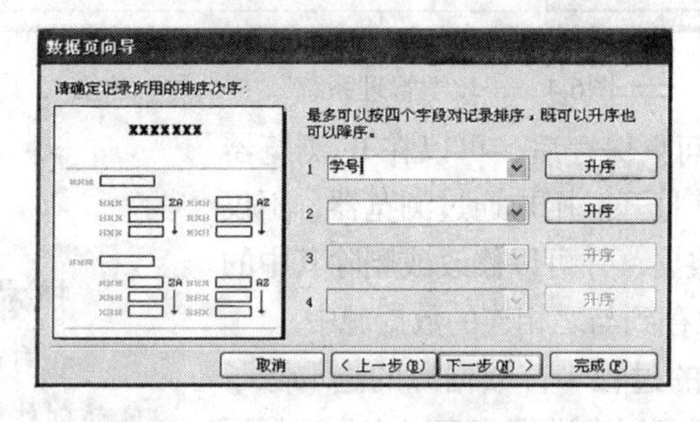

图6.7 确定明细数据的排序方式

（5）设置页标题。在文本框中输入数据访问页的标题，如“学生成绩档案”，并选中“打开数据页”单选按钮，完成后直接运行访问页，如图 6.8 所示；若选中“修改数据页的设计”单选按钮，完成后进入数据页设计视图；若选中“为数据页应用主题”复选框，完成后将弹出“主题”对话框。

（6）单击“完成”按钮，直接进入“页面视图”，浏览数据访问页的效果，如图 6.9 所示。

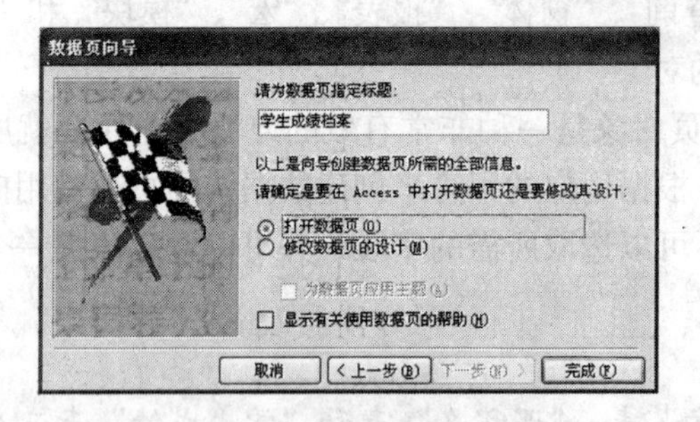

图6.8 指定数据访问页的标题图

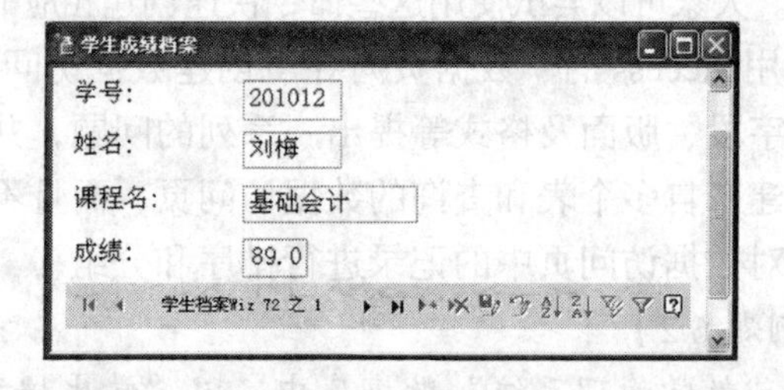

6.9 打开的“学生成绩档案”数据访问页

项目 6.3 使用设计视图创建数据访问页

例题导读

和在设计视图中创建窗体和报表类似，尝试总结出它们之间的主要区别及适用范围。试着把 360 的主页转换成数据访问页。

知识汇总

- 使用工具栏、工具箱、字段列表和属性窗口，在设计视图中创建访问页
- 把已有的网页转换成为数据访问页

使用向导创建的数据访问页有时不能满足用户的要求，这时可以在设计视图中对其进行修改和完善，当然也可以直接在设计视图中创建新的数据访问页。

和在设计视图中创建窗体和报表类似，用户在设计视图可以使用相应的“页设计”工具栏、“工具箱”、“字段列表”和“属性”窗口等设计工具。所不同的是，数据访问页设计视图中的“工具箱”增添了不少用于网页设计的工具按钮，并且在“字段列表”中包含了当前数据库中所有表和查询中的字段。

【例题 6.3】

以“教学管理系统”数据库为数据源，创建如图 6.10 所示的“学生成绩列表”数据访问页。

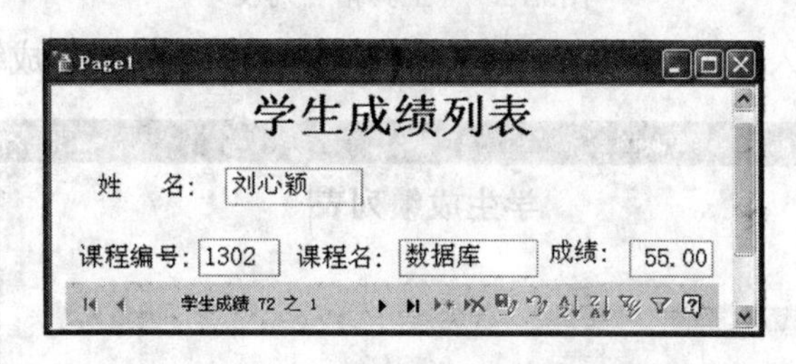

图6.10　“学生成绩列表”数据访问页

操作步骤如下：

（1）在“教学管理系统”数据库的页窗口中，双击“在设计视图中创建数据访问页”项，弹出提示对话框，如图 6.11 所示。

图6.11　提示对话框

（2）在弹出的提示对话框中，单击“确定”按钮创建空白数据访问页，如图 6.12 所示。新建的数据访问页中，除了一个空白页面外，还有字段列表、工具箱以及数据大纲。

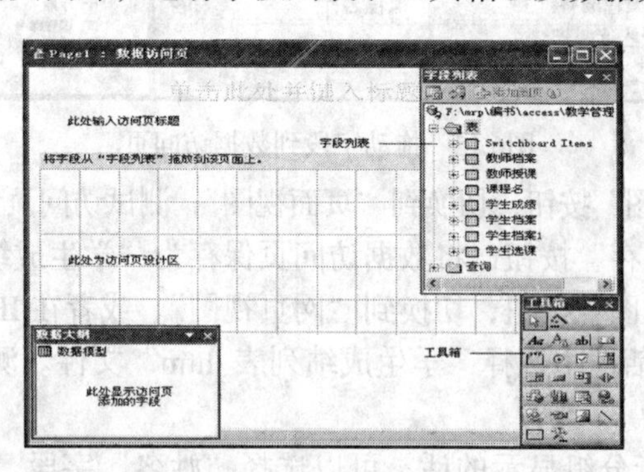

图6.12　设计视图

①数据访问页设计区：在此处可以添加数据访问页中需要的所有字段以及控件等内容。

②数据大纲：此面板用于显示访问页中添加的字段和使用的数据表或查询，并且可以查询相应的属性。

③字段列表：字段列表面板中显示了当前数据库中所有表或查询，以及表或查询中的字段。在设计时，可直接将该面板中显示的字段拖到访问页的设计区，或者直接将数据表或查询拖到设计区，直接生成一个表格。

④工具箱：工具箱面板列出访问页中需要的所有控件，与窗体和查询的工具箱相比，访问页的工具箱中添加了自己专用的控件。例如，绑定范围、滚动文字、展开、记录浏览、Office 数据透视表、Office 图表、Office 电子表格、超链接、图像超链接及影片等控件，如图 6.13 所示。

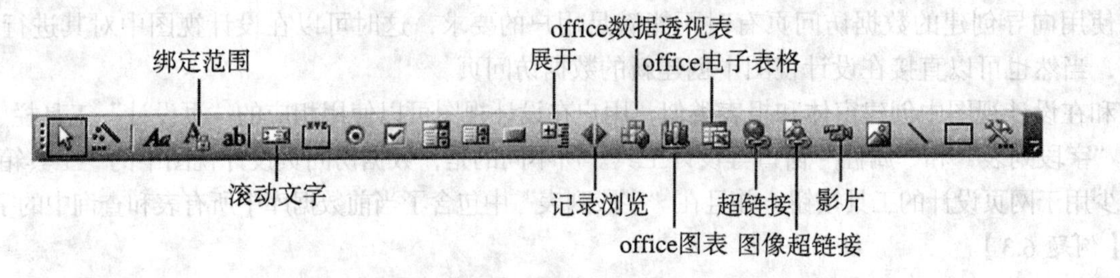

图6.13 “工具箱”列表

（3）在“单击此处并键入标题文字”处单击，输入访问页标题“学生成绩列表”，如图 6.14 所示。

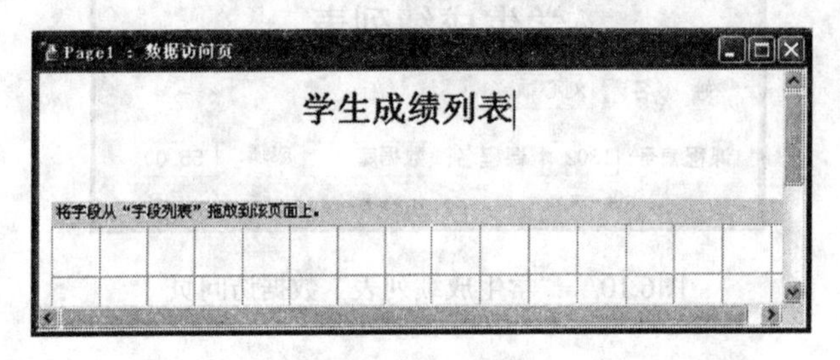

图6.14 插入标题

（4）在“字段列表”中展开“学生档案”表，把该表中的“姓名”字段拖放到设计视图中，用同样的方法把“学生成绩”表中的“课程编号”字段和“成绩”字段，“课程名”表中的“课程名”都拖放到设计视图中，然后调整它们的位置及对齐方式。生成如图 6.15 所示的窗口，同时自动在底部生成一个“学生档案”记录导航工具栏。

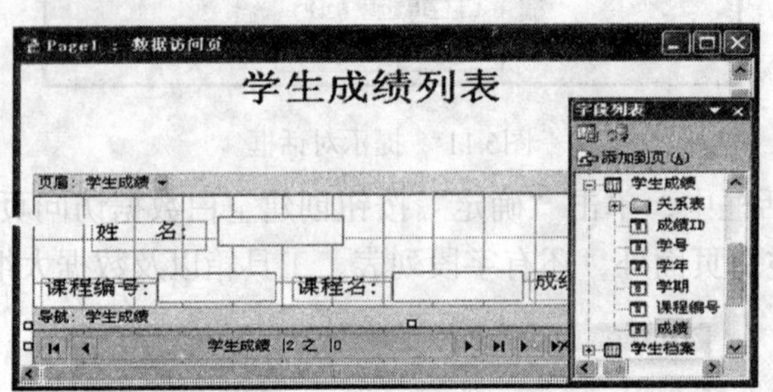

图6.15 拖动字段到数据访问页

（5）在工具栏中单击“视图”按钮，切换到“页面视图”，测试访问页设计的效果，如图 6.10 所示。

（6）单击工具栏中的“保存”按钮，将数据访问页保存为“学生成绩列表 .htm”。

（7）在工具栏中单击“视图”按钮，切换到“网页视图”。或者在 IE 浏览器的“文件”菜单选择“打开”命令，在“打开”对话框中选择“学生成绩列表 .htm”文件。测试数据访问页在网页视图下的效果。

如果想把结果按姓名进行分组显示的话，可以选择“姓名”字段，并在文本框上右击，在弹出的快捷菜单中选择“升级”项，将“姓名”字段设置为数据访问页的分组字段。此时将会在底部生成一个关于分组的记录导航工具栏，如图 6.16 所示。

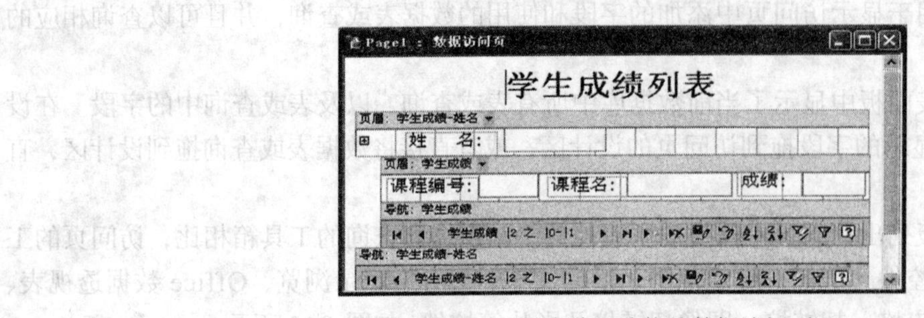

图6.16 具有分组功能的数据访问页

Access 除了可以创建数据访问页以外，还允许将已有的网页转换为数据访问页，例如，把 360 主页转换为数据访问页，其实现步骤如下：

（1）在数据库窗口的“页”对象下，单击工具栏上的“新建”按钮，打开“新建数据访问页”对话框，如图 6.2 所示。

（2）在对话框中选择“现有的网页”选项，单击“确定”按钮，打开图 6.17 所示的“定位网页”对话框。

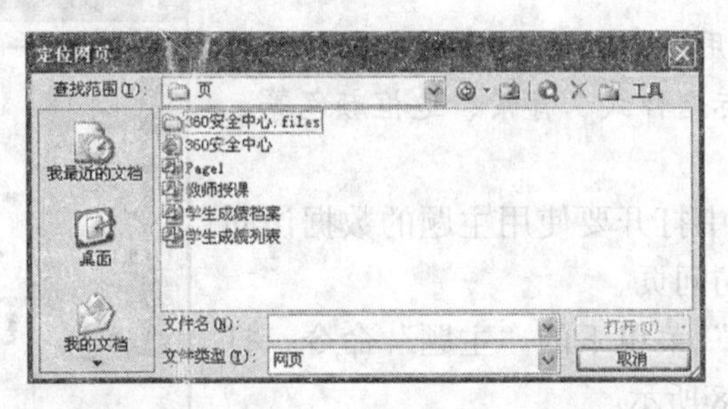

图6.17 “定位网页”对话框

（3）在“定位网页”对话框中，选定要转换的网页或 HTML 文件，例如，360 安全中心 .htm。然后单击“打开”按钮，Access 将把选定的网页文件转换成数据访问页并在设计视图中打开，以便对其进行进一步修改，同时自动在数据库窗口的“页”对象下为其创建相应的快捷方式。

项目 6.4 编辑数据访问页

例题导读

如何在数据访问页中添加滚动文字控件？在数据访问页中添加 Office 组件，可以简化数据分析操作，让数据之间的关系以更加直观的方式显示出来。Microsoft 的 Office 组件包括哪些？如何应用它们？

知识汇总

- 为数据访问页应用主题
- 添加滚动文字，美化数据访问页
- 添加 Office 组件使数据访问页更加直观

对于创建完成的数据访问页，可以在设计视图中利用“页设计”工具栏、“工具箱”和“属性”窗口等工具对其进行进一步地修饰与完善，以使访问页面更加实用和美观。例如，添加滚动文字、添加 Office 组件（包括 Office 图表、Office 电子表格和 Office 数据透视表）、应用主题以及设置超链接等操作。

技术提示：

只有在Web浏览器中查看数据访问页时，主题中的图形才会有动画效果。此外，如果要删除某个数据访问页所应用的主题，只须在上述“主题”对话框的“请选择主题”列表中选择“无主题”选项即可。

1. 应用主题

主题是指一套统一的项目符号、字体、水平线、背景图像和其他数据访问页元素的设计风格和配色方案。Access 为数据访问页的设计提供了若干个主题，应用这些主题有助于创建专业化的、设计精美的数据访问页。

Access 允许对没有主题的数据访问页应用主题，也可以更改或删除已有的主题。在应用某个主题前，可以先预览使用该主题的示例页。

将主题应用于数据访问页时，允许自定义的元素包括：正文和标题样式、背景色或图形、表边框颜色、水平线、项目符号、超链接颜色以及控件等。也可以选择相应的选项对文本和图形应用亮色，使某些主题图形具有动画效果，以及对数据访问页应用背景等。

【例题 6.4】

将 Access 定义的主题应用到【例题 6.3】的数据访问页中，定义访问页中的正文和标题样式、背景、边框颜色等。

操作步骤如下：

（1）在访问页设计视图中打开要使用主题的数据访问页，例如“学生成绩列表”访问页。

（2）接下来选择“格式”菜单下的“主题”命令，打开“主题”对话框，如图 6.18 所示。

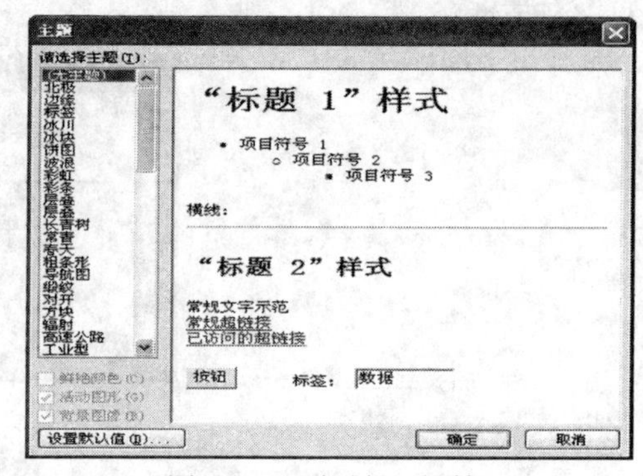

图6.18 “主题”对话框

（3）在主题列表中选择需要的主题，并在右侧的主题示范部分，查询选择的主题在数据访问页中的应用情况。

（4）选择“鲜艳颜色”、“活动图形”和“背景图像”复选框，可使文本图形的颜色较亮，并可将主题中的背景应用到访问页中。

（5）单击“确定”按钮，将主题应用到数据访问页。

（6）单击工具栏中的“视图”按钮，切换到“页面视图”，测试应用主题的效果，如图 6.19 所示。

图6.19 添加主题效果

2. 添加滚动文字

在数据访问页中添加滚动文字控件，可以实现在页面中显示滚动的字幕，使数据访问页更加美观。

【例题 6.5】

向【例题 6.1】“教师授课”数据访问页中添加滚动文本。

操作步骤如下：

（1）在设计视图中打开“教师授课”数据访问页。

（2）在工具箱中单击“滚动文字”控件，并在数据访问页标题处单击添加控件。如图 6.20 所示。

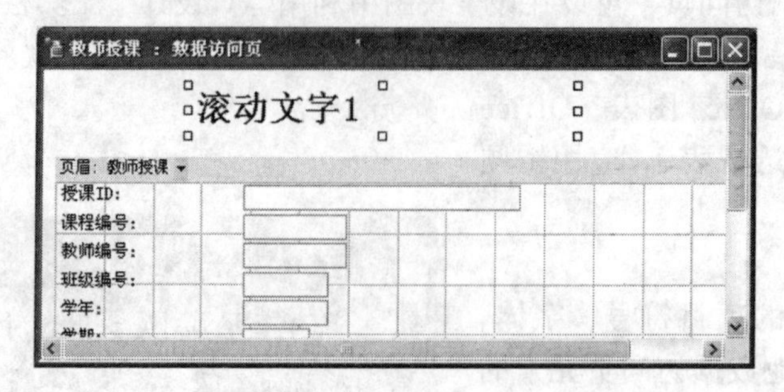

图6.20 添加滚动文字控件

（3）调整控件的大小，单击工具栏的“属性”按钮，打开属性对话框。将“Inner Text”属性设置为“教师授课情况”，如图 6.21 所示。同时，还可以设置滚动文字的大小、字体等属性。

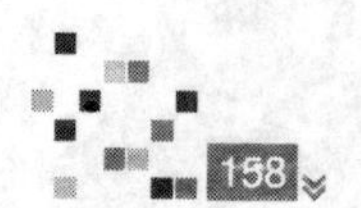

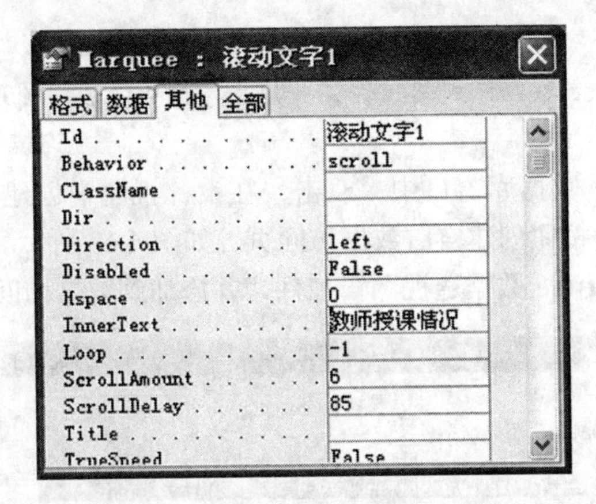

图6.21 “滚动文字”属性对话框

（4）在工具栏中单击“视图”按钮，切换到“页面视图”，测试使用“滚动文字”控件的效果，如图 6.22 所示。

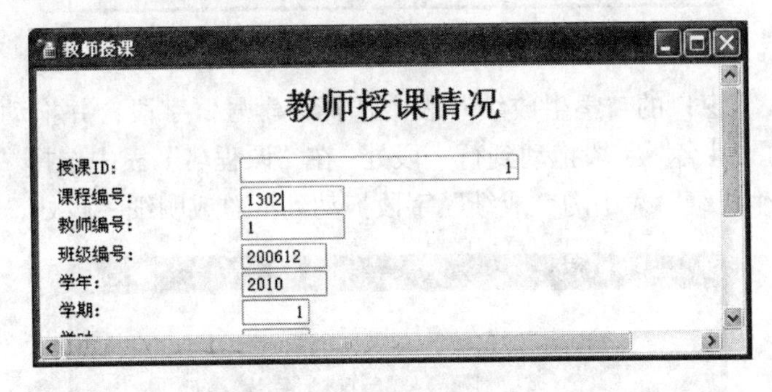

图6.22 “滚动文字”效果

（5）单击“文件”菜单下的“另存为”命令，将数据访问页保存为“滚动文字 .htm”。

若要更改滚动速度，可执行以下操作：

①将 TrueSpeed 属性框中设置为 True。

②可以在 ScrollDelay 属性框中，键入在滚动文字的每个重复动作之间延迟的毫秒数。

③可以在 ScrollAmount 属性框中，键入滚动文本在一定时间内移动的像素数。

若要更改滚动方式，可执行下列操作之一：

①若要让文字在控件中连续滚动，可将 Behavior 属性设为 Scroll。

②若要让文字从开始处滑动到控件的另一边，然后保持在屏幕上，可将 Behavior 属性设为 Slide。

③若要让文字从开始处到控件的另一边往返滚动，并且总是保持在屏幕上，请将 Behavior 属性设为 Alternate。

若要更改滚动文字重复的次数，可执行下列操作之一。

①若要使文字连续滚动显示，可在 Loop 属性框中键入 -1。

②若要使文字滚动在指定的次数后消失，可在 Loop 属性框中键入一个整数。

若要更改滚动方向，可在 Direction 属性框中，选择表示方向的属性值：Left、Right、Up 或 Down。

3. 添加 Office 组件

在数据访问页中添加 Office 组件，可以简化数据分析操作，让数据之间的关系以更加直观的方式显示出来。Microsoft 的 Office 组件包括 Office 图表、Office 电子表格和 Office 数据透视表。这些组件都可以通过“工具箱”中的对应控件按钮方便地添加到数据访问页中。例如，可以向数据访问页中添加 Office 电子表格以提供 Excel 工作表所具有的某些功能，实现在其中输入值、添加公式和应用筛选等。

【例题 6.6】

在数据访问页中添加 Office 数据透视图控件，并建立学生成绩透视图用于统计每个学生每科成绩。

操作步骤如下：

（1）在“教学管理系统”数据库窗口中，双击“在设计视图中创建数据访问页”项，并在弹出的提示对话框中单击“确定”按钮创建空白数据访问页，如图 6.12 所示。

（2）在工具箱中单击“Office 数据透视图”控件，并添加到数据访问页中，如图 6.23 所示。

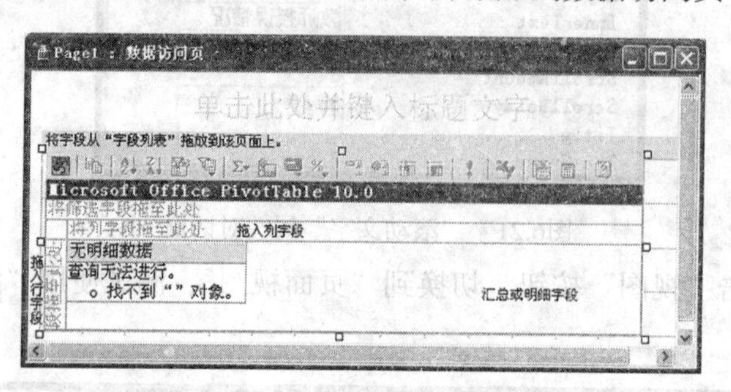

图6.23　添加“Office数据透视图”控件

（3）在“字段列表”窗口的“学生成绩”表中选择“学号”字段，并拖动到行字段处，同时也把“学生档案”表中的“姓名”字段拖动到行字段处；在“课程名”表中选择“课程名”字段并拖动到列字段处；选择“学生成绩”表中的“成绩”字段拖动到汇总或明细字段处，如图 6.24 所示。

图6.24　设置“Office数据透视图”

（4）单击工具栏中的“视图”按钮，切换到“页面视图”，测试数据访问页中透视图的应用效果。

（5）单击“常用”工具栏下的“保存”按钮。把它命名为“数据透视图 .htm”。

接下来，大家利用相似方法尝试创建带有 office 图表控件的数据访问页。

项目 6.5 设置超链接

例题导读

如何实现与指定文件或电子邮件地址的链接?

知识汇总

●实现文本和图形的超链接

在数据访问页中添加超链接控件，可以在浏览器中方便地链接到其他数据访问页或者网页，也

可以链接到一个指定的文件或者电子邮件地址。下面介绍创建文本和图像超链接的方法。

> **技术提示：**
>
> 只有在“网页预览”视图或者在IE浏览器中查看数据访问页时，其中的超链接才会工作，在Access的页面视图中查看时不会有超链接的效果。

【例题 6.7】

分别使用文本和图像建立超链接，并链接到【例题 6.1】所创建的数据访问页。

操作步骤如下：

（1）在“教学管理系统”数据库窗口中，双击“在设计视图中创建数据访问页”项，并在弹出的提示对话框中单击“确定”按钮，创建空白。数据访问页。

（2）在工具箱中单击“超链接”控件，再把鼠标指针移动到数据访问页设计视图中单击，弹出“插入超链接”对话框，如图 6.25 所示。

（3）在“要显示的文字”文本框中输入超链接文本，例如“教师授课访问页”，并查找和选择要连接的文本，然后单击“确定”按钮，即可在数据访问页中添加超链接也可以在“地址”文本框中直接输入链接文件的路径和名称。

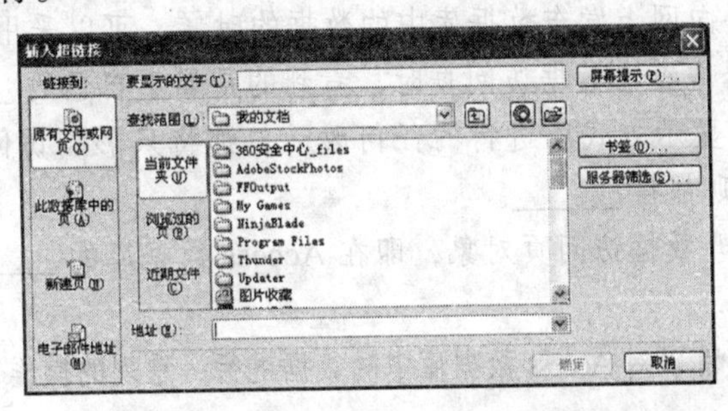

图6.25　“插入超链接”对话框

（4）在工具箱中单击“图像超链接”控件，再把鼠标指针移动到数据访问页视图中绘制控件，弹出“插入图片”对话框。

（5）选择图片后，单击“打开”按钮，弹出“插入超链接”对话框，在该对话框中选择要连接的文件后，单击“确定”按钮，插入图片并建立超链接。如图 6.26 所示。

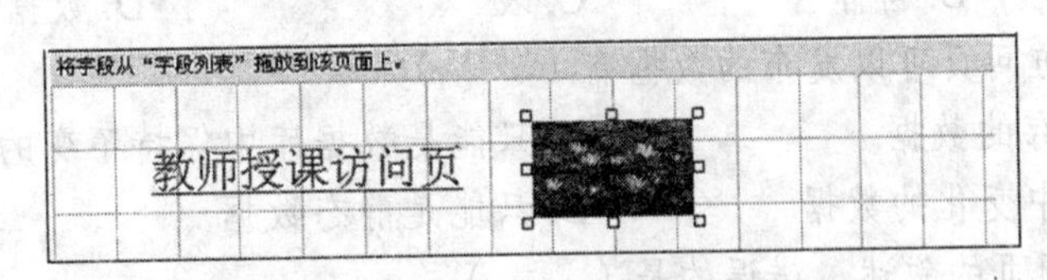

图6.26　设置文本和图像超链接

（6）单击工具栏中的“保存”按钮，再在 IE 浏览器打开保存的文件，测试浏览文本超链接和图片超链接的效果。

重点串联

在 Access 中新增加的数据访问页使得 Access 数据库的应用范围由原来的单机和局域网扩大到了广域网。但同时，数据访问页的设计和使用，也涉及许多 Internet 网络知识。本模块学习顺序为：

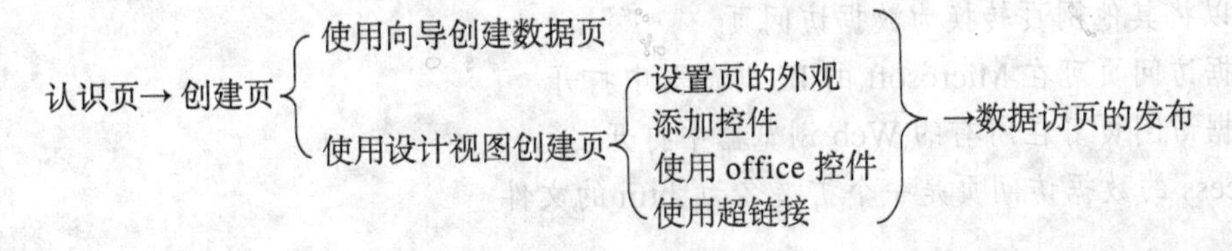

拓展与实训

基础训练

一、填空题

1. 数据访问页设计器包括______、______、______等工具。

2. 在 Access 系统中，创建数据访问页的方法有多种，最基本的创建数据访问页的方法有______、______、______三种主要方式。

3. 在 Access 中，提供两种动态的 HTML 文件格式：______和______文件格式。

4. 在 Access 中，当需要向网上发布数据库中的数据的时候，可以采用的对象是______。

5. 当访问者在 IE 浏览器中查看数据访问页时，看到的是属于自己的______。

这意味着对页面中数据显示方式所进行的任何改动，都将只影响访问者自己所看到的内容。但对页面中数据本身的改动，则都将______。

6. 可以采用两种方式打开数据访问页对象，即在 Access 数据库的______中打开或者在______中打开。

7. 用户在数据访问页中，可以对 Access 数据库中的数据进行一系列的操作，包括______和______，甚至可以______。

8. 数据访问页对象的主要功能是用来为 Internet 用户提供一个能够通过______访问______的操作界面。

二、单项选择

1. 将 Access 数据库中的数据发布在 Internet 网络上可以通过（　　）实现。

A. 查询　　B. 窗体　　C. 表　　D. 数据访问页

2. Access 通过数据访问页可以发布的数据有（　　）。

A. 是数据库中保存的数据　　B. 只能是数据库中保持不变的数据

C. 只能是数据库中变化的数据　　D. 只能是静态数据

3. 下列有关数据访问页的叙述，错误的是（　　）。

A. 通过数据访问页可以访问 Access 数据库

B. 通过数据访问页可以浏览和编辑 Access 数据库中的全部数据

C. 通过某些数据访问页可以浏览和修改 Access 数据库中的数据

D.Access 的数据访问页单独保存为一个文件

4. 在数据访问页中允许添加（　　）。

A.Office 图表　　B.Office 电子表格

C.Office 数据透视表　　D. 以上都对

5. 下列有关数据访问页的叙述，错误的是（　　）。

A. 可以将其他网页转换为数据访问页

B. 数据访问页可在 Microsoft 的 IE 浏览器中打开

C. 数据访问页可在所有的 Web 浏览器中打开

D.Access 的数据访问页是一个扩展名为 .htm 的文件

6. Access 允许将数据库中的（　　）对象另存为数据访问页。

A. 表　　B. 表或查询

C. 表、查询或窗体　　D. 表、查询、窗体或报表

7. 在设计视图中创建数据访问页时，“字段列表”中包括（　　）。

A. 数据库所有表中的字段　　B. 数据库所有查询中的字段

C. 数据库所有表和查询中的字段　　D. 以上都对

8. 使用“自动创建数据页”功能创建的是一种（　　）的数据访问页。

A. 纵栏式　　B. 表格式　　C. 图表式　　D. 数据表式

9. 在设计视图中创建数据访问页时，“工具箱”中特有的按钮不包括以下选项中的哪一个（　　）。

A. 滚动文字　　B. 滚动图像　　C. 超链接　　D. 图像超链接

三、简答题

1. 可以通过哪几种方法来创建数据访问页？

2. 数据访问页特有的控件有哪些？

3. 可以从哪几方面对数据访问页进行修饰？

技能实训

1．使用“自动创建数据页：纵栏式”向导，创建一个以“学生档案”表为数据源的数据访问页。在“学生档案”页中添加带有滚动效果的标题。

2．尝试将已有的查询、窗体或报表转换为相应的数据访问页。并尝试在已有的数据访问页中添加文本框、列表框和命令按钮等各种控件。

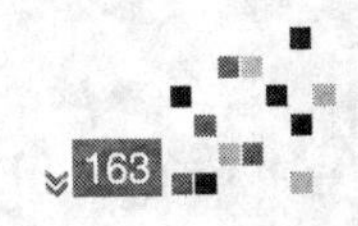

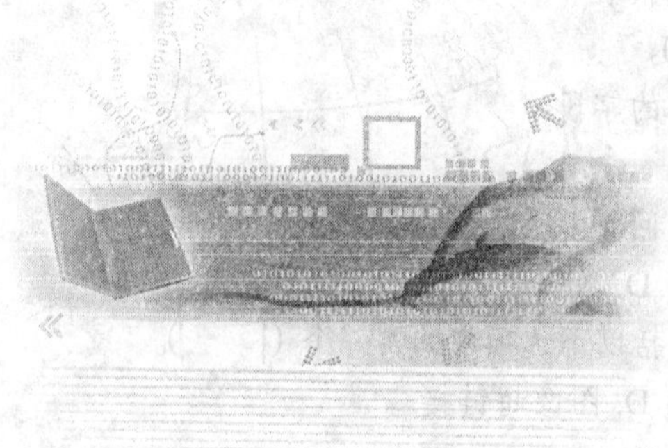

模块7 宏

教学聚焦

本模块首先介绍宏对象的基本概念与常用宏操作，然后介绍各种宏的创建、编辑和执行方法。

知识目标

◆ 宏的基本概念；
◆ 宏的分类；
◆ 宏的动作和触发事件。

技能目标

◆ 掌握创建操作宏；
◆ 掌握创建宏组；
◆ 掌握创建条件宏组；
◆ 掌握调试和运行宏。

课时建议

6 课时

课堂随笔

项目 7.1 认识宏

例题导读

什么是宏？宏分成几类？宏能完成哪些动作和触发事件？如何调试宏？

知识汇总

- 认知宏的分类及工具栏使用
- 常用宏操作和宏的触发事件

Access 2003 中的宏是指一些操作命令的集合，其中每个操作完成，例如打开和关闭窗体、显示和隐藏工具栏等一些简单重复的功能。在数据库打开后，宏可以自动完成一系列操作。使用宏非常方便，不需要记住各种语法，也不需要编程，只须利用几个简单宏操作就可以对数据库完成一系列的操作，宏实现的中间过程完全是自动的，从而极大地提高了工作效率。本项目介绍宏的相关内容，包括宏的概念、创建宏和运行宏等。

7.1.1 宏的概念

宏是 Access 2003 数据库对象之一，它和表、窗体、查询、报表等其他数据库对象一样，拥有单独的名称。

宏是由一个或多个操作组成的集合，其中每个操作都能自动执行，并实现特定的功能。在 Access 2003 中，可以为宏定义各种类型的动作，例如，打开和关闭窗体、显示及隐藏工具栏、预览或打印报表等动作。通过执行宏，Access 2003 能够有次序地自动执行一连串的操作，包括各种数据、键盘或鼠标的操作。通常在以下情况下使用宏：

（1）同时链接并运行查询和报表。

（2）同时打开多个窗体和报表。

（3）检查确认窗体的数据准确性。

（4）在表之间移动数据。

（5）执行命令按钮操作。

7.1.2 宏的分类

在 Access 2003 中，宏可以是简单的操作序列的一个宏，也可以是某个宏组，宏组由若干个宏构成。另外，还可以使用条件表达式来决定在什么情况下运行宏，以及在运行宏时是否进行某项操作。

1. 操作序列宏

最基本的宏是包含若干个宏指令的操作序列宏，通过引用宏名即可报告此类宏。例如，若要通过单击一个命令按钮来执行某个宏，只须在该命令按钮的属性窗口中，设定其“单击”事件属性为要调用的宏名即可。

2. 宏组

所谓宏组，就是在一个宏名下存储多个相关的宏。在一个 Access 数据库系统中，往往会需要使用多个宏，可将其中一些相关的宏，例如同一个窗体中使用的宏，或者功能相近的宏组织成一个宏组，这样做的好处是便于对宏的组织与管理。

宏组中的每一个宏都有自己的宏名，调用宏组中的某个宏时，需要在宏名前加上宏组名，并用小圆点相分隔。其调用形式为：宏组名 . 宏名。

3. 条件宏

在有些情况下，可能希望仅当某个条件成立时，才执行相应的宏操作，就可以创建和使用特定的条件宏。事实上，不仅可以使用条件表达式来控制某个宏是否执行，还可以使用条件表达式控制宏中某些操作的流程。

7.1.3 宏窗体中的工具栏

如图 7.1 所示是进行宏设计时使用的宏设计窗口。在进行宏设计过程中，当将鼠标放到"操作"列中的某一行后，在该单元格中的右边会出现一个下拉按钮，单击下拉按钮即会显示可供选择的宏操作命令系列。

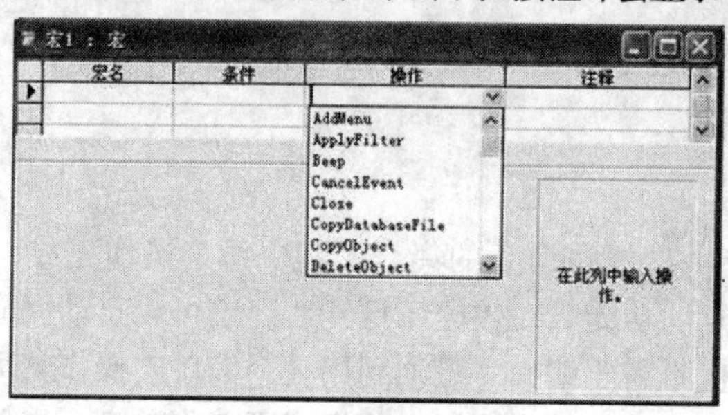

图7.1　宏设计窗口

与宏设计窗口相关的工具栏如图 7.2 所示，工具栏中主要的功能如表 7.1 所示。

图7.2　条件设计的工具栏

表 7.1　宏操作设计工具栏按钮的功能

名　称	功　能
宏名	设置宏组名称。单击一次此按钮，在宏的定义窗口中会增加 / 删除"宏名"列
条件	设置条件宏。单击一次此按钮，在宏的定义窗口中会增加 / 删除"条件"列
插入行	在宏操作编辑区设定的当前行的前面增加一个空白行
删除行	删除宏操作编辑区中的当前行
运行	执行当前宏
单步	单步运行，一次执行一条宏命令
生成器	在设置条件宏的"条件"时，打开表达式生成器，帮助生成条件表达式

7.1.4 常用宏操作

Access 2003 中提供了一系列基本的宏操作，每个操作都有自己的参数，可以按需要进行设置。常用的宏操作和功能说明如表 7.2 所示。

表 7.2　常用的宏操作

事件名称	说　明
AfterDelConfirm	事件在用户确认删除操作，并且在记录已实际被删除或者删除操作被取消之后发生
AfterInsert	事件发生是在数据库中插入一条新记录之后
AfterUpdate	事件发生在控件和记录的数据被更新之后
BeforeDelConfirm	事件发生在删除一条或多条记录后，但是在确认删除之前

续表 7.2

事件名称	说　明
BeforeInsert	事件发生在开始向新记录中写第一个字符，但记录还没有添加到数据库时
BeforeUpdate	事件发生在控件和记录的数据被更新之前
Change	事件发生在文本框或组合框的文本部分内容更改时
Current	当把焦点移动到一个记录，使之成为当前记录时事件发生
Delete	事件发生在删除一条记录时，但在确认之前
Dirty	事件一般发生在窗体内容或组合框部分的内容改变时
NotInList	当输入一个不在组合框列表中的值时，事件发生
Activate	当窗体或报表等成为当前窗口时，事件发生
Deactivate	事件发生在其他 Access 窗口变成当前窗口时。例外情况是当焦点移动到另一个应用程序窗口、对话框或弹出窗体时
Enter	事件发生在控件接收焦点之前，事件在 GetFocus 之前发生
Exit	事件发生在焦点从一个控件移动到另一个控件之前，事件在 LostFocus 之前发生
GetFocus	当窗体或控件接收焦点时，事件发生
LostFocus	在窗体或控件失去焦点时，事件发生
KeyDown	事件发生在控件或窗体有焦点，并且键盘按任何键时。但是对窗体来说，一定是窗体没有控件或所有控件都失去焦点，才能接受该事件
KeyPress	事件发生在控件或窗体有焦点、当按下并释放一个产生标准 ANSI 字符的键或组合时。但是对窗体来说，一定是窗体没有控件或所有控件都失去焦点时，才能接受该事件
KeyUp	事件发生在控件或窗体有焦点，释放一个按下的键时。但是对窗体来说，一定是窗体没有控件或所有控件都失去焦点时才能获得焦点
Click	事件发生在对控件单击鼠标时。对窗体来说，一定是单击记录选定器、节或控件之外区域，才能发生该事件
DblClick	事件发生在对控件双击时。对窗体来说，一定是双击空白区域或窗体上的记录选定器才能发生该事件
MouseDown	事件发生在当鼠标指针在窗体或控件上，按下鼠标的时候
MouseMove	当鼠标指针在窗体、窗体选择内容或控件上移动时事件发生
MouseUp	当鼠标指针在窗体或控件上，释放按下的鼠标时事件发生

项目 7.2 宏的创建与应用

例题导读

使用窗体的命令按钮向导，不能调用查询功能，如何创建宏，使得在窗体中使用查询功能？

知识汇总

- 创建宏的一般过程
- 创建单一宏及宏在窗体中的应用
- 运行和调试宏

通常宏是在控件事件发生时执行的，所以一般情况下将它和窗体控件联系起来使用。现在我们学习如何创建宏。

1. 创建宏的一般过程

创建宏的具体操作过程如下：

（1）在“数据库”窗体中选择“宏”对象。

（2）单击“新建”按钮。系统将出现新建宏的设计窗口，如图 7.1 所示。

技术提示：

宏中的操作只能选择已经存在的操作，不能随意输入一个操作名。

（3）单击“操作”字段的第一个单元格，然后再单击该单元格的下三角按钮，弹出操作列表。

（4）选择要使用的操作。

（5）输入操作的说明（备注）。说明不是必选的，但可以使宏更易于理解和维护。

2. 创建宏的应用

【例题 7.1】

创建名为 macro1 的宏，其中包含 OpenForm 、MsgBox 操作。运行后打开“学生信息显示”窗体，弹出一个窗口显示“程序结束！”信息。

操作步骤如下：

（1）在“数据库”窗体中选择“宏”对象。

（2）单击“新建”按钮。系统将出现新建宏的设计窗口，如图 7.1 所示。

（3）单击“操作”字段的第一个单元格，然后再单击该单元格的下三角按钮，弹出操作列表。

（4）在第一行“操作”列中选择“OpenFrom”操作，并在“注释”列中对相应的操作进行说明。同时，在下方显示操作参数窗口。其中“窗体名称”下拉列表里列出了数据库中创建的所有窗体，我们在其中选择“学生信息显示”窗体，如图 7.3 所示。

（5）在第二行“操作”列中选择“Msgbox”操作，此时，就在下方显示操作参数窗口。在其中“消息”框里输入“程序结束！”，在“类型”下拉框中选择“信息”。至此，我们的宏就创建好了。单击“保存”按钮，将其保存为 macro1，创建的 macro1 宏如图 7.4 所示。

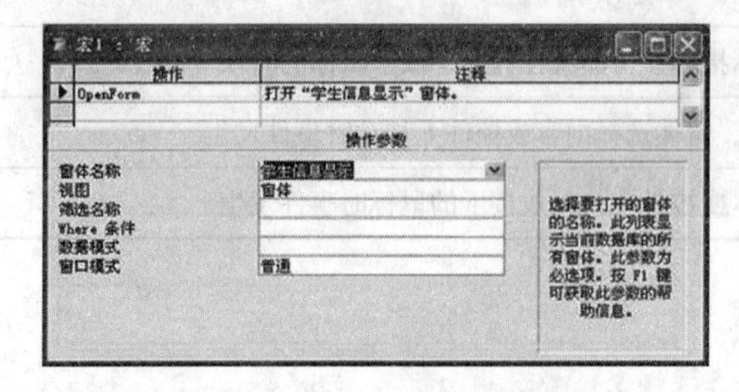

图7.3 设置第一个操作“OpenForm”

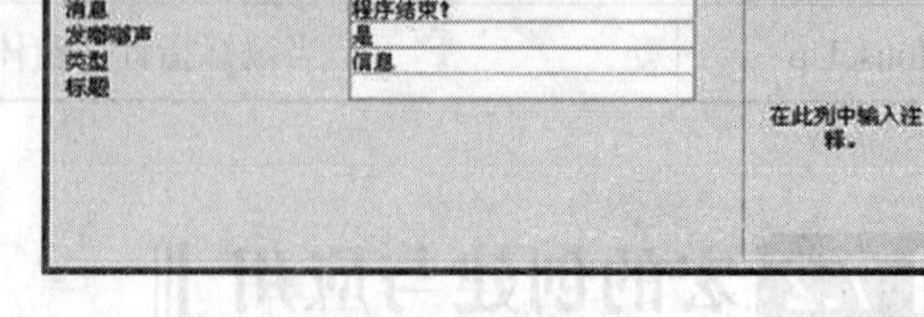

图7.4 简单宏界面

（6）运行 macro1 宏后，将自动打开“学生信息显示”窗体，弹出一个窗口显示“程序结束！”信息。

【例题 7.2】

利用模块 4 中学习的知识，设计如图 7.5 所示的窗体。当单击“教师人数查询”时会统计各系教师人数，当单击“教师课时查询”时会统计各教师授课时数。

图7.5 “教师信息查询”窗体

操作步骤如下：

（1）在“教学管理系统”数据库中选择“窗体”对象，单击“在设计视图中创建窗体”选项。

（2）在设计视图中添加一个下拉列表框和两个按钮，单击工具栏中的“保存”按钮，把窗体命名为“教师信息查询”窗体，如图 7.6 所示。

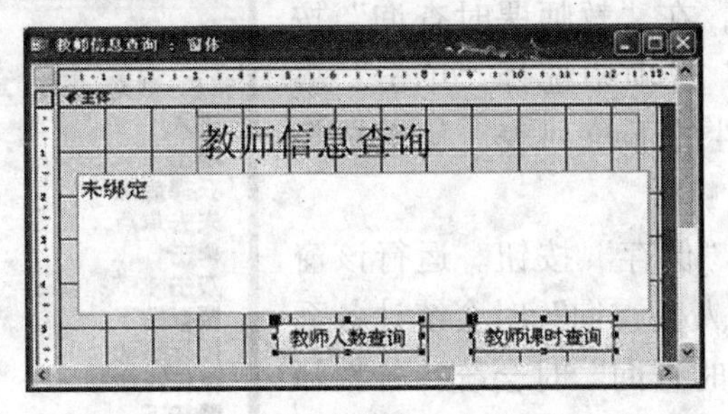

图7.6 “教师信息查询”窗体设计视图

（3）设置列表框属性，如图 7.7 所示。

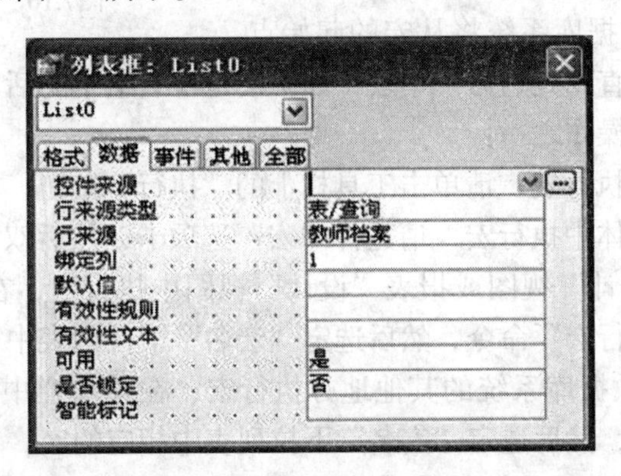

图7.7 列表框属性设置

（4）在“数据库”窗体中选择“宏”对象。

（5）单击“新建”按钮。系统将出现新建宏的设计窗口，如图 7.1 所示。

（6）单击“操作”字段的第一个单元格，然后再单击该单元格的下三角按钮，弹出操作列表。

（7）在第一行“操作”列中选择“OpenQuery”操作，并在“注释”列中对相应的操作进行说明。在下方显示操作参数窗口。其中“查询名称”里列出了数据库中创建的所有窗体，我们在其中选择“各系教师人数”窗体。单击“保存”按钮，将其保存为 macro2，创建的 macro2 宏如图 7.8 所示。

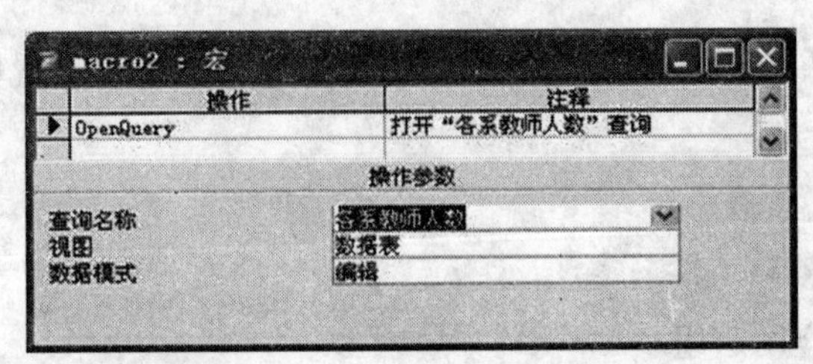

图7.8 创建“macro2”宏界面

（8）重复（4）~（7），建立如图 7.9 所示的宏 macro3。

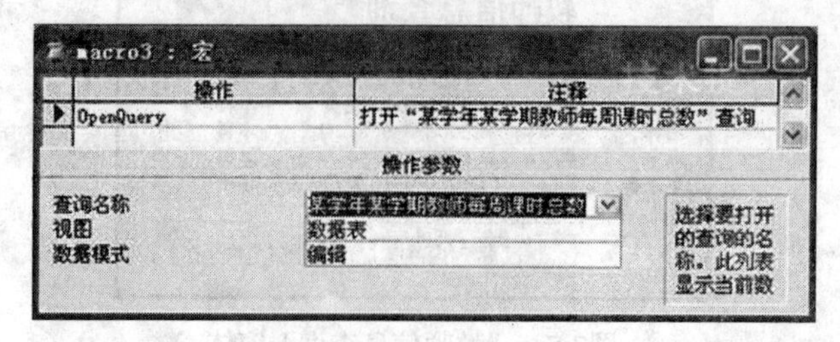

图7.9　创建“macro3”宏

（9）打开“教师信息查询”窗体，在“教师人数查询”按钮的属性窗口中的“事件”选项卡中选择“单击”事件。单击“事件”事件属性的下拉列表，从中选择“macro2”宏，如图 7.10 所示。

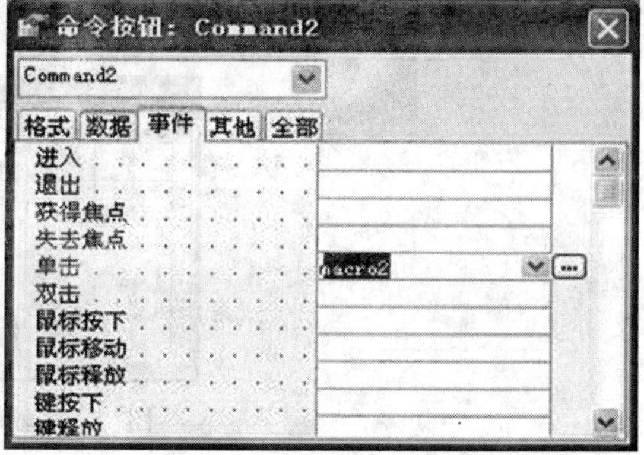

图7.10　在“单击”事件中调用宏

（10）利用同样的方法，在“教师课时查询”按钮的属性窗口中的“事件”选项中选择“单击”事件。单击“事件”事件属性的下拉列表，从中选择“macro3”宏。

（11）单击工具栏中的“保存”按钮。运行该窗体，单击该窗体上的“教师人数查询”时会统计各系教师人数，当单击“教师课时查询”时会统计各教师授课时数。

3. 宏的执行与调试

在执行宏时，Access 数据库系统将从宏的起始点启动，并执行宏中所有操作直到到达另一个宏（如果宏是在宏组中的话）或者到达宏的结束点。如果要直接执行宏，请进行下列操作之一：

（1）如果要从宏窗体中执行宏，请单击工具栏上的“执行”按钮。

（2）如果要从数据库窗体中执行宏，请选择“宏”选项卡，然后双击相应的宏名。

（3）如果要从窗体“设计”视图或报表“设计”视图中执行宏，在菜单栏中选择“工具”菜单下的“宏”子菜单下的“执行宏”命令，然后选定“宏名”下拉列表中相应的宏。

（4）如果要在 Access 数据库系统的其他地方执行宏，在菜单栏中选择“工具”菜单下的“宏”子菜单下的“执行宏”命令，然后选定“宏名”下拉列表中相应的宏。

在通常情况下直接执行宏只是进行宏测试。在确保宏的设计无误之后，可以将宏附加到窗体、报表或控件中，以对事件做出响应，或创建一个执行宏的自定义菜单命令。

项目 7.3 宏组的设计与应用

例题导读

什么是宏组？如何在已创建好的窗体中利用宏组为多个按钮设置单击事件？分析宏与宏组的区别。

知识汇总

●创建并在窗体中应用宏组

宏组是宏的集合，其中包含若干个宏。为了在宏组中区分各个不同的宏，需要为每一个宏指定一个宏名。通常情况下，如果存在着许多宏，最好将相关的宏分到不同的宏组，这样将有助于数据库的管理。

宏组类似于程序设计中的“主程序”，而宏组中“宏名”列中的宏类似于“子程序”。使用宏组既可以增加控制，又可以减少编制宏的工作量。

用户也可以通过引用宏组中的“宏名”（宏组名.宏名）执行宏组中的一部分宏。在执行宏组中的宏时，Access系统将按顺序执行“宏名”列中的宏所设置的操作以及紧跟在后面的“宏名”列为空的操作。

【例题7.3】

设计一个如图7.11所示的“课程及选课信息查询”窗体，窗体中包括“按课程名查询”、“按学号查询”和“退出”三个命令按钮。同时创建一个包含三个宏名的宏组分别关联到其中的三个按钮，以分别实现这三个按钮的功能。

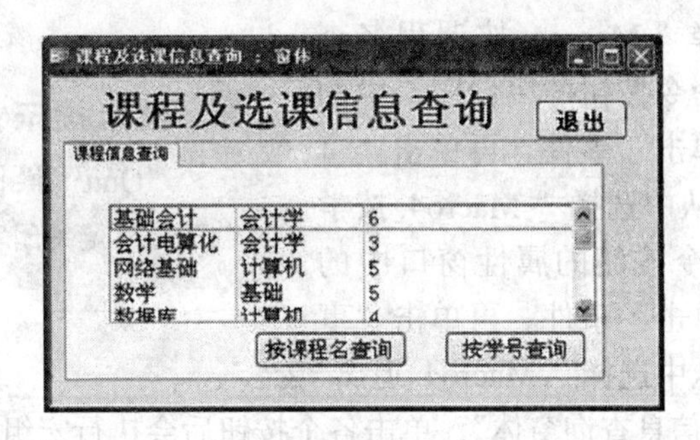

图7.11 “课程及选课信息查询”窗体

操作步骤如下：

（1）在“教学管理系统”数据库中选择“窗体”对象，单击“在设计视图中创建窗体”选项。

（2）在设计视图的“窗体页眉”中添加一个标签对象和一个“退出”按钮。在主体中添加一个选项卡控件，在选项卡控件中添加一个列表框和两个按钮。单击工具栏中的“保存”按钮，把窗体命名为“课程及选课信息查询”窗体，如图7.12所示。

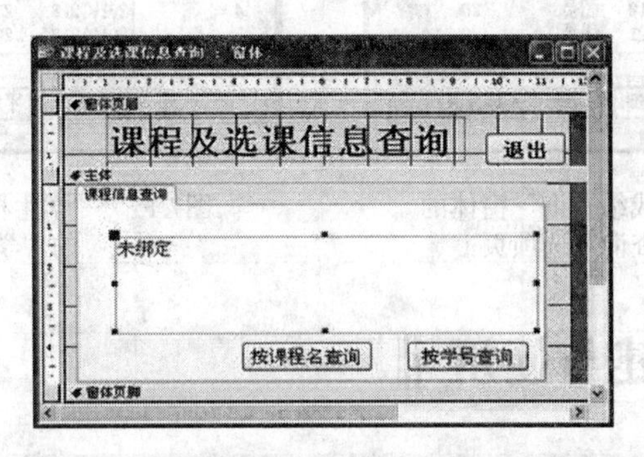

图7.12 “课程及选课信息查询”窗体设计视图

（3）设置列表框属性。在“数据”选项卡中的“行来源类型”下拉列表中选择“表/查询”，在“行来源”下拉列表中选择“课程名”。

（4）在教学管理系统的“数据库”窗口中选择“宏”对象。

（5）单击“数据库”窗口工具栏上的“新建”按钮，出现宏设计界面，单击工具栏中的“宏名”按钮，在宏设计对话框中出现一个“宏名”列。

（6）在“宏名”列输入第一个宏的名字“按课程名查询”，在对应的操作列中选择“OpenQuery”。在操作参数窗口中，我们在其中“查询名称”参数中选择“按课程名查看选课”。

（7）重复步骤（6）分别添加“按学号查询”和“退出”宏。“按学号查询”宏用来打开“按学

号查询选课”查询，而“退出”宏用来关闭“课程及选课信息查询”窗体。

（8）单击“保存”按钮，将其保存为 macro4，设计的宏组“macro4”如图 7.13 所示。

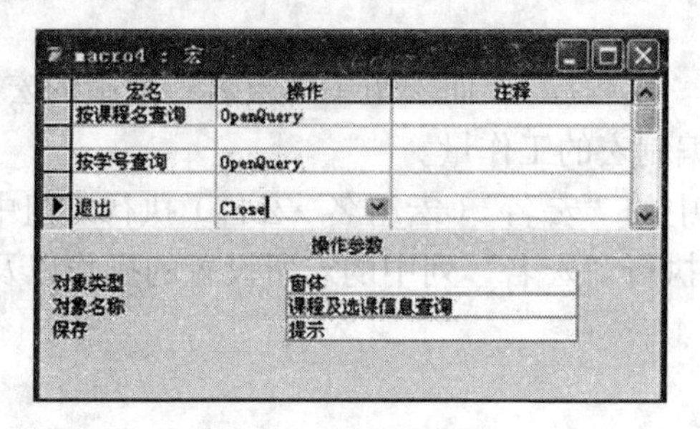

图7.13　创建的宏组

（9）打开“课程及选课信息查询”窗体，在“按课程名查询”命令按钮的属性窗口中的“事件”选项卡中，选择“单击”事件。在单击“事件”事件属性的下拉列表，从中选择“ Macro4. 按课程名查询”宏；在“按学号查询”命令按钮的属性窗口中的“事件”选项卡中，选择“单击”事件。再单击“事件”事件属性的下拉列表，从中选择“ Macro4. 按学号查询”宏；在“退出”命令按钮的属性窗口中的“事件”选项卡中，选择“单击”事件。再单击“事件”事件属性的下拉列表，从中选择“ Macro4. 退出”宏。

> **技术提示：**
>
> “Quit”操作是退出整个Access系统，“Close”是关闭窗体。

（10）运行“课程及选课信息查询窗体”，单击各个按钮后会执行宏组中相应的宏。

接下来，请同学们利用类似的方法完成如图 7.14 和 7.15 所示的“学生档案成绩查询”窗体。

图7.14　“学生档案成绩查询”窗体的“学生档案查询”选项页

图7.15　“学生档案成绩查询”窗体的“学生成绩查询”选项页

项目 7.4 条件宏创建与使用

例题导读

许多时候，要求仅当某些条件满足时，才执行宏中对应的一个或多个操作，如何为“教学管理系统”设计一个“系统登录”窗体？

知识汇总

- 设置宏中的条件列，限制宏的执行
- 利用条件宏限制用户登录

【例题 7.4】

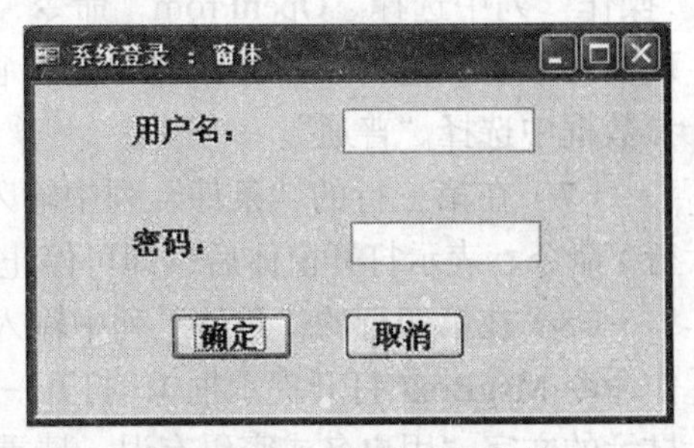

图7.16 “系统登录”窗体

如果想创建如图 7.16 所示的“系统登录”窗体，并且创建一个宏用来对输入的用户名和密码进行验证。在单击“确定”按钮时，如输入的用户名和密码正确，立即关闭“系统登录”窗体，然后打开“学生信息浏览”窗体；若用户名或密码不正确，则弹出一个“用户名或密码有误！”的警告消息框，并清空文本框中输入的内容要求重新输入。此外，若单击“取消”按钮，则不再对输入内容进行验证而直接关闭该窗体。我们要怎么操作?

条件操作宏是指在宏中的某些操作带有条件。这类宏在运行之前先判断条件是否满足，如果条件满足则执行当前行操作命令。如果条件不满足，则不运行当前的操作命令，而判断下一行的条件，确定是否执行该行的操作命令。在宏的设计表格中，每行的“条件”设置只是对同一行“操作”命令有约束力，对其他行的操作不起约束作用。

宏的条件使用逻辑表达式来描述，表达式的真假结果决定是否执行宏的命令。执行宏时，这些操作只有在条件成立时才得以执行。

打开条件操作宏的“设计”视图，如图 7.1 所示。其中，宏操作的执行条件用于控制宏的操作流程，在不指定操作条件时，运行一个宏时，Access 将顺序执行宏中包含的所有操作。若一个宏操作的执行是有条件的，只有当条件成立时才得到执行，而条件不成立时就不执行，则应在该操作的“条件”列内给定一个逻辑表达式。当宏执行到这一操作时，Access 将首先判断该操作的执行条件是否成立。若条件成立，则执行该操作；若条件不成立，则不执行该操作，接着转去执行下一个操作。

在“条件”列中，设置执行条件的操作过程为: 在对应宏操作的“条件”列中键入相应的逻辑表达式；或者右击鼠标，在弹出的快捷菜单中选择“生成器”命令，再在“表达式生成器”中建立逻辑表达式。

操作步骤如下：

（1）在“教学管理系统”的“数据库”窗口中，选择“窗体”对象，创建如图 7.16 所示的“系统登录”窗体。定义文本框的名称分别为 yhm、kl，设置 kl 文本框“数据”属性的“输入密码”属性值为“密码”。

（2）在“教学管理系统”的“数据库”窗口中，选择“宏”对象。

（3）单击“数据库”窗口工具栏上的“新建”按钮，打开宏设计视图，单击工具栏中的“宏名”与“条件”按钮，在宏设计视图中添加“宏名”与“条件”列。

（4）定义宏名。在宏设计视图中单击“宏名”列下的第一个空白单元格，输入“确定”作为宏名。

（5）定义宏条件。在宏设计视图中单击“条件”列下的第一个空白单元格，输入逻辑表达式：[yhm]=“管理员” and [kl]=“123456”。选择操作命令 Close，操作参数设置如图 7.17 所示。其条件用来输入正确的用户名和密码。

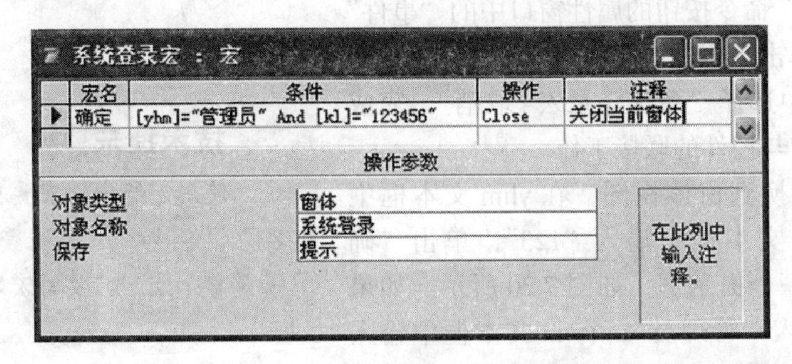

图7.17 为“确定”宏设置操作命令 Close

（6）在第二行的“条件”列中输入“…”，表示该操作命令的条件与上行条件相同。在第 2 行的

“操作”列中选择“OpenFrom”命令，在操作参数区“视图”中选择“窗体”，这时操作参数区会出现窗体名称，选择“学生信息显示”窗体。在“设计模式”参数框中选择“编辑”。在“窗口模式”参数框中选择“普通”。

（7）在第三行的“条件”列中输入“…”，在“操作”列中选择“StopMacro”(结束当前宏的运行)命令。表示打开窗体后，即可停止宏的执行了。

（8）在第四行的“条件”列中输入逻辑表达式：[yhm]<>“管理员”and [kl]<>“123456”，选择操作命令 MsgBox(打开提示框)，打开一个信息提示框，在操作参数“消息”文本框中可输入提示框中显示的文字“用户名或密码有误，请重新输入”，并如图 7.18 所示设置其他参数。

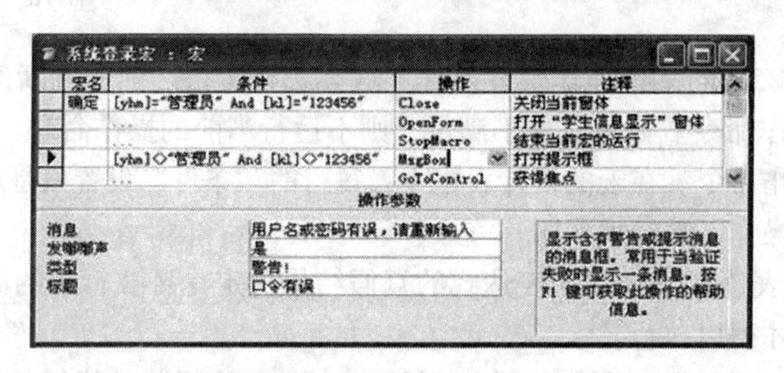

图7.18　为“确定”宏设置操作命令MsgBox

（9）在第五行“条件”单元格输入“…”，选择操作命令 GoToControl，其参数“控件名”设置为“[yhm]”。

（10）空一行。输入宏名“取消”，选择操作命令 Close，其操作参数设置如图 7.19 所示。

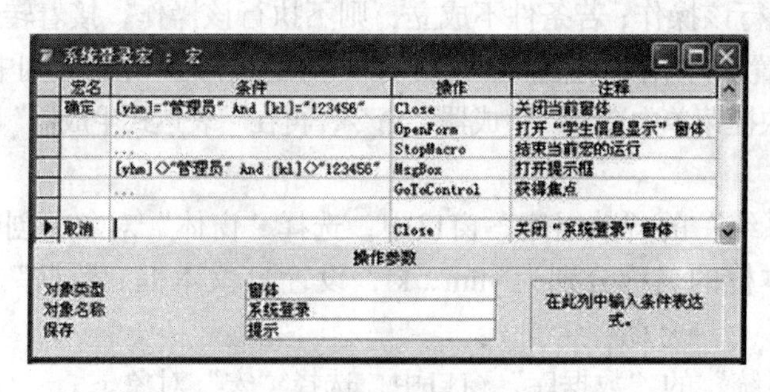

图7.19　为“取消”宏设置操作命令 C lose

（11）单击“保存”按钮，将其保存为“系统登录宏”，至此，按要求的条件宏就创建好了。

（12）在“教学管理系统”的“数据库”窗口中，选择“窗体”对象，打开“系统登录”窗体的设计视图。

（13）在“确定”命令按钮的属性窗口中的“事件”选项卡中，选择“单击”事件。在单击“事件”事件属性的下拉列表，从中选择“系统登录宏 . 确定”。

（14）在“确定”命令按钮的属性窗口中的“事件”选项卡中，选择“单击”事件。在单击“事件”事件属性的下拉列表，从中选择“系统登录宏 . 取消”。完成以上操作就完成了宏与控件的联接工作。

（15）将视图切换到窗体视图，在 yhm 文本框中输入“ABC”，在 kl 文本框中输入“123”，单击“确定”按钮，将出现一个提示框，如图 7.20 所示。如果在 yhm 文本框中输入“管理员”，在 kl 文本框中输入“123456”，单击“确定”按钮，将会打开“学生信息显示”窗口，如图 7.21 所示。

技术提示：

使用宏组中的宏要在宏名前加“宏组名.”。例如，“系统登录宏.确定”。如果是单个宏，只要写宏名即可使用宏。

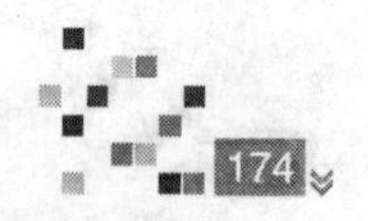

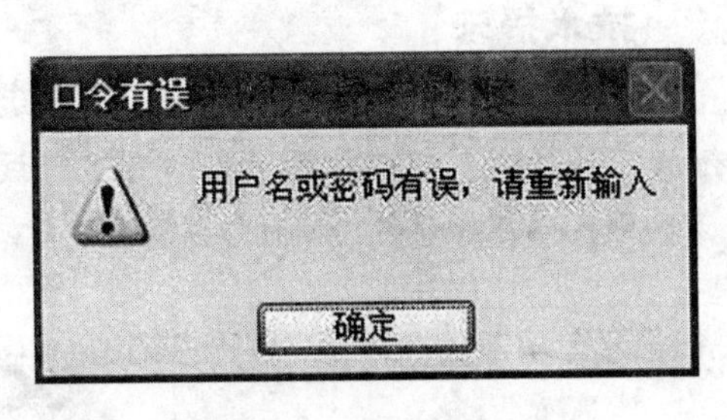

图7.20　在窗体中执行宏

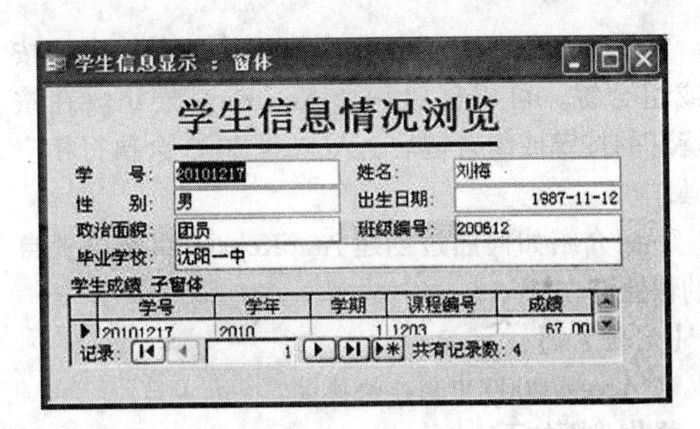

图7.21　登录窗体

项目 7.5 两个常用宏的创建和应用

例题导读

如何在打开数据库时执行指定的操作？要将一个操作或操作集合赋值给某个特定的按键或组合键，我们该怎么做？

知识汇总

- 自动执行宏 AutoExec 的创建和使用
- 利用 AutoKeys 宏组创建快捷键

有时候人们希望在打开系统时，系统可以自动地完成一些功能。例如，对管理员而言，要随时查看“学生”表、“课程”表和“成绩”表，如果要一个一个打开，显得繁琐。那么，有什么方法可以让系统来自动完成呢？在使用 Access 2003 的过程中，如果有疑惑的地方，可以按 F1 键来打开帮助系统，在这里 F1 键是一个快捷键。那么，我们创建的系统中，是不是也可以创建自己的快捷键呢？

如果在打开数据库时执行指定的操作，可以使用一个名为 AutoExec 的特殊宏，在打开数据库时，Access 2003 会查找一个名为 AutoExec 的宏，如果找到，就会自动执行它。现在来解决前面所提出的问题。

【例题 7.5】

如何在 Access2003 中，打开数据库时自动打开“系统登录”窗体和“切换面板”窗体？

操作步骤如下：

（1）在“教学管理系统”数据库窗口中，新建一个宏。

（2）在第二行的“操作”列中选择“OpenFrom”操作命令，在操作参数区“视图”中选择“窗体”，在“窗体名称”参数中选择“系统登录”窗体。在第三行的“操作”列中选择“OpenFrom”操作命令，在操作参数区“视图”中选择“窗体”，在“窗体名称”参数中选择“切换面板”窗体。

（3）将宏保存为 AutoExec，如图 7.22 所示。

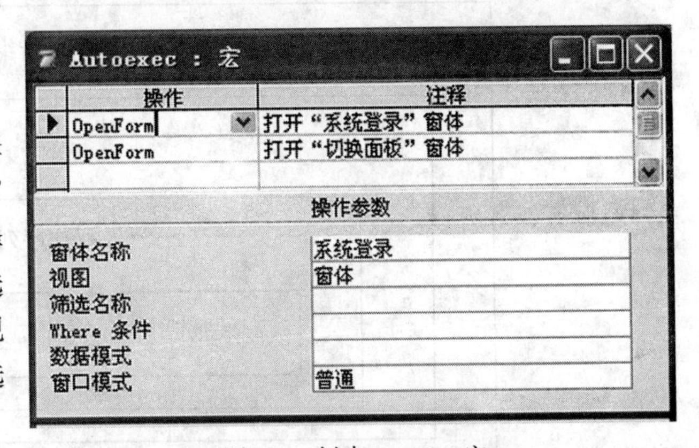

图7.22　创建AutoExec宏

要将一个操作或操作集合赋值给某个特定的按键或组合键，可以创建一个 AutoKeys 宏组。在按下特定的按键或组合键后，Access 2003 会执行相应的操作。

技术提示：

下一次打开数据库时，Access会自动运行该宏。如果不想在打开数据库时运行该宏，则可以在打开数据库时按住Shift键。

下面介绍如何通过创建 AutoKeys 宏组来设置自己的快捷键。

【例题 7.6】

在 Access 2003 中创建快捷键。

操作步骤如下：

（1）在教学管理系统数据库窗口中，新建一个宏。

（2）单击工具栏上的宏名按钮，显示宏名列。

（3）在宏名列中输入要使用的按键或组合键并添加按键对应的操作或操作集。在此例中，我们在第一行“宏名”输入“^O”，其相应的操作为“OpenTable”；在第二行“宏名”输入“^Q”，其相应的操作为“Quit”。

（4）保存宏并命名为“AutoKeys”，如图 7.22 所示。

技术提示：

在运行该系统的过程中，任意时刻按Ctrl+O可以打开“学生档案”表，按Ctrl+Q可以退出Access系统，并且在退出之前保存所有对象。

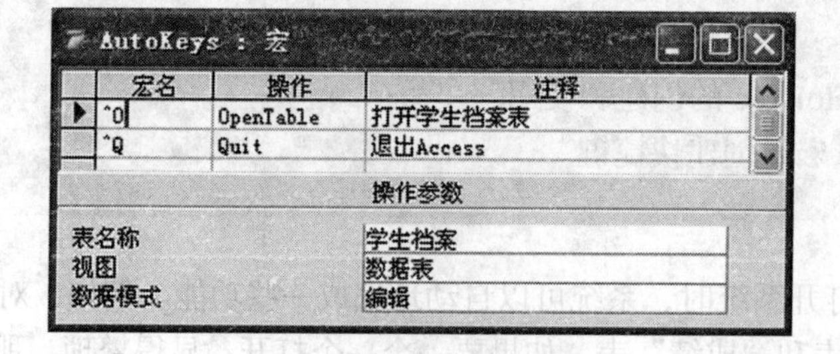

图7.23　创建快捷键的宏

重点串联

使用“宏操作”可以使用户更加方便而快捷地操纵 Access 数据库系统。本模块介绍 Access 数据库中理论性较强的两个对象之一的宏，主要内容有宏的基本概念、创建宏、调试宏和运行宏等。它们之间的关系是：

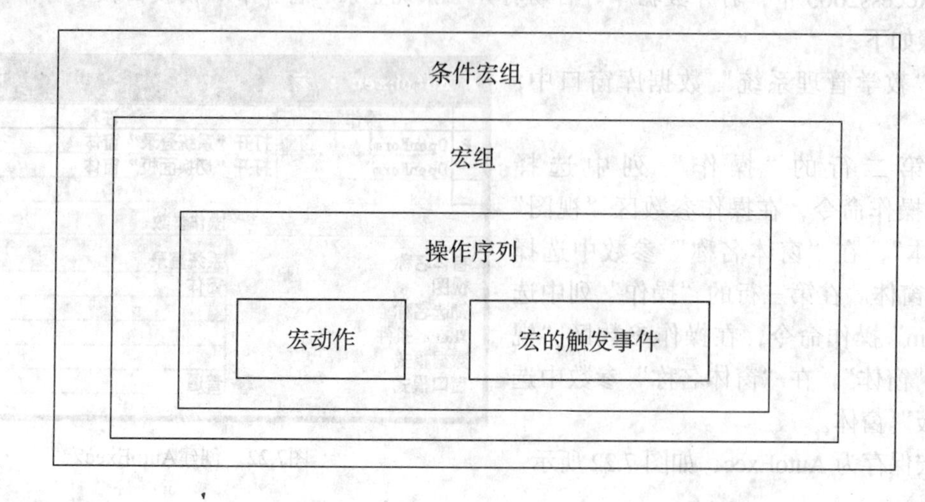

拓展与实训

基础训练

一、填空题

1. 宏是由一个或多个 ______ 组成的集合，其中每个 ______ 都实现特定的功能。

2. 使用 ______ 可确定在某些情况下运行宏时，是否执行某个操作。

3. 有多个操作构成的宏，执行时是按照 ______ 执行的。

4. 宏中条件项是逻辑表达式，返回值只有两个：______ 和 ______。

5. 宏是 Access 的一个对象，其主要功能是 ______。

6. 打开一个表应该使用的宏操作是 ______；打开一个窗体应该使用的宏操作是 ______；打开一个查询应该使用的宏操作是 ______；打开一个报表应该使用的宏操作是 ______。

二、选择题

1. 要限制宏命令的操作范围，可以在创建（　　）宏时定义。

A. 宏操作对象　　B. 宏条件表达式

C. 窗体或报表控件属性　　D. 宏操作目标

2. 在宏的表达式中要引用窗体 Form1 上控件 Txt1 的值，可以使用的引用式是（　　）。

A. Txt1　　B. Form1!Txt1

C. Forms!Form1!Txt1　　D. Forms!Txt1

3. OpenForm 基本操作是打开（　　）。

A. 表　　B. 窗体　　C. 报表　　D. 查询

4. 如果不指定对象，Close 基本操作将会（　　）。

A. 关闭正在使用的表　　B. 关闭正在使用的数据库

C. 关闭当前窗体　　D. 关闭相关的使用对象（窗体、查询、宏）

5. 以下（　　）事件发生在控件接收焦点之前。

A. Enter　　B. Exit　　C. GotFocus　　D. LostFocus

6. 以下（　　）事件发生在焦点从一个控件移动到另一个控件之前。

A. Enter　　B. Exit　　C. GotFocus　　D. LostFocus

7. 宏组是由（　　）组成的。

A. 若干宏操作　　B. 子宏　　C. 若干宏　　D. 都不正确

三、简答题

1. 如何在宏中设置操作参数的提示？

2. 如何在窗体上创建运行宏的命令按钮？

3. 如何使用宏检查数据有效性？

▶ 技能实训

1．设计一个窗体，显示用户输入学号的学生的所有成绩记录，要求学生成绩记录用另一个窗体显示。

2．设计一个窗体，显示用户输入学号或课程编号的学生的所有成绩记录，要求学生成绩记录在同一个窗体中显示。

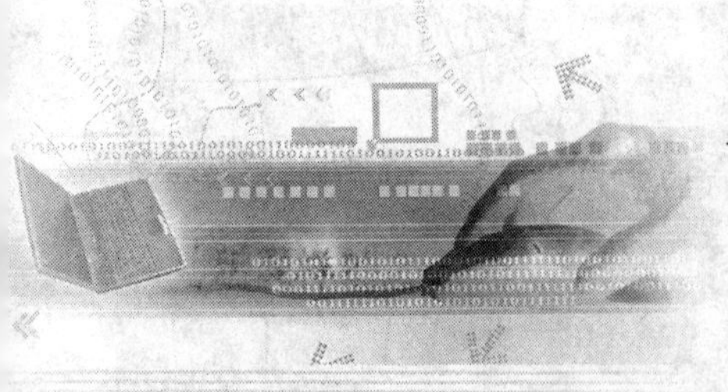

模块8 VBA程序设计

教学聚焦

本模块首先介绍 VBA 的编程环境，然后介绍 VBA 的基本语法和程序流程控制语句，最后介绍面向对象程序设计的概念及编写 VBA 程序模块的相关知识。

知识目标

◆ 了解 VBA 程序设计的基础知识；
◆ 熟悉 VBA 的语句结构；
◆ 熟悉数据的输入和输出语句；
◆ 理解模块和过程的定义；
◆ 理解面向对象程序设计的思想。

技能目标

◆ 熟练地在 Access 中创建与应用模块；
◆ 熟练使用 VBA 的开发环境；
◆ 掌握类模块中对象的属性、方法和事件；
◆ 能够编写简单的 VBA 程序；
◆ 掌握创建与窗体和报表相关的类模块的创建方法，实现数据库应用系统开发的高级设计。

课时建议

6 课时

课堂随笔

______

______

______

项目 8.1 VBA 编程

例题导读

什么是 VBA 语言？在 VBA 语言中都包括哪些数据类型和语句结构？ VBA 语言中的数据输入和输出怎么实现？

知识汇总

- VBA 包括的数据类型及表达式
- VBA 语句结构，包括注释语句、声明语句、赋值语句、流程控件语句等
- 基本数据输入、输出语句

8.1.1 VBA 概述

1.VBA 简介

VBA（Visual Basic for Application）是微软公司出品的办公自动化系列软件中内置的用来开发应用系统的程序设计语言，它是 VB（Visual Basic）的一个子集，其语法与独立运行的 VB 相类似，用户可以像编写 VB 程序那样来编写 VBA 程序，与 VB 的一个重要区别在于用 VBA 编写的程序不能生成 EXE 可执行文件。

Access 是办公自动化系列软件中的一个重要组件，它也是以 VBA 语言作为其代码设计的开发语言。VBA 为在 Access 中开发应用程序提供了更加简洁的方法，扩充了 Access 的功能，能够解决宏等其他对象不能解决的许多问题。宏的每一个宏命令操作在 VBA 中都有相应的等效语句来实现，使用这些语句就可以实现所有宏命令的功能，所以 VBA 的功能是非常强大的，可以提高 Access 开发数据库应用系统的效率。概括来说，VBA 具有以下特点：

（1）操作简单直观。VBA 有一个具有 Windows 风格的集成开发环境 VBE，VBE 编辑界面如图 8.1 所示，此窗口中的菜单、工具和各种子窗口为用户提供了方便和直观的程序编辑、运行和调试手段。

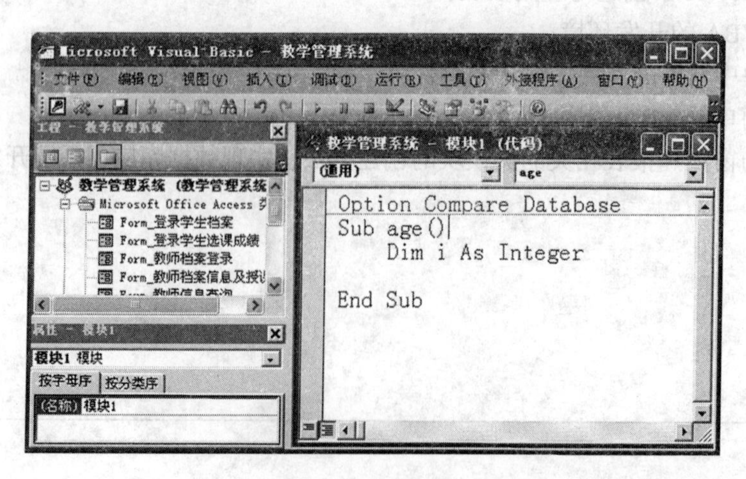

图8.1 VBE编辑界面

（2）编程效率高。VBE 编辑界面是一个完整的开发和调试系统，它提供了许多便利的工具和可

视化的编程方法，具有自动显示提示信息和自动代码生成机制。在代码窗口中输入代码时，系统会自动显示关键字列表、对象属性列表和过程参数列表等提示信息，自动显示提示信息如图 8.2 所示。

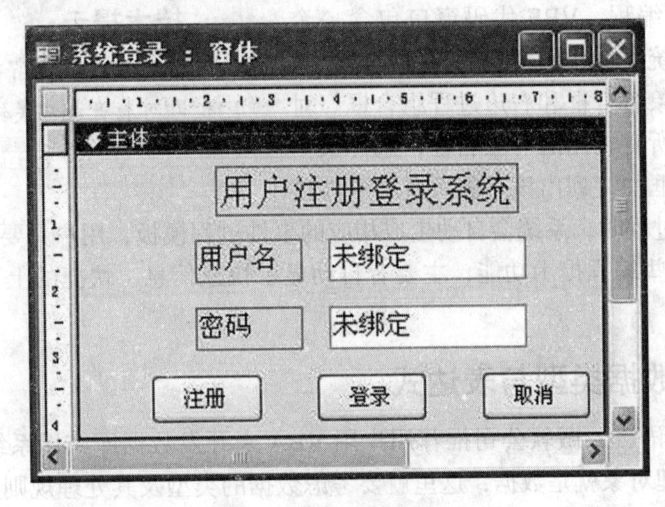

图8.2　自动显示提示信息

在输入代码时，系统可以自动生成一些相对固定的程序代码，降低了程序设计的工作量，可以通过调用标准的控件和函数来达到较高的编程效率。这些为初学者提供了极大的方便。

（3）VBA 是面向对象的语言。VBA 是面向对象的，对象是一组相关的程序和数据。Access 中的报表和窗体及其中的控件都可以看做一个对象。每一个对象都有其中相关的属性和方法。属性控制对象的外观和表现，即属性决定对象是什么。方法决定对象的具体操作，即方法决定对象能做什么。窗体和报表中的控件还能够响应一些事件，如单击事件。

（4）事件驱动机制。VBA 采用事件触发程序机制，事件是可以由对象识别并可以定义如何响应的操作。当某个对象的相关事件发生时，就会运行相应的程序代码，完成指定的操作。Access 中在默认的情况下，VBA 在事件发生时不做任何响应，要响应事件，就必须编写相应的事件代码来实现特定的操作。例如，单击命令按钮后打开一个窗体，只要在 Click() 事件过程中编写 DoCmd. OpenForm " 窗体名称 "。

2. VBA 的开发环境

VBA 的开发界面为 VBE（Visual Basic Editor），在 VBE 中可以方便地编写 VBA 函数、过程及其他程序语句。

（1）VBE 界面。在 Access 中，有多种方式来打开 VBE 窗口。在数据库窗口中选择“模块”对象，单击该窗口中的“新建”按钮，即可打开 VBE 窗口；还可以双击“模块”对象中已经存在的模块名称，来打开 VBE 窗口并显示模块内容。

VBE 界面主要由主窗口、工程资源管理器窗口、属性窗口和代码窗口组成。通过主窗口的“视图”菜单中的相应选项可以来控制显示对象窗口、对象浏览器窗口、立即窗口、本地窗口和监视窗口。

“工程资源管理器”窗口的列表框中列出了在应用程序中用到的模块文件及类对象。单击“查看代码”按钮可以显示相应的代码窗口，单击“查看对象”按钮可以显示相应的对象窗口，单击“切换文件夹”按钮可以显示或隐藏对象文件夹。双击“工程资源管理器”窗口中的模块或类对象，也可以打开相应的代码窗口并显示代码。

“属性”窗口列出了所选对象的各种属性，可以“按字母序”和“按分类序”两种方式查看属性和编辑属性。为了在属性窗口中显示 Access 类对象，应先在设计视图中打开对象，然后单击“工程资源管理器”窗口中的相应类对象，属性窗口就会显示相应的属性。

“代码”窗口可以输入和编辑 VBA 代码，可以打开多个代码窗口来查看各个模块的代码，并可

以进行复制和粘贴。代码窗口中，用不同的颜色显示关键字和普通代码，让人一目了然。

（2）代码窗口中编程。VBE 代码窗口包含一个成熟的开发和调试系统。在代码窗口的顶部是两个组合框，分别是左边对象组合框和右边过程组合框。对象组合框中列出的是所有可用的对象名称，选择某一对象后，在过程组合框中将列出该对象所有的事件过程。当选择某个事件过程时，系统会自动生成相应的事件过程模板，用户只要添加相应的代码即可。

技术提示：

在VBE的代码窗口中，选中关键字后按F1键即可打开相应关键字的帮助内容。

VBE 还提供了一些编程提示功能，主要有自动显示快速信息、快捷的上下文关联帮助以及快速访问子过程等功能。

8.1.2 数据类型与表达式

VBA 是程序设计语言，微软公司推荐用户用 VBA 来开发数据库应用系统。和其他程序设计语言一样，其基本的处理对象就是数据，这里就要考虑数据的类型及其处理规则。

1. 数据类型

在创建数据库与表这一模块中，我们对数据类型已经有了一定的了解，数据类型决定了 Access 中表对象以何种方式存储数据。VBA 中数据类型包括字节型、整型、长整型、单精度型、双精度型、布尔型、日期型、字符串型、货币型和变体型等。有关数据类型的详细说明如表 8.1 所示。

表 8.1　VBA 数据类型

数据类型	类型名	字段类型	字节数	取值范围
字节型	Byte	字节	1	0 ~ 255
字符串型	String	文本	字符串长度	0 ~ 65 400 字符
布尔型	Boolean	逻辑值	2	True 或 False
整型	Integer	整数	2	-32 768 ~ 32 767
长整型	Long	长整数 / 自动编号	4	-2 147 483 648 ~ 2 147 483 647
单精度型	Single	单精度数	4	负数 -3.402 823E38 ~ -1.401 298E-45 正数 1.401 298E-45 ~ 3.402 823E38
双精度型	Double	双精度数	8	有效位数比单精度大得多
日期型	Date	日期 / 时间	8	100 年 1 月 1 日 ~ 9999 年 12 月 31 日
货币型	Currency	货币	8	-922 337 203 685 477.580 8 到 922 337 203 685 477.580 7
变体型	Variant	任意类型	16 以上	上述有效取值之一

对于不同类型的数据，其书写方法是不同的。例如，表示数字时，直接书写数字本身即可；而表示字符串或文本时，就需要把表示的内容用一对双引号括起来，如 "1234456"；表示日期 / 时间型数据时，则要把所表示的内容用一对 # 号括起来，如 #2012-2-13#。

在 VBA 中，不同类型的数据占用的空间也是不同的，在定义不同数据类型时，要考虑存储数据的大小，例如要存储一个 32768 的整型数据时，就得定义为长整型数据类型，如果定义成整型就将溢出。

在 VBA 程序中，不同的数据类型之间可以互相转换。例如，当布尔型（Boolean）数据转换为其他数据类型时，True 转换为 -1，而 False 转换为 0。其他数据类型转换为布尔型（Boolean）值时，0

值会转换为 False，而非 0 值会转换为 True。如果数据是从精度高的数据类型转换为精度低的数据类型，那么转换过程中将会自动降低精度类型。

技术提示：

表示文本或字符串时的一对双引号必须是英文输入法状态下输入的双引号，而不是用中文输入法状态下输入的双引号。布尔型数据类型虽然占用2个字节（16位），但取值只能为True或False。日期型数据也可以表示时间，其取值范围可以从0:0:0到23:59:59。

2. 常量

常量是 VBA 程序运行时始终保持不变的量，在 VBA 程序中，其值被指定后就不能更改，可以在程序中的任何位置使用常量代替实际的值。对于程序中经常出现的固定不变的数值或字符串，用常量来表示可以增加程序的可读性和可维护性。

VBA 中常量可以分为系统定义的常量和用户自定义常量两种。系统定义的常量，通常以 vb 为前缀，如 vbOK、vbCancel、vbYes 和 vbNo 等。一般由应用程序和控件提供，可以与它们所属的对象、方法和属性等一起使用。VBA 中所有系统定义的常量都在 VBA 类型库中，用户可以在 VBE 的编辑窗口中点击工具栏上的“对象浏览器”来查看所有对象库中的固有常量。

用户自定义常量可以用 Const 语句来声明，其格式为：

Const 常量名 [As 类型名]= 表达式

例如，Const PI As Single=3.1415926：Const BeginDate As Date=#2012-2-10#。

技术提示：

用户自定义常量时，如果没有指定数据类型时，VBA会按照存储效率最高的方式确定数据类型。

3. 变量

变量代表内存中的一个存储区域，用来保存程序运行期间可以修改的数据，存储区域中的数据就是变量的值。每一个变量都有一个标识符，即变量名，可以通过变量名来访问变量，变量名的命名必须符合以下规则要求。

（1）第一个字符必须使用英文字母，其他部分可以包括字母、数字和下划线。

（2）包含的字符数不能超过 255 个。

（3）不得与 VBA 的关键字同名，如不能使用 Sub、Integer 等。

（4）不能使用！、@、&、$、# 等字符。

VBA 中，通常情况下，都是先定义变量再拿来使用，这样可以将变量通知给程序，便于在以后的设计中识别。但是，VBA 程序中并没有严格要求变量一定要先定义后使用。因此，根据变量的定义方式，可以将变量分为隐式变量和显式变量。

（1）隐式变量。隐式变量是指没有直接定义的变量，VBA 对没有直接定义的变量，默认为变体型（Variant）。

（2）显式变量。显示变量是指明确定义过的变量，用户通常使用的都是显示变量。显示变量的定义通常用 Dim 语句来实现，其格式为：

Dim 变量名 [As 类型名]

例如，定义一个数据类型为字符串型的 Name 变量，其格式是：Dim Name As String。

技术提示：

变量名不区分大小写。变量名应尽量简洁明了，以增强程序的可读性。

Dim 语句可以在一行中定义多个变量，如 Dim Grade As Integer, AvgGrade As Single，这样就同时定义了一个整型变量为 Grade，又定义了一个单精度型变量 AvgGrade。

在定义变量时，若省略数据类型，系统会自动将变量定义为变体型（Variant）。如 Dim Passed，这里的变量 Passed 就是变体型。

当使用 Dim 语句定义局部变量时，系统会对变量进行初始化，数值型变量会被初始化为 0，字符串型变量被初始化为长度为零的空字符串（""），变体型变量被初始化为空值等。

4. 运算符与表达式

运算符是告诉 VBA 以何种方式来操作数据的符号。表达式是由符合 VBA 语法规则的运算符将常量、变量、函数和关键字等连接起来的式子书写在一行上。在 Access 中表达式的应用极其广泛，如查询条件的设置和宏条件的设置等。

技术提示：

表达式中如果含有括号，则先计算括号中的表达式，括号内部仍按运算符的优先级运算。

VBA 提供了丰富的运算符，主要有算术运算符、比较运算符、逻辑运算符和连接运算符等，不同的运算符的组合可以构成多种表达式。

（1）算术运算符及其表达式。算术运算是所有运算中使用频率最高的运算方式，VBA 中提供了八种算术运算符，如表 8.2 所示。表 8.2 中的算术运算符是按照优先级的先后顺序列出的，即求幂运算符（^）优先级最高，接着依次降低，减法运算符（-）最低。

表 8.2 算术运算符

运算符	描述	表达式举例
^	求幂	5^2
−	取负	−2
*	乘法	5*2
/	浮点除法	5/2 结果为 2.5
\	整除	5\2 结果为 2
Mod	求余	5Mod2 结果为 1
+	加法	5+2
−	减法	5−2

（2）比较运算符及其表达式。比较运算符也称关系运算符，用来对两个表达式的值进行比较，其结果是一个逻辑值，即 False（假）或 True（真）。VBA 主要提供了 6 种比较运算符，如表 8.3 所示。

表 8.3 比较运算符

运算符	描述	表达式举例
=	相等	2=5 结果为 False
<>	不等于	2<>5 结果为 True
>	大于	2>5 结果为 False
<	小于	2<5 结果为 True
<=	小于等于	2<=5 结果为 True
>=	大于等于	2>=5 结果 False

比较运算符的优先顺序为：

① >、<、<= 和 >= 的优先级相同，= 和 <> 优先级也相同，前 4 种比较运算符的优先级高于后 2 种比较运算符。

② 比较运算符的优先级低于算术运算符。

> **技术提示：**
> 注意区分比较运算符相等符（=）和赋值语句中的“=”。

（3）连接运算符及其表达式。字符串连接符（&）用来连接多个字符串。如 "A"&"b"，其结果为 "Ab"。另外，VBA 中“+”也可以作为字符串连接符，但使用“+”时，在有些情况下，会出现意外错误，建议读者使用“&”。

（4）逻辑运算符及其表达式。逻辑运算符主要连接两个或多个比较表达式，组成一个布尔表达式，逻辑运算的结果仍为逻辑值。VBA 提供的逻辑运算符有逻辑与（And）、逻辑或（Or）、逻辑非（Not）。具体运算规则如表 8.4 所示。

表 8.4 逻辑运算符运算规则

A	B	Not B	A And B	A Or B
False	False	True	False	False
False	True	False	False	True
True	False	True	False	True
True	True	False	True	True

（5）对象运算符及其表达式。对象运算表达式中主要使用“!”和“.”两种运算符，使用对象运算符指示随后将出现的项目类型。

①“!”运算符后主要跟随的是用户定义的内容。使用“!”运算符可以引用窗体和报表上的控件。

例如，引用“登录学生档案”窗体上的“学号”控件的数据，其格式为“Forms! 登录学生档案 ! 学号”。

②“.”运算符后主要跟随的是 Access 数据库定义的内容。使用“.”可以引用窗体、报表或控件等对象的属性。

例如，要设置“登录学生档案”窗体上的“学号”控件的字体为黑体，其格式为“Forms! 登录学生档案 ! 学号 .FontName = " 黑体 "”。

> **技术提示：**
> “!”和“.”运算符要在英文输入法状态下输入，否则程序会报错。如果窗体控件对象名称中含有空格或标点符号，就必须要用方括号把名称括起来。

8.1.3 VBA 语句结构

1. 语句概述

语句是能够完成某项操作的一条命令，VBA 程序就是由大量的语句所构成的。VBA 和任何程序设计语言一样，语句的编写也有一定的书写规则，其主要规定如下：

（1）语句书写。

① 通常程序语句一句一行，语句较短时可以在一行写多条语句，这时每条语句间用冒号“:”分隔。

② 对于较长的语句可以分若干行来写，但要在续行的行尾加入续行符（空格和下划线“_”）即可。

> **技术提示：**
> “:”和“_”运算符要在英文输入法状态下输入，否则程序会报错。

③ 一行允许写 255 个字符。

（2）注释语句。一个好的程序都要有注释语句，这对程序的可读性和维护都有很大的帮助。在 VBA 程序中注释可以用单引号 “'” 或 Rem 语句这两种方式来实现。

技术提示：

通常用单引号（'）对语句进行注释。注释后的语句通常用绿色显示。

① 单引号 “'” 进行注释，其格式为：

' 注释语句

例如，Me. 学号 .FontName = " 黑体 "　' 注释内容

② Rem 语句进行注释，其格式为：

Rem 注释语句

例如，Me. 学号 .FontName = " 黑体 "　:Rem 注释内容，在语句之后要用冒号隔开

（3）声明语句。声明语句用于定义常量、变量和过程等。在定义内容时，也定义了其作用域和生命周期，这取决于定义的位置和使用的关键字（Dim、Public 和 Static 等）。例如，

```
Sub Sm()                          ' 定义了一个过程 Sm
    Dim stri As String            ' 定义了一个 stri 字符串变量
    Const D As Single = 123.122   ' 定义了一个 D 符号常量
End Sub
```

（4）赋值语句。赋值语句是为变量指定一个值或表达式。通常以等号（=）赋值运算符连接。其格式为：

变量名 = 值或表达式

例如，

```
Dim stri As String
stri="name"                       ' 把 name 赋值给字符串变量 stri
```

（5）流程控制语句。一般情况下，程序语句的执行顺序与书写顺序是一致的。但是在实际处理数据的时候，经常需要根据特定的条件是否满足来决定下一步将要执行哪条语句或重复执行某些操作，因此，需要对程序语句的执行顺序进行控制。对程序语句的执行顺序进行控制，主要有顺序结构、分支结构和循环结构 3 种流程控制结构。

① 顺序结构。即按照各语句出现的先后顺序依次执行。例如，赋值语句、过程调用语句和输入输出语句等。

② 分支结构，又称为选择结构。通过对条件进行判断，根据判断的结果，选择执行不同的分支。例如，If 条件语句和 Select...Case 语句。

③ 循环结构。即在指定的条件下，多次重复执行一组语句。例如，For...Next 循环语句和 Do...Loop 循环语句。

对于分支结构和循环结构的相关内容本文将在项目 2 和项目 3 中进行详细地介绍。

2. 数据的输入和输出语句

一个程序要有意义，就离不开数据的输入和输出。程序运行所需要的原始数据都通过输入语句来实现，程序运行的结果也都需要输出语句来输出。VBA 程序中的数据的输入和输出是通过相应的函数来实现的，其中输入函数是 InputBox()，输出函数是 MsgBox()。

（1）InputBox() 函数。InputBox() 函数的作用是显示一个对话框，在对话框中有一些提示信息和文本框，等待用户输入数据信息或单击按钮。当单击“确定”按钮后，返回文本框中的数据信息，其语法格式为：

InputBox(提示 [, 标题][, 默认值])

其中，“提示”参数必不可少，不能省略，是字符串表达式，用于显示对话框中的提示信息，可以是汉字。“标题”参数是设置对话框标题栏上所显示的信息，是字符串表达式，如果省略，则在标题栏上显示相应的应用程序名。“默认值”参数是设置文本框中所显示的信息，是字符串表达式，也可以省略；若用户没有输入数据，默认值就作为文本框中的输入内容。

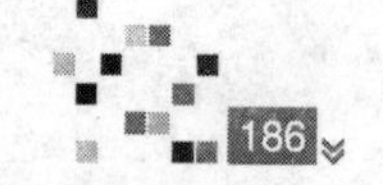

例如，显示一个让用户输入性别的对话框，如图 8.3 所示。其对应的语句为：strxb = InputBox(" 请输入性别：","性别输入对话框 ")。

若要显示默认值而不显示标题参数信息，那么相应的语句可以写成 strxb = InputBox(" 请输入性别：", , " 男 ")，其执行语句的结果如图 8.4 所示。

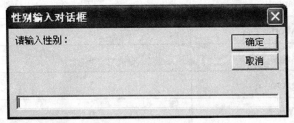

图8.3　无默认值参数的InputBox对话框

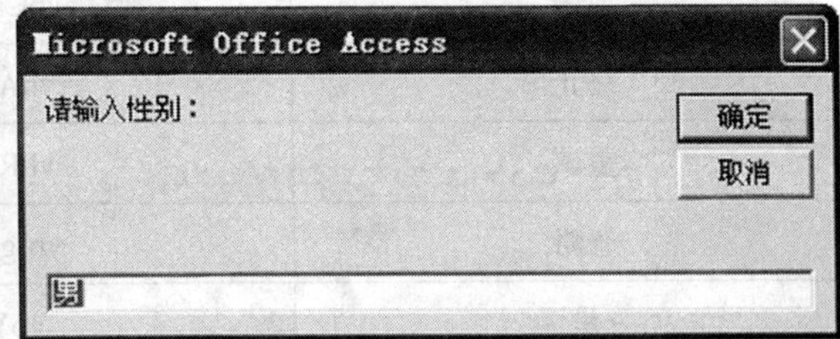

图8.4　无标题参数的InputBox对话框

（2）MsgBox() 函数。MsgBox() 函数用于对话框中显示消息，又称消息框。通常是把程序运行结果或提示信息通过对话框的形式输出。其语法格式为：

MsgBox(提示 [, 按钮][, 标题])

其中"提示"和"标题"参数的意义与 InputBox() 函数中对应的参数相同。"按钮"参数是一个或一组按钮，决定消息框上按钮的数目、形式和出现在消息框上的图标类型，其具体参数设置值如表 8.5 所示。

表 8.5　"按钮"参数设置值

分组	符号常量	值	说明
按钮数目	vbOKOnly	0	只显示"确定"按钮
	vbOKCancel	1	显示"确定"、"取消"按钮
	vbAbortRetryIgnore	2	显示"终止"、"重试"、"忽略"按钮
	vbYesNoCancel	3	显示"是"、"否"、"取消"按钮
	vbYesNo	4	显示"是"、"否"按钮
	vbRetryCancel	5	显示"重试"、"取消"按钮
图标类型	vbCritical	16	显示红色 STOP 图标
	vbQuestion	32	显示询问信息图标
	vbExclamation	48	显示警告信息图标
	vbInformation	64	显示信息图标

"按钮"参数的缺省值为一个"确定"按钮。如果在设置按钮时需要同时设置多个参数，可以将表 8.5 中的不同符号常量进行相加。

例如，要显示"是"和"否"按钮的同时还要显示询问信息图标，如图 8.5 所示，那么所对应的语句为：strsr= MsgBox(" 你输入的性别为：" & strxb, vbYesNo + vbQuestion)。

图8.5 MsgBox消息框

在某些情况下，MsgBox() 函数的作用是打开一个消息框，等待用户选择一个按钮，来确定下一步的操作，为了解决这个问题，MsgBox() 函数定义了按钮的返回值，其具体的按钮返回值的意义，如表 8.6 所示。

表 8.6 MsgBox() 函数的按钮返回值

被单击的按钮	符号常量	值
确定	vbOK	1
取消	vbCancel	2
终止	vbAbort	3
重试	vbRetry	4
忽略	vbIgnore	5
是	vbYes	6
否	vbNo	7

技术提示：

InputBox()函数和MsgBox()函数的各项参数次序必须一一对应，除了“提示”参数不能省略外，其他均可省略，但分隔符逗号（,）不能省略。“提示”的内容若多行显示，则必须在每行之间加回车符Chr(13)和换行符Chr(10)。如果省略“标题”参数，缺省标题为“Microsoft office Access”。若不需要按钮的返回值时，则使用MsgBox过程，其格式为MsgBox 提示[,按钮][,标题]。

项目 8.2 分支结构设计

例题导读

分支结构的程序是依据条件判断的结果来控制语句执行的。在 VBA 中允许使用的条件语句都有哪些？它们的语法结构都是什么？

知识汇总

- If 语句的语法格式
- Select…Case 语句格式

VBA 提供了两种条件判断的语句：If 语句和 Select...Case 语句。下面将分别进行详细介绍。

1. If 语句

If 语句是一类比较简单的条件控制语句，可以根据条件是否成立来决定程序的走向，以实现程序的分支控制，其语法格式为：

```
If 条件表达式 Then
  语句块 1
End If
```

或

```
If 条件表达式 Then
语句块 1
Else
语句块 2
End If
```

If 语句在条件表达式的值为“真”的情况下执行 Then 后面的语句块 1，否则执行 End If 后面的语句，如果有 Else 语句，则执行 Else 后的语句块 2。

技术提示：

If 语句与End If 语句必须成对使用，且各占一行。

例如，判断两个数的大小，并把较大的数输出，那么所对应的 If 语句为：

```
If x >= y Then
   MsgBox " 较 大 的 数 是 x 其 值 为 " & x
'MsgBox 是过程不是 MsgBox() 函数
Else
   MsgBox " 较大的数是 y 其值为 " & y
End If
```

如果不想为 If 语句设计否定的情况下执行的语句，可以省略 Else 语句。如果有 3 个或以上的条件，可以使用 If 多分支语句来实现。If 语句是一种全新的块状语句，从 If 开始到 End If 语句结束。If 的多分支语句主要是通过添加 Else If 语句来实现的，具体格式如下：

技术提示：

这种If块状语句，Then后面没有其他语句，除注释语句外；Else If一定不能写成Else If；方括号所括起来的部分表示可以省略。

```
If 条件表达式 1 Then
    语句块 1
ElseIf 条件表达式 2 Then
    语句块 2
    …
[Else
   语句块 n]
End If
```

当程序执行第一条 If 语句时，判断条件表达式 1 的值，如果值为“真”，则执行语句块 1 的程序；如果条件表达式 1 的值为“假”，则依次判断 Else If 语句后的条件表达式。如果某个条件表达式的值为“真”，则执行紧随其后的 Then 语句后的语句块程序，如果没有一个条件表达式的值为“真”，将执行最后一条 Else 语句后面的语句块，并由 End If 语句退出 If 多分支语句。

【例题 8.1】

某班要对“教学管理系统”数据库考试成绩进行评价，现规定：60 分以下为不及格，60 分到 69 分为及格，70 分到 79 分为中，80 分到 89 分为良好，90 分到 100 分为优秀，若成绩大于 100 分或小于 0 分，则提示成绩有误。成绩可以采用输入函数输入。

程序设计如下：

```
Sub grade()
    Dim Score As Integer, Grade As String
    Score = InputBox(" 请输入考试成绩 ")     'InputBox() 是输入函数
    If Score > 100 Or Score < 0 Then
       MsgBox " 输入考试成绩有误 "
    ElseIf Score >= 90 Then
       Grade = " 优秀 "
  ElseIf Score >= 80 Then
       Grade = " 良好 "
```

```
    ElseIf Score >= 70 Then
        Grade = " 中 "
    ElseIf Score >= 60 Then
        Grade = " 及格 "
    Else
        Grade = " 不及格 "
    End If
    If Grade <> "" Then
        MsgBox " 输入成绩为 " & Score & " 分，其等级为 " & Grade
    End If
End Sub
```

> **技术提示：**
> 这里的MsgBox是过程而不是MsgBox()函数。请同学们想一想有没有其他编写方法可以实现本程序的功能。

2. Select...Case 语句

从例题 1 可以看出，虽然 If 语句可以实现多分支程序的控制，但是当条件比较复杂，分支路径较多的情况下，使用 If 语句就比较繁琐，容易出现错误，程序的可读性比较差。VBA 中的 Select...Case 语句就可以弥补 If 多分支语句的不足，Select...Case 语句是一种简洁明了、专门用于多分支控制的语句。其语法格式为：

```
Select  Case 测试表达式
    Case 表达式列表 1
        语句块 1
    Case 表达式列表 2
        语句块 2
        …
    [Case Else
        语句块 n+1]
End Select
```

Select...Case 语句运行时，首先对“测试表达式”的值进行计算，然后根据“测试表达式”的值与每个 Case“表达式列表”的值进行比较，匹配成功程序就进入 Case 结构中执行相应的语句。如果“测试表达式”的值与每一个 Case“表达式列表”的值都不匹配的话，Select...Case 语句就会执行 Case Else 后的语句，若没有 Case Else 语句，VBA 程序会跳出这个语句，继续执行 End Select 后面的程序。Case 语句的表达式列表可以有多种结构，具体如下：

（1）单一数值，例如，Case 100、Case "A"。

（2）一组用英文逗号（,）分隔的枚举数值，例如，Case 0,2,4,6,8。

（3）表达式 1 To 表达式 2 范围之间的值，包括表达式 1 和表达式 2 的值，且表达式 1 的值要小于表达式 2 的值，例如，Case "a" To "z"、Case 5 To 9。

（4）Is 关系运算符表达式的形式，例如，Case Is>=90。

> **技术提示：**
> Case语句是自上而下依次测试的，且只执行第一个与之匹配的语句块，然后执行完后就跳出此语句，执行End Select后的语句程序，即使有其他符合条件的分支也不再执行。

【例题 8.2】

用 Select...Case 语句改写【例题 8.1】的程序。

程序设计如下：

```
Sub grade()
    Dim Score As Integer, Grade As String
    Score = InputBox(" 请输入考试成绩 ")
```

```
    Select Case Score
        Case Is > 100, Is < 0
            MsgBox " 输入考试成绩有误 "
        Case 90 To 100
            Grade = " 优秀 "
        Case 80 To 89
            Grade = " 良好 "
        Case 70 To 79
            Grade = " 中 "
        Case 60 To 69
            Grade = " 及格 "
        Case Else
            Grade = " 不及格 "
    End Select
    If Grade <> "" Then
        MsgBox " 输入成绩为 " & Score & " 分，其等级为 " & Grade
    End If
End Sub
```

技术提示：

条件语句有多个，编写方法也不同。建议大家在编写程序时注意有层次地输入程序，以利于之后的阅读和修改。

除了上述两种条件语句结构外，VBA 还提供了 IIF() 函数、Choose() 函数和 Switch() 函数来实现简单的条件判断操作。具体这三个函数的用法，本文不再详细描述，请大家查阅相关文献资料。

项目 8.3 循环结构设计

例题导读

循环结构的程序是在一定的条件下反复执行一组指定的语句。在 VBA 中允许使用的循环语句都有哪些？它们的语法结构都是什么？

知识汇总

- For…Next 循环语句格式
- Do…Loop 循环语句格式

程序中经常需要重复执行某些操作，这就需要循环语句来判断和执行这些循环操作。VBA 提供了多种循环语句，其中常用的包括 For...Next 语句和 Do...Loop 语句等。下面将分别进行详细介绍。

1. For...Next 循环语句

For...Next 语句是 VBA 中常用的循环控制语句，用于循环次数已经确定的情况下的循环。使用循环变量来控制循环的执行，每执行一次，循环变量就会自动增加或减少，在次数达到要求之后退出循环。其语法格式为：

```
For 循环变量 = 初值 To 终值 [Step 步长值 ]
    语句块
```

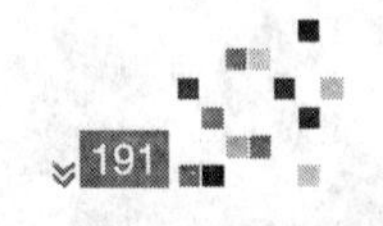

```
        [Exit For]
    Next [ 循环变量 ]
```

其中，循环变量的初值、终值和步长值都是数值型变量，该语句的运行过程如下：

（1）开始运行 For 语句，并把初值赋给循环变量。

（2）循环变量与终值进行比较，确定是否运行循环体，具体比较方法是：

① 当步长值 >0 时 , 如果循环变量 <= 终值，则运行循环体，否则执行步骤（6）；

② 当步长值 <0 时 , 如果循环变量 >= 终值，则运行循环体，否则执行步骤（6）；

③ 当步长值 =0 时 , 如果循环变量 <= 终值，则死循环，否则执行步骤（6）。

（3）执行循环体中的语句。

（4）执行 Next 语句，循环变量的值修改为：循环变量 + 步长值。

（5）转向步骤（2）。

（6）结束循环，执行 Next 下面的语句。

技术提示：

步长值为1时可以省略Step子句。如果在循环体中执行了Exit For语句，则强制退出循环，执行Next下面的语句。

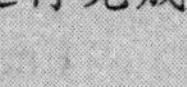

技术提示：

i为循环变量，本循环语句运行完成后，i的值为102。

【例题 8.3】

用 For 循环语句计算 1 ~ 100 所有偶数之和。

程序设计如下：

```
Sub  EvenFor()
    Dim i As Integer, sum As Integer      ' 定义循环变量 i 和累加变量 sum
    sum = 0
    For i = 0 To 100 Step 2     ' 循环变量初值为 0，终值为 100，步长值为 2
        sum = sum + i           ' 累加求和
    Next
    MsgBox "1 到 100 所有偶数之和为：" & sum, , "For 循环语句 "
End Sub
```

2. Do...Loop 循环语句

在 Do...Loop 语句中，可使用 While 关键字来检查语句中的循环条件，分别当条件为 True 时或者条件变为 True 之前，重复执行指定的语句块。Do...Loop 循环语句用于控制循环次数未知的循环结构。此语句常用的形式有两种：Do While...Loop 和 Do...Loop While。

（1）Do While...Loop 语句。Do While...Loop 语句是 VBA 中最基本的循环语句，其语法格式为：

```
Do While 循环条件表达式
    语句块
    [Exit Do]
Loop
```

技术提示：

如果在循环体中执行了Exit Do语句，则强制退出循环，执行Loop后面的语句。

该语句的运行过程如下：

① 开始运行 Do 语句，并判断循环条件表达式的值，若为真，执行步骤②，否则执行步骤④；

② 执行循环体中的语句；

③ 执行 Loop 语句后，返回步骤①；

④ 结束循环，执行 Loop 后面的语句。

（2）Do...Loop While 语句。Do...Loop While 语句首先执行一次循环体，然后再判断是否继续执行循环体，这是与 Do While...Loop 语句的主要区别。Do...Loop While 语句的语法格式为：

Do

语句块

[Exit Do]

Loop While 循环条件表达式

该语句的运行过程如下：

① 运行 Do 语句，执行循环体中的语句；

② 执行 Loop While 语句，并判断循环条件表达式的值，若为真，则执行步骤①，否则执行步骤③；

③ 结束循环，执行 Loop While 后面的语句。

技术提示：

如果在循环体中执行了Exit Do语句，则强制退出循环，执行Loop While后面的语句。

【例题 8.4】

用 Do While...Loop 语句改写【例题 8.3】的程序。

程序设计如下：

```
Sub  EvenDo()
     Dim i As Integer, sum As Integer
     sum = 0
     Do While i < 100
        i = i + 2                          ' 修改循环变量 i 的值
        sum = sum + i
   Loop
   MsgBox "1 到 100 所有偶数之和为：" & sum, , "Do 循环语句 "
End Sub
```

技术提示：

变量i没有赋初值，声明时默认为0。Do...Loop语句中必须有修改循环变量值的语句，例如i=i+2语句，否则，将是死循环。

请读者思考本循环语句运行完成后，变量 i 的值为多少。

项目 8.4 在 Access 中创建 VBA 模块

例题导读

什么是 Access 中 VBA 模块，有哪些类型的模块以及这些模块的概念是什么？ Access 中常用对象的属性、方法和事件有哪些？

知识汇总

- 数据库对象——模块的分类
- 过程和函数的创建
- 利用模块面向对象设计的特点，为窗体、报表中的各控件设置属性

8.4.1 模块简介

在 Access 中模块是一个重要的数据库对象，是用户开发应用程序的主要工具。模块是以 VBA 语言为基础编写，由若干个子过程（Sub）或函数过程（Function）所组成。模块可以分为标准模块和类模块两种类型。

1. 标准模块

标准模块是 Access 数据库的七个对象之一，实质上就是没有界面的 VBA 程序。标准模块具有很

强的通用性，通常设计一些公共变量或过程，供窗体、报表等对象中的类模块调用。在 Access 中可以单击“模块”对象，查看标准模块列表，也可以通过新建模块对象进入其代码设计界面。

应用程序可以从任何其他对象中引用标准模块的过程，标准模块内部也可以定义模块级变量和过程供本模块内部使用。标准模块中的全局变量和过程，其作用范围为整个数据库应用系统，随着数据库应用系统的运行或关闭，生命周期实现开始或结束。

2. 类模块

类模块又称为对象模块，从属于 Access 数据库对象，主要包括窗体模块和报表模块，它们隶属于各自的窗体或报表中，在窗体或报表的设计视图界面下可以用单击工具栏上的“代码”按钮进入模块代码设计界面，或是在为窗体和报表创建事件过程时，选择“代码生成器”进入相应的模块代码设计界面。

类模块中的过程可以调用标准模块中已经定义好的过程，类模块具有局部特性，其作用范围局限在所属窗体或报表内部，伴随着窗体或报表的打开或关闭，生命周期则开始或结束。

8.4.2 过程的创建

模块是由若干个过程所组成的，模块的功能的实现就是通过执行每一个具体的过程来实现的。过程是模块的基本单位，由 VBA 语句组成，是一段相对独立的代码。过程与过程之间相互隔离，系统不会从一个过程自动执行到另一个过程，但一个过程可以通过调用方式来执行另一个过程。过程不是 Access 中的一个独立对象，不能单独保存，只能存在于模块中。VBA 语句中的过程有 Sub 子过程和 Function 函数过程两种类型。

1. 模块的创建

模块的创建的方法和 Access 中其他对象创建方法一样，在“教学管理系统”数据库窗口的“对象”列中，选择“模块”对象，单击该窗口中的“新建”按钮，系统打开 VBA 的编辑窗口，如图 8.6 所示。

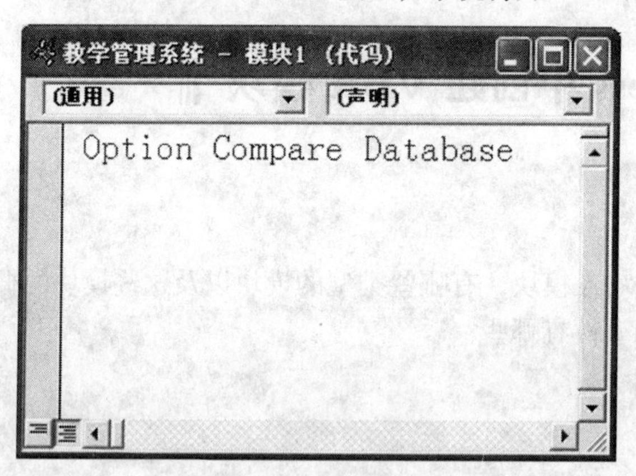

图8.6 VBA编辑窗口

在 VBA 编辑窗口中就可以进行 Sub 子过程或 Function 函数过程的编写，编写完成后保存，即完成了一个完整的模块的创建。

2. Sub 子过程

Sub 子过程以 Sub 语句开始，以 End Sub 语句结束，执行一系列任务的操作，无返回值。其语法格式为：

```
[Private | Public]Sub 子过程名 ([ 形式参数表 ])
    语句块
End Sub
```

其中，Private 表示本过程为模块级过程，可以被同一模块中其他的过程调用，Public 表示本过程是

技术提示：

如果没有使用Public或Private显式指定，Sub子过程缺省情况就是公用的（Public）。

全局过程，在整个数据库应用程序的各个模块中均有效。

例如，如图 8.6 所示的 VBA 编辑窗口中创建一个 Hello() 子过程，输入如图 8.7 所示的程序代码，然后单击工具栏上的“保存”按钮，在出现“另存为”对话框中输入“vba 模块”，单击“确定”按钮保存即可。

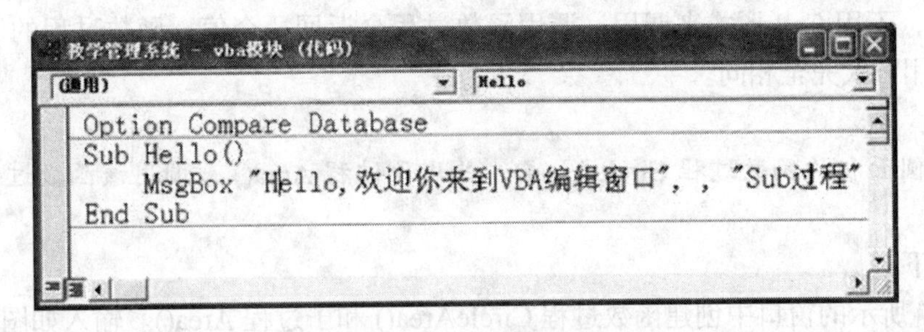

图8.7　Hello过程代码窗口

如果要运行该过程，首先把光标放在 Hello() 子过程中，然后单击“运行”菜单中的“运行子过程 / 用户窗体”子菜单，运行 Hello() 子过程，运行结果如图 8.8 所示。

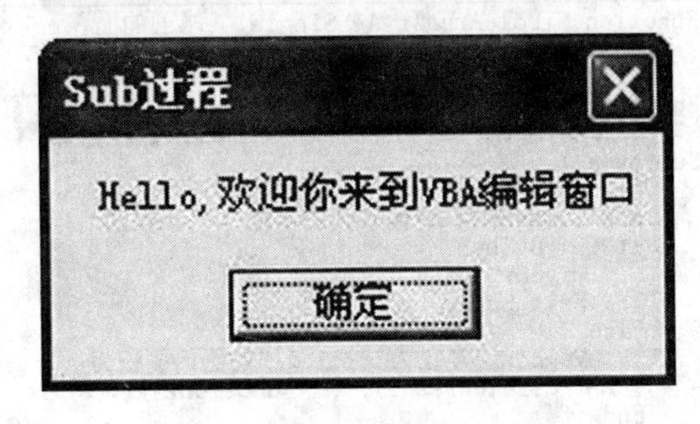

图8.8　Hello过程运行结果

过程在执行中可以调用另外一个过程，同时将参数传递过去；调用完毕再回到本过程继续执行。子过程的调用方法可以用：

Call 子过程名 ([实际参数表])

或

子过程名 [实际参数表]

这两种形式来调用，对于带参数的 Sub 过程，若直接使用过程名进行调用，所有参数写在过程名之后即可；若使用 Call 语句进行调用，则必须将所有参数写在过程名之后的括号中。建议大家使用 Call 语句来调用子过程。

2. Function 函数过程

Function 函数过程以 Function 语句开始，以 End Function 语句结束，执行一系列任务的操作。Function 过程与 Sub 子过程类似，但有两点不同：首先，Function 过程通常会返回一个值，因而与 VBA 的内置函数一样可在表达式中使用；其次，Function 过程不能用来定义事件处理过程。其语法格式为：

```
[Private | Public]Function 函数过程名 ([ 形式参数表 ]) [As 数据类型 ]
    语句块
    函数过程名 = 表达式
End Function
```

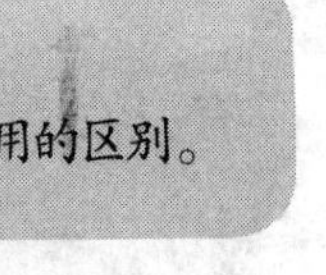

技术提示：

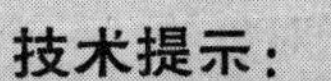

注意函数过程调用与子过程调用的区别。

其中，Private 表示本过程为模块级过程，可以被同一模块中其他的过程调用，Public 表示本过程是全局过程，在整个数据库应用程序的各个模块中均有效，它和 Sub 子过程一样，默认值也是 Public，可以

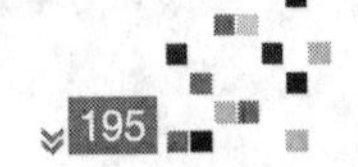

省略不写。

As 数据类型子句是 Function 函数过程返回值的类型，如果省略不写，函数返回值就默认为变体型。函数过程的调用只用：

函数过程名 ([实际参数表])

这种形式来调用，不用 Call 形式来调用，调用函数过程会返回一个值。函数过程的调用方式与系统中标准函数的使用方式完全相同。

【例题 8.5】

编写一个求圆面积的函数过程 CircleArea()，并用子过程 Area() 来调用该函数过程计算半径为 5 的圆的面积。

操作步骤如下：

（1）在图 8.7 所示的窗口中创建函数过程 CircleArea() 和子过程 Area()。输入如图 8.9 所示的程序代码。

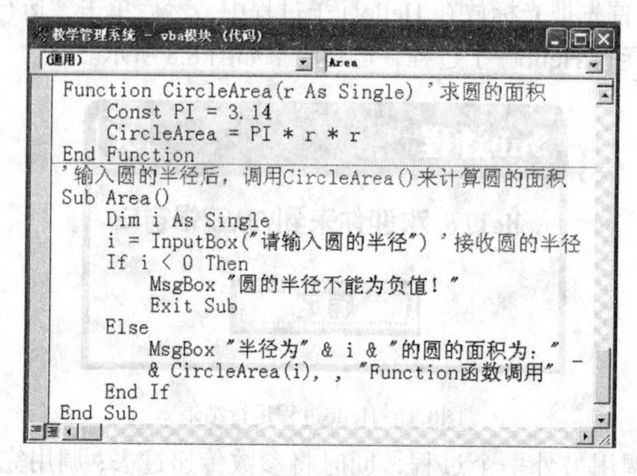

图8.9 程序代码窗口

（2）将光标放在 Area() 子过程中，然后单击“运行”菜单中的“运行子过程 / 用户窗体”子菜单，运行 Area() 子过程，运行结果如图 8.10 所示。

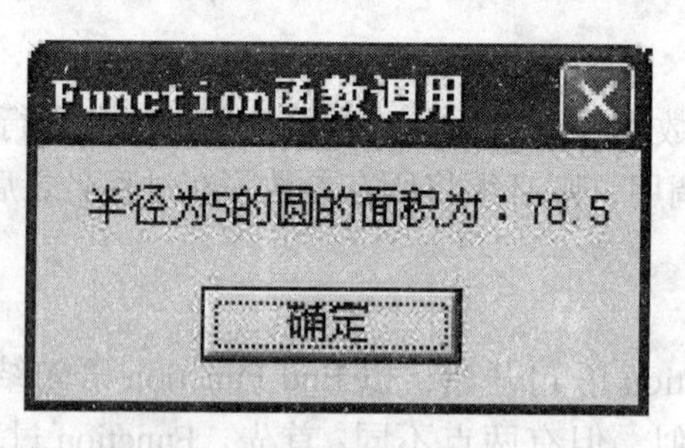

图8.10 Area()过程运行结果

请读者思考本程序中的 CircleArea() 函数过程是否可以改成 Sub 子过程。

8.4.3 面向对象程序设计

VBA 是面向对象的编程语言，采用面向对象机制和可视化编程环境。在 Access 数据库编程中，对象无处不在，例如窗体、报表和各种控件，甚至数据库本身也是一种对象。

1. 对象

Access 数据库是基于对象的，一个对象就是一个实体，它将数据和代码封装起来。每个对象都具有属性、方法和事件三个要素，属性是对象的性质，方法是对象的动作，事件是对象的响应。在 Access 中的常用对象有多个，这里给出几个常用的对象，仅供读者参考，如表 8.7 所示。

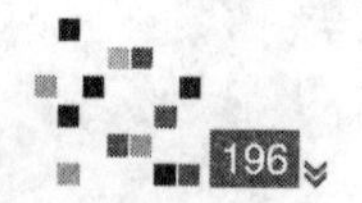

表 8.7　常用对象

对象名称	描述
Application	应用程序
DoCmd	运行具体命令的对象，实现对 Access 的操作
Debug	Debug 窗口对象
Forms	当前环境下窗体的集合
Reports	当前环境下报表的集合

2. 属性

属性是描述和反映对象特征的参数，它定义了对象的名称、大小、颜色、字体等特征。不同对象有不同的属性，常用的属性说明，如表 8.8 所示。

表 8.8　常用属性

属性名称	描述
Name（名称）	指定对象的名字
BackColor（背景颜色）	指定某个控件或节内部的颜色
BackStyle（背景样式）	指定控件是否透明
Caption（标题）	对对象的标题进行设置
ControlSource（控件来源）	指定在控件中显示的数据
DefaultValue（默认值）	指定一个值，该值在新建记录时会自动输入到字段中
Enabled（可用）	设置控件能否可用
FontBold（字体粗细）	指定文本是否为粗体
FontItalic（倾斜字体）	指定文本是否为斜体
FontName（字体名称）	为文本指定字体
FontSize（字号）	为文本指定磅值大小
Height（高度）	设定对象的高度
Width（宽度）	设定对象的宽度
Left（左边距）	指定对象在窗体或报表中的位置
Top（上边距）	指定对象在窗体或报表中的位置
Visible（可见性）	显示或隐藏对象

对象可以通过属性来区别于其他对象，也可以通过修改对象的属性值来修改对象的特征，其方法为：

对象 . 属性 = 属性值

例如，cmdOk.Caption=" 确定 "，此语句功能是设置命令按钮 cmdOk 的标题为“确定”。

3. 方法

方法是被封装好的过程和函数，供用户直接调用，为用户编程提供了很大的方便，它是对象能执行的动作，通过这个动作能够实现相应的功能。不同对象有不同的方法，常用的方法说明，如表 8.9 所示。

表 8.9　常用方法

方法	使用格式	描述
Close	DoCmd.Close	关闭指定的窗体，如果没有指定，则关闭当前窗体
OpenForm	DoCmd.OpenForm " 窗体名称 "	打开一个窗体
OpenModule	DoCmd.OpenModule " 模块名称 "	打开一个模块
OpenQuery	DoCmd.OpenQuery " 查询名称 "	运行一个查询
OpenReport	DoCmd.OpenReport " 报表名称 "	打开或立即打印报表
OpenTable	DoCmd.OpenTable " 表名称 "	打开表
PrintOut	DoCmd.PrintOut PrintRange, PageFrom, PageTo	打印在打开的数据库中的活动对象
Quit	DoCmd.Quit	退出 Microsoft Access
RunSQL	DoCmd.RunSQL SQL 语句	运行 Access 的操作查询

方法的调用格式为：

对象 . 方法 [参数表]

例如 text1.SetFocus，此语句的功能是将焦点移动到文本框 text1 上。

4. 事件

事件是发生在该对象上的事情，是对象可以识别并可以响应的操作，VBA 为每个对象预先定义好了一系列的事件，如单击（Click）、双击（DblClick）、改变（Change）、获得焦点（GotFocus）等事件。常用的事件说明如表 8.10 所示。

表 8.10　常用对象事件

事件	描述
Load	窗体加载时发生的事件
Unload	窗体卸载时发生的事件
Open	窗体或报表打开时发生的事件
Close	窗体或报表关闭时发生的事件
Click	对象单击时发生的事件
DblClick	对象双击时发生的事件
KeyPress	键盘按键时发生的事件
GotFocus	获得焦点时发生的事件
LostFocus	失去焦点时发生的事件
Change	内容发生更改时发生的事件

当在对象上发生了事件后，应用程序就要处理这个事件，而处理的步骤就是事件过程。VBA 主要工作就是为对象编写事件过程中的程序代码，事件过程的形式如下：

```
Sub 对象名 _ 事件 ([ 参数表 ])
  事件过程代码
End Sub
```

例如，单击 Command1 命令按钮，关闭当前窗体，对应的事件过程为：

技术提示：

读者要更详细地了解属性、方法和事件的相关内容可以查阅Access的帮助系统。

```
Sub Command1_Click()
  DoCmd.Close
End Sub
```

5. 设计案例

【例题 8.6】

在“教学管理系统”中，用窗体和 VBA 的相关知识来设计具有登录和注册功能的窗体，本题的效果图如图 8.11 所示。登录具有验证用户名和密码是否正确的功能，若出错会给出错误提示；若用户名和密码都正确，则会打开“切换面板”窗体。注册具有验证用户名是否存在的功能，若用户名已经存在，则给出提示不能注册，否则允许注册，提示注册成功。

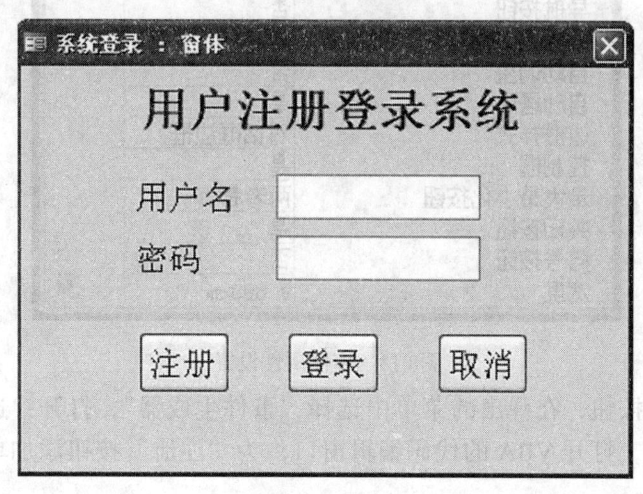

图8.11　效果图

操作步骤如下：

（1）利用模块 2 中所学习的知识，设计一个表名为“user”的数据表，user 表中包括两个字段：username（文本型，字段大小 16，主键）用来存放用户名，password（文本型，字段大小 12，输入掩码为“密码”）用来存放密码。

（2）利用模块 4 中所学习的知识，设计一个窗体名为“系统登录”的窗体，其设计视图如图 8.12 所示。在“系统登录”窗体中有两个文本框名称分别为“Tusername”和“Tpassword”，其对应的关联标签的标题为“用户名”和“密码”；3 个命令按钮名称分别为“Cmdreg”、“Cmdlog”和“Cmdcancel”，其对应的标题为“注册”、“登录”和“取消”；一个标签其标题为“用户注册登录系统”。特别注意 Tpassword 文本框属性中的“输入掩码”要设置为“密码”。

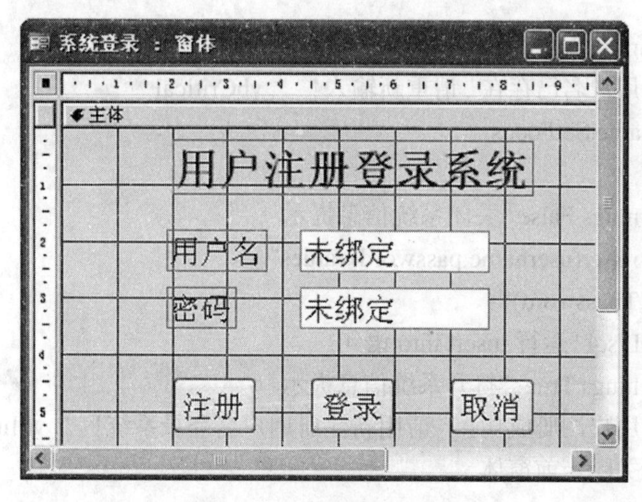

图8.12　系统登录设计视图

（3）在窗体的设计视图中打开窗体的属性，如图8.13所示；设置窗体相关属性，如滚动条、记录选择器、导航按钮和边框样式等属性的设置，美化窗体，效果如图8.11所示。

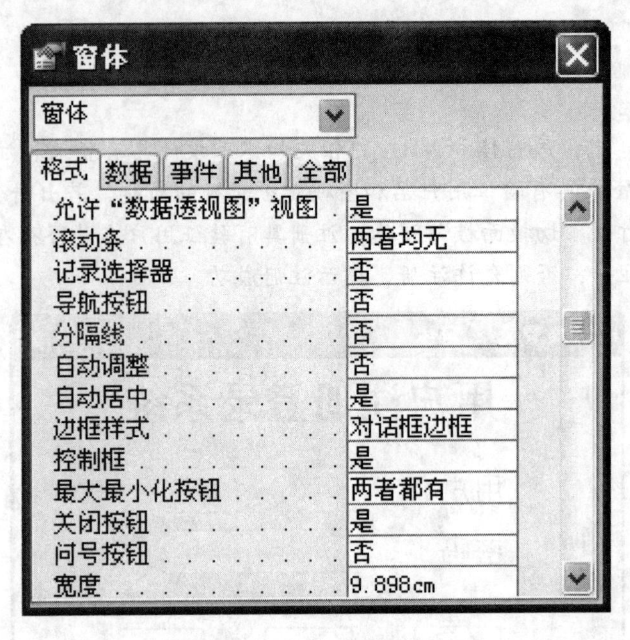

图8.13 窗体属性设置

（4）右击“注册”按钮，在弹出的菜单中选择“事件生成器”，打开“选择生成器”窗口，双击“代码生成器”选项，打开VBA的代码编辑窗口，为“注册”按钮添加单击事件过程，其代码如下：

```
Private Sub Cmdreg_Click() ' 注册按钮事件过程
    Dim name1 As String
    Dim sql As String
    name1 = "username='" & Me.Tusername & "'"
    'dcount() 实现在 user 表中查找当 username=name1 时的记录数
    If DCount("username", "user", name1) = 0 And IsNull(Me.Tusername) Then
        MsgBox " 用户名为空！请重新输入！ ", vbCritical
        Me.Tusername.SetFocus
    Exit Sub
  End If
  If DCount("username", "user", name1) <> 0 Then ' 判断用户名是否存在
        MsgBox " 用户名已存在，请重新输入！ ", vbCritical
        Me.Tusername.SetFocus
  Else
    DoCmd.SetWarnings False ' 关闭系统信息提示
    sql = "insert into user(username,password)values" _
    & "(Tusername,Tpassword)"
    DoCmd.RunSQL sql ' 运行 insert into 语句
    DoCmd.SetWarnings True  ' 打开系统信息提示
        MsgBox " 用户注册成功！！ 请用新注册用户名登录系统！ ", vbInformation
    DoCmd.Close ' 关闭当前窗体
  End If
```

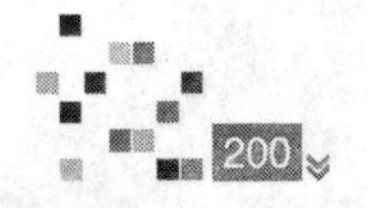

```
End Sub
```

（5）使用同样的方法添加“登录”和“取消”两个按钮的单击事件过程，其代码分别如下：

```
Private Sub Cmdlog_Click() ' 登录按钮事件过程
    Dim name2 As String
    Dim ps As Variant
    If IsNull(Me.Tusername) Or IsNull(Me.Tpassword) Then
        MsgBox " 用户名或密码为空，请重新输入！！ ", vbCritical
        Exit Sub ' 退出事件过程
    End If
    name2 = "username='" & Me.Tusername & "'"
    DLookup() 实现在 user 表中查找当 username=name2 时的 password 的值
  ps = DLookup("password", "user", name2)
  If IsNull(ps) Then ' 用 IsNull() 判断用户名是否存在
     MsgBox " 用户名不存在，请重新输入！ ", vbCritical
     Me.Tusername.SetFocus
     Exit Sub
  End If
   If ps <> Me.Tpassword Then ' 用户名存在时，判断密码是否正确
      MsgBox " 输入的密码错误，请重新输入！ ", vbCritical
      Me.Tpassword.SetFocus
  Else
          MsgBox " 欢迎使用教学管理系统，请单击确定！ ", vbInformation
     DoCmd.Close
     DoCmd.OpenForm " 切换面板 " ' 打开切换面板窗体
     End If
 End Sub
 Private Sub Cmdcancel_Click() ' 取消按钮事件过程
    DoCmd.Close
 End Sub
```

（6）单击工具栏上的“保存”按钮，在“另存为”对话框中输入“系统登录”窗体名称，单击“确定”按钮，完成窗体的设计。

（7）按 Alt+F11 组合键切换到数据库窗口，双击“系统登录”窗体，打开系统登录窗体的窗体视图，输入用户名和密码进行系统测试验证。

技术提示：

代码中的Me表示当前对象所在的窗体，例如，Me.Tusername也可以写成Forms![系统登录].Tusername。

【例题 8.7】

在“教学管理系统”中的“教师档案信息及授课信息”窗体中，实现当输入教师编号或姓名时就可以查找到相应的教师信息的功能。本题的效果图如图 8.14 所示。即在窗体中添加一个文本框和一个查找按钮，当文本框中输入教师编号或姓名时，单击查找按钮即可在本窗体中显示查找的相关教师信息。

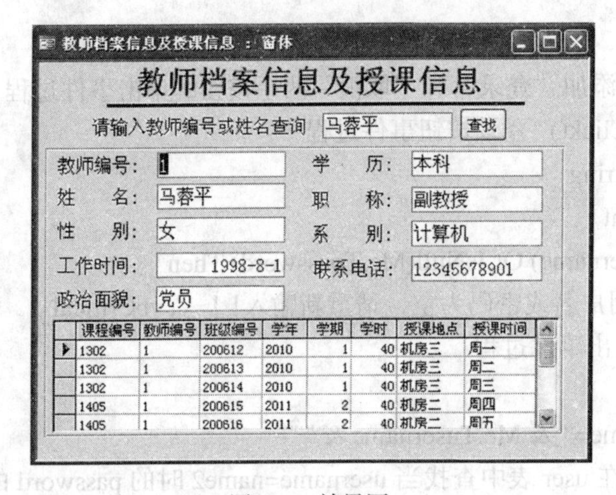

图8.14 效果图

操作步骤如下：

（1）打开“教学管理系统”数据库，然后在右侧列表中单击“教师档案信息及授课信息”窗体，再单击“设计”按钮，打开窗体的设计视图窗口。

（2）从工具箱中选择“文本框”控件，在窗体中添加一个文本框，把文本框的名称改为“编号或姓名”，把其关联标签的标题改为“请输入教师编号或姓名查询”。使用同样的方法，添加一个命令按钮，并把其标题改为“查找”，名称改为“Cmdq”。并把文本框和按钮进行相应的移动和美化，达到设计效果，如图 8.14 所示。

（3）右击“查找”按钮，在弹出的菜单中选择“事件生成器”，打开“选择生成器”窗口，双击“代码生成器”选项，打开 VBA 的代码编辑窗口，为“查找”按钮添加单击事件过程，代码如图 8.15 所示。

图8.15 查找按钮事件过程

（4）单击工具栏上的“保存”按钮，保存所做的修改，完成窗体和代码设计。

（5）按 Alt+F11 组合键切换到数据库窗口，双击“教师档案信息及授课信息”窗体，打开其窗体视图，输入教师编号或姓名进行系统测试验证。

技术提示：

代码中SQL语句是分三行来写的，所以每一行都要添加续行符（空格和“_”）。

重点串联

VBA 是一个面向对象的程序设计语言，其在 Access 中的应用使得数据库应用系统的开发更加灵活，能够实现一些复杂功能，为用户开发更完善的应用系统。本模块的知识结构为：

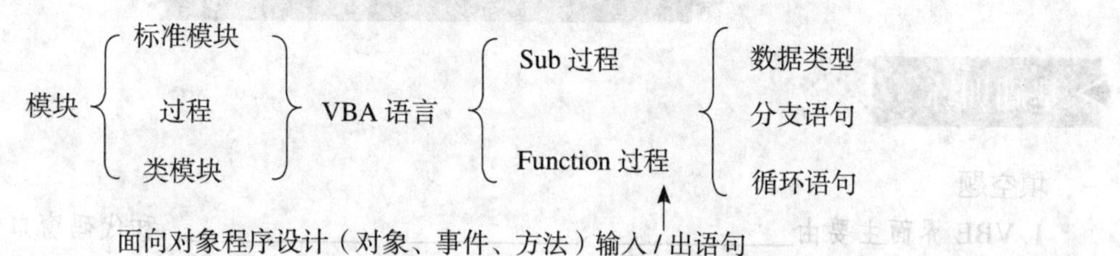

拓展与实训

基础训练

一、填空题

1. VBE界面主要由__________、__________、__________和代码窗口组成。

2. VBA中数据类型包括字节型__________、长整型、__________、双精度型、布尔型、日期型、__________、货币型和变体型等。

3. VBA中3种流程控制结构分别是__________、__________、和__________。

4. VBA程序中的数据的输入和输出是通过相应的函数来实现的，其中输入函数是__________，输出函数是__________。

5. 模块分为__________和__________两种类型。

6. 面向对象程序设计中对象的三要素是__________、__________、和__________。

7. 在模块的过程定义中，使用DoCmd对象的__________方法，可以运行查询。

8. 下面程序段执行后其s的值为__________，i的值为__________。

```
Dim i As Integer, s As Integer
s = 0
For i = 1 To 10 Step 1
    s = s + i
Next
```

9. 设有如下代码，当退出循环时j的值为11，那么空白处应填入的语句是__________。

```
Dim j As Integer
j = 5
Do
    j = j + 2
Loop While
```

10. 现有一个窗体中有两个命令按钮分别为“开始”（名称为Cmdstart）和“禁用”（名称为Cmdun）。下面事件过程的功能是：当单击“开始”按钮时，弹出一个消息框。如果单击消息框的“是”按钮，窗体上的“禁用”按钮将变为灰色不可用；单击“否”按钮，“禁用”按钮标题变为“可用”。如图8.16所示。请把程序补充完整。

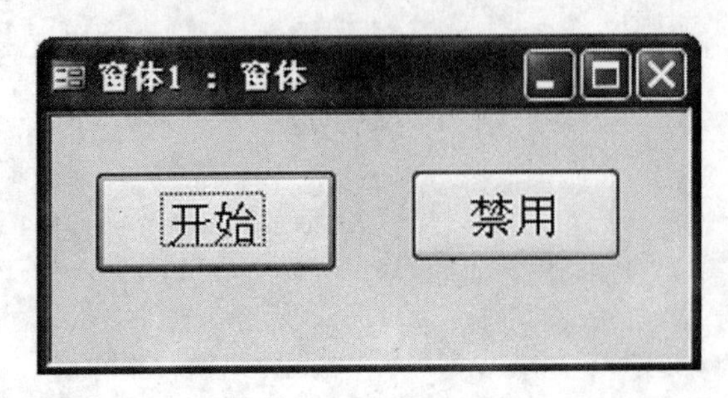

图8.16 第（10）题图

```
Private Sub Cmdstart_Click()
```

```
    Dim value As String
    value = MsgBox(" 点击 "是"，禁用按钮将变为不可用 ",____________ )
    If value = vbYes Then
      Cmdun.Caption = " 禁用 "
      Cmdun.Enabled =
    Else
      Cmdun.____________ = " 可用 "
      Cmdun.Enabled = True
    End If
End Sub
```

二、单项选择题

1. VBA 中定义符号常量可以用关键字（　　）。

A. const　　B. dim　　C. public　　D. static

2. 在货币型数据中，每个字段需要（　　）个字节的存储空间。

A. 2　　B. 4　　C. 8　　D. 12

3. 连接式 "2+3"&"=" & (2+3) 的运算结果为（　　）。

A. "2+3=2+3"　　B. "2+3=5"　　C. "5=5"　　D. "5=2+3"

4. 表达式（10.2\5）返回的值是（　　）。

A.0　　B. 1　　C. 2　　D. 2.04

5. 模块是由（　　）组成的。

A. Sub 子过程　　B. Function 过程

C. Sub 子过程、Function 过程和 VBA　　D. Sub 子过程和 Function 过程

6. 下面说法正确的是（　　）。

A. Sub 子过程有返回值，Function 过程没有返回值

B. Sub 子过程没有返回值，Function 过程有返回值

C. Sub 子过程和 Function 过程都没有返回值

D. 以上都不对

7. 假设窗体的名称为 form1，要把窗体的标题设置为选择题的语句是（　　）。

A. form1.text=" 选择题 "　　B. form1.Caption=" 选择题 "

C. form1.name=" 选择题 "　　D. form1=" 选择题 "

8. 能够实现从指定记录集里检索特定字段值的函数是（　　）。

A. DCount　　B. DSum　　C. DLookup　　D. Rnd

9. 在模块中用 VBA 代码完成打开 "student" 表的操作，其格式为（　　）。

A. DoCmd.OpenForm"student"　　B. DoCmd.OpenTable "student"

C. DoCmd.OpenTable student　　D. DoCmd.OpenView "student"

10. 若在文本框中输入文本时显示 * 号的效果，则应设置的属性是（　　）。

A. "输入掩码" 属性　　B. "可见性" 属性

C. "格式" 属性　　D. "默认值" 属性

三、简答题

1. VBA 有哪些特点？

2. VBA 语句书写格式是什么？

3. 输入和输出语句的语法格式是什么？其参数的含义又是什么？

4. 什么是模块？又有几种类型？

5. 过程的含义是什么？过程有几种类型？每种过程的格式是什么？

技能实训

1. 在窗体上有一个命令按钮（标题：计算阶乘，名称：cmdjs）和一个文本框（名称：txt1），如图 8.17 所示。现要求在文本框中输入一个数字，单击命令按钮计算其阶乘，并把计算结果显示在文本框中。

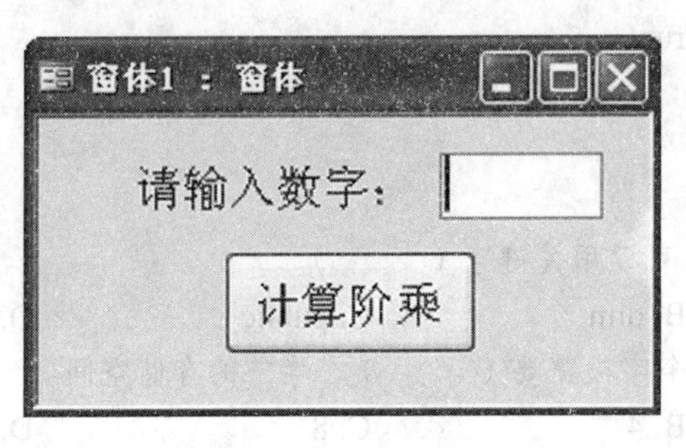

图8.17　计算阶乘

2. 在“教学管理系统”中的“学生信息显示”窗体中，实现当输入学号或姓名时就可以查找到相应的学生信息的功能。即在窗体中添加一个文本框和一个查找按钮，当文本框中输入学号或姓名时，单击查找按钮即可在本窗体中显示查找的相关学生信息（可参照【例题 8.7】完成此题）。

3. 在窗体上有一个文本框（名称：txt1）和一个选项组（名称：fram）。在选项组中包含 3 个选项按钮，其选项值分别为 1、2 和 3，其对应的关联标签的标题分别为学生、教师和管理员，如图 8.18 所示。现要求当选中学生选项按钮时，txt1 中显示“你选择的是学生身份！”信息；当选中教师选项按钮时，txt1 中显示“你选择的是教师身份！”信息；当选中管理员选项按钮时，txt1 中显示“你选择的是管理员身份！”信息。

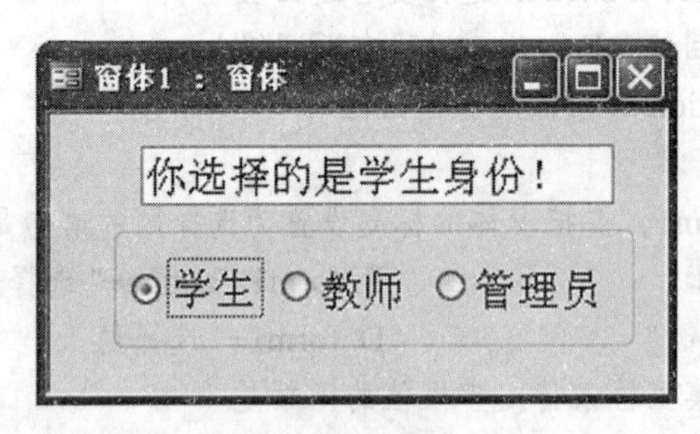

图8.18　选项按钮

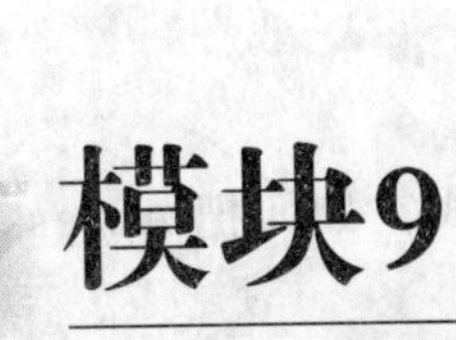

模块9 数据安全管理与维护

教学聚焦

本模块介绍数据安全管理与维护的方法，主要包括设置数据库安全、切换面板的创建和实用、数据库的导入与导出等内容。

知识目标

◆ 了解数据库加密与解密操作；
◆ 了解数据库用户级安全机制设置；
◆ 了解数据库备份的基本策略；
◆ 熟练掌握切换面板窗体的创建和作用。

技能目标

◆ 为“教学管理系统”制作切换面板；
◆ 实现数据库的拆分与备份；
◆ 设置数据库安全；
◆ 掌握测试切换面板窗体。

课时建议

4 课时

课堂随笔

项目 9.1 导入与导出数据

例题导读

如何将其他格式的数据转换成 Access 形式？如何把 Access 数据表导出成其他格式的文件？

知识汇总

● 利用导入和导出数据转换数据源

Access 提供了方便与其他应用程序共享数据的手段，允许使用“导入”的方法，将文本文件、Excel 文档等其他应用软件创建的数据文件转换成 Access 形式的表保存到数据库中。反之，也可以使用“导出”的方法，将数据库中的表转换成 Excel 文档、文本文件、HTML 文档等供其他应用程序使用。

【例题 9.1】

将已有的 Excel 文档“教师名单 .xls”导入到“教学管理系统”数据库中，保存为 Access 形式的同名数据表。

操作步骤如下：

（1）打开“教学管理系统”数据库。

（2）选择“文件”菜单下“获取外部数据”子菜单中的“导入”命令，打开“导入”对话框，如图 9.1 所示。

（3）在对话框上方的“查找范围”框中选定要导入文件的位置，在底部“文件类型”下拉列表框中选定“Microsoft Excel”，再在列表中选择要导入的“教师名单 .xls”文件。

（4）单击对话框右下方的“导入”按钮，打开“导入数据表向导”的第一个对话框，其中列出了要导入表的部分数据内容，如图 9.2 所示。

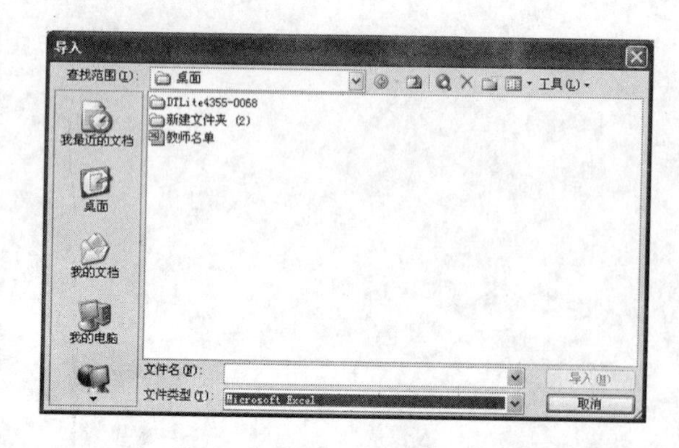

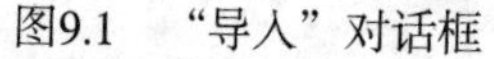
图9.1 “导入”对话框

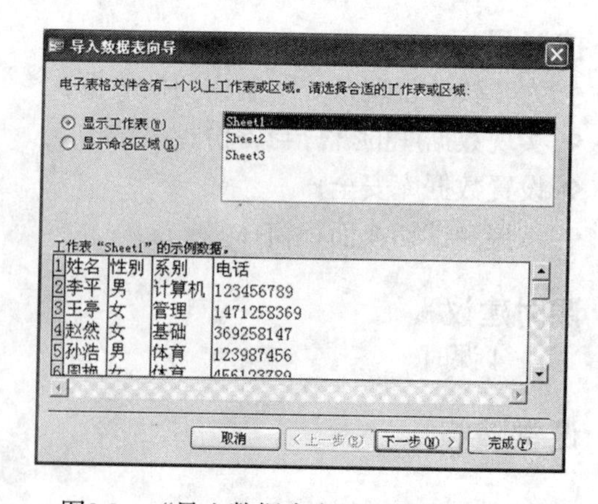

图9.2 “导入数据表向导”的第一个对话框

（5）单击“下一步”按钮，打开“导入数据表向导”的第二个对话框，继续根据对话框的提示操作，包括选定“第一行包含列标题”复选框、设置是否路过此字段及创建索引、选择如何设置主键，以及将导入的表命名为“教师名单”表等，直至在最后一个对话框中单击“完成”按钮。

至此，即可看到在数据库窗口的“表”对象列表中添加了一个“教师名单”数据表，打开该表后的效果如图 9.3 所示。

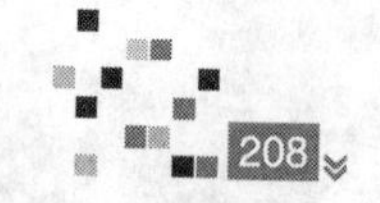

教师名单 : 表

ID	姓名	性别	系列	电话
1	李平	男	计算机	123456789
2	王亭	女	管理	1471258369
3	赵然	女	基础	369258147
4	孙浩	男	体育	123987456
5	周艳	女	体育	456123789
(自动编号)				

记录: 1 共有记录数: 5

图9.3　由Excel文档导入的数据表

【例题 9.2】

将“教学管理系统”数据库中的“教师档案”表导出，使其转换成一个同名的 HTML 文档“教师档案 .html”。

操作步骤如下：

（1）打开“教学管理系统”数据库，在“表”对象列表中选取其中的“教师档案”表。

（2）选择主窗口中的“文件”菜单下的“导出”命令，打开“将表‘教师档案’导出为…”对话框，如图 9.4 所示。

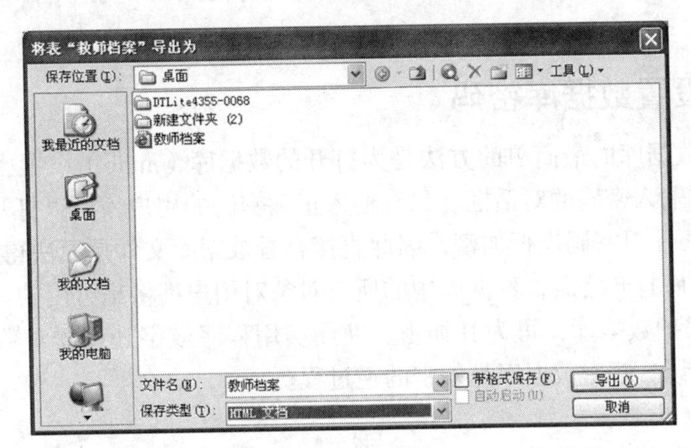

图9.4　“将表‘教师档案’导出为…”对话框

（3）在对话框上方的“查找范围”框中选定导出文件要保存的位置，在底部“保存类型”框中选定“HTML 文档”。

（4）单击对话框右下方的“导出”按钮，即可将“教师档案”表导出为 HTML 文档保存到指定的文件夹中。

（5）在所保存的文件夹中找到这个 HTML 文档，双击打开该文档的效果如图 9.5 所示。

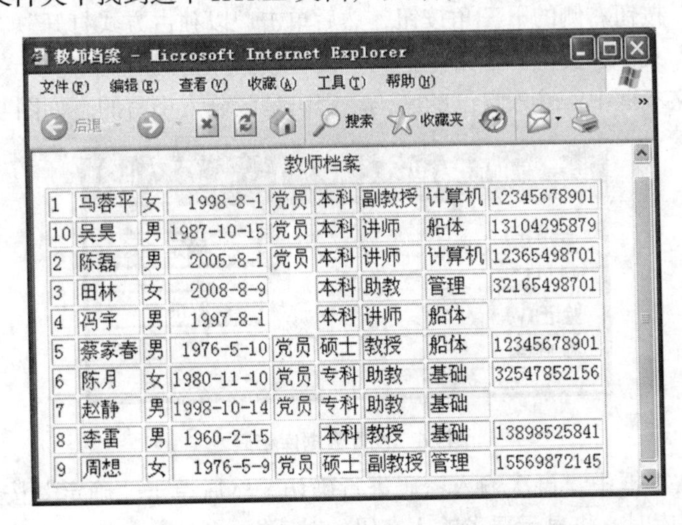

教师档案 - Microsoft Internet Explorer

教师档案

1	马蓉平	女	1998-8-1	党员	本科	副教授	计算机	12345678901
10	吴昊	男	1987-10-15	党员	本科	讲师	船体	13104295879
2	陈磊	男	2005-8-1	党员	本科	讲师	计算机	12365498701
3	田林	女	2008-8-9		本科	助教	管理	32165498701
4	冯宇	男	1997-8-1		本科	讲师	船体	
5	蔡家春	男	1976-5-10	党员	硕士	教授	船体	12345678901
6	陈月	女	1980-11-10	党员	专科	助教	基础	32547852156
7	赵静	男	1998-10-14	党员	专科	助教	基础	
8	李雷	男	1960-2-15		本科	教授	基础	13898525841
9	周想	女	1976-5-9	党员	硕士	副教授	管理	15569872145

图9.5　由“教师档案”表导出的HTML文档

项目 9.2 设置数据库密码

例题导读

在 Access 数据库中，如何为数据库设置密码？如何撤销“教学管理系统”数据库设置的密码？在 Access 数据库中，如何解密数据库？尝试打开一个已加密的数据库。

知识汇总

- 设置和撤销数据库密码
- 加密和解密数据库

Access2003 除了创建数据库和各种各样的数据库对象之外，还提供了一些加强数据安全的保护措施。

9.2.1 设置数据库密码

保护 Access2003 数据库的最简单的方法是为打开的数据库（.mdb）设置密码。设置密码后，打开数据库时将显示要求输入密码的对话框。只有输入正确密码的用户才可以打开数据库。这个方法是安全的（Microsoft Access 对密码进行加密，因此直接查看数据库文件是无法得到密码的），但只应用于打开数据库。在数据库打开之后，数据库中的所有对象对用户都将是可用的。

若要更深层次的保护数据库，可为其加密。使用实用程序或字处理器对数据库加密，可压缩数据库文件而使其难以破译。解密数据库是加密的逆过程。

1. 设置密码

设置数据库密码是最基本的数据库保护方法。

【例题 9.3】

在 Access 2003 中，设置“教学管理系统”数据库的密码。

操作步骤如下：

（1）关闭“教学管理系统”数据库。

（2）选择“文件”菜单中的“打开”命令。

（3）单击“打开”按钮右侧的下三角按钮，然后单击“以独占方式打开”。

（4）选择“工具”菜单“安全”子菜单上的“设置数据库密码”命令。

（5）在“密码”文本框中，输入自己的密码。密码是区分大小写的。如图 9.6 所示。

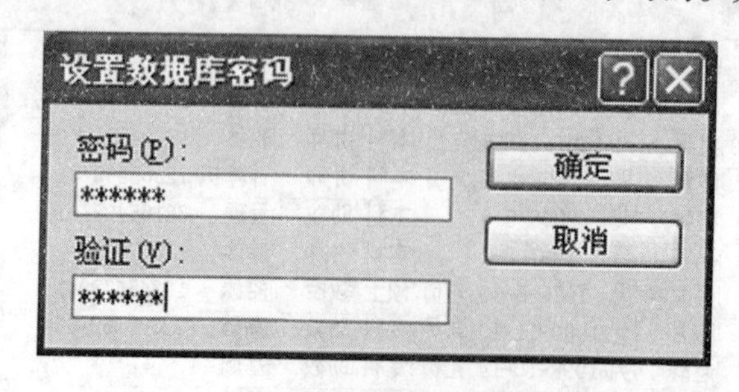

图9.6 设置数据库密码

（6）在“验证”文本框中，再次输入密码进行确认，然后单击“确定”按钮。这样密码即设置完成。下一次打开数据库时，将显示要求输入密码的对话框。

技术提示：

数据库密码与数据库文件存储在一起。如果丢失或遗忘了密码，则密码不能恢复，因而将无法打开数据库。如果要复制数据库，请不要使用数据库密码。如果设置了密码，复制的数据库将不能同步。

对于设置了密码的数据库，在打开时出现“要求输入密码”对话框，如图 9.7 所示，要求输入预先设定的密码，然后单击“确定”按钮；如果密码不正确，Access2003 显示警告对话框，如图 9.8 所示，单击“确定”按钮，重新输入密码，如果密码准确无误，就可以正常使用这个数据库了。

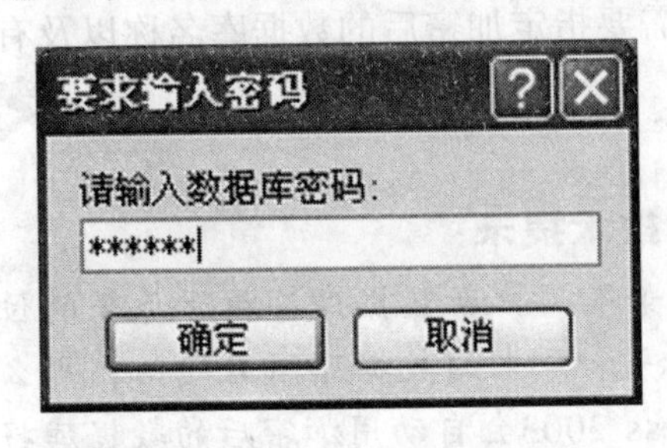

图9.7 “要求输入密码”对话框

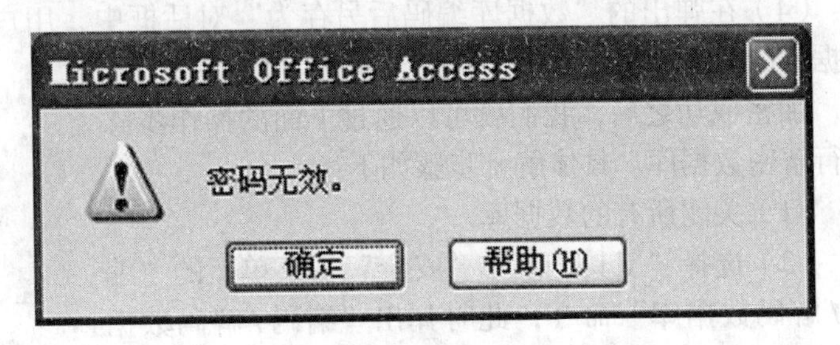

图9.8 提示密码错误

2. 撤销密码

【例题 9.4】

撤销“教学管理系统”数据库的密码设置（撤销密码就是除去数据库已设置的密码）。

操作步骤如下：

（1）选择“文件”菜单中的“打开”命令。

（2）单击“打开”按钮右边的下三角按钮，单击“以独占方式打开”，然后打开数据库，如图 9.7 所示。

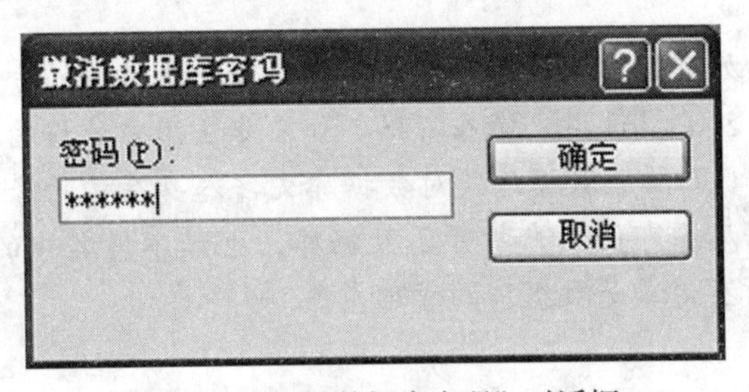

图9.9 “撤销数据库密码”对话框

（3）在“要求输入密码”对话框中，输入数据库密码，然后单击“确定”按钮。密码是区分大小写的。

（4）选择“工具”菜单“安全”子菜单上的“撤销数据库密码”命令。该命令只在设置了数据库密码之后才可用。

（5）在“撤销数据库密码”对话框中输入当前的密码，如图 9.9 所示。

（6）单击“确定”按钮。

技术提示：

为了设置或撤销数据库密码，用户必须将数据库以独占方式打开才行。其他打开方式都不能完成此功能。

9.2.2 加密/解密数据库

数据加密是保护数据库中数据安全的另一种有效手段。对数据库加密可压缩数据库文件，使得别的用户很难用使用程序或字处理器破译。当用电子方式传输数据库或者将数据库存储在软盘、磁盘等设备中时，使用加密方法会更有效。例如要为一个数据库加密，加密步骤如下：

（1）打开要加密的数据库。

（2）选择“工具”菜单“安全”子菜单上的“编码/解码数据库”命令。

（3）在弹出的“编码/解码数据库”对话框中，用户可以指定需要加密的数据库，然后单击“确定”按钮。

（4）在弹出的“数据库编码后另存为”对话框中，用户需要指定加密后的数据库名称以及有效数据库的位置，然后单击“保存”按钮。

加密成功之后，我们就可以通过下面的操作步骤进行解密数据库。具体解密步骤如下：

（1）关闭所有的数据库。

（2）选择“工具”菜单“安全”子菜单上的“编码/解码数据库”命令，此时弹出“编码/解码数据库”对话框。

（3）在弹出的“编码/解码数据库”对话框中，用户选择要加密的数据库文件，然后单击“确定”按钮，此时会弹出“数据库解码后另存为”对话框中，输入数据库解密后的另存为文件名，然后单击“确定”按钮。

通过上述的方法，可以完成对数据库的解密操作。

技术提示：

如果用户新数据库存放于原来的位置，并和原来的数据库同名的话，那么Access 2003会自动用加密后的数据库将原来的数据库替换掉。如果由于磁盘空间不足等原因而造成无法存储加密后的数据库，Access2003将保留原有的数据库。加密后的文件不能被Access2003之外的其他应用程序打开。

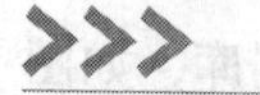

技术提示：

为数据库设置密码和加密数据库是两种完全不同的保护数据库的方法。为数据库设置密码是在打开数据库时，Access 2003提示用户输入密码。如果非法用户恰好输入了正确的密码，则能够读取数据库中的所有数据。而加密数据库是对数据库文件本身结构的修改，该操作将得到一个与现有的数据库不同的数据库。即使用户打开了数据库，也读不懂其中的内容。要对数据库加密/解密，必须是数据库的所有者或是数据库的管理员。

项目 9.3 用户级安全机制

例题导读

是否可以通过使用账号和权限，规定个人、组对数据库中对象的访问权限？在 Access 数据库中，如何打开已建立安全机制的数据库？

知识汇总

- 创建用户和组，并为其设置权限
- 使用设置安全机制向导
- 删除已建立的安全机制

1. 用户级安全机制概述

Access2003 的用户级安全机制类似于在服务器或主机系统上的用户级安全机制。它通过使用账号和权限，可以规定个人、组对数据库中对象的访问权限。安全账号对个人和组访问数据库的对象进行了设置，账号的权限信息称为工作组信息，存储在工作组信息文件中。

使用用户级安全机制可以防止因更改表、查询、窗体和宏而破坏应用程序，还可以保护数据库中的敏感数据。在用户级安全机制下，启动 Access 时要输入密码。Access2003 开始读取工作组信息文件，在该文件中每个账号都由唯一的标志代码标志。在工作组信息文件中，通过用户的个人 ID 和密码，将账号标志为已授权的单个账号，同时也标志为指定组的成员。如果发现不是授权账号，则拒绝打开数据库；如果是授权账号，可以根据其所获得的权限使用数据库。

2. 账号、组和权限

数据库的用户账号为个人提供特定的权限，以便访问数据库中的信息和资源。一个组账号中包含若干账号，组账号是一种方法。该方法通过对组权限的设置，使得组中所有账号具有相同的访问权限。

在计算机网络安全概念的基础上，建立用户和组是 Access 的一个高级用户安全措施。这里所说的用户是数据库的使用者。通过定义不同的账号，并将账号分配到不同的组中，为每个组分配相应的权限，以达到使不同权限账号对数据库实施不同级别操作的目的。

权限是一组属性，用于指定账号对数据库中的数据或对象所拥有的访问权限类型。权限主要包括的内容如表 9.1 所示。

表 9.1　权限

权限	说　明
打开 / 运行	打开数据库、窗体或报表或者运行数据库中的宏
以独占方式打开	以独占访问权限打开数据库
读取设计	在“设计”视图中查看表、查询、窗体、报表或宏
修改设计	查看和更改表、查询、窗体、报表或宏的设计，或进行删除
管理员	对于数据库设置数据库密码、复制数据库并更改启动属性。对于表、查询、窗体、报表和宏，具有对这些对象和数据的完全访问权限，包括指定权限的能力
读取数据	查看表和查询中的数据
更新数据	查看和修改表和查询中的数据，但并不向其中插入数据或删除其中的数据
插入数据	查看表和查询中的数据，并向其中插入数据，但不修改或删除其中的数据
删除数据	查看和删除表和查询中的数据，但不修改其中的数据或向其中插入数据

这种权限的安全措施为账号级安全机制。这类安全措施内置于 Access 中，并一直运行在程序中。

在开始使用 Access 系统时，所有的账号都是管理员的身份，权限大到能对 Access 数据库进行任意操作。实行用户级安全措施的目的是把某些账号从管理员级别降到普通级别账号，限制其访问数据库的权限；另外，安全机制还能指定数据库中各个对象的访问者。安全系统的复杂程度由管理员级别的账号来决定。

3. 工作组信息文件

Access2003 工作组信息文件存储了有关工作组成员的信息。在数据库打开时，Access2003 读取工作组信息文件，以确定允许哪个用户访问数据库中的对象以及他们对这些对象的权限。信息包括用户的账号名、密码及其所属的组。

工作组是多用户环境中的一组用户，其中的成员共享数据和同一个工作组信息文件。Access 2003 是依赖工作组信息文件来实行用户级安全措施的。

在第一次安装 Access2003 时，系统自动生成一个默认的工作组信息文件。

如果要在系统中建立用户级安全机制，可以修改默认的工作组信息文件或为数据库创建新的工作组信息文件。

一个工作组信息文件中包含以下几个预定义的账号：

（1）管理员，默认的用户账号。Access2003 的每一个副本都如此。

（2）管理员组，一个组账号。该组中的所有成员都能够管理 Access 数据库，其中至少有一个管理员权限的账号。当最初建立数据库时，管理员组只包括一个管理员账号 Administrator。

（3）用户组，一个组账号。账号中的所有成员都可以使用 Access2003 数据库。当使用管理员账号建立一个新账号时，该账号将被自动加入到用户组中。

技术提示：

管理员账号在Access2003的每个副本中都存在。为了安全起见，建立数据库安全措施的第一步就是创建另一个具有管理员权限的账号，并将原来的管理员账号从管理员组中撤销。

只有拥有数据库的管理员权限，才能在该数据库的任何工作组信息文件中加入新的账号或组账号，并设置账号或组账号的权限。

4. 使用权限

可以访问哪些数据库以及数据库中的哪些对象取决于授予账号的权限。在表 9.1 中已经介绍了 Access2003 数据库的主要权限。

Access2003 中有如下两类权限：

（1）显式权限。指那些直接授予账号的权限。

（2）隐式权限。指作为组的成员继承的权限，是组拥有的权限，传递给了组里面的账号。

当用户要对设置了安全性的数据库对象进行操作时，该用户所具有的权限是他的显式和隐式权限的交集，即数据库的使用者所能享受的权限视账号显式权限与隐式权限的最小限制而定。例如，在某个组中，一个账号具有查看数据库窗体的权限，又被授予修改窗体的显式权限，那么修改权限为最小限制，是其享有的权限。

用户的安全级别在用户的显式权限和用户所属的组的权限中限制最少。因此，管理工作组最简单的方法就是创建新组并为组而不是单个用户指定权限。然后通过将用户添加到组中或从组中删除的方式来更改单个用户的权限。而且，如果要授予新的权限，使用一个操作即可对一个组中的所有成员授予权限。

以下人员可以更改数据库对象的权限：

（1）创建数据库时所使用的工作组信息文件的管理员组成员。

（2）对象的所有者。

（3）对对象具有管理员权限的用户。

当用户为管理员组的成员或对象的所有者时，在不能执行某个操作的情况下，它们可以授予自己执行该操作的权限。

创建表、查询、窗体、报表或宏的用户即为对象的所有者。其同组用户可以通过选择“工具”菜单下的“安全”子菜单下的“用户与组的权限”命令，更改对象的所有权，或者重新创建对象。

要重新创建对象，不必从头做起。可以复制该对象，或者将其导入或导出到其他数据库。对整个数据库设置安全性，是转移所有对象包括数据库本身的所有权的最简单的方法。要对整个数据库设置安全性，最佳方法是使用“设置安全机制向导”，该向导可以新建一个数据库并将所有的对象导入其中。

>>>

技术提示：

在进行复制、导入或导出操作时，并不更改“运行权限”属性设置为“所有者的”的查询的所有权。只有当查询的“运行权限”属性设置为“用户的”时才可以更改其所有权。

5. 使用设置安全机制向导

Access2003 提供一个设置安全机制的向导，帮助用户建立一个简单的安全系统：建立在两个组（管理员组和用户组）基础上的账号系统。这种方式可以建立新的组和新的账号，赋予其权限，使得已建立安全机制的数据库安全有一定的保障。

这样的账号系统能够满足一般小公司的安全需求。如果是更高级别的安全需求，还要结合网络安全技术设置更加完善的管理机制。

【例题 9.5】

建立“教学管理系统”数据库的安全机制信息文件。其中新用户名为“glyyh”，密码为“123456”。

操作步骤如下：

（1）打开要建立安全机制的数据库，这里打开“教学管理系统”数据库（不能以独占方式打开数据库）。

（2）打开“工具”菜单，选择“安全”子菜单下的“设置安全机制”向导命令，弹出“设置安全机制向导”对话框，如图 9.10 所示。如果 Access 系统尚未安装这类功能，会出现相应的提示框，要求插入 Microsoft Office 2000 的光盘，然后自动进行安装。

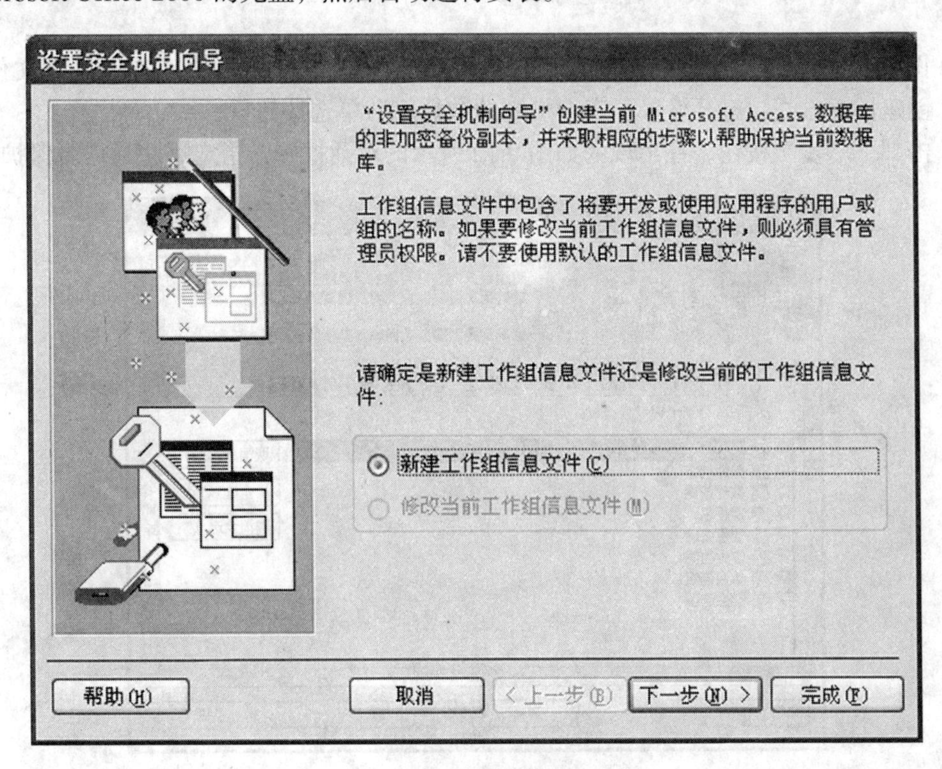

图9.10　“设置安全机制向导”对话框

（3）选择“新建工作组信息文件”或“修改当前工作组信息文件”单选按钮。如果是第一次使用用户级的安全机制向导，只能选择前者。

（4）单击“下一步”按钮，出现图 9.11 所示的向导。

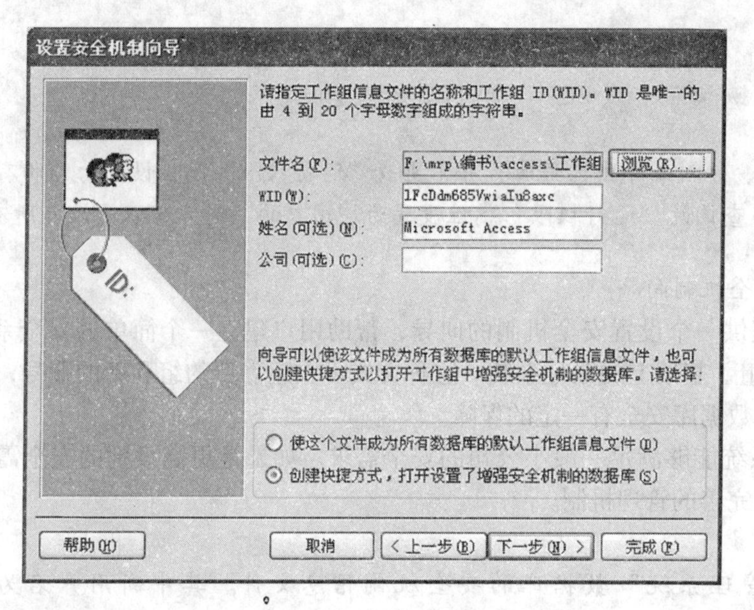

图9.11　指定工作组编号WID

技术提示：

在创建工作组信息文件时，需要为它分配一个唯一的工作组编号（WID），其长度必须是4~20个字符。如果使用向导，Access自动创建一个WID（图9.11）。如果需要，可在这个对话框中改变WID，当然，接受默认的WID也可以。

（5）在图 9.11 中，还要指定如何创建工作组信息文件以及 Access 2003 如何处理文件的其他信息。选择“创建快捷方式，打开设置了安全机制的数据库”单选按钮。

（6）单击“下一步”按钮，在出现的如图 9.12 所示的对话框中，指定哪些是需要保护的对象。

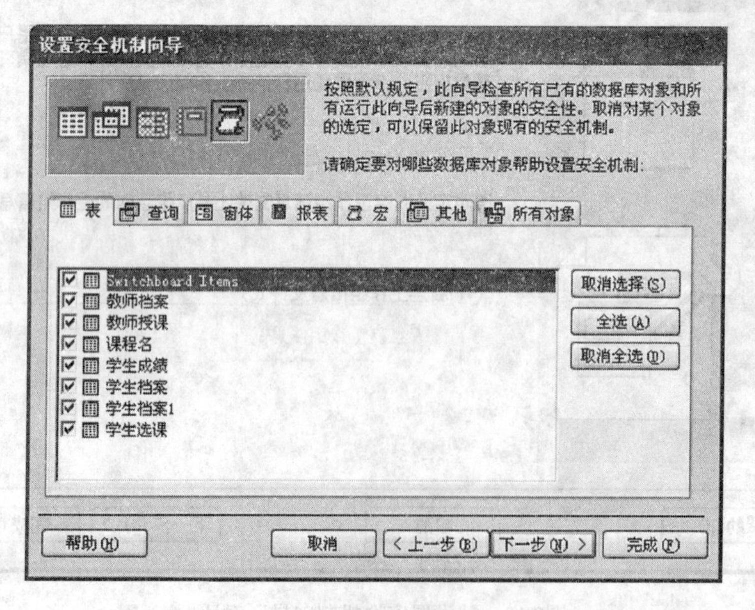

图9.12　选择设置安全机制的对象

（7）单击对话框中的各标签，选择数据库对象左边的复选框，指定需要建立保护措施的对象。一般情况下，没有特定的充分理由时就选择所有对象，单击“全部选定”按钮。在这里单击“全部选定”按钮。

（8）单击“下一步”按钮，在出现的如图9.13所示的对话框中，选择“完全数据用户组”复选框。除了在该对话框中创建的组以外，向导还将自动创建一个管理员组和一个用户组。

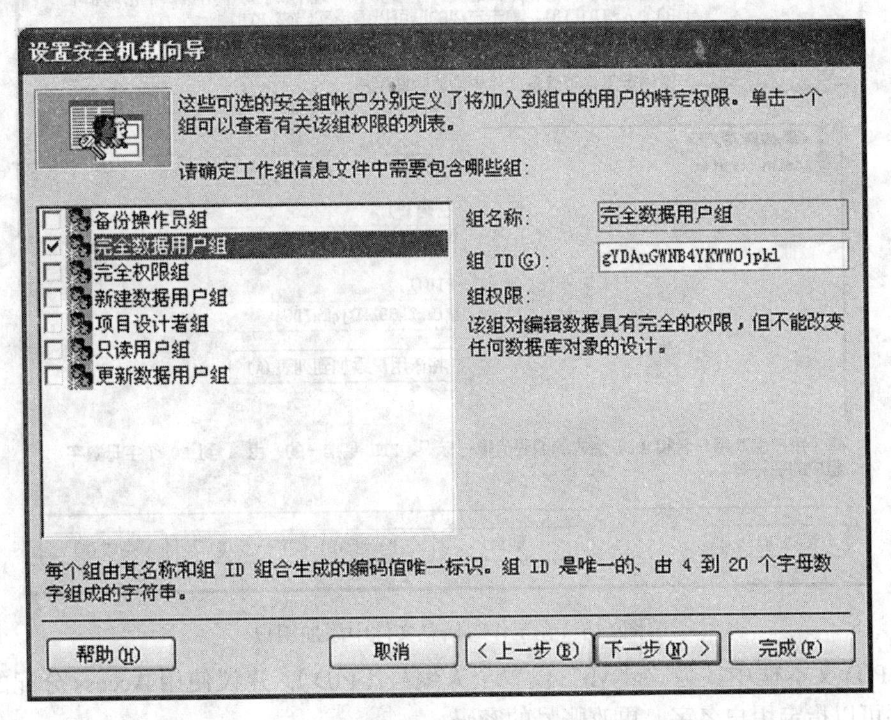

图9.13　创建的用户组

（9）单击“下一步”按钮。在出现的如图9.14所示的对话框中，选择“是，是要授予用户组一些权限”单选按钮，给新创建的组赋予一些权限。这里分配所有的权限，即依次选择“数据库”、“表”、“查询”、“窗体”、“报表”和“宏”选项卡，并选中各选项卡中的所有复选框。

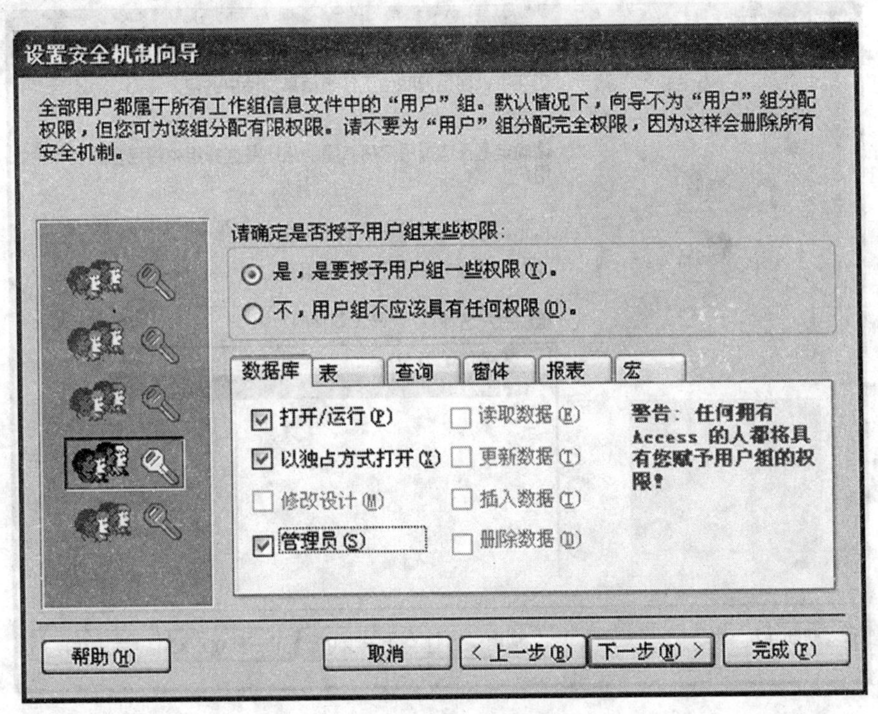

图9.14　将权限分配到各个用户组

（10）单击“下一步”按钮，在出现的如图9.15所示的对话框中，指定在工作组信息文件中创建的账号名“glyyh”，在“密码”文本框中设定该账号的密码，单击“将该用户添加到列表”按钮。

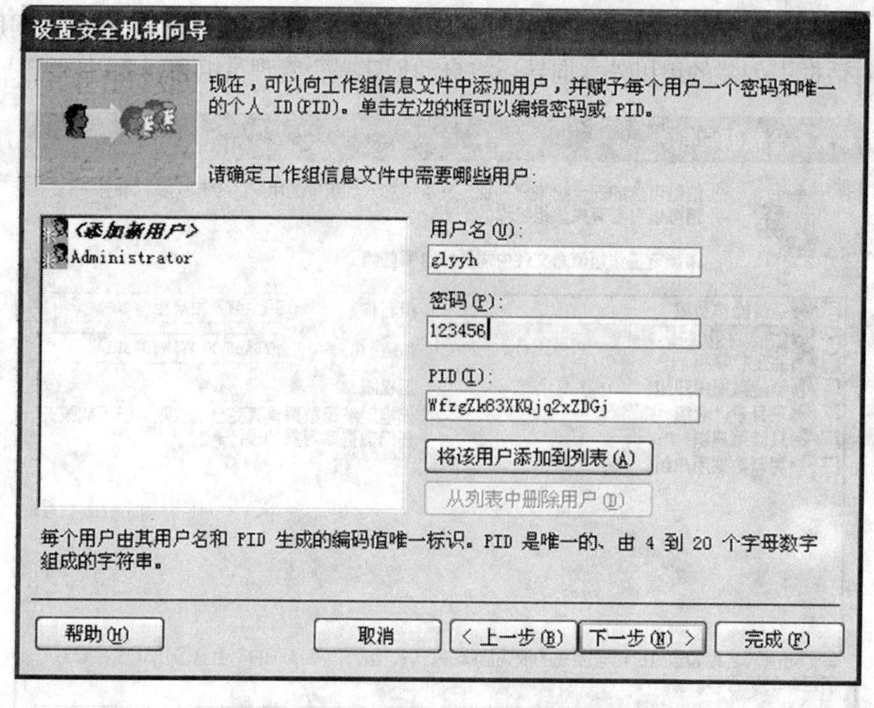

图9.15　在工作组信息文件中添加用户

（11）在PID文本框中，为“glyyh”设置个人编号（PID），建议使用Access分配的PID。在此对话框中，还可以指定用户名字，更改账号的密码。

（12）单击“下一步”按钮。在出现的如图9.16所示的对话框中，单击“选择组并将用户赋给该组”单选按钮。在“组或用户名称”下拉列表中选择所定义的组，例如，选择“完全数据用户组”。在列表框中单击“glyyh”，然后选择它前面的复选框，从而指定“glyyh”账号属于“完全数据用户组”。

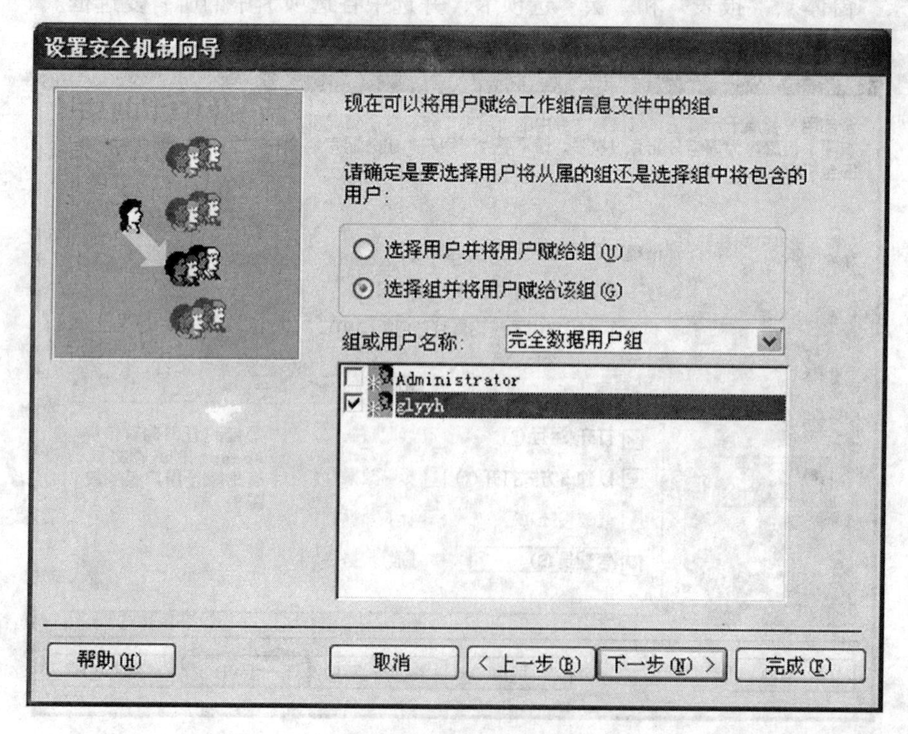

图9.16　将用户分配到组

（13）单击“下一步”按钮。在出现的如图9.17所示的最后一个对话框中，建立一个无安全机制的数据库备份副本，指定副本的文件名，可以使用系统默认的数据库名。

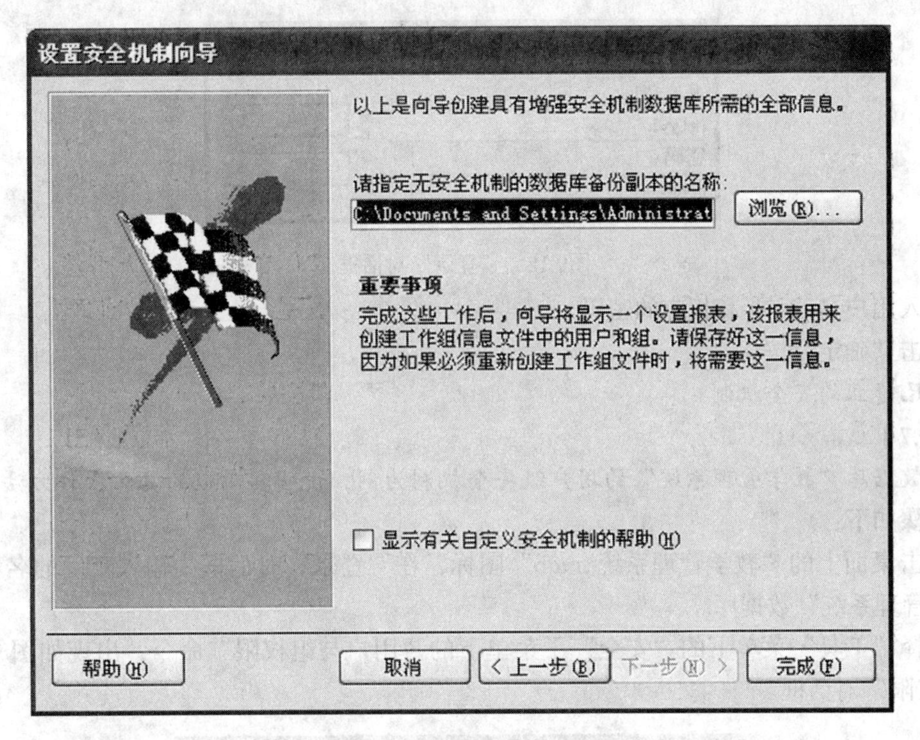

图9.17　命名备份副本文件

（14）单击“完成”按钮，Access 系统创建一张报表，以表明该数据库已经建立了安全机制。

在使用向导为“教学管理系统”数据库建立安全机制信息文件后，Windows 桌面上出现一个名称为“教学管理系统 .mdb”的图标。

技术提示：

报表的名称是“单步设置安全机制向导报表”，其中包括建立安全机制的数据库的名称、数据库的副本名称、安全机制实施的对象列表（表、查询名字）以及组和用户名称、ID、密码等信息。最好将报表打印出来并存放在安全的地方，以便随时了解所应用的安全机制。

6. 打开已建立安全机制的数据库

为数据库建立安全机制以后，数据库就只能以建立的特定方式打开。如果在 Access 系统中以没有相应权限的账号登录来打开数据库，将显示不能直接访问设置了安全机制的数据库的对话框，表示不能打开该数据库。

技术提示：

在很多情况下，用户都是以默认的“管理员”的身份进入到Access系统并且建立的数据库。这样，即使该数据库是已经建立安全机制的数据库，也可以以默认的“管理员”身份进入到Access系统中去打开该数据库，因为“管理员”是这个数据库的“所有者”。

【例题 9.6】

以打开“教学管理系统”数据库为例，说明打开已建立安全机制的数据库的具体过程。

操作步骤如下：

（1）双击桌面上保存的“教学管理系统 .mdb”图标，显示如图 9.18 所示的“登录”对话框。

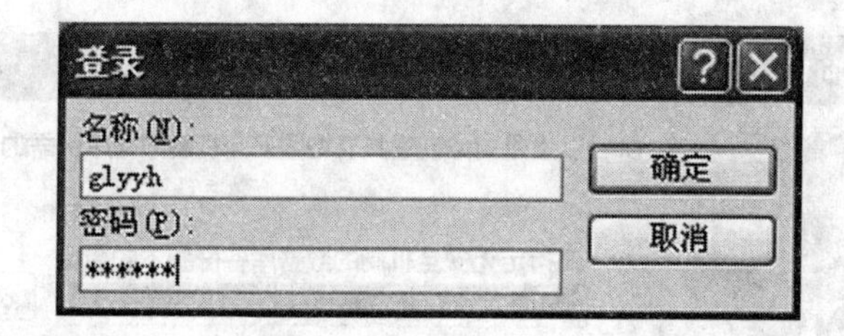

图9.18 “登录”对话框

（2）输入用户名 glyyh 和相应的密码。

（3）单击“确定”按钮。

7. 删除已建立的安全机制

【例题 9.7】

以删除数据库“教学管理系统”的用户级安全机制为例，说明其对应的具体操作方法。

操作步骤如下：

（1）双击桌面上的“教学管理系统 .mdb”图标，在“登录”对话框中输入正确的名称和密码后打开“教学管理系统”数据库。

（2）选择“工具”菜单下的“安全”子菜单下的“用户与组权限”命令，出现如图 9.19 所示的“用户与组权限”对话框。

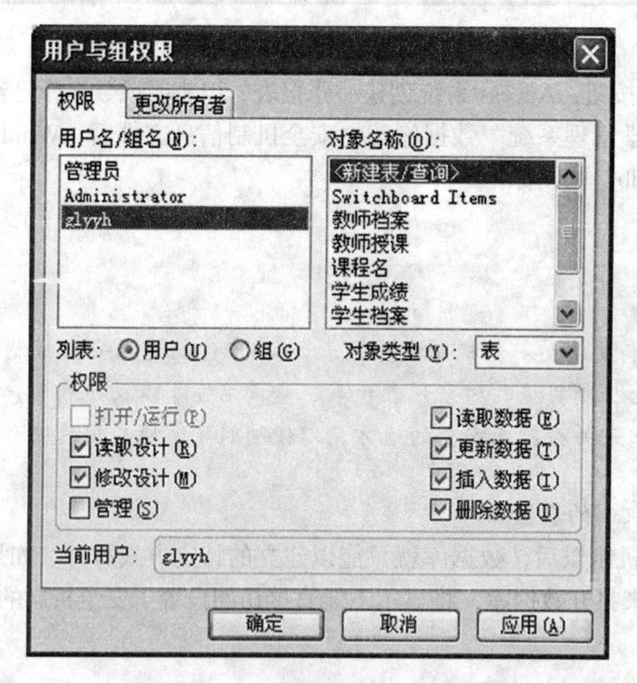

图9.19 “用户与组权限”对话框

（3）在该对话框中授予用户组对数据库中所有表、查询、窗体、报表和宏等的完全权限。

（4）退出并重新启动 Access2003。

（5）新建并打开一个空数据库教学管理系统 1。

（6）利用项目 1 中所学习的内容，在“教学管理系统”数据库中将所有对象导入到新数据库“教学管理系统 1”中。复制完毕后，“教学管理系统 1”数据库中含有与“教学管理系统”数据库完全相同的表。但“教学管理系统 1”数据库没有建立安全机制。

（7）如果在打开数据库时会使用当前的工作组信息文件，那么要清除“管理员”的密码以关闭当前工作组的“登录”对话框。如果使用安装 Access 时创建的默认工作组信息文件，不必执行这一步。

项目 9.4 维护数据库

例题导读

Access 2003 中可以对数据库进行备份 / 还原，压缩和修复来实现对数据库中数据的保护，维修数据库。Access2003 是如何具体维护数据库的？

知识汇总

● 维护数据库的方法，包括备份 / 还原、压缩 / 修复、拆分数据库等

1. 备份 Access 数据库

为了防止数据库损坏而丢失数据，我们需要对数据库进行备份。Access2003 数据库系统提供了备份数据库的功能，我们就可以对 Access2003 数据库文件进行备份。下面介绍具体实现数据库的备份步骤如下：

（1）保存并关闭数据库中的所有对象。

（2）选择“文件”菜单中的“备份数据库”命令或者选择“工具”菜单中的“数据库实用工具”子菜单下的“备份数据库…”命令。

技术提示：

如果正采用用户级安全机制，则还应该创建工作组信息文件的备份。如果该文件丢失或损坏，将无法启动Microsoft Access，只有还原或更新该文件后才能启动。

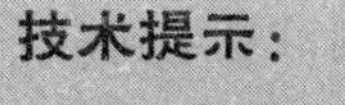

（3）在“备份数据库另存为”对话框中，指定备份副本的名称和位置。

备份数据库也可以采用下面的操作步骤：

（1）保存并关闭数据库中的所有对象。

（2）选择“工具”菜单中的“同步复制”子菜单下的“创建副本”命令，选择“是”按钮。

（3）在“新副本位置”对话框中，指定备份副本的名称和位置，然后单击“确定”按钮。

2. 用备份副本还原 Access 数据库

还原取决于当初制作备份时所使用的方法，用“我的电脑”、“Windows XP 或更新版本的备份及故障恢复工具”或其他备份软件都可以将 Access 数据库的备份复制到数据库文件夹。

技术提示：

如果数据库文件夹中已有的Access数据库文件和备份副本有相同的名称，则还原的备份数据库可能会替换已有的文件。如果要保存已有的数据库文件，应在复制备份数据库之前先为其重新命名。同样，可以通过创建空数据库，然后从原始数据库中导入相应的对象，来备份单个的数据库对象。

3. 压缩和修复 Access 数据库

如果经常对数据库进行数据更新操作，则数据库文件的存储空间可能会出现碎片，使磁盘空间的使用效率变低，响应时间变长。为了提高磁盘空间的利用率，缩短响应时间，就需要对数据库进行压缩。Access 中提供了压缩数据库的功能，压缩打开的数据库操作步骤如下：

（1）打开要进行压缩的数据库。

（2）选择“工具”菜单中的“数据库实用工具”子菜单中的“压缩和修复数据库”命令。

Access 直接对当前的数据库进行压缩，不生成另外的数据库文件，而是以压缩后的数据库替代现有的数据库。

Access2003 同样可以压缩未打开的数据库，具体操作步骤如下：

（1）关闭当前打开的数据库。

（2）选择“工具”菜单中的“数据库实用工具”中的“压缩和修复数据库”命令。此时会弹出“压缩数据库来源”对话框。

（3）选择要压缩的数据库，单击“压缩”按钮。在随后弹出的“将数据库压缩为”对话框中输入压缩后的数据库文件名。如果此时指定了与来源数据库相同数据库名和保存位置，则会替换原有的文件。

4. 拆分数据库

在客户机 / 服务器应用程序中，存放数据的表通常存放于服务器的数据库中，称为后端数据库，而查询、窗体、报表、宏、模块和指向数据访问页的快捷方式等数据库对象保存在客户机的数据库中，称为前端数据库。在开发时，所有数据库对象一般都在本地使用。为了能将数据表快速、高效地移到服务器上，Access2003 提供了拆分数据库工具。

数据库拆分器向导帮助用户将当前数据库迁移到后端数据库。拆分后的后端数据库可作为共享数据库，而前端数据库则可复制到多个客户机上。客户机上的数据库对象也允许用户根据需要进行修改。

操作步骤如下：

（1）打开需要进行拆分的数据库。

（2）选择“工具”菜单下的“数据库实用工具”子菜单下的“拆分数据库”命令，打开“数据库拆分器”对话框。

（3）接下来单击“拆分数据库”按钮，打开“创建后端数据库”对话框，如图 9.20 所示。

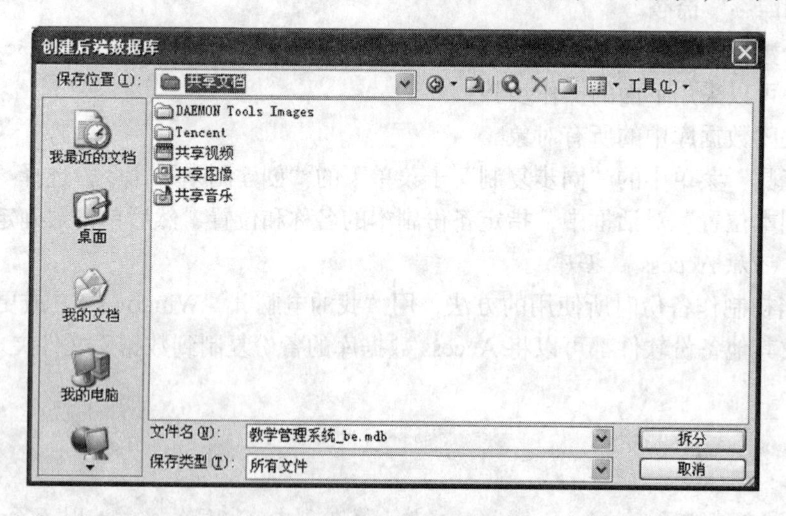

图9.20 保存后端数据库

（4）在“保存位置”下拉列表框中选择后端数据库的保存位置，在“文件名”文本框中输入后端数据库文件名，单击“拆分”按钮执行数据库拆分操作。

技术提示：

若数据库中有某个对象被打开，可能会导致拆分不能顺利完成。所以在打开数据库进行拆分之前，应关闭所有打开的数据库对象。

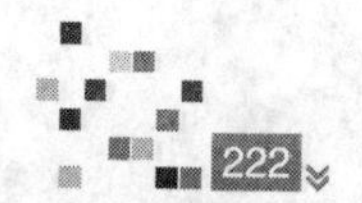

项目 9.5 切换面板管理器

例题导读

什么是切换面板？如何设置切换面板？创建切换面板后“表”对象中会有什么样的变化？

知识汇总

● 使用切换面板管理器创建应用系统的主控界面

为了保证数据库中的数据的安全性，通常情况下，并不允许用户直接在表中输入数据，而是借助于窗体，让用户从窗体向表中输入数据。为了对窗体进行更好地组织，方便用户使用，通常将窗体的功能集中在一起，用户只需要单击某个按钮就可以打开想要的窗体。这可以使用“切换面板”来实现。

使用切换面板可以创建系统的主菜单或入口程序，那么如何创建一个切换面板呢？我们下面介绍使用 Access 的切换面板管理器创建“教学管理系统”主控界面的实现方法。

1. 打开“切换面板管理器”对话框

操作步骤如下：

（1）打开“教学管理系统”数据库。

（2）选择“工具”菜单中的“数据库实用工具”中的“切换面板管理器”命令。此时会弹出“切换面板管理器”对话框，如图 9.21 所示。

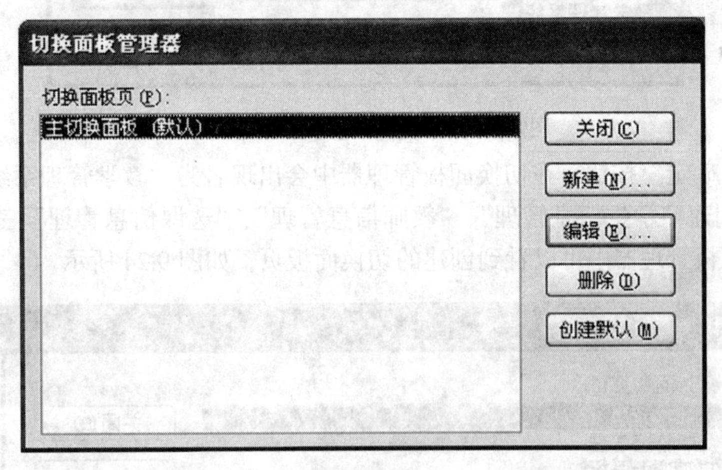

图9.21 “切换面板管理器”对话框

技术提示：

如果是第一次使用“切换面板管理器”，则会显示如图9.22所示的对话框，单击“是”按钮。

切换面板管理器

切换面板管理器在该数据库中找不到有效的切换面板。是否创建一个?

是(Y) 否(N)

图9.22 提示消息框

2. 创建的切换面板页

通过切换面板管理器可以创建多个切换面板页。切换面板页为固定模式的窗体对象，其上通过命令按钮显示多个项目，并通过命名按钮项目控制数据库对象。

根据“教学管理系统”数据库的概要设计，需要为系统创建四个切换面板页来控制并运行应用系统，它们分别是:“教学管理系统”主控界面，其中应包含“学生信息管理”、“教师信息管理”、“选课信息管理”、“退出系统”等命令按钮项目。“学生信息管理”、“教师信息管理”、“选课信息管理”三个子系统界面，窗体上包含运行不同窗体、报表、表、查询、页等数据库对象的命令按钮，用来完成操作和使用数据库数据的任务。

创建切换面板页操作步骤如下:

(1) 在如图 9.21 所示的“切换面板管理器”对话框中单击“新建”按钮，如图 9.23 所示。

(2) 在出现的“新建”对话框的文本框中输入应用系统的名称“教学管理系统”，如图 9.23 所示。

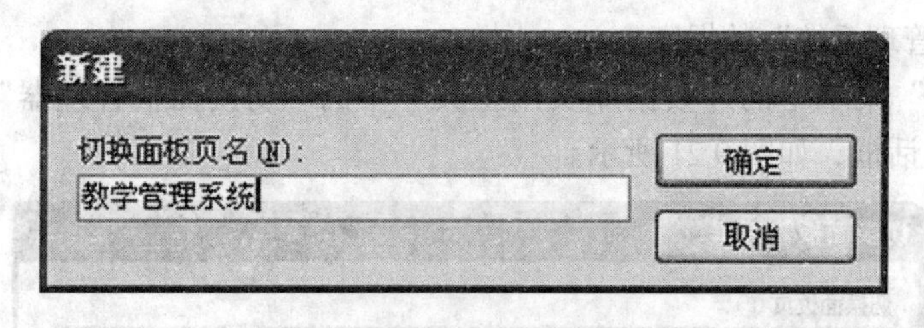

图9.23 “新建”切换面板页对话框

(3) 然后单击“确定”按钮，在切换面板管理器中会出现名为“教学管理系统”的切换面板页。

用同样的方式创建“学生信息管理”、“教师信息管理”、“选课信息管理”三个子系统界面的切换面板页，在切换面板管理器中可以看到创建的切换面板页，如图 9.24 所示。

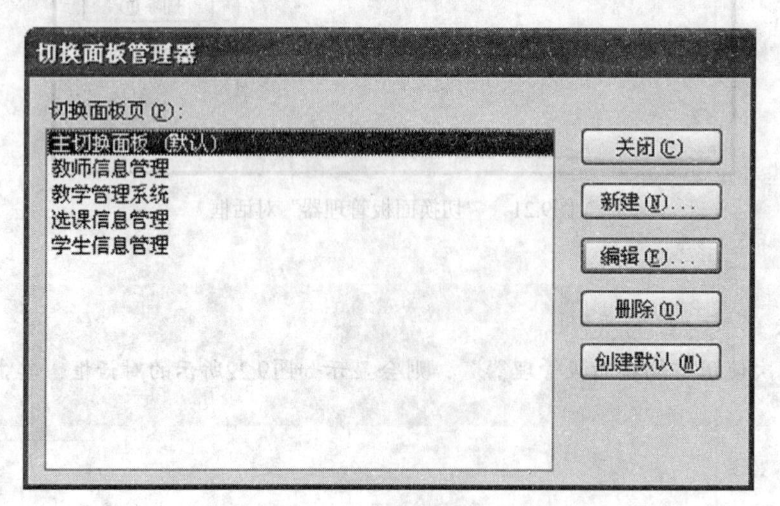

图9.24 对切换面板页进行编辑

3. 为“教学管理系统”切换面板页添加项目

创建切换面板页后，需要分别为各切换面板页添加项目，即定义窗体上使用的命令按钮的名称、

操作命令与操作对象。先为“教学管理系统”切换面板页添加项目，因为“教学管理系统”切换面板页是应用系统的主控界面，它负责主控界面与各个子系统界面的切换。为主控界面添加项目的操作步骤如下：

（1）在“切换面板管理器”对话框中选中切换面板页“教学管理系统”，如图9.24所示。

（2）单击“编辑”按钮，弹出“编辑切换面板页”对话框，如图9.25所示。

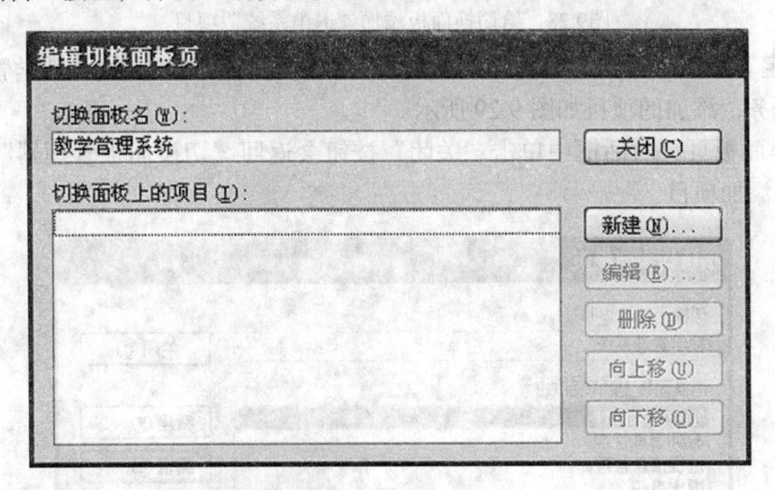

图9.25 “编辑切换面板页”对话框

（3）单击“新建”按钮，打开“编辑切换面板项目”对话框，如图9.26所示。

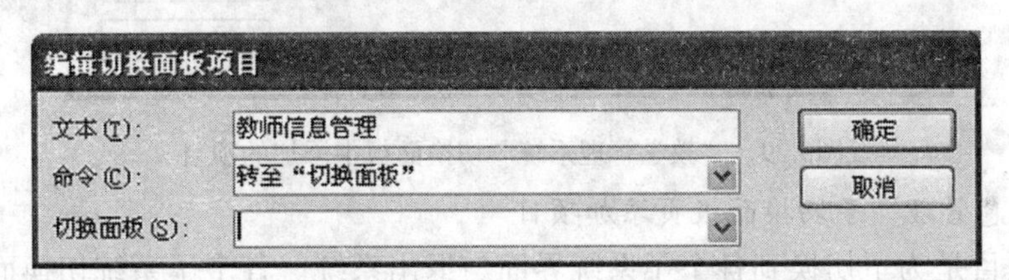

图9.26 “编辑切换面板项目”对话框

① 在“文本”框中输入项目名称，例如“教师信息管理”。

② 在“命令”下拉框中选择操作命令，例如“转至‘切换面板’”命令，如图9.27所示。

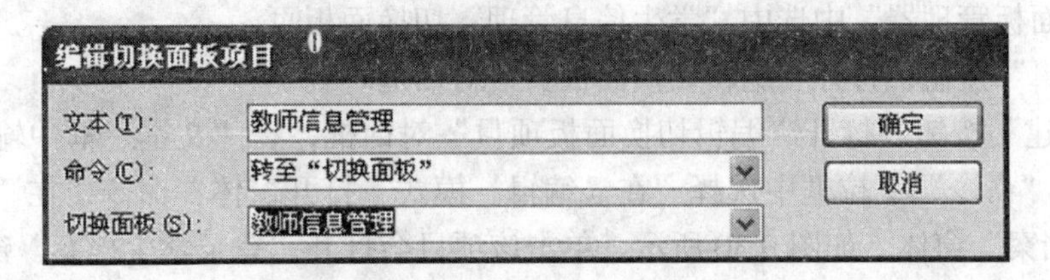

图9.27 给切换面板添加项目

③ 在“切换面板”下拉框中选择操作命令，根据操作命令的不同，会出现不同的操作对象，例如“教师信息管理”切换面板页，如图9.27所示。

④ 单击“确定”按钮，返回“编辑切换面板页”对话框，可以看到“教学管理系统”切换面板页添加了一个“教师信息管理”的项目。在窗体项目中这就是一个命令按钮，单击它即可切换到“教师信息管理”界面。

用同样的方式创建“教学管理系统”切换面板上的其他项目：学生信息管理、选课信息管理。

⑤ 最后添加“退出系统”项目，在“文本”框中输入“退出系统”，在“命令”下拉框中选择“退出应用程序”操作命令，如图9.28所示。执行该命令将关闭整个应用程序。

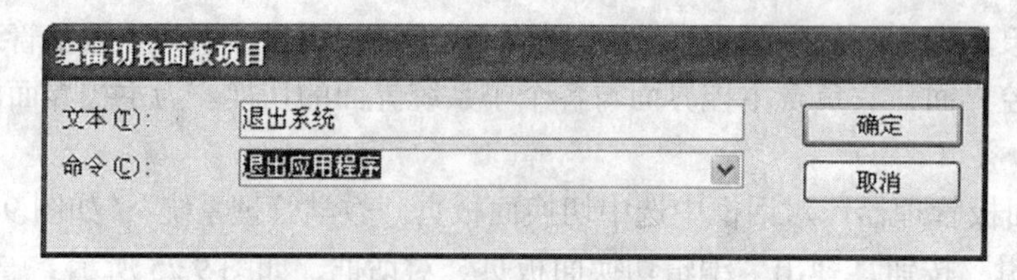

图9.28 给切换面板添加“退出系统”项目

⑥ 单击“确定”按钮，返回“编辑切换面板页”对话框，就完成了给“教学管理系统”切换面板页添加项目的任务，添加的项目如图 9.29 所示。

在“编辑切换面板页”对话框中单击“关闭”按钮会返回“切换面板管理器”对话框，可继续为其他切换面板页添加项目。

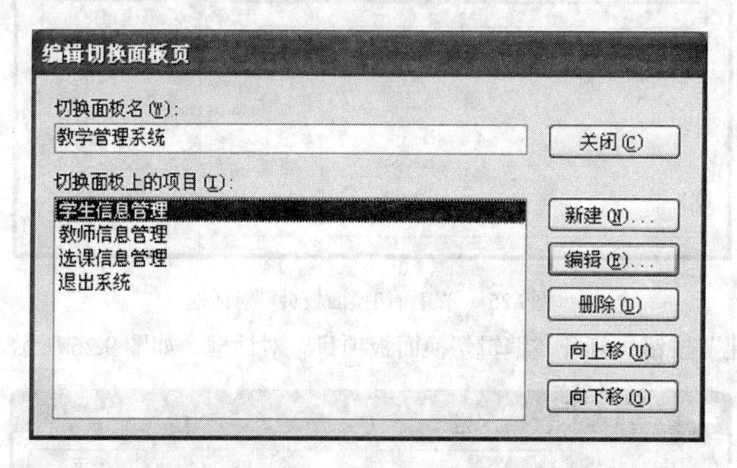

图9.29 “教学管理系统”切换面板中添加的项目

4. 为“学生信息管理”子切换面板页添加项目

主控界面的项目是为了切换到各个子系统界面与退出系统。各个子系统切换面板页的项目用来操作不同的数据库对象及返回主控界面。

下面介绍给“学生信息管理”子切换面板页添加项目的方法，其操作步骤如下：

(1) 添加“登录学生档案”项目。

① 在“切换面板管理器”中选中“学生信息管理”切换面板页。

② 单击“编辑”按钮，打开“编辑切换面板页”对话框。

③ 单击“新建”按钮，打开“编辑切换面板项目”对话框，在“文本”框中输入项目名称“登录学生档案”，在“命令”下拉框中选择“在‘编辑’模式下打开窗体”命令，在“窗体”下拉框中选择“登录学生档案”窗体，如图 9.30 所示。单击该项目会打开“登录学生档案”窗体。

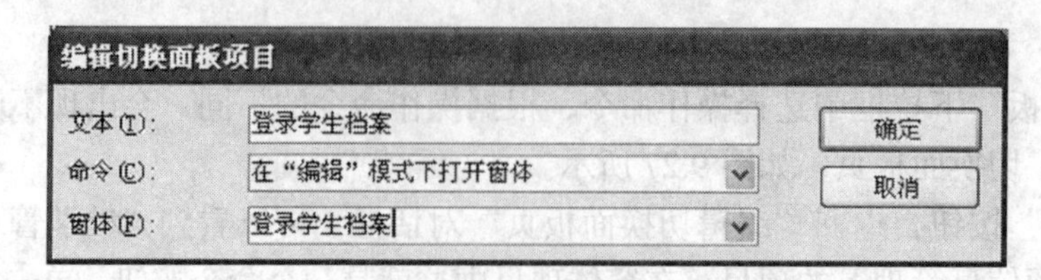

图9.30 为“学生信息系统”切换面板页添加“登录学生档案”项目

(2) 添加“学生基本信息表”项目。

① 在“切换面板管理器”中选中“学生信息管理”切换面板页。

② 单击“编辑”按钮，打开“编辑切换面板页”对话框。

③ 单击“新建”按钮，打开“编辑切换面板项目”对话框，在“文本”框中输入项目名称“学生基本信息表”，在“命令”下拉框中选择“打开报表”命令，在“报表”下拉框中选择“学生基本

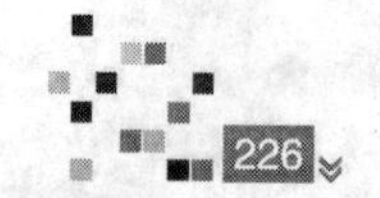

信息表”报表，如图 9.31 所示。单击该项目会打开“学生基本信息表”报表。

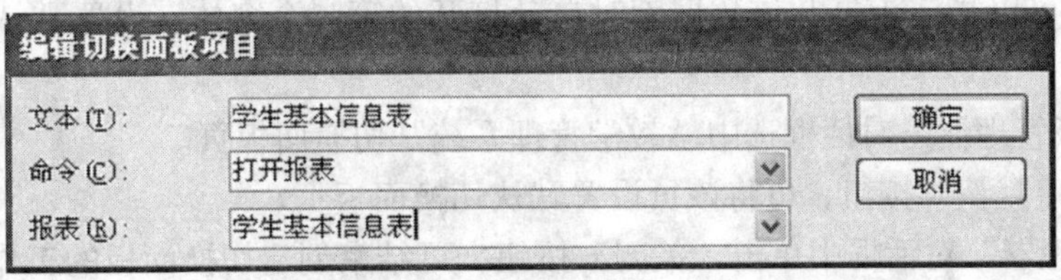

编辑切换面板项目

文本(T): 学生基本信息表　　确定

命令(C): 打开报表　　取消

报表(R): 学生基本信息表

图9.31　为“学生信息系统”切换面板页添加“学生基本信息表”项目

用同样的方式为切换面板页添加其他项目，如“登录学生选课成绩”、“学生档案及成绩查询”、“每班男女生人数统计表”等项目。

（3）添加“返回主界面”项目。在“编辑切换面板项目”对话框，在“文本”框中输入项目名称“返回主界面”，在“命令”下拉框中选择“转至‘切换面板’”命令，在“切换面板”下拉框中选择“教学管理系统”切换面板页，如图 9.32 所示。为“学生信息管理”切换面板页上添加的项目，如图 9.33 所示。

编辑切换面板项目

文本(T): 返回主面板　　确定

命令(C): 转至“切换面板”　　取消

切换面板(S): 教学管理系统

图9.32　为“学生信息系统”切换面板页添加“返回主面板”项目

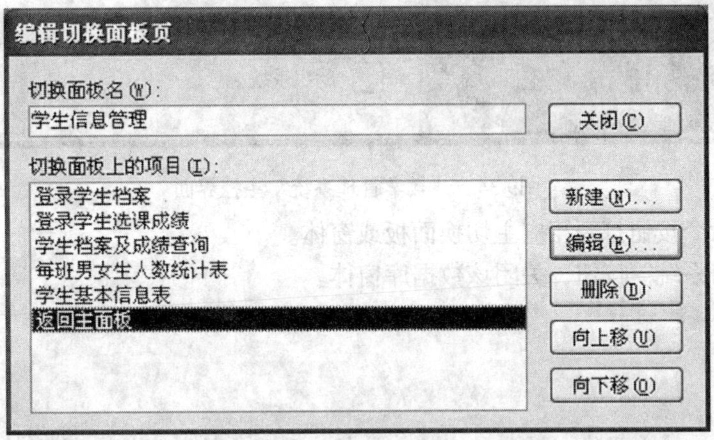

编辑切换面板页

切换面板名(W):

学生信息管理　　关闭(C)

切换面板上的项目(I):

登录学生档案　　新建(N)...

登录学生选课成绩

学生档案及成绩查询　　编辑(E)...

每班男女生人数统计表

学生基本信息表　　删除(D)

返回主面板

向上移(U)

向下移(O)

图9.33　“学生信息管理”切换面板上的项目

按照上述同样的方式为“教师信息管理”、“选课信息管理”切换面板页添加项目。其中，“教师信息管理”切换面板页中包括“教师档案登录”、“教师档案信息及授课信息”、“教师信息查询”和“返回主面板”四个选项。“选课信息管理”切换面板页中包括“课程信息输入”、“学生选课信息登录”、“课程及选课信息查询”和“返回主面板”四个选项。

技术提示：

在添加项目前，要先创建好窗体、报表和宏对象。

5. 设置默认切换面板

默认切换面板可以指定为打开该数据库时自动打开的第一个窗体。设置默认切换面板的操作步骤如下：

（1）“切换面板管理器”对话框选中“教学管理系统”切换面板页。

（2）单击“创建默认”按钮，可将该页设置默认切换面板页。

“切换面板管理器”对话框中单击“关闭”按钮，可结束创建切换面板的工作。如果需要修改其中的设置，可重新打开“切换面板管理器”对话框进行添加、删除等修改工作。

6. 测试切换面板窗体

主控界面创建后，可在数据库窗体中进行测试，检查主控界面是否能正常操作各个数据库对象，完成用户提出的功能要求。其测试的操作步骤如下：

（1）在数据库窗口按下“窗体”对象按钮，会发现多了一个“切换面板”窗体对象，双击该窗体对象可打开如图 9.34 所示的主控界面。

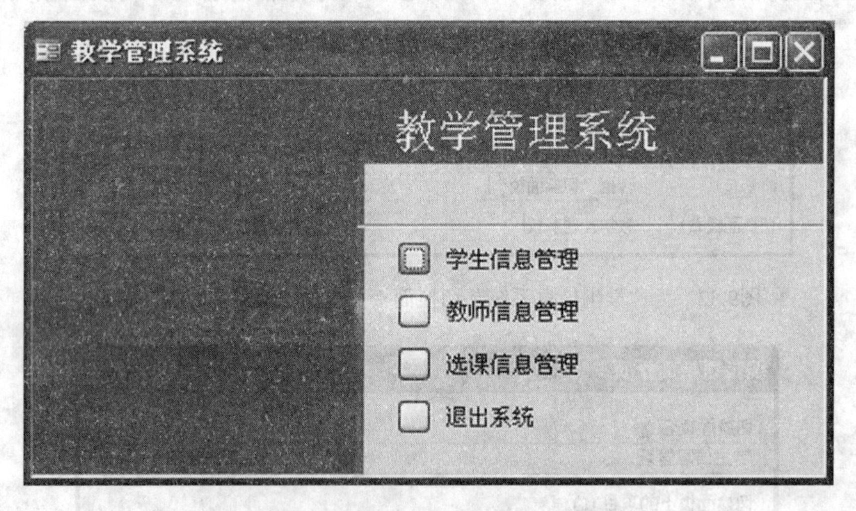

图9.34 “教学管理系统”主控界面

（2）单击各个命令按钮打开相应主切换面板或窗体。

（3）单击“退出系统”按钮，关闭该数据库窗体。

技术提示：

切换面板只能应用于窗体、报表和宏，如果想应用于查询、表格或页时，要把它们放在窗体或宏中才可以。切换面板虽然是窗体对象，但创建方法和修改方法与窗体全不一样。在创建切换面板时，系统自动生成一个Switchboard Items表格，如果想删除切换面板，不但要把窗体对象中的面板删除，还要把表格也删除才行。注意：一个系统只能有一个切换面板。如果“切换面板”窗体不够美观，可以像其他窗体一样进行美化与编辑。

重点串联

本模块中主要介绍与数据安全管理与维护相关的知识，共计五个项目，它们学习的顺序是：

转换数据库 导入数据 导出数据	切换面板→设置数据安全	加密 / 解密 设置数据库密码 设置安全机制	→	备份 / 还原 压缩 / 恢复 拆分数据

拓展与实训

基础训练

一、填空题

1. Access 提供了与其他应用程序共享数据的手段，允许使用 ________ 的方法，将文本文件、Excel 文档等其他应用软件创建的数据文件转换成 Access 形式的表保存到数据库中。

2. 为了防止数据库损坏而丢失数据，我们需要对数据库进行 ________。

3. 如果经常对数据库进行数据更新操作，则数据库文件的存储空间可能会出现碎片。为了提高磁盘空间的利用率，缩短响应时间，就需要对数据库进行 ________。

4. 切换面板只能应用于 ________、________ 和 ________，如果想应用于查询、表格或页时，要把它们放在窗体或 ________ 中才可以。

二、选择题

1. 在建立、删除用户和更改用户权限时，一定先使用（　　）账号进入数据库。

A. 管理员　　B. 普通账号
C. 具有读写权限的账号　　D. 没有限制

2. 在更改数据库密码前，一定要先（　　）数据库。

A. 进入　　B. 退出　　C. 编辑　　D. 恢复原来的设置

3. 在建立数据库安全机制后，进入数据库要依据建立的（　　）方式。

A. 安全机制（包括账号、密码、权限）　　B. 组的安全
C. 账号的 PID　　D. 权限

4. Access 数据库中用户组的用户不具有对数据库操作的权限是（　　）。

A. 读取数据　　B. 更新数据　　C. 打开或运行窗体　　D. 修改表的定义

5. 为数据库设置密码时，数据库应该以哪种方式打开（　　）。

A. 共享方式　　B. 只读方式　　C. 独占方式　　D. 独占只读方式

6. 对数据库实施（　　）操作可以消除对数据库进行频繁的数据更新，带来大量的存储碎片。

A. 压缩　　B. 备份　　C. 另存为　　D. 加密

7. 切换面板是下列哪一种数据库对象（　　）。

A. 表　　B. 模块　　C. 窗体　　D. 宏

三、简答题

1. “设置安全机制向导”以什么名称及扩展名为当前的 Access 数据库创建一个备份？

2. 如何指定对新表、查询、窗体、报表和宏的默认权限？

3. 如何创建或更改安全账号密码？

技能实训

如本模块所述，为“教学管理系统”创建一个切换面板，可以利用它分别打开系统中的所有窗体、报表及查询。

附录 基础训练参考答案

模块 1 参考答案

一、填空题

1. 组织 2. 概念模型；数据模型 3. 一对多关系；多对多关系 4. 记录 5. 数据项

二、选择题

1. D 2. C 3. B 4. D 5. C 6. A 7.A

三、简答题

1. 数据是指存储在某种介质上的能够识别的物理符号。它是一切文字、数码、符号、图形、图像以及声音等有意义的组合，是描述现实世界中各种信息的手段，是信息的载体。

数据库是计算机应用系统中的按照数据结构来组织、存储和管理数据资源的仓库。

狭义地讲，数据库系统是由数据库、数据库管理系统和用户构成。广义地讲，数据库管理系统是指采用了数据库技术的计算机系统，它是由计算机硬件、操作系统、数据库、数据库管理系统、应用程序和用户所构成的综合系统。

2. 实体是指客观存在并可相互区别的事物。实体可以是实际事物，也可以是抽象事件。

属性是用来描述实体的特性。属性的具体取值称之为属性值，用以刻画一个具体实体。

3. 主键，能唯一标志一个实体的属性及属性值被称为主键。

外键，如果表中的一个字段不是本表的主键，而是另外一个表的主键，这个字段（属性）就称为外键。例如，在“教学管理系统”中，学号是学生表中的主键，在选课表中，学号是外键，它参照学生表中的主键学号。

4. Access 数据库有以下七种对象。表对象，用来存储和管理数据表。查询对象，将分散存放在各个表上的特定数据按照指定规则，集中起来并形成一个集合供用户查看。窗体对象，是用户与 Access 数据库交互的图形界面，便于用户进行数据输入，以及实现各项数据库的控制功能。报表对象，是数据库中数据输出的一种有效方式，用户可以控制报表上每个对象（报表控件）的大小和外观，并可以按照所需的方式选择所需显示的信息以便查看或打印输出。宏对象，是指一个或多个操作的集合，其中宏的每个操作实现特定的功能，使用宏可以简化一些经常性的操作。模块对象，是由声明、语句和过程组成的集合，以 Visual Basic 为内置的数据库程序语言。对于数据库的一些较为复杂或高级的应用功能，需要使用 VBA 代码编程实现。页对象，是一种特殊类型的网页，其主要功能是用来为 Internet 用户提供一个能够通过 Web 浏览器访问 Access 数据库的操作界面。

模块 2 参考答案

一、填空题

1. 使用向导；用户自定义。

2. 使用数据库向导；将数据直接输入到空白的数据表中；使用“设计”视图从无到有创建新的数据表

3. 打开；设计；新建 4. 记录；字段 5. 字段名称；数据类型；说明

6. 级联更新相关字段；级联删除相关字段 7. 自动编号；OLE 对象 8. 常规

9. 基于单个字段的简单；基于多个相邻字段的简单；高级 10. 设计视图中

二、选择题

1. B　2. B　3. A　4. C　5. D　6. C

三、简答题

1. 设计数据库的基本步骤为：确定新建数据库的目的；确定该数据库应用系统中需要的表；确定数据表中需要的字段；明确有唯一值的字段；确定数据表之间的关系；优化设计；输入数据并新建其他数据库对象；使用 Access 的分析工具等 8 个步骤。

2.（1）字段名称可以是 1 ~ 64 个字符；

（2）字段名称可以采用字母、数字和空格以及其他一切特别字符（除句号（。）、惊叹号（！）或方括号（[]）以外）；

（3）不能使用 ASCII 码值为 0 ~ 32 的 ASCII 字符；

（4）不能以空格为开头。

3.（1）字段的数据类型为文本、数字、货币或日期 / 时间。

（2）字段中包含有要查找的值。

（4）字段中包含有要排序的值。

（5）在字段中保存许多不同的值。

4.（1）关闭所有打开的数据表。

（2）选择"工具"菜单中的"关系"选项，或者直接单击数据库工具栏中的"关系"按钮。

（3）如果数据库还没有定义任何关系，将会自动显示"显示表"对话框。如果需要在已有的关系中添加一个数据表，则单击工具栏上的"显示表"按钮。

（4）用鼠标选中某个数据表中要建立关联的字段，如果拖动多个字段，在拖动之前按下 Ctrl 键并单击每一个字段。然后将选定的字段拖动到另一个相关表中的相关字段上。

5.（1）在相关表的外部关键字字段中，除空值（Null）外，不能有在主表的主关键字段中不存在的数据。

（2）如果在相关表中存在匹配的记录，不能只删除主表中的这个记录。

（3）如果某个记录有相关的记录，则不能在主表中更改主关键字。

（4）如果需要 Access 为某个关系实施这些规则，在创建关系时，选择"实施参照完整性"复选框。

6. 在数据表视图中可以添加新记录和输入数据，也可以修改或删除已有的数据。如果要修改表的结构则需要以设计视图方式打开表。

模块 3　参考答案

一、填空题

1. 查询对象；数据源　　2. 定义信息；SQL 语句　　3. 表格

4. 简单查询向导；交叉表查询向导

5. 窗体对象；报表对象　　6. "虚拟"

7. 选择查询；参数查询；交叉表查询；操作查询；SQL 查询

二、选择题

1. A　2. C　3. D　4. D　5. B　6. B　7. C

三、简答题

1. 在 Access 中，各种查询大致可以分为 5 种类型：选择查询；交叉表查询；参数查询；操作查询和 SQL 查询。

2. 在 Access 中，有两种方法可以创建查询，分别是使用向导创建查询和直接在设计视图中创建查询。使用向导创建查询非常简单，但只能创建不带条件的查询，“设计视图”则可以创建一个带条件的查询，设计起来更直接、更灵活。

3. SQL 是“Structured Query Language”（结构化查询语言）的缩写，它集成了数据库定义语言（DML）和数据库操作语言（DDL）的功能，是一种用于对关系数据库进行查询和管理的工具。SQL 语言中最重要的查询命令是 SELECT 语句。

模块 4　参考答案

一、填空题

1. 设计；数据表　2. 窗体页眉；页面页眉；主体；页面页脚；窗体页脚

3. 查阅；输入；更改；删除；表单

4. 纵栏表窗体；表格式窗体；数据表窗体；图表窗体

5. 操作符；常量；字段名；控件名；函数　6. 多页

7. 该控件已与对应的数据源联系起来；数据源　8. 一对多；一方；多方

9. 文本框控件；标签控件；控件向导　10. 控件来源；绑定

二、选择题

1. A　2. D　3. D　4. A　5. D　6. B　7. D

三、简答题

1. 保持“控件向导”被选定，在窗体中添加一个“命令按钮”对象。在“命令按钮向导”对话框的“类别”列表框中选择“窗体操作”选项，在“操作”列表框中选择“打印当前窗体”选择，单击“完成”按钮。即可在窗体上添加一个命令按钮来直接实现窗体的打印。

2. 子窗体是指插入到其他窗体中的窗体。主要的窗体称为主窗体，而该窗体内的窗体称为子窗体。当您要显示具有一对多关系的表或查询中的数据时，使用子窗体特别有效。

保持“控件向导”按钮被选中状态，在窗体中添加“子窗体 / 子报表”控件。在弹出的“子窗体向导”对话框中，在选择好将用于子窗体的数据来源和确定了在子窗体中包含的字段后，在弹出的第三个对话框中确定将主窗体链接到子窗体的字段。单击“下一步”按钮，在弹出的最后一个对话框中为所创建的子窗体指定一个名称，单击“完成”按钮关闭对话框。

3. 首先，选择“工具”菜单下的“自定义”命令，或者用鼠标右键单击工具栏在弹出的快捷菜单中选择“自定义”命令，打开“自定义”对话框。‘

4. 模块是 Access 中的一个重要的对象，它比宏的功能更强大，运行速度更快，不仅能完成操作数据库对象的任务，还能直接运行 Windows 的其他程序。Access 支持两种类型的模块：类模块和标准模块。

5. 所谓“过程”是包含一系列 VBA 语句代码的基本程序单位。在一个 Access 模块中可以有 3 种类型的过程：Sub 过程、Function 过程和 Property 过程。

① Sub 过程语法格式：

```
[Private | Public]Sub 子过程名 ([ 形式参数表 ])
    语句块
End Sub
```

② Function 过程语法格式：

```
[Private | Public]Function 函数过程名 ([ 形式参数表 ]) [As 数据类型]
    语句块
    函数过程名 = 表达式
```

End Function

③ Property 过程能够处理对象的属性。

接下来，在该对话框的“工具栏”选项卡中单击“新建”按钮，在弹出的“新建工具栏”对话框中输入一个工具栏的名称。然后单击“确定”按钮返回“自定义”对话框。

再接下来，在“自定义”对话框的“工具栏”列表中选中新建的工具栏，然后单击“属性”按钮，打开“工具栏属性”对话框，在其中设定“类型”为“工具栏”，“定位”为“允许任意”，单击“关闭”按钮。

最后，在“自定义”对话框的“命令”选项卡中，在“类别”列表中选取某个工具按钮类别，再在“命令”列表中选取该类中的某个按钮，将其拖拽到屏幕上所创建的新工具栏中即可。

要将制作完成的工具栏连接到相应的窗体。为此，首先在设计视图中打开要连接工具栏的窗体，然后在该窗体“属性”对话框的“其他”选项卡中，将其“工具栏”属性指定为要连接的新工具栏即可。重新打开此窗体后，即可看到这个指定的新工具栏已经自动出现在屏幕上。

模块 5　参考答案

一、填空题

1. 设计视图；打印预览视图；版面预览视图　　2. 交叉表查询

3. 两级　　4. 链接主报表　　5. 标签控件

6. 工具栏上的“排序与分组”按钮；报表数据分组所依据的字段；是；组页眉；=Avg([成绩])；组页脚

二、选择题

1. B　2. D　3. B　4. D　5. D　6. D　7. D　8. C

三、简答题

1. 报表有四种类型：纵栏式报表、表格式报表、图表报表和标签报表。

2. 报表的作用：用于打印数据和对数据进行汇总。

3. 报表由报表页眉、页面页眉、主体、页面页脚和报表页脚五个部分组成，如果对报表中的记录进行了分组，报表还可以包含组页眉和组页脚两个节。

（1）报表页眉：在报表顶端显示报表的标题、图形或说明性文字，每个报表对象只有一个报表页眉。

（2）页面页眉：显示报表中的字段名称或对记录的分组名称，报表的每一页有一个页面页眉。

（3）组页眉：主要是通过文本框或其他类型的控件显示分组字段等数据信息，可以建立多层次的组页眉和组页脚，一般不超过 3 ~ 6 层。

（4）主体：是报表显示数据的主要区域。主体用来处理每条记录，其字段数据必须通过文本框或其他控件绑定显示。

（5）组页脚：主要是通过文本框或其他类型的控件显示分组统计数据。组页眉和组页脚可以根据需要单独设置使用。

（6）页面页脚：在每页的底部显示页码或本页的汇总说明，报表的每一页有一个页面页脚。

（7）报表页脚：显示整份报表的汇总说明，每个报表对象只有一个报表页脚。

4. 报表和窗体的区别：在报表中可以对数据进行操作，例如，对数据输入、修改和删除等，但是在窗体中不可以对数据进行输入等操作。

5.（1）在数据库窗口选择“报表”对象，双击对象显示区内的“在设计视图创建报表”选项，打开报表设计视图。

（2）在报表设计视图的任意位置，鼠标右键单击在弹出的列表中选中“属性”命令或在工具

中“属性”按钮，打开报表属性对话框按提示进行操作，具体过程略。

模块6 参考答案

一、填空题

1. 字段列表；数据大纲；工具箱

2. 通过“数据页向导”创建；使用“数据页设计器”创建；使用“数据库向导”直接自动创建数据访问页

3. htm；.html　　4. 数据访问页　　5. 数据访问页副本；保存在源数据库中

6. 页面视图；IE 浏览器　　7. 浏览数据；筛选数据；编辑数据

8.Web 浏览器；Access 数据库

二、选择题

1. D　2. A　3. B　4. D　5. C　6. D　7. C　8. A　9. B

三、简答题

1. 创建数据访问页有三种方法：一是通过向导创建；二是通过设计视图进行创建；还可以将现有的窗体或报表转换为数据访问页，或者将现有的网页转换为数据访问页。

2. 访问页的工具箱中添加了自己专用的控件。例如绑定范围、滚动文字、展开、记录浏览、Office 数据透视表、Office 图表、Office 电子表格、超链接、图像超链接及影片等控件。

3. 在数据访问页中可以添加滚动文字控件，可以实现在页面中显示滚动的字幕。还可以在数据访问页中添加超链接控件，在浏览器中方便地链接到其他数据访问页或者网页，也可以链接到一个指定的文件或者电子邮件地址。还可以在数据访问页中添加 Office 组件，简化数据分析操作，让数据之间的关系以更加直观的方式显示出。还可以应用主题，创建专业化的、设计精美的数据访问页。

模块7 参考答案

一、填空题

1. 操作；操作　　2. 条件表达式　3. 排列次序　　4. 真；假　　5. 使操作自动进行

6. OpenTable；OpenForm；OperQuery；OpenReport

二、选择题

1. B　2. C　3. B　4. C　5. A　6. B　7. C

三、简答题

1. 在宏中添加了某个操作之后，可以在“宏”窗口的下部设置这个操作的参数。这些参数可以向 Access 提供如何执行操作的附加信息。关于设置操作参数的一些提示如下：

（1）可以在参数框中键入数值，或者在很多情况下，可以从列表中选择某个设置。

（2）通常，按参数排列顺序来设置操作参数是很好的方法；因为选择某一参数将决定该参数后面的参数的选择。

（3）如果通过从“数据库”窗口拖拽数据库对象的方式来向宏中添加操作，Access 将自动为这个操作设置适当的参数。

（4）如果操作中有调用数据库对象名的参数，则可以将对象从“数据库”窗口中拖拽到参数框，从而设置参数及其对应的对象类型参数。

（5）可以用前面加等号（=）的表达式来设置许多操作参数。

2. 在窗体上创建运行宏的命令按钮的操作步骤如下：

（1）在“设计”视图中打开窗体。

（2）在工具箱中，单击“命令按钮”按钮。

（3）在窗体中单击要放置命令按钮的位置。

（4）确保选定了命令按钮，然后在工具栏上单击“属性”按钮来打开它的命令按钮属性表。

（5）在“单击”属性框中，输入在按下此按钮时要执行的宏或事件过程的名称，或单击“生成器”按钮来使用“宏生成器”或“代码生成器”。

（6）如果要在命令按钮上显示文字，在窗体的“标题”属性框中输入相应的文本。如果在窗体的按钮上不使用文本，可以用图像代替。

3. 使用条件宏可以检查数据有效性。宏的条件使用逻辑表达式来描述，表达式的真假结果决定是否执行宏的命令。执行宏时，这些操作只有在条件成立时才得以执行。

模块 8　参考答案

一、填空题

1. 主窗口；工程资源管理器窗口；属性窗口　　2. 整型；单精度型；字符串型

3. 顺序结构；条件结构；循环结构　　4.InputBox()；MsgBox()

5. 标准模块；类模块　　6. 属性；事件；方法　　7.OpenQuery

8. 55；11　　9. j < 10　　10. vbYesNo，False；Caption

二、选择题

1. A　2. C　3. B　4. C　5. D　6. B　7. B　8. C　9. B　10. A

三、简答题

1. VBA 具有以下特点：操作简单直观；编程效率高；VBA 是面向对象的语言；事件驱动机制。

2.（1）通常程序语句一句一行，语句较短时可以在一行写多条语句，这时每条语句间用冒号“:”分隔。

（2）对于较长的语句可以分若干行来写，但要在续行的行尾加入续行符（空格和下划线“_”）即可。

（3）一行允许写 255 个字符。

3.（1）输入函数是 InputBox()，其语法格式为：

InputBox(提示 [, 标题][, 默认值])

其中，“提示”参数必不可少，不能省略，是字符串表达式，用于显示对话框中的提示信息，可以是汉字。“标题”参数是设置对话框标题栏上所显示的信息，是字符串表达式，如果省略，则在标题栏上显示相应的应用程序名。“默认值”参数是设置文本框中所显示的信息，是字符串表达式，也可以省略；若用户没有输入数据，默认值就作为文本框中的输入内容。

（2）输出函数是 MsgBox()，其语法格式为：

MsgBox(提示 [, 按钮][, 标题])

其中“提示”和“标题”参数的意义与 InputBox() 函数中对应的参数相同。“按钮”参数是一个或一组按钮，决定消息框上按钮的数目、形式和出现在消息框上的图标类型。“按钮”参数的缺省值为一个“确定”按钮。

4. 在 Access 中模块是一个重要的数据库对象，是用户开发应用程序的主要工具。模块是以 VBA 语言为基础编写，由若干个子过程（Sub）或函数过程（Function）所组成。模块可以分为标准模块

和类模块两种类型。

5. 过程是模块的基本单位，由 VBA 语句组成，是一段相对独立的代码。过程与过程之间相互隔离，系统不会从一个过程自动执行到另一个过程，但一个过程可以通过调用方式来执行另一个过程。过程不是 Access 中的一个独立对象，不能单独保存，只能存在于模块中。VBA 语句中的过程有 Sub 子过程和 Function 函数过程两种类型。

① Sub 子过程以 Sub 语句开始，以 End Sub 语句结束，执行一系列任务的操作，无返回值。其语法格式为：

```
[Private | Public]Sub 子过程名 ([ 形式参数表 ])
   语句块
End Sub
```

② Function 函数过程以 Function 语句开始，以 End Function 语句结束，执行一系列任务的操作。其语法格式为：

```
[Private | Public]Function 函数过程名 ([ 形式参数表 ]) [As 数据类型 ]
   语句块
   函数过程名 = 表达式
End Function
```

模块 9　参考答案

一、填空题

1. 导入　　2. 备份　　3. 压缩　　4. 窗体；报表；宏；宏

二、选择题

1. A　2. A　3. A　4. D　5. C　6. A　7. C

三、简答题

1.“设置安全机制向导”以相同的名称及 .bak 扩展名为当前的 Access 数据库创建一个备份，并保护当前数据库中选中的对象。

2. 指定对新表、查询、窗体、报表和宏的默认权限的操作步骤如下：

（1）打开包含新表、查询、窗体、报表和宏的数据库。

（2）选择“工具”菜单“安全”子菜单上的“用户与组的权限”命令。

（3）在“权限”选项卡上，单击“用户”或“组”，然后在“用户名 / 组名”列表框中选择要指定权限的用户或组。

（4）在“对象类型”下拉列表框中选择对象类型，并在“对象名称”列表框中单击“< 新建 / 对象 >”。所选择的“< 新建 / 对象 >”；按所选对象类型的不同，可以是“< 新建表 / 查询 >”、“< 新建窗体 >”、“< 新建报表 >”或“< 新建宏 >”。

（5）为所选对象类型选择默认权限，然后单击“应用”按钮。重复步骤（4）和（5）为当前的用户或组指定对其他对象类型的默认权限。

（6）重复步骤（3）和（5），为其他用户或组指定默认权限，完成之后单击“确定”按钮。

3. 创建安全账号密码的目的是确保其他用户不能使用该用户的名称登录。默认情况下，Access 将为默认的“管理员”用户账号以及工作组中创建的任何新账号指定一个空白密码。创建或更改安全账号密码的操作步骤如下：

（1）使用存储有用户账号的工作组启动 Access，并使用要创建或更改其密码的账号名称登录。通过“工作组管理员”可以得知哪个工作组是当前工作组，以及对工作组进行更改。

（2）打开数据库。

（3）选择“工具”菜单“安全”子菜单中的“用户与组的账号”命令。

（4）在“更改登录密码”对话框中，如果以前面未定义过该账号的密码，可使“旧密码”框保留空白，否则在“旧密码”框中输入当前密码。

（5）在“新密码”框中输入新密码。密码的长度可包含 1~20 个字符，可以包括除 ASCII 字符 0 以外的任何字符。密码是区分大小写的。

（6）在“验证”对话框中输入新密码，然后单击“确定”按钮。

课程笔试样题及参考答案

全国高等学校（安徽考区）二级 Access 模考试卷及答案

一、单项选择题（每题 1 分，共 20 分）

1. 在 DBS 中，DBMS 和 OS 之间的关系为（　　）。

A. 并发运行　　B. 相互调用

C. DBMS 调用 OS　　D. OS 调用 DBMS

2. 在“选项”窗口中，设置“默认数据库文件夹”应选择选项卡（　　）。

A. “常规”　　B. “视图”

C. “数据表”　　D. “表 / 查询”

3. 若使打开的数据库文件不能为其他用户共享，要选择打开数据库文件的方式（　　）。

A. 以只读方式　　B. 以独占方式

C. 以独占只读方式　　D. 打开

4. 下列关于字段属性的默认值的设置说法正确的是（　　）。

A. 在默认值设置时，输入文本需加引号，系统不会自动加上引号

B. 设置默认值后，用户只能使用默认值

C. 不可能使用 Access 的表达式来定义默认值

D. 设置默认值时，必须与字段中所设的数据类型相匹配，否则出现错误

5. 合适的表达式是（　　）。

A. 工资 between 100000 and 200000

B. [性别] = ‘男’ and [性别] = ‘女’

C. [基本工资] >=1000 [基本工资] <=10000

D. [性别] LIKE " 男 " = [性别] = " 女 " 关于查询

6. 下列关于查询的说法正确的是（　　）。

A. 生成表查询是利用一个或多个表中的全部或部分数据建立新表，并存在数据库中

B. 删除查询同时只能删除一个表中的记录

C. 更新查询同时可以对一个或多个表中的一组记录作全面的更改

D. 追加查询同时可以从一个或多个表中选取一组记录添加到一个或多个表的尾部

7. 以下的 SQL 语句中，用于创建表的是（　　）。

A.CREATE　TABLE

B. ALITER　TABLE

C.DROP

D. CREATE　INDEX

8. 要实现报表的分组统计，其操作区域是（　　）。

A. 报表页眉或报表页脚区域

B. 页面页眉或页面页脚区域

C. 主体区域

D. 组页眉或组页脚区域

9. DB技术中的“脏数据”是指（　　）。

A. 未提交的数据　　B. 未提交的随后又被撤销的数据

C. 违反访问权而写入DB数据　　D. 输入时有错的数据

10. VBA中不能惊醒错误处理的语句是（　　）。

A. On Error Then 标号

B. On Error Goto 标号

C. On Error Resume Next

D. On Error Goto

11．ADO对象是模型中可以打开Recordset对象的是（　　）。

A. 只能是Connection对象

B. 只能是Command对象

C. 可以是Connection对象和Command对象

D. 以上均不能

12. 宏操作中，QUIT命令用于（　　）。

A. 退出ACCESS　　B. 关闭窗体

C. 关闭查询　　D. 关闭模块

13. 以下关于模块的叙述，错误的是（　　）。

A. 模块是以VBA语言为基础编写的

B. 模块分为类模块和标准模块两种类型

C. 窗体模块和报表模块都不同于标准模块

D. 窗体模块和报表模块都具有局部特性，其作用范围局限在所属的窗体或报表内部

14. 表示报表集合中的第一个报表对象的是（　　）。

A. Reports.Item(0)　　B.Item(0)

C. Reports.Item(1)　　D. Item(1)

15. 以下不是标签控件事件动作的是（　　）。

A. Onclick　　B. OnDblclick

C. OnMouseDown　　D. OnEnter

16. 单个用户使用的数据视图的描述称为（　　）。

A. 外模式　　B. 概念模式

C. 内模式　　D. 存储模式

17. 常用的数据对应关系不包括（　　）。

A.1：1　　B.1：M

C. M：N　　D.10：1

18. 定义表的结构时，不用定义（　　）。

A. 字段名　　B. 数据库名

C. 字段类型　　D. 字段长度

19. 数据库的并发控制、完整性检查、安全性检查等是对数据库的（　　）。

A. 设计　　B. 应用

C. 操纵　　D. 保护

20. 可以嵌入OLE对象的字段类型是（　　）。

A. 备注型　　B. 任何类型

C. 日期类型　　　　　　　　　　　　　　D. OLE 类型

二、填空题（每题2分，共20分）

1. 在数据库系统中广泛应用的数据库查询语言 SQL 的全称是 ________ 。

2. 数据模型不仅表示事物本身的数据，而且反映________ 。

3. 一个________ 标志着一个独立的数据库文件。

4. 字段的________ 是对字段输入的数据的加以限制。

5. 在 Access 中，对同一个数据库的多个表，若想建立表间的关联关系，就必须给表中的某字段________，这样才能够建立表间的关联关系。

6. 根据对数据源操作方式和结果的不同，查询可以分为5类：________ 、交叉表查询、参数查询、操作查询和 SQL 查询。

7. 图像控件可位于窗体的任何位置，主要作用是________ 。

8. 报表不能对数据源中的数据进行________ 。

9. 创建数据访问页的最快捷的方法是________ 。

10. 在程序的调试中，使用 ________ 可以观察程序的流程和每一个操作的结果。

三、程序填空题（每空2分，共10分）

1. Function FtoC(________)as single

实现接收一个参数，将这个参数值从华氏温度转为摄氏温度，并从函数返回新值

```
    FtoC=(temperature-32)*(5/9)
End Function
```

2. Function Suml(x as integer,y as integer) as integer

本函数实现两个整数相加

```
        y=y+x
      ____________
End Function
```

3. 已知窗体 MyForm 上有一个标签 Label1 和一个命令按钮 CmdBtnl，下列程序功能是当点击按钮时标签 LABEL1 显示“计算机水平考试”。试完成下列程序。

```
Private Sub____________
    LABEL1.Caption=" 计算机考试水平 "
End Sub
```

4. 已知窗体上有一个复选框 Checkbox1、一个按钮 CMD 和一个标签 Label1，下列程序功能是当双击按钮时，标签的标题显示“选中”。试完成下列程序

```
Private Sub CMD____________
    Label1.Captain=" 选中 "
End Sub
```

5. 现有一程序实现设置按钮 Frm 高度为 500，试完成下列程序

```
Private Sub MySet（）
    Frm. ________=5
End Sub
```

四、阅读程序，写出结果（每题5分，共15分）

```
1. Sub ShowSystemDate()
       Dim Mydate as Date
```

```
        Mydate=date
        Msgbox Mydate
    End Sub
```

运行结果：______________

2. Function ReportIsOpen(reportname as string)

```
        Dim i as integer
        For i=0 to Reports.Count-1
            If Reports(i).Name=reportname then
                Reportisopen=1
            End If
        Next i
    End Function
```

运行结果：____________

3. Function OpenNewForm(formname as string) as integer

```
        If isopen(formname)=false then
            Docmd OpenForm formname,a cnormal
            OpenNewForm=1
        Else
            Opennameform=0
        End If
    End Function
```

运行结果：____________

五、程序设计题（每题 15 分，共 30 分）

1. 请设计一窗体，名称为 MyForm，高度为 200，宽度为 400，定义一个名称为"MyLabe1"，标题为"计算机水平考试"的标签；定义 3 个复选框，名称分别为 Check1,Check2,Check3，标题分别为"加粗"，"倾斜"，"下划线"；再定义两个按钮，名称为"确定"和"退出"，当点击确定按钮时应用各复选框中的效果到"MyLabe1"上，当点击"退出"按钮时关闭窗体。要求你写出"确定"按钮的单击事件程序，如图 1 所示。

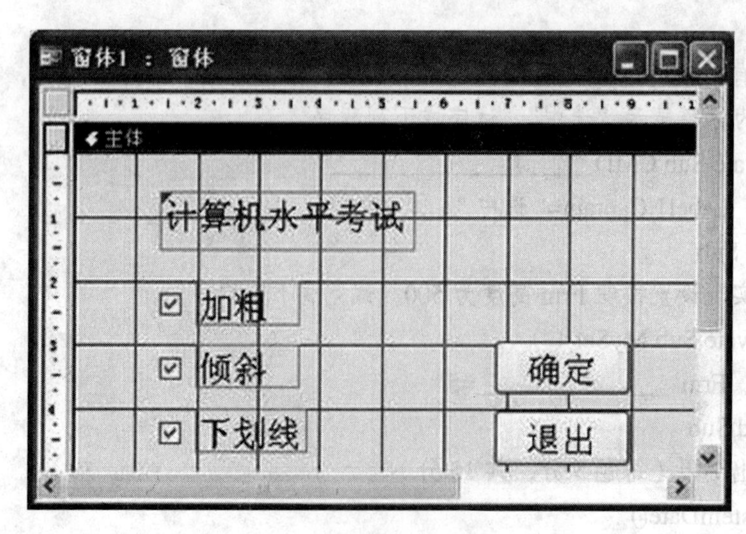

图1

2. 设计一个程序判断从对话框中的输入的数字是否是素数，如图 2 所示，并显示出结果，如图 3、图 4 所示。

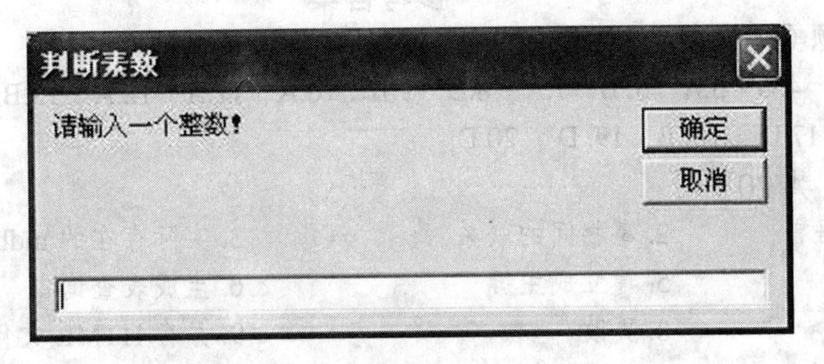

图 2

图 3

图 4

参考答案

一、单项选择题（共20分）

1.C 2.A 3.B 4.D 5.A 6. B 7.A 8.D 9.B 10.A 11.A 12.A 13.B 14.A 15.D 16. A 17.D 18. B 19. D 20.D

二、填空题（共20分）

1. 结构化查询语言 2. 事物间的联系 3. 实际存在的 mdb 文件
4. 有效性规则 5. 建立成主键 6. 生成表查询
7. 显示图像 8. 更改 9. 另存 HTML 文件
10．逐步执行

三、程序填空题（共10分）

1．temperature.as single 2．suml=y 3．cmd Btnl_Click()
4．CMD_DbClick 5．Height

四、阅读程序，写出结果（共15分）

1. 显示当前日期 2. 判断指定的报表是否打开 3. 打开指定窗体

五、程序设计题（共30分）

```
1. If check1.Value=True then
        Mylabe1.FontBold=true
   End if
If check2.Value=True then
        Mylabe1.Fontitalic=True
   End if
   If check3.Value=True then
        Mylabe1.Font Underline=True
   End if
2. dim i as Integer,a as Integer
   a=int(inputBox(" 请输入一个整数！ "," 判断素数 "))
   for i=2 to a-1
      if a mod i=0 then
        msgbox " 你输入的数字："& a &" 不是素数 "
      exit for
      end if
next i
      if i=a then
        msgbox " 你输入的数字："& a &" 是素数 "
      end if
```

参考文献

[1] 李春葆 . Access2003 程序设计教程 [M]. 北京：清华大学出版社，2007.
[2] 教育部考试中心 . 全国计算机等级考试二级教程——Access 数据库程序设计（2011 年版）[M]. 北京：高等教育出版社，2010.
[3] 苏传芳 . Access 数据库实用技术 [M]. 北京：高等教育出版社，2011.
[4] 周忠荣 . 数据库原理与应用（Access）[M]. 北京：清华大学出版社，2007.
[5] 陈桂林 . Access 数据库程序设计 [M]. 北京：高等教育出版社，2007.
[6] 张成叔 . Access 数据库程序设计 [M]. 北京：中国铁道出版社，2008.
[7] 杨建伟 . 数据库原理与应用教程 Access 2003 版 [M]. 北京：冶金工业出版社，2007.
[8] 刘钢 . Access 数据库程序设计教程 [M]. 北京：清华大学出版社，2005.
[9] 高怡新 . Access2003 数据库应用教程 [M]. 北京：人民邮电出版社，2008.
[10] 邵丽萍 . Access 数据库实用技术（第 2 版）[M]. 北京：中国铁道出版社，2009.
[11] 王趾成 . Access 数据库应用技术 [M]. 西安：西安电子科技大学出版社，2007.
[12] 廖明潮，李禹生 . Access 2003 应用技术实验指导与实训 [M]. 北京：中国水利水电出版社，2008.
[13] 冯静哲，陈承欢等 . Access 数据库应用基础与实训教程 [M]. 北京：清华大学出版社，2006.
[14] 陈建伟，苏瑞娟，刘怀亮 . 数据库原理与应用教程 (Access2003 版) [M]. 北京：冶金工业出版社，2007.

活页实训手册

目录 Contents

模块2 创建数据库和表

【实训目的】

1. 掌握创建和打开数据库的方法；
2. 分别掌握使用向导、设计视图、数据表视图创建表格；
3. 熟练掌握设置字段的相关属性值；
4. 学习修改表结构和编辑表内容；
5. 了解排序与筛选记录。

【实训环境】

1. Windows XP 操作系统；
2. Microsoft Office Access 2003。

【实训内容及步骤】

1. 以模块二技能训练中所创建的数据库为基础，参考本项目中的说明，在设计视图中打开“学生档案”表，并对其中的字段进行修改（包括修改字段名称、数据类型及相关属性）、添加、删除等操作。例如：

（1）修改“学号”属性名为“学生编号”。

（2）添加“年龄”字段，要求是数字型，输入值在 15 ~ 30 岁之间。

（3）删除新添加的“年龄”字段。

操作步骤如下：

（1）使用设计视图打开“学生档案”表。

（2）在字段名称列中单击选中“学号”属性名，修改属性名为“学生编号”。

（3）鼠标单击最末一行，在“字段名称”列中输入“年龄”；单击该行的“数据类型”列，然后单击右侧出现的下拉箭头，在下拉列表中选择“数字型”。在下半部分的“有效性规则”中添加“>=15 and <=30”。

（4）鼠标单击选中“年龄”字段，单击工具栏上的“删除行”按钮，如果“年龄”字段中已经有数据，系统弹出一个“是否永久删除选中的字段及其所有数据？”对话框。单击“是”按钮，即可删除字段。如果“年龄”字段中没有数据，则直接删除此字段。

2. 参考本项目中的例题，在数据表视图中打开“学生档案”表，改变其中某些字段的显示顺序，并对其中的一些字段进行隐藏、显示、冻结等操作。例如：

（1）把“姓名”字段放到最前面。

（2）隐藏“性别”字段，再显示出来。

（3）冻结“姓名”字段。

操作步骤如下：

（1）在数据表视图中打开“学生档案”表。

（2）将鼠标指针置于“姓名”字段的字段名上，待鼠标指针变为黑色粗体向下箭头时单击。再次将鼠标指针靠近“姓名”字段的字段名，待鼠标指针变为空心箭头时按下鼠标左键，并拖动该字段到所有字段的最左侧，释放鼠标左键。

（3）单击“性别”字段的标题选中该字段列，选择“格式”菜单下的“隐藏列”命令。此时，“性别”字段便会隐藏起来。

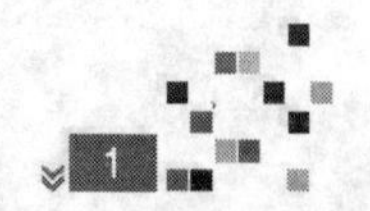

（4）将光标放置于“姓名”字段列内的任意一个单元格上。选择“格式”菜单下的“冻结列”命令。这时“姓名”字段被冻结，永远固定出现在窗口的最左边。

3. 参考本项目中的例题，在数据表视图中打开“学生档案”表，并对其中的记录数据进行查找、替换、修改、添加、删除等操作。例如：

（1）查找“刘梅”替换成“刘红梅”，修改刘红梅的电话。

（2）添加一条新记录，再删除它。

操作步骤如下：

（1）在数据表视图中打开“学生档案”表后，将光标置于表中任意单元格。

（2）选择“编辑”菜单下的“替换”命令，弹出“查找和替换”对话框。

（3）选择其中的“替换”选项卡，在“查找内容”文本框中输入“刘梅”；在“替换为”文本框中输入“刘红梅”；单击“全部替换”按钮。

（4）将光标移到“刘红梅”记录的“电话”字段中修改其属性值。

（5）将光标移到表的最后一行上，输入一条新记录。例如：“20111705”、“周伟”、“男”、“1989-5-4”、“团员”、“201117”、“吉林高中”。

（6）单击新插入的记录左端的记录选定器选中该记录行，单击工具栏上的“删除记录”按钮，再在弹出的提示框中单击“是”。

4. 参考本项目中讲述的几种筛选方法，在数据表视图中打开“教师档案”表，对其实施各种筛选操作，并仔细查看和比较其效果。例如：

（1）筛选出所有“女”同事的记录。

（2）利用“内容排除”筛选出不是计算机系的教师。

（3）筛选出女性且是党员的教师记录。

（4）筛选出女性且 2005 年后参加工作的教师记录。

操作步骤如下：

（1）打开“教师档案”表的数据表视图，并在视图中选择“选择性别字段”中的“女”字段值；选择“记录”菜单下的“筛选”子菜单下的“按选定内容筛选”命令。筛选出“教师档案”表中的所有“女”性教师记录。选择“记录”菜单下的“取消筛选 / 排序”命令，把表格恢复原样。

（2）在视图中选择“选择系别字段”中的“计算机”字段值；选择“记录”菜单下的“筛选”子菜单下的“内容排除筛选”命令。筛选出“教师档案”表中的所有非“计算机”系教师记录。选择“记录”菜单下的“取消筛选 / 排序”命令，把表格恢复原样。

（3）选择“记录”菜单下“筛选”子菜单中的“高级筛选 / 排序”命令，打开“筛选”窗口。

（4）在“筛选”窗口下方第 1 列的“字段”行网格中单击，再单击其右侧出现的向下箭头，从下拉列表中选择“性别”字段，再在该列的“条件”行网格中输入“女”。在“筛选”窗口下方第 2 列的“字段”行网格中单击，再单击其右侧出现的向下箭头，从下拉列表中选择“政治面貌”字段，再在该列的“条件”行网格中输入“党员”。选择“筛选”菜单下的“应用筛选 / 排序”命令。在“教师档案”表中筛选出女性且是党员的教师记录。选择“记录”菜单下的“取消筛选 / 排序”命令，把表格恢复原样。

（5）选择“记录”菜单下“筛选”子菜单中的“高级筛选 / 排序”命令，打开“筛选”窗口。

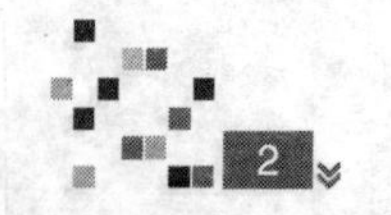

（6）在“筛选”窗口下方第1列的“字段”行网格中单击，再单击其右侧出现的向下箭头，从下拉列表中选择“性别”字段，再在该列的“条件”行网格中输入“女”。在“筛选”窗口下方第2列的“字段”行网格中单击，再单击其右侧出现的向下箭头，从下拉列表中选择“工作时间”字段，再在该列的“条件”行网格中输入“>=#2005-1-1#”。选择“筛选”菜单下的“应用筛选／排序”命令。在“教师档案”表中筛选出女性且2005年后参加工作的教师记录。选择“记录”菜单下的“取消筛选／排序”命令，把表格恢复原样。

5. 在打开的“教师档案”表中，筛选出女教授（包括副教授）的记录，并尝试筛选出联系电话不详的记录。

操作步骤如下：

（1）打开“教师档案”表的数据表视图，选择“记录”菜单下“筛选”子菜单中的“高级筛选／排序”命令，打开“筛选”窗口。在“筛选”窗口下方第1列的“字段”行网格中选择“职称”字段，再在该列的“条件”行网格中输入“副教授”，在“或”行网格中输入“教授”。在“筛选”窗口下方第2列的“字段”行网格中选择“性别”字段，再在该列的“条件”行网格中输入“女”，在“或”行网格中输入“女”。选择“筛选”菜单下的“应用筛选／排序”命令，在“教师档案”表中筛选出女教授（包括副教授）的教师记录。选择“记录”菜单下的“取消筛选／排序”命令，把表格恢复原样。

（2）选择“记录”菜单下“筛选”子菜单中的“高级筛选／排序”命令，打开“筛选”窗口。在“筛选”窗口下方第1列的“字段”行网格中选择“联系电话”字段，再在该列的“条件”行网格中输入“is null”。选择“筛选”菜单下的“应用筛选／排序”命令，在“教师档案”表中筛选出联系电话不详的教师记录。选择“记录”菜单下的“取消筛选／排序”命令，把表格恢复原样。

6. 创建一个新的数据库，尝试采用不同的方法建立三个数据表：供应商表、库存零件表和报价表，具体结构和数据如表1、表2、表3所示。

表1　供应商表结构

字段名称	数据类型	字段长度	主键	说明
供应商号	文本	5	是	
供应商名称	供应商名称	文本	15	
供应商地址	文本	255		

表2　库存零件表结构

字段名称	数据类型	字段长度	主键	说明
零件号	文本	5	是	
零件名称	文本	10		
库存量	整型			不小于0

表 3　报价表结构

字段名称	数据类型	字段长度	主键	说明
供应商号	文本	5		参照供应商表
零件号	文件	5		参照零件表
报价	数字			2 位小数
供货时间	整型			
供货量	整型			不小于 0

操作步骤如下：

（1）在 Access 工具栏中单击“新建”按钮，使任务面板切换到“新建文件”面板，单击“空数据库...”命令，在弹出的对话框中选择文件地址及文件名。例如在“我的文档”中创建“工程”数据库。

（2）使用向导创建“供应商”表。打开“工程”数据库，在数据库窗口的左侧选择“表”对象，然后单击工具栏上的“新建”按钮，选择“表向导”命令。在此对话框中选择示例表“供应商”，在示例字段中分别双击“供应商 ID”、“供应商名称”及“地址”三个字段，使其成为新表中的字段，单击“下一步”按钮。在此对话框中可以设置表名，同时选中“是，帮我设置一个主键”单选按钮，单击“下一步”按钮。在此对话框中选择新建表格是否与数据库中其他的表相关，单击“下一步”按钮。在此对话框中选中“修改表的设计”单选按钮，单击“完成”按钮，进入设计视图。按表 1 内容修改“供应商”表结构，单击工具栏上的“保存”按钮。

（3）使用设计视图创建“零件”表。在数据库窗口的左侧选择“表”对象，然后在右侧列表中双击“使用设计器创建表”选项。单击上方“字段名称”列的第 1 行，在其中输入“零件号”；单击该行的“数据类型”列，然后单击右侧出现的下拉箭头，在下拉列表中选择“文本”。在下半部分设置“字段大小”为 5。接下来，利用同样的方法创建“零件名称”字段，数据类型为“文本”，“字段大小”为 10；创建“库存量”字段，数据类型选择“数字”，“字段大小”选择“整型”，“有效性规则”文本框中输入“> = 0”。在第 1 个字段所在行单击选中该字段，然后单击主窗口工具栏上形如钥匙的“主键”按钮，将“零件号”字段设置为当前表的主键。单击工具栏上的“保存”按钮，将其保存为“零件”表。

（4）使用数据表视图创建“报价”表。单击工具栏上的“新建”按钮，在对话框中选择“数据表视图”，然后单击“确定”按钮，打开一个空数据表。在空数据表中，为每个所需的字段重新命名。双击“字段 1”，输入“供应商号”；双击“字段 2”，输入“零件号”；双击“字段 3”，输入“报价”；双击“字段 4”，输入“供货时间”；双击“字段 5”，输入“供货量”。单击工具栏中的“视图”按钮，切换到设计视图，在弹出的对话框中为表格命名。注意不要为表格设置主键。按表 3 中的内容在设计视图中修改表结构。注意在设置“报价”字段时，数据类型选择“数字”，“字段大小”选择“小数”，“精度”文本框中输入 2。最后再单击工具栏上的“保存”按钮。

7. 定义三个表之间的关系，并尝试输入一些数据，验证参照完整性。

操作步骤如下：

（1）打开“工程”数据库，单击主窗口工具栏上的“关系”按钮，打开“关系”窗

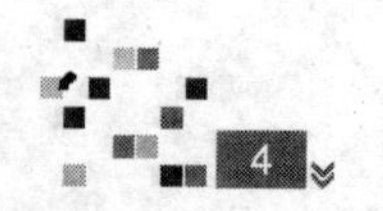

口。然后单击主窗口工具栏上的“显示表”按钮，打开“显示表”对话框。

（2）在“显示表”对话框中选择“零件”表，然后单击“添加”按钮，将其添加到“关系”窗口，用同样的方法将“供应商”表和“报表”表添加到“关系”窗口内。然后，关闭“显示表”对话框。

（3）在“关系”窗口中，用鼠标选取“零件”表的“零件号”字段，将其拖放到“报表”表的“零件号”字段上。此时将弹出“编辑关系”对话框。由于只有“零件”表的“零件号”字段是主键，所以创建的关系类型自动为“一对多”关系。单击“编辑关系”对话框中的“创建”按钮，完成“零件”表和“报价”表通过“零件号”字段建立一对多关系的操作。

（4）在“关系”窗口中，用鼠标选取“供应商”表的“供应商号”字段，将其拖放到“报表”表的“供应商号”字段上。此时将弹出“编辑关系”对话框。由于只有“供应商”表的“供应商号”字段是主键，所以创建的关系类型自动为“一对多”关系。单击“编辑关系”对话框中的“创建”按钮，完成“供应商”表和“报价”表通过“供应商号”字段建立一对多关系的操作。

（5）单击工具栏中的“保存”按钮。

（6）利用所学知识，依据表 4、表 5、表 6 为零件表、报价表及供应商表输入数据。

表 4　零件表内容

零件号	零件名称	库存量	主键	说明
101	凸轮轴	150		参照供应商表
102	螺栓	300		参照零件表
105	齿轮	50		2 位小数
203	传送带	30		
207	轮子	120		不小于 0
215	垫片	1300		

表 5　报价表内容

供应商号	零件号	报价	供货时间	供货量
51	101	25	10	50
51	105	42	15	100
52	101	20	15	75
52	203	13	7	50
58	102	9	5	200
67	207	34	12	0
67	215	4	3	500
69	105	36	20	40
69	203	15	10	30

表6 供应商表内容

供应商号	供应商名称	供应商地址
51	黎明	北京
52	杏花	天津
58	科海	北京
67	威科	上海
69	龙科	上海
75	花河	北京

模块3 查询

【实训目的】

1. 掌握选择查询、交叉表查询和参数查询的创建方法；

2. 掌握各种操作查询的创建方法；

3. 了解SQL语句。

【实训环境】

1. Windows XP操作系统；

2. Microsoft Office Access 2003。

【实训内容及步骤】

1. 以模块2技能训练中所创建的数据库为基础，依据“学生档案”表、“课程名”表和“学生成绩”3张相关的数据表创建一个单参数查询，实现只要输入班级编号，即可输出班级考试不及格学生的所有记录，包括所在班级、姓名、课程名、和成绩4个字段的内容。

操作步骤如下：

（1）打开“教学管理系统”数据库，单击“查询”对象，再双击“在设计视图中创建查询”选项，打开“选择查询”的设计视图，并弹出“显示表”对话框。

（2）在“显示表”对话框将“学生档案”表、“课程名”表以及“学生成绩”表添加到该查询的设计视图中，然后关闭“显示表”对话框。

（3）在设计视图的设计网格中作如下设置：在“字段”行中添加“学生档案”表中的“姓名”字段、“班级”字段，“课程名”表中的“课程名”以及“学生成绩”表中的“成绩”字段；在“条件”行中，为“班级编号”字段指定条件：“[请输入班级编号：]”；在“条件”行中，为“成绩”字段指定条件：“<60”。

（4）单击工具栏中的“保存”按钮，保存查询。

2. 创建一个交叉表查询，输出各种职称的男教师人数和女教师人数。

操作步骤如下：

（1）打开“教学管理系统”数据库，单击“查询”对象，再双击“在设计视图中创建查询”选项，打开“选择查询”的设计视图，并弹出“显示表”对话框。

（2）在“显示表”对话框中将“教师档案”表添加到此查询的设计视图中，然后关闭“显示表”对话框。

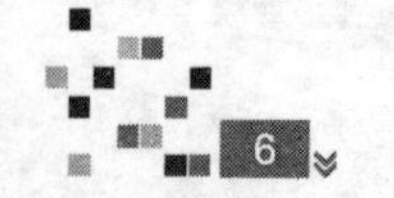

（3）选择“查询”菜单中的“交叉表查询”命令，此时设计网格中会多出一行“交叉表”选项。

（4）在设计网格中作如下设置：在“字段”行中，把“教师档案”表中的“职称”字段、“性别”字段以及“教师编号”字段添加进去。在“总计”行中，将“职称”和“性别”设置为“分组”，再将“教师编号”字段设置为“计数”；在“交叉表”行中，将“职称”设置为“行标题”，将“性别”字段设置为“列标题”，将“教师编号”字段设置为“值”。

（5）单击工具栏中的“保存”按钮，保存查询。

3. 依据“学生档案”和“学生成绩”两个表中的数据创建统计计算查询，分别实现“每班不及格人数”、“各班每名学生的平均成绩”等查询。

操作步骤如下：

（1）在“教学管理系统”数据库窗口的“查询”对象页面中双击“在设计视图中创建查询”图标，打开一个新查询的设计视图，并在“显示表”对话框中将“学生档案”表和“学生成绩”表添加到此查询的设计视图中。

（2）单击工具栏上的“总计”按钮，在设计网格中就会出现“总计”行，用于进行总计查询的设置。

（3）在查询设计视图窗口的查询设计网格中进行如下的设置：在“字段”行中，将“学生档案”表的“班级编号”字段、“学生成绩”表中的“成绩”字段以及“学生成绩”表中的“成绩 ID”字段添加到设计网格的字段行中，并在字段成绩 ID 前输入显示字段名“不及格人数:”，在“总计”行，单击下拉按钮，分别将“班级编号”指定为“分组”，将“成绩”指定为“条件”，将“成绩 ID”字段指定为“计数”。

（4）单击工具栏中的“保存”按钮，保存查询。

（5）再次双击“在设计视图中创建查询”选项，打开“选择查询”的设计视图，并弹出“显示表”对话框。

（6）在“显示表”对话框中将“学生档案”和“学生成绩”两个表添加到此查询的设计视图中，然后关闭“显示表”对话框。

（7）单击工具栏上的“总计”按钮，将“总计”行显示在设计网格中。

（8）然后在设计网格中作如下设置：在“字段”行中，将“学生档案”表中的“姓名”和“班级编号”字段以及“学生成绩”表中的“成绩”字段添加到设计网格的字段行中，并且在成绩字段前输入显示字段名“平均成绩:”，将“姓名”和“班级编号”字段指定为“分组”，将“成绩”字段指定为“平均值”，在“显示”行中，将全部字段选中。

（9）单击工具栏中的“保存”按钮，保存查询。

4. 依据“教师档案”表中的信息，通过生成表查询创建一个仅包含教授和副教授信息的“高级职称教师”表。

操作步骤如下：

（1）打开“教学管理系统”数据库，单击“查询”对象，再双击“在设计视图中创建查询”选项，打开“选择查询”的设计视图，并弹出“显示表”对话框。

（2）在“显示表”对话框中将“教师档案”表添加到此查询的设计视图中，然后关闭“显示表”对话框。

（3）在设计网格中作如下设置：分别将“教师档案”表中的所有字段添加到“字段”行中；在“条件”行中将“职称”字段限制为“副教授”，在“或”行中将“职称”字段限制为“教授”。

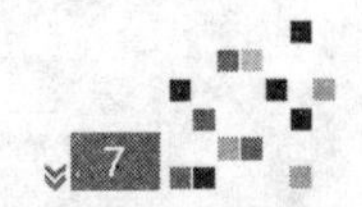

（5）单击“查询”菜单中的“生成表查询”命令，打开“生成表”对话框，在“表名称”文本框中输入生成表的名字“高级职称教师”。

（6）单击“确定”按钮完成生成表查询的创建。单击工具栏中的“保存”按钮，保存查询设置。

5. 尝试直接使用 SQL 视图中输入一条适当的 SQL 语句，实现统计每个考生参加考试的次数、最高分、最低分和平均分。

操作步骤如下：

（1）打开“教学管理系统”数据库，单击“查询”对象，再双击“在设计视图中创建查询”选项，打开“选择查询”的设计视图，单击工具栏上的“SQL 视图”按钮打开 SQL 视图窗口。

（2）在查询的 SQL 视图中，输入以下 SQL 语句。

Select count(学号) as 考试次数 ,max(成绩) as 最高分 ,min(成绩) as 最低分 ,avg(成绩) as 平均分

From 学生成绩

Group By 学号

6. 使用配套活页实训手册模块 2 中设计的零件表、报价表和供应商表为基表。作下列查询设计：

（1）查询库存量小于 100 的“零件号”及“零件名称”。

（2）查询报价表中所有供应商的“供应商编号”。

（3）检索 52 号供应商的信息。

（4）检索 101 号零件的平均供货时间。

（5）检索供应时间在 5 ~ 10 天的“零件号”、“供应商编号”及“供应时间”，并按“供应时间”排序。

（6）删除 51 号供应商的所有零件。

（7）203 号零件的“库存量”改为 30。

（8）把 52 号供应商供应的零件的价格增加 10%。

操作步骤如下：

（1）打开“工程”数据库切换到“查询”对象页面，双击“在设计视图中创建查询”选项，打开“选择查询”的设计视图，并弹出“显示表”对话框。在“显示表”对话框中将“零件”表添加到此查询的设计视图中，然后关闭“显示表”对话框。将“零件”表中的所有字段添加到“字段”行中；在字段“库存量”所在列与“条件”所在行交叉处输入“<100”；在设计网格中的“字段”行中去掉“库存量”字段。单击工具栏中的“保存”按钮，保存查询设置。

（2）双击“在设计视图中创建查询”选项，打开“选择查询”的设计视图，并弹出“显示表”对话框。在“显示表”对话框中将“报价”表添加到此查询的设计视图中，然后关闭“显示表”对话框。将“报价”表中的“供应商编号”字段添加到“字段”行中。单击工具栏中的“保存”按钮，保存查询设置。

（3）双击“在设计视图中创建查询”选项，打开“选择查询”的设计视图，并弹出“显示表”对话框。在“显示表”对话框中将“供应商”表添加到此查询的设计视图中，然后关闭“显示表”对话框。将“供应商”表中的所有字段添加到“字段”行中；在字段“供应商编号”所在列与“条件”所在行交叉处输入“52”。单击工具栏中的“保存”按钮，保存查询设置。

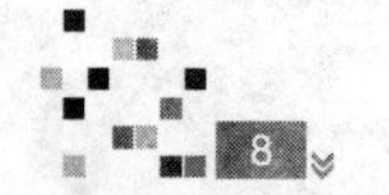

（4）双击“在设计视图中创建查询”选项，打开“选择查询”的设计视图，并弹出“显示表”对话框。在“显示表”对话框中将“报价”表添加到此查询的设计视图中，然后关闭“显示表”对话框。单击工具栏上的“总计”按钮，将“总计”行显示在设计网格中。在“字段”行中，将“报价”表中的“零件号”和“供货时间”字段添加到设计网格的字段行中，并且在供货时间字段前输入显示字段名“平均供货时间:”，将“零件号”字段指定为“分组”，将“供货时间”字段指定为“平均值”；在字段“零件号”所在列与“条件”所在行交叉处输入“101”；在“显示”行中，将全部字段选中。单击工具栏中的“保存”按钮，保存查询。

（5）双击“在设计视图中创建查询”选项，打开“选择查询”的设计视图，并弹出“显示表”对话框。在“显示表”对话框中将“报价”表添加到此查询的设计视图中，然后关闭“显示表”对话框。将“报价”表中的“零件号”、“供应商编号”以及“供应时间”字段添加到“字段”行中；在字段“供应时间”所在列与“条件”所在行交叉处输入“>=5 and<=10”；在“供货时间”字段所在列与“排序”所在行交叉处选择“升序”。单击工具栏中的“保存”按钮，保存查询设置。

（6）双击“在设计视图中创建查询”选项，打开“选择查询”的设计视图，并弹出“显示表”对话框。在“显示表”对话框中将“报价”表和“零件”表添加到此查询的设计视图中，然后关闭“显示表”对话框。将“报价”表中的“供应商号”字段、“零件”表中的“零件号”字段添加到“字段”行中；单击“查询”菜单下的“删除查询”命令，此时，设计网格中会增加“删除”行，并自动填入“Where”；在字段“零件号”所在列与“条件”所在行交叉处输入“51”。单击工具栏中的“保存”按钮，保存查询设置。

（7）双击“在设计视图中创建查询”选项，打开“选择查询”的设计视图，并弹出“显示表”对话框。在“显示表”对话框中将“报表”表添加到此查询的设计视图中，然后关闭“显示表”对话框。单击“查询”菜单下的“更新查询”命令，此时，设计网格中增加了“更新”行，隐藏了“显示”行和“排序”行。在设计网格中，将“报价”表的“零件号”字段和“库存量”添加到“字段”行；在字段“零件号”所在列与“条件”所在行交叉处输入“52”；在“库存量”与“更新到”行交叉处输入“30”。单击工具栏中的“保存”按钮，保存查询设置。

（8）双击“在设计视图中创建查询”选项，打开“选择查询”的设计视图，并弹出“显示表”对话框。在“显示表”对话框中将“报表”表添加到此查询的设计视图中，然后关闭“显示表”对话框。单击“查询”菜单下的“更新查询”命令。在设计网格中，将“报价”表的“零件号”字段和“报价”添加到“字段”行；在字段“零件号”所在列与“条件”所在行交叉处输入“52”；在“报价”与“更新到”行交叉处输入“1.1* 报价”。单击工具栏中的“保存”按钮，保存查询设置。

模块 4 窗体

【实训目的】

1. 掌握使用各种方法创建窗体；
2. 熟练掌握设置所有窗体对象的属性；
3. 熟练掌握计算控件的使用；

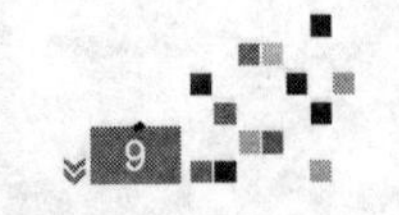

4. 掌握自定义工具栏、菜单栏的方法。

【实训环境】

1.Windows XP 操作系统；

2.Microsoft Office Access 2003。

【实训内容及步骤】

1. 使用窗体向导创建如图 1 所示的窗体，可以使用底部的记录导航条来翻阅“教师档案”表中每一位教师的各项信息。

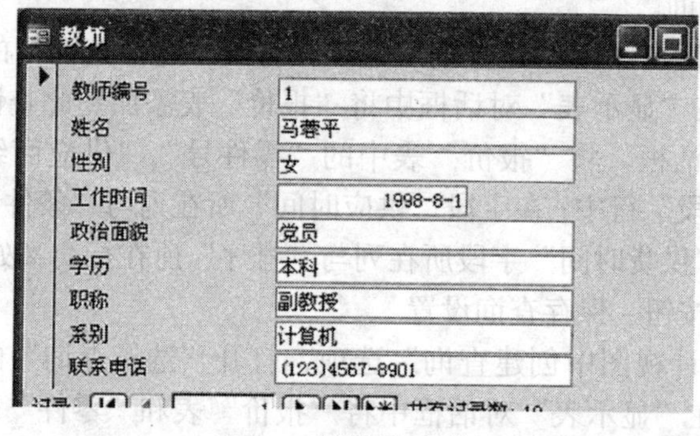

图1 “教师”窗体

操作步骤如下：

（1）在“教学管理系统”数据库中，选择“对象”下的“窗体”项，再在该窗口中单击“新建”按钮，打开“新建窗体”对话框。

（2）在列表中选择“窗体向导”，打开“窗体向导”对话框，在“表/查询”下拉列表框中选择“教师档案”表格，在“可用字段”列表中选择所有字段，把它们添加到“选定的字段”列表中。单击下一步，设置窗体布局。在该界面中选中“纵栏表”单选按钮，然后单击“下一步”按钮。设置窗体样式。在该界面的样式列表中选择需要的窗体样式，例如选择“标准”样式，单击“下一步”。设置窗体标题。在该界面的文本框中输入窗体标题“教师”，并选中“打开窗体查看或输入信息”单选按钮，然后单击“完成”按钮进入“窗体视图”，效果如图 1 所示。

2. 创建一个如图 2 所示的窗体，要求输入一个华氏温度后，单击“转换”按钮即可在文本框中显示出对应的摄氏温度。单击“关闭”按钮，则可以关闭该窗体。注：华氏温度转换摄氏温度的计算公式为：（华氏温度 −32）*5/9。

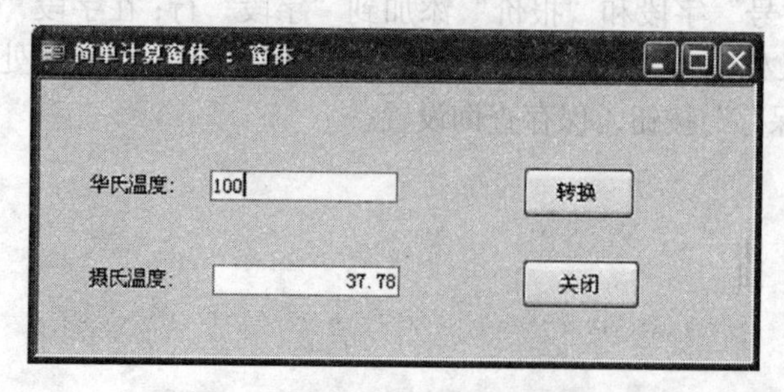

图2 “简单计算窗体”效果图

操作步骤如下：

（1）在“教学管理系统”数据库窗口中，单击“新建”按钮，打开“新建窗体”。在

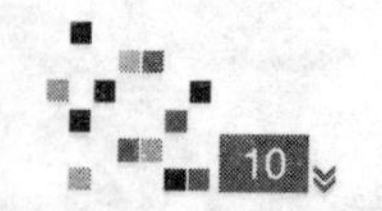

列表中选择“设计视图”。

（2）单击工具箱中的“文本框”按钮，然后在窗体内单击，即可以在窗体内添加一个文本框控件。单击鼠标右键，从快捷菜单中选择“属性”命令，在其中设置字体及字号等属性，同时修改其标签对签。

（3）利用同样的方法创建同样的文本框。

（4）保持“控件向导”按钮被选中状态，单击“工具箱”中的“命令按钮”，在窗体中适当位置单击，弹出“命令按钮向导”对话框，在其“类别”栏中选择“窗体操作”，在其“操作”栏中选择“关闭窗体”；单击“下一步”按钮，在弹出的第二个对话框中选择“文本”；单击“完成”按钮关闭向导对话框后，即可创建一个具体关闭窗体功能的命令按钮，再将该命令按钮控件的“标题”属性设定为“关闭”。

（5）用类似方法添加一个命令按钮，直接关闭弹出的“命令按钮向导”对话框，并将该按钮控件的“标题”属性设定为“转换”。

（6）利用“属性”对话框，将“华氏温度”文本框的“名称”属性分别设置为“华氏温度”，以备在表达式中被引用。然后选中“摄氏温度”文本框，将其“控件来源”属性框的内容设置为表达式“=Round(([华氏温度]-32)*5/9)”。再调整各个控件的位置，设计视图中的最终设计结果如图 1 所示。

（7）选定整个窗体，在“属性”对话框中将窗体的“记录选择器”、“导航按钮”和“分隔线”3 个属性设置为“否”。单击工具栏中的“保存”按钮，保存窗体。

3. 创建一个如图 3 所示的窗体，要求将“学生档案”表中所有学生的姓名显示在一个列表框中，并使用户在这个列表框中选中的姓名自动显示在窗体左侧的文本框中。

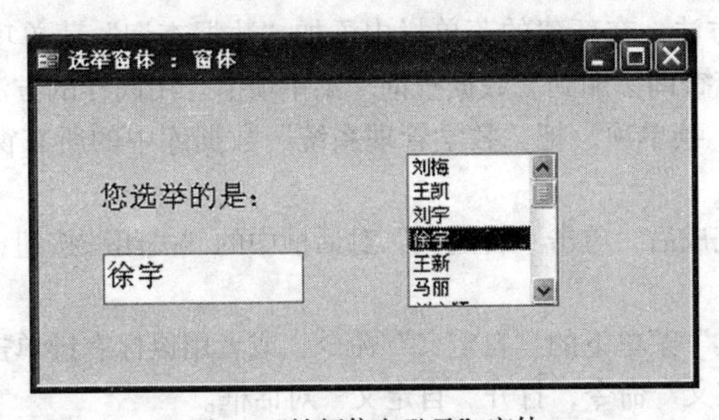

图3 “教师信息登录”窗体

操作步骤如下：

（1）在“教学管理系统”数据库窗口中，单击“新建”按钮，打开“新建窗体”。在列表中选择“设计视图”。

（2）保持“控件向导”按钮被选中状态，单击“工具箱”中的“列表框”控件按钮，然后在窗体的适当地方单击，在弹出的“列表框向导”对话框中，选定“使用列表框查阅表或查询中的值”单选项。单击“下一步”按钮，在弹出的第二个对话框中选择“学生档案”表；然后单击“下一步”按钮，在弹出的第三个对话框中选定“姓名”字段；最后单击“完成”按钮，即可在窗体中添加一个与“姓名”字段绑定的列表框控件，其默认控件名称为“List1”。

（3）单击“工具箱”中的“文本框”控件按钮，再在窗体的适当位置单击，将该文本

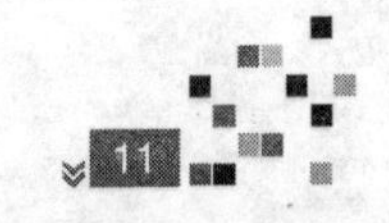

框控件相关标签的“标题”属性设置为“您选举的是:”，然后在“属性”对话框中将文本框的“控件来源”属性设置为表达式“=List1.Value”，再设置标签控件与文本框控件的“字段名称”与“字号”等属性，并调整它们的位置与布局。

（4）选定整个窗体，在“属性”对话框中将窗体的“记录选择器”、“导航按钮”和“分隔线”3个属性设置为“否”。单击工具栏中的“保存”按钮，保存窗体。

4. 自定义工具栏、菜单栏，把它们应用到新创建的窗体中。

操作步骤如下：

（1）打开“教学管理系统”数据库，选择“工具”菜单下的“自定义”命令，打开“自定义”对话框。打开“工具栏”选项卡，单击“新建”按钮，弹出“新建工具栏”对话框。在工具栏名称文本框中输入“学生管理”，然后单击“确定”按钮，创建空工具栏。在“自定义”选项卡中选择自定义的“学生管理”项，单击“属性”按钮，打开“工具栏属性”设置对话框，在“类型”下拉列表框中选择“菜单栏”项，将新创建的工具栏转换到菜单栏，然后单击“关闭”按钮。

（2）在“自定义”对话框中打开“命令”选项卡，在“类别”列表中选择“新菜单”项，再把“命令”列表中的“新菜单”项拖到新建的菜单栏中。在新建的菜单栏中的“新菜单”上右击弹出快捷菜单，在“命名”项中设置菜单名称为“数据表”。在“自定义”对话框和“命令”选项卡中选择“所有表”项，将“命令”列表框中的“学生档案”拖到新建菜单栏中的“数据表”的下拉菜单中，松开鼠标后即可添加“学生档案”菜单项。使用同样的方法把“课程名”表、“学生选课”表和“学生成绩”表都添加到“数据表”下拉菜单中。

（3）用同样的方法，在新建的菜单栏中添加“数据查询”菜单项，把“教学管理系统”数据库中的所有查询添加到“数据查询”菜单项下。用同样的方法，在新建的菜单栏中添加“数据窗体”菜单项，把“教学管理系统”数据库中的所有窗体添加到“数据窗体”菜单项下。

（4）菜单创建完成后，单击“自定义”对话框中的“关闭”按钮，关闭对话框后即可使用菜单栏。

（5）选择“工具”菜单下的“自定义”命令，或者用鼠标右键单击工具栏在弹出的快捷菜单中选择“自定义”命令，打开“自定义”对话框。

（6）在该对话框的“工具栏”选项卡中单击“新建”按钮，在弹出的“新建工具栏”对话框中输入一个工具栏的名称。然后单击“确定”按钮返回“自定义”对话框。此时，在屏幕上出现一个空白工具栏。

（7）在“自定义”对话框的“工具栏”列表中选中新建的工具栏，然后单击“属性”按钮，打开“工具栏属性”对话框，在其中设定“类型”为“工具栏”，“定位”为“允许任意”，单击“关闭”按钮。

（8）在“自定义”对话框的“命令”选项卡中，在“类别”列表中选取某个工具按钮类别（例如“文件”类别），再在“命令”列表中选取该类中的某个按钮（例如“打开”），将其拖放到屏幕上所创建的新工具栏中。再进行类似的操作，将“编辑”和“记录”类别中的“剪切”、“粘贴”、“升序”、“降序”、“按选定内容筛选”、“按窗体筛选”命令按钮逐个拖放到屏幕上所创建的新工具栏中。

模块 5 报表

【实训目的】

1. 掌握使用向导和设计视图创建各类报表；
2. 熟练掌握设置所有报表对象的属性；
3. 了解报表的打印设置。

【实训环境】

1.Windows XP 操作系统；

2.Microsoft Office Access 2003。

【实训内容及步骤】

1. 以“教师档案”表为数据源，首先利用报表向导创建一个“教师信息”报表，然后再在设计视图中对其进行修改和调整，要求效果如图 4 所示。

教师档案

教师编号	姓名	性别	工作时间	政治面貌	职称
1	马蓉平	女	1998-8-1	党员	副教
2	陈磊	男	2005-8-1	党员	讲师
3	田林	女	2008-8-9		助教
4	冯宇	男	1997-8-1		讲师
5	蔡家春	男	1976-5-10	党员	教授
6	陈月	女	1980-11-10	党员	助教
7	赵静	男	1998-10-14	党员	助教
8	李雷	男	1960-2-15		教授
9	周想	女	1976-5-9	党员	副教
10	吴昊	男	1987-10-15	党员	讲师

2012年6月5日 *共 1 页，第 1 页*

图4 “教师信息”报表

操作步骤如下：

（1）打开“教学管理系统”数据库，在数据库窗口单击“对象”列表中的“报表”对象，然后双击对象显示区内的“使用向导创建报表”，打开“报表向导”对话框为报表选择数据源。在该对话框的“表 / 查询”组合框的下拉列表中依次选择“表 : 教师档案”，在表对应的“可用字段”下方列表框中选择“教师编号”、“姓名”、“性别”、“工作时间”、“政治面貌”和“职称”字段，单击“>”键并将选定字段添加到“选定的字段”列表框中。

（2）单击“下一步”按钮，确定是否添加分组级别，在本题中没有选择分组字段。

（3）单击“下一步”按钮，确定记录所用的排序次序对话框。在本题中选择“教师编号”按升序排序记录值。继续单击“下一步”按钮，打开报表的布局方式对话框，设置布局为“表格式”，布局方向为“纵向”。

（4）单击“下一步”按钮，打开报表的样式对话框，选择“组织”样式。单击“下一步”按钮，打开报表的指定标题对话框，在指定标题文本框输入“教师信息”，选择修改报表设计选项。

（5）单击“完成”按钮，将打开设计好的教师信息报表设计视图，利用“属性”对话框修改各报表对象的字体大小及布局。单击工具栏中的“保存”按钮，保存已做报表设计。

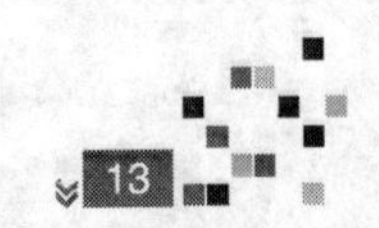

2. 参考本项目中的例题，以“学生档案”表、“课程名”表、“学生成绩”表3个相关联的表格为数据源，创建报表，包括“学号”、“姓名”、“课程名”、“学分”、“成绩”。

操作步骤如下：

（1）打开“教学管理系统”数据库，在数据库窗口单击“对象”列表中的“报表”对象，然后双击对象显示区内的“使用向导创建报表”，打开“报表向导”对话框为报表选择数据源。在该对话框的“表/查询”组合框的下拉列表中依次选择“表:学生档案”、“表:课程名”和“表:学生成绩”表，在每个表对应的“可用字段”下方列表框中选择“学号”、“姓名”、“课程名”、“学分”和“成绩”选项，单击“>”键并将选定字段添加到“选定的字段”列表框中。

（2）单击“下一步”按钮打开确定数据查看方式对话框，在列表框中选择“通过学生成绩”选项。单击“下一步”按钮，打开添加分组级别对话框默认选择，在本例题中没有选择分组字段。

（3）单击“下一步”按钮，打开“排序和汇总”对话框。选择“学号”、“姓名”和“课程名”作为一、二、三选项按升序排序记录值。继续单击“下一步”按钮，打开报表的布局方式对话框，默认布局为“表格”，布局方向为“纵向”。

（4）单击“下一步”按钮，打开报表的样式对话框，选择“组织”样式。单击“下一步”按钮，打开报表的指定标题对话框，在指定标题文本框输入标题，默认预览报表选项。

（5）单击“完成”按钮，将打开设计好的学生成绩报表预览视图。

3. 参考本项目中的例题，以“教师档案”表格为数据源，利用“标签向导”为每一位教师制作一张如图5所示的名片。

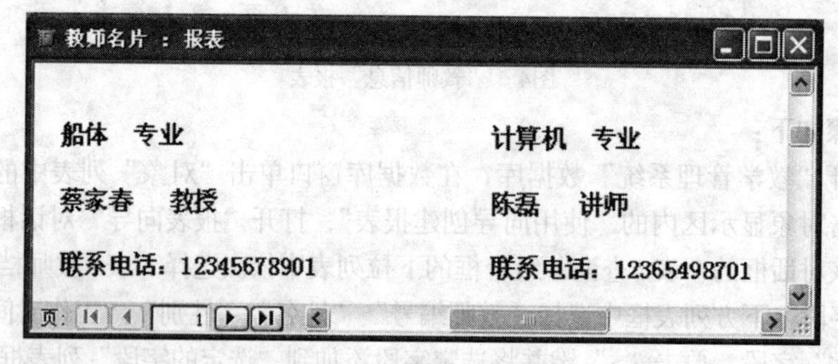

图5 “教师名片”报表

操作步骤如下：

（1）打开“教学管理系统”数据库，在数据库窗口选择“报表”对象，然后双击“数据库”窗口工具栏上的“新建”图标，打开“新建报表”对话框。

（2）在“新建报表”对话框中选择“标签向导”选项，在该对话框右下角提供的下拉列表中选择在“教师档案”表。单击“确定”按钮，打开了“标签向导”对话框。

（3）在指定标签尺寸对话框中选择“C2180”型号标签。单击“下一步”按钮，在弹出的向导对话框中设置标签的文本使用的字体为“宋体”，字号为“12”号字，字体粗细为“半粗”，文本颜色为“黑色”。

（4）单击“下一步”按钮打开标签向导对话框确定标签具体内容，在右侧的原型标签内

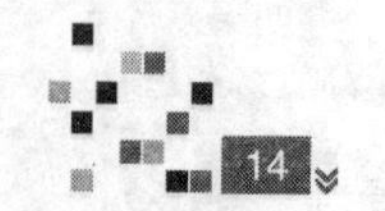

输入相关提示文字，双击左侧的可用字段或选中某可用字段单击中间的单向箭头按钮，字段名被“{}”括号括起来，在最终显示时直接从数据库中提取对应内容并显示在标签的指定位置。

（5）单击“下一步”按钮，打开向导对话框询问是否对标签进行排序，把“可用字段”列表框中的“姓名”字段添加到“排序依据”列表框中。

（6）单击“下一步”按钮，打开标签向导的最后一个对话框，在文本在框中输入文字报表名称，默认单选按钮选项“查看的打印预览”。

（7）单击“完成”按钮，就可以直接看到标签的打印预览视图。

4. 使用模块 2 创建的表格、模块 2 创建的查询，尝试使用不同的方法创建各种报表。练习报表的打印设置。

模块 6 页

【实训目的】

1. 掌握利用各种数据源创建数据访问页的方法；

2. 熟练掌握修改数据访问页的方法；

3. 了解数据访问页的发布。

【实训环境】

1.Windows XP 操作系统；

2.Microsoft Office Access 2003。

【实训内容及步骤】

1. 利用数据页向导，以“课程名”表为数据源创建数据访问页。在 IE 浏览器中打开创建的数据访问页，在其中对所显示的记录进行排序和筛选等操作。并尝试对访问页中的数据进行修改，然后打开数据库中的“课程名”表，查看表中的数据是否已经被进行了相应的修改。

操作步骤如下：

（1）在“教学管理系统”数据库页窗口中，双击“使用向导创建数据访问页”项，打开“数据页向导”对话框。

（2）在“表 / 查询”下拉列表框中选择需要的“课程名”表或查询，并在“可用字段”列表框中选择数据访问页中所需要的“课程名”、“课程类别”和“学分”字段，然后单击“下一步”按钮。

（3）在字段列表框中可以选择用于分组的字段，选择的分组字段将显示在右侧预览框的顶部，在这里没有设置分组字段，单击“下一步”按钮。

（4）在下拉列表框中可选择用于排序的字段，单击右侧的按钮可改变该字段的排序方式，然后单击“下一步”按钮。

（5）在文本框中输入数据访问页的标题，并选中“修改数据页的设计”单选按钮，完成后进入数据页设计视图。

（6）单击“完成”按钮，直接进入“页面视图”，利用“属性”对话框对字号进行修改同时调整页面布局，浏览数据访问页的效果。

（7）单击工具栏中的“保存”按钮，保存数据访问页。

（8）在 IE 浏览器中打开已创建的数据访问页，如图 6 所示。

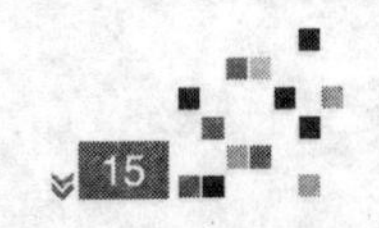

图6　IE中浏览“课程名”数据页

（9）把鼠标移到要修改的“船舶概论”的“学分”字段上，将其修改为“3”。单击导航条中的“保存”按钮，保存修改。在“教学管理系统”数据库中打开“课程名”表，查看修改结果，如图 7 所示。

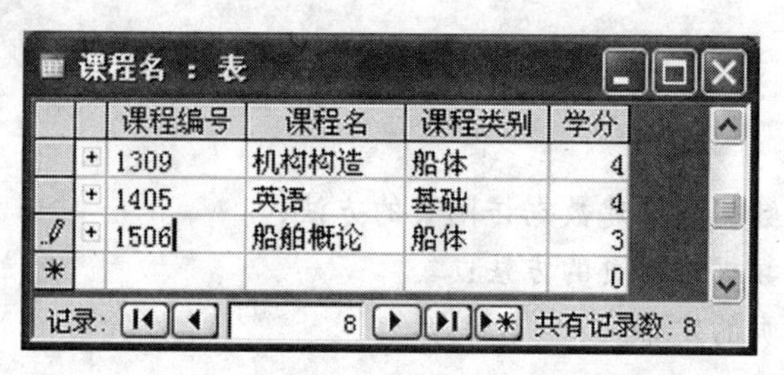
课程名 ：表

课程编号	课程名	课程类别	学分
1309	机构构造	船体	4
1405	英语	基础	4
1506	船舶概论	船体	3
			0

记录: 8 共有记录数: 8

图7　修改后的“课程名”表记录

（10）把鼠标放在任意文本框中单击之后，例如“学分”文本框，可以通过单击“课程名”导航中的“升序”和“降序”按钮可以对所选择字段内容进行排序。

2. 尝试将已有的查询、窗体或报表转换为相应的数据访问页。并尝试在已有的数据访问页中添加文本框、列表框和命令按钮等各种控件。

操作步骤如下：

（1）在数据库窗口中的“查询”、“窗体”或者“报表”对象下，选定一个已经创建好的查询、窗体或报表，并用鼠标右键单击它，在弹出的快捷菜单中选择“另存为”命令，打开“另存为”对话框。

（2）在该对话框中输入一个查询、窗体或者报表的名称，并在“保存类型”下拉列表中选择“数据访问页”。

（3）单击“确定”按钮关闭“另存为”对话框，同时打开“新建数据访问页”对话框，保持其中的默认设置，单击“确定”按钮，即可将选定的对象转换为相应的数据访问页，并在页面视图中打开。

（4）利用在模块中所学习的知识，向已经创建的数据访问页中添加各种控件。

3. 尝试将“教学管理系统”发布到校园网上。

模块 7　宏

【实训目的】

1. 重新复习窗体创建；

2. 掌握操作宏、宏组及条件宏的创建及修改；

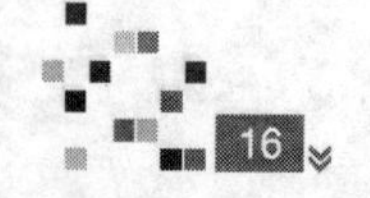

3. 熟练掌握宏的应用。

【实训环境】

1.Windows XP 操作系统；

2.Microsoft Office Access 2003。

【实训内容及步骤】

1. 创建一个具有查询功能的“教师基本信息浏览”窗体，只要在该窗体上方的文本框中输入教师编号或者教师名，单击其旁边的“查询”按钮即可立即显示出该教师的记录数据。

操作步骤如下：

（1）在“教学管理系统”数据库窗口中，单击“新建”按钮，打开“新建窗体”。在列表中选择“设计视图”，在下方的“请选择该对象数据的来源表或查询”下拉列表中选择“教师档案”表。单击“确定”按钮，打开窗体设计视图。

（2）在设计视图中添加一个标签对象用于设置标题，同时在标题下方添加一条直线。再分别将“字段列表”中的“教师编号”、“姓名”、“性别”、“工作时间”、“政治面貌”、“学历”、“职称”、“系别”和“联系电话”字段拖放到窗体中，自动生成各个对应的绑定控件。利用“属性”对话框修改控件的字体大小；利用“格式”菜单下的“对齐”、“水平间距”和“垂直间距”等子菜单及其命令调整各个控件的布局使其按需要对齐。

（3）再添加一个文本框和一个命令按钮，将文本框的“名称”属性设置为“sel”，并将与之相关的标签控件的“标题”属性设置为“请输入教师编号或姓名：”。调整它们的位置与布局。

（4）单击窗体水平标尺左端的小方块选定窗体本身，在“属性”对话框中将窗体的“记录选择器”、“导航按钮”和“分隔线”3 个属性均设置为“否”。单击工具栏中的“保存”按钮，保存窗体设计，设计结果的窗体视图如图 8 所示。

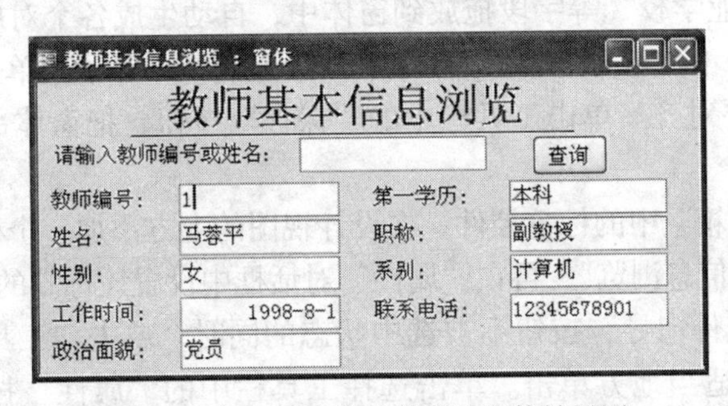

图8 “教师基本信息浏览”窗体效果图

（5）创建一个名为“教师基本信息浏览”的宏，打开宏设计视图窗口，在上方的“操作”列第 1 行中单击，在下拉列表中选择“GoToControl”操作，在下方的“控件名称”文本框中输入“教师编号”；再在上方“操作”列的第 2 行中单击，在下拉列表中选择“FindRecord”操作，并在下方的“查找内容”文本框中输入“=[Forms]![教师基本信息浏览].[sel]”；再在上方的“操作”列第 3 行中单击，在下拉列表中选择“GoToControl”操作，在下方的“控件名称”文本框中输入“姓名”；再在上方“操作”列的第 4 行中单击，在下拉列表中选择“FindRecord”操作，并在下方的“查找内容”文本框中输入“=[Forms]![教师基本信息浏览].[sel]”。单击“保存”按钮。

（6）打开刚刚创建的“教师基本信息浏览”窗体，单击“查询”按钮，再单击工具栏

中的“属性”按钮，在“属性”窗口的“事件”选项卡中指定该按钮发生“单击”事件后将运行上面创建的“教师基本信息浏览”宏。

（7）保存对“教师基本信息浏览”窗体所进行的修改，然后切换到窗体视图中，在文本框中分别输入教师编号或姓名，当单击“查询”按钮时，即可立即显示出该教师的记录数据。

2. 创建“学生基本信息”窗体，然后通过创建相应宏组的方法，实现该窗体下方“首记录”、“上一记录”、“下一记录”和“尾记录”4个导航按钮的功能。

温馨提示：

首先创建一个“学生基础信息”窗体，在下方添加“首记录”、“上一记录”、“下一记录”和“尾记录”4个命令按钮。然后创建一个宏组，包含first、next、prev、last4个宏名，每个宏名均对应一个GoToRecord的宏操作，其操作参数中的“对象类型”都是“窗体”，“对象名称”都是“学生基本信息”，而“记录”参数分别为“首记录”、“向前移动”、“向后移动”和“尾记录”。最后将这4个宏分别关联到对应的4个命令按钮上。

操作步骤如下：

（1）在“教学管理系统”数据库窗体对象窗口中，单击“新建”按钮，打开“新建窗体”。在列表中选择“设计视图”，在“请选择该对象数据的来源表或查询”下拉列表中选择“学生档案”表，单击“确定”按钮，弹出窗体设计视图。

（2）在“字段列表”中分别将“学号”、“姓名”、“性别”、“出生日期”、“政治面貌”、“班级编号”和“毕业学校”等字段拖放到窗体中，自动生成各个对应的绑定控件。并利用“格式”菜单下的“对齐”、“水平间距”和“垂直间距”等子菜单及其命令调整各个控件的布局使其按需要对齐。单击工具栏中的“保存”按钮，把窗体命名为“学生基本信息”。

（3）使用“工具箱”中的标签控件，在设计视图的上方添加一个标签，双击该控件并输入标题“学生基本信息浏览”，再在“属性”对话框中设置该标签的字体名称与字号。

（4）在保持“控件向导”按钮不被选中状态的同时，单击“工具箱”中的“命令按钮”，在窗体下方的适当地方单击。单击选择工具栏中的“属性”按钮，修改其标题为“首记录”。再用类似的方法，再分别添加“上一记录”、“下一记录”和“尾记录”3个按钮，然后调整它们的位置使其对齐。

（5）单击窗体水平标尺左端的小方块选定窗体本身，在“属性”对话框中将窗体的“记录选择器”、“导航按钮”和“分隔线”3个属性均设置为“否”。单击工具栏中的“保存”按钮，保存窗体设计结果。

（6）在“教学管理系统”的数据库窗口中，选择“宏”对象。单击“数据库”窗口工具栏上的“新建”按钮，出现宏设计界面，单击工具栏中的“宏名”按钮，在宏设计对话框中出现一个“宏名”列。

（7）在“宏名”列输入第一个宏的名字“first”，在对应的操作列中选择“GoToRecord”。在操作参数窗口中，其操作参数中的“对象类型”都是“窗体”，“对象

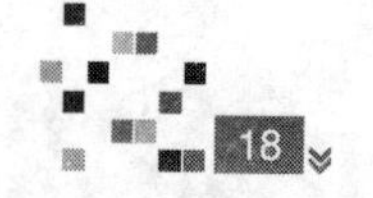

名称”都是“学生基本信息”，而“记录”参数分别为“首记录”。

（8）重复步骤（7）分别添加“上一记录”、“下一记录”和“尾记录”宏。它们的宏名分别为“next”、“prev”、“last”，每个宏名均对应一个“GoToRecord”的宏操作，其操作参数中的“对象类型”都是“窗体”，“对象名称”都是“学生基本信息”，而“记录”参数分别为“向前移动”、“向后移动”和“尾记录”。

（9）单击“保存”按钮，将其保存为“学生基本信息浏览”。

（10）打开“学生基本信息浏览”窗体，在“首记录”命令按钮的属性窗口中的“事件”选项卡中，选择“单击”事件。在单击“事件”事件属性的下拉列表，从中选择“学生基本信息浏览 .first”宏；在“上一记录”命令按钮的属性窗口中的“事件”选项卡中，选择“单击”事件。在单击“事件”事件属性的下拉列表，从中选择“学生基本信息浏览 .next”宏；在“下一记录”命令按钮的属性窗口中的“事件”选项卡中，选择“单击”事件。在单击“事件”事件属性的下拉列表，从中选择“学生基本信息浏览 .prev”宏；在“尾记录”命令按钮的属性窗口中的“事件”选项卡中，选择“单击”事件。在单击“事件”事件属性的下拉列表，从中选择“学生基本信息浏览 .last”宏。

（11）单击工具栏上的“保存”按钮，保存窗体设计。切换到窗体视图下，单击各个按钮后会执行宏组中相应的宏。

3. 创建一个自动运行的宏，使得每次启动数据库时都会自动打开“教师基本信息浏览”窗体。

操作步骤如下：

（1）在“教学管理系统”数据库窗口中，新建一个宏。

（2）在第 2 行的“操作”列中选择“OpenFrom”操作命令，在操作参数区“视图”中选择“窗体”，在“窗体名称”参数中选择“教师基本信息浏览”窗体。

（3）将宏保存为 AutoExec。

模块 8 VBA 程序设计

【实训目的】

1. 掌握 VBA 程序流程控制；
2. 掌握 VBA 模块创建与调用方法；
3. 掌握 VBA 面向对象编程的思想。

【实训环境】

1.Windows XP 操作系统；

2.Microsoft Office Access 2003。

【实训内容及步骤】

1. 创建一个如图 9 所示的窗体。要求单击“显示”按钮时，窗体上方能够显示出标语文字；当在选项组中选择某种字体时，标语文字的字体便会进行相应的更改；单击“清除”按钮时，标记文字即被清除。

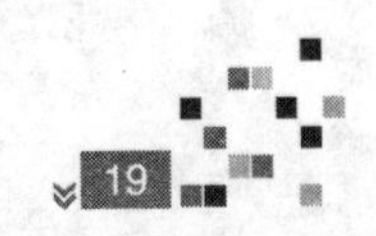

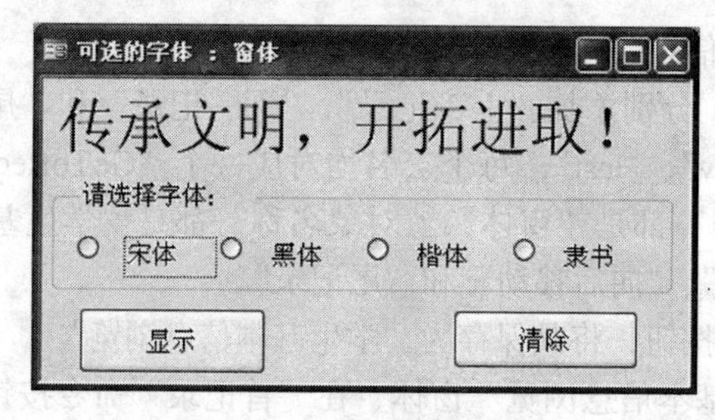

图9 “可选的字体”窗体

操作步骤如下：

（1）打开窗体设计视图创建一个新窗体，在其中添加一个标签控件、一个选项组控件和两个命令按钮控件，并调整它们的大小和布局。

（2）将标签控件的“名称”属性设置为“Label1”，“字号”属性为26；再将两个命令按钮控件的“名称”属性分别设置为“cmd_显示”和“cmd_清除”，将其“标题”属性分别设置为“显示”和“清除”。

（3）在选项组控件中添加4个选项按钮控件，分别将它们的“名称”属性设置为“Option1”、“Option2”、“Option3”和“Option4”，并分别将其相关标签的“标题”属性设置为“宋体”、“黑体”、“楷体”和“隶书”。

（4）单击工具栏上的“代码”按钮，进入VBE环境，在代码窗口输入窗体对象的Load事件过程代码如下：

```
Private Sub Form_Load()
    Me.Caption="可选的字体"
    Me.Label1.Caption=""
End Sub
```

（5）输入“显示”按钮对象的Click事件过程代码如下：

```
Private Sub cmd_显示_Click()
    Me.Label1.Caption="传承文明，开拓进取！"
    Me.Label1.FontSize=26
    Me.Label1.ForeColor=RGB(0,0,255)
End Sub
```

（6）输入“清除”按钮对象的Click事件过程代码如下：

```
Private Sub cmd_清除_Click()
    Me.Label1.Caption=""
End Sub
```

（7）分别输入4个选项按钮的GotFocus事件过程代码如下：

```
Private Sub Option1_GotFocus()
    Me.Label1.FontName="宋体"
End Sub
Private Sub Option2_GotFocus()
    Me.Label1.FontName="黑体"
End Sub
```

```
Private Sub Option3_GotFocus()
    Me.Label1.FontName=" 楷体 _GB2312"
End Sub
Private Sub Option4_GotFocus()
  Me.Label1.FontName=" 隶书 "
End Sub
```

（8）单击工具栏上的“保存”按钮将所输入的程序代码保存，然后关闭 VBE 窗口并切换到窗体视图验证其执行效果。

2. 创建一个如图 10 所示的简单计时器窗体。要求实现单击其中的“设置”按钮可在弹出的输入对话框中设定需要计时的秒数；单击“开始”按钮，则文本框的显示迅速归零并开始计时，同时计时秒数显示在黑底绿字的文本框中；当到达设定的计时秒数时，则响铃一声并弹出“设定时间已到！”的提示框。

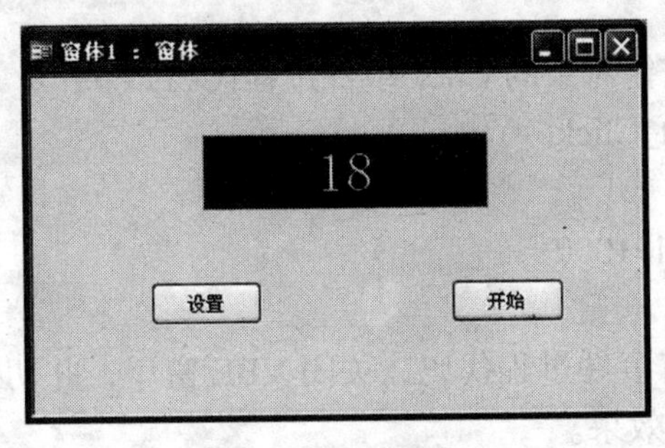

图10　计时器窗体

操作步骤如下：

（1）打开窗体设计视图创建一个新窗体，在其中添加一个文本框控件和两个命令按钮控件，并调整它们的大小和布局。

（2）将文件框控件的“名称”属性设置为“txt_Disp”，“背景色”属性为黑色，“前景色”属性为绿色，“字号”属性为 26，“文本对齐”属性为居中。

（3）将两个命令按钮控件的“名称”属性分别设置为“cmd_Set”和“cmd_Start”，“标题”属性分别设置为“设置”和“开始”。

（4）单击工具栏上的“代码”按钮，进入 VBE 环境，在代码窗口的通用声明段中用下面的代码定义一个模块级的整型变量 t。

```
Dim t As Integer
```

（5）输入窗体对象的 Load 事件过程代码如下：

```
Private Sub Form_Load( )
    Me.TimerInterval=0
    Me.Caption=" 计时器 "
    Me.cmd_set.Setfocus
End sub
```

（6）输入窗体对象的 Timer 事件过程代码如下：

```
Private Sub Form_Timer( )
    Static s As Integer
    s=s+1
```

```
        Me.txt_Disp=s
        If s=t Then
          S=0
          Me.TimerInterval=0
          Beep
          MsgBox (" 设定时间已到！ ")
      End IF
    End Sub
```

（7）输入“设置”按钮对象的 Click 事件过程代码如下：

```
Private Sub cmd_Set_Click( )
    T=InputBox (" 请输入计时秒数：")
    Me.cmd_Start.SetFocus
End Sub
```

（8）输入“开始”按钮对象的 Click 事件过程代码如下：

```
Private Sub cmd_Start_Click( )
    Me.txt_Disp=0
    Me.TimerInterval=1000
End Sub
```

（9）保存输入的所有事件过程代码，关闭 VBE 窗口，并切换到“计时器”窗体的窗体视图，运行和验证窗体效果。

3. 设我国现有人口 13.5 亿，若按年增长率 0.08 计算，多少年后人口将超过 15 亿？试用 do…loop 循环语句编写一个程序解决此问题。

程序设计如下：

```
Sub ex1()
Dim i As Integer, a As Single, b As Single
i = 0
a = 13.5
b = 0.08
Do
    If a > 15 Then Exit Do
    a = a * (1 + b)
    i = i + 1
Loop
MsgBox i - 1 & " 年后人口可超过 15 亿。"
End Sub
```

4. 设计一个“九九乘法表”程序，使其运行之后在“立即窗口”中输出如图 11 所示的效果。

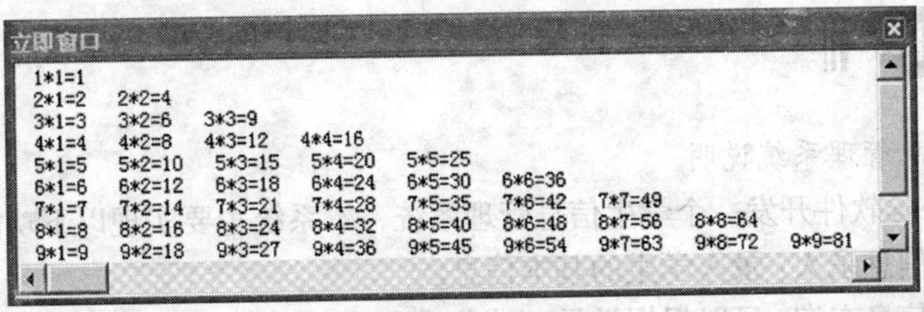

```
立即窗口
1*1=1
2*1=2   2*2=4
3*1=3   3*2=6   3*3=9
4*1=4   4*2=8   4*3=12  4*4=16
5*1=5   5*2=10  5*3=15  5*4=20  5*5=25
6*1=6   6*2=12  6*3=18  6*4=24  6*5=30  6*6=36
7*1=7   7*2=14  7*3=21  7*4=28  7*5=35  7*6=42  7*7=49
8*1=8   8*2=16  8*3=24  8*4=32  8*5=40  8*6=48  8*7=56  8*8=64
9*1=9   9*2=18  9*3=27  9*4=36  9*5=45  9*6=54  9*7=63  9*8=72  9*9=81
```

图11　输出九九乘法表

程序设计如下：

```
Sub ex()
Dim i As Integer, j As Integer
j = 1
For i = 1 To 9
    For j = 1 To i
        Debug.Print i & "*" & j & "=" & i * j & " ";
  Next
    Debug.Print
Next
End Sub
```

5. 创建一个用于计算阶乘的函数过程，然后再调用此函数创建一个求组合数的函数过程。要求能够在“立即窗口”中直接调用这个求组合数的函数并且在立即窗口中输出结果。

程序设计如下：

```
Function cn(i As Integer)
Dim k As Integer
Dim j As Integer
j = 1
For k = 1 To i
j = j * k
Next
cn = j
End Function
Sub ex5()
Dim n As Integer, m As Integer, c As Single
n = InputBox(" 请输入一个整数：")
m = InputBox(" 请输入另一个整数：")
c = cn(m) / (cn(m - n) * cn(n))
Debug.Print c
End Sub
```

综合实训

1. 学生信息管理系统说明

使用 Access 软件开发一个学生信息管理系统，本系统主要实现以下功能：

（1）学生信息录入：录入学生的基本信息。

（2）学生信息查询：可以根据学号、姓名查询学生的基本信息。

（3）学生成绩录入：录入学生各科成绩。

（4）学生成绩查询：查询学生各科成绩、班级所有学生某一科成绩、不及格成绩等。

2. 创建数据表

为了开发学生信息管理系统，在 Access 中首先创建一个学生信息管理数据库，再在该数据库中创建“学生信息”、“成绩”、“课程”和“教师”数据表，各表的结构如表 7 ~ 表 10 所示。

表 7　成绩表结构

字段名称	数据类型	字段长度	主键	说明
学号	文本型	15		
课程代码	文本型	10		数据对应课程表
教师编号	文本型	10		数据对应教师表
分数	文本型	10		

表 8　学生信息表结构

字段名称	数据类型	字段长度	主键	说明
班级	文本	15		
学号	文本	15	是	
姓名	文本	15		
性别	文本	4		
出生日期	日期 / 时间			
籍贯	文本	20		
家庭住址	文本	50		
电话	文本	20		
备注	备注			

表 9　课程表结构

字段名称	数据类型	字段长度	主键	说明
课程代码	文本型	10	是	
课程名称	文本型	20		

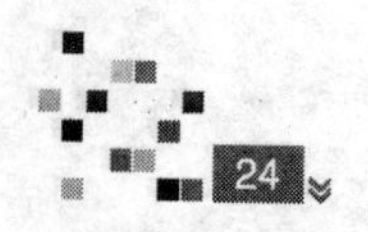

表 10　教师表结构

字段名称	数据类型	字段长度	主键	说明
编号	文本型	10	是	
姓名	文本型	15		

3. 建立表间关系

创建数据表后，单击工具栏中的“关系”按钮，打开“关系”窗口，建立数据表之间的关系，如图 12 所示。

（1）通过“学生信息”表中的“学号”字段，与“成绩”表建立一对多的关系。

（2）通过“课程”表中的“课程代码”字段，与“成绩”表建立一对多的关系。

（3）通过“教师”表中的“编号”字段，与“成绩”表建立一对多的关系。

4. 查询设计

（1）建立学生信息查询。根据班级、学号或姓名查找学生信息的查询。设计视图如图 13 所示。

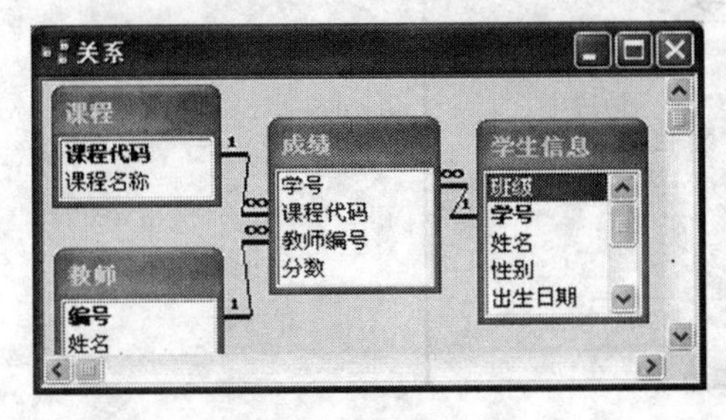

图12　关系图

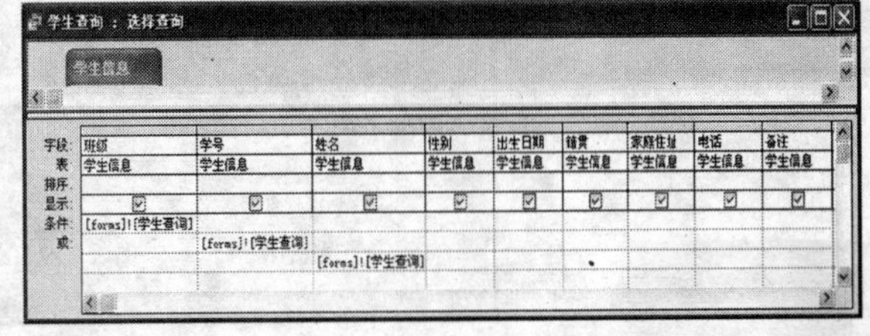

图13　“学生查询”设计视图

（2）班级成绩查询。根据班级以及课程名称查找所有学生成绩的查询。设计视图如图 14 所示。

（3）学生成绩查询。根据学号或姓名查找学生各科成绩的查询。设计视图如图 15 所示。

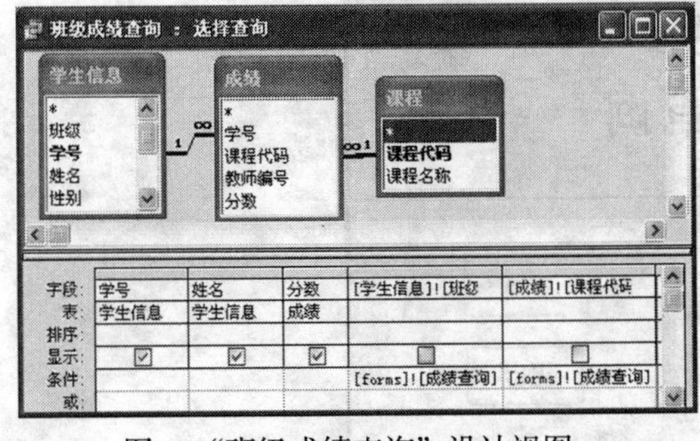

图14 “班级成绩查询”设计视图

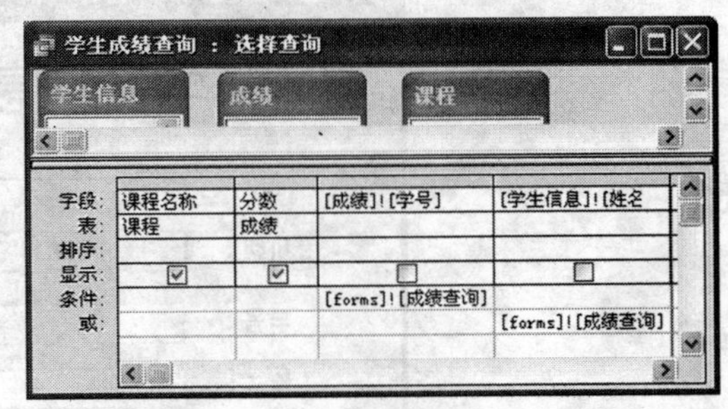

图15　“学生成绩查询”设计视图

5. 窗体设计

（1）学生信息录入窗体。使用窗体向导快速创建一个表格式的窗体。如图 16 所示。

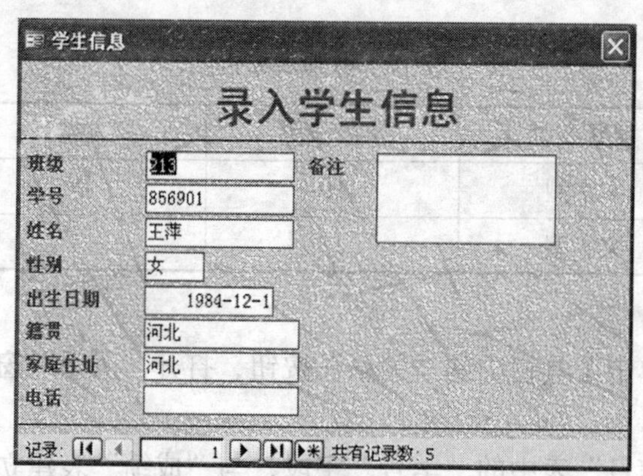

图16　学生信息录入窗体

（2）成绩查询窗体。通过该窗体可以查询一个学生的成绩，也可以查询某一班某一科的成绩，如图 17 所示。

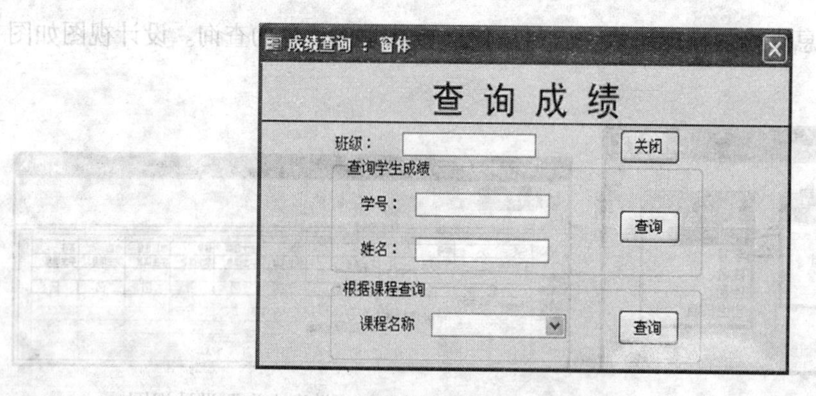

图17　成绩查询窗体

（3）学生信息查询窗体。在该窗体中可以通过班级、学号、姓名来查找学生信息，如图 18 所示。

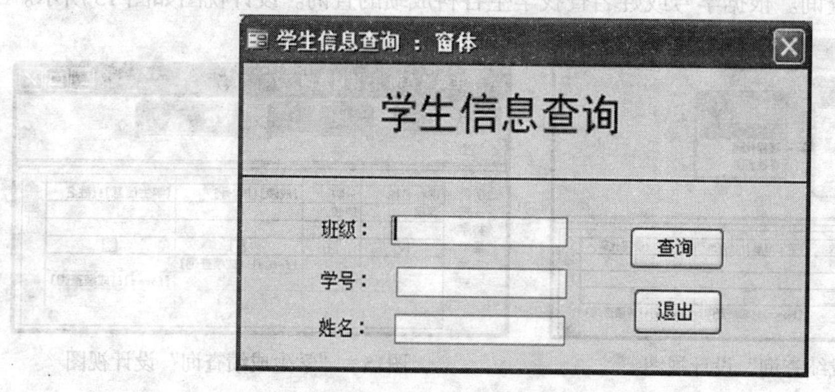

图18　学生信息查询窗体

（4）学生信息浏览窗体。通过该窗体，可以以数据表形式来浏览查询到的学生信息，如图 19 所示。

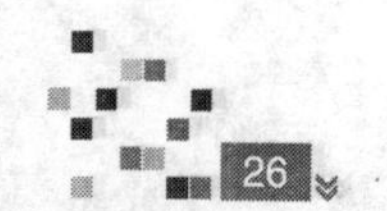

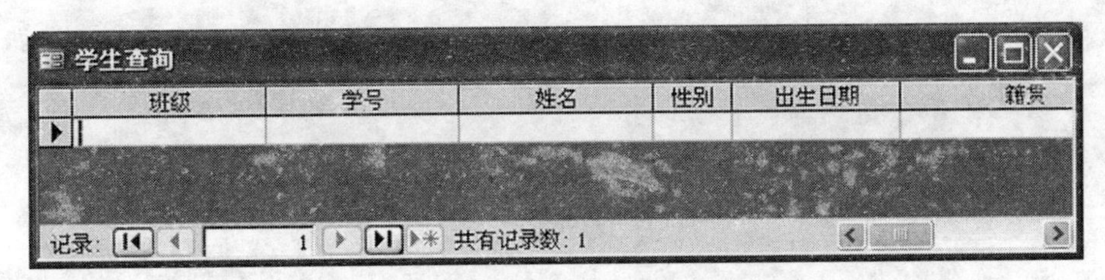

图19　学生信息浏览窗体

（5）成绩浏览窗体，分别创建用来浏览学生成绩和班级成绩的窗体，用数据表的形式显示浏览结果，如图20所示。

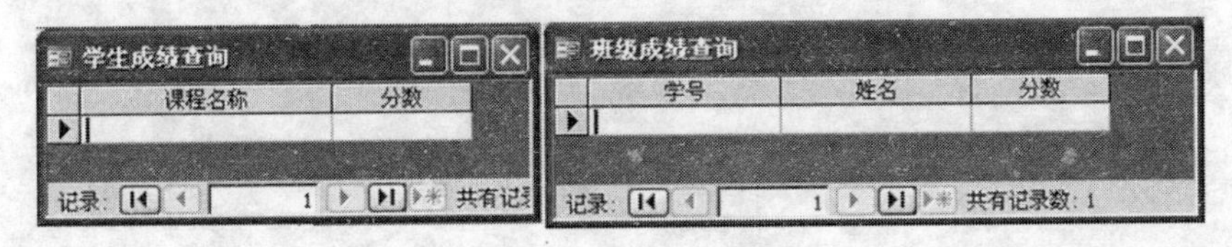

图20　成绩浏览窗体

4. 宏设计

（1）创建宏。在宏设计器中创建宏组，并为各查询设置宏，如图21所示。

（2）调用宏。

为“学生信息查询”和“成绩查询”窗体中的按钮设置宏。

5. 设计切换面板

使用Access的实用工具设置只有一级按钮的切换面板。

（1）主切换面板，如图22所示。

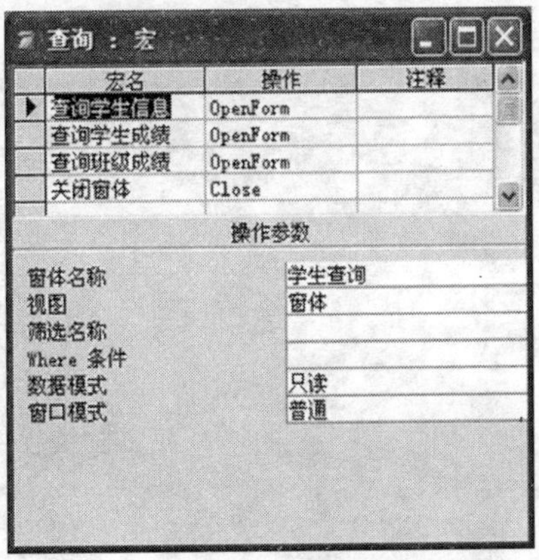

图21　宏组定义

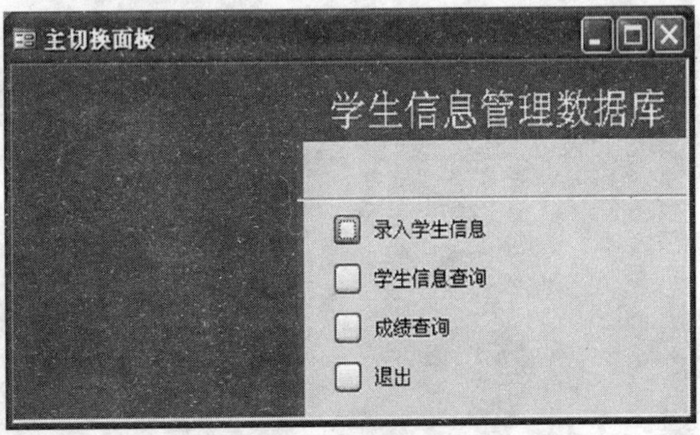

图22　切换面板

（2）设置切换面板为启动窗体。